第2章　平面设计概述

Ch02\Complete\ 

炫彩海报的设计

汽车平面招贴的制作

第3章　标志设计

Ch03\Complete\

公司标志制作

BEYOND标志制作

第4章　字效设计

Ch04\Complete\

兔形字效设计

特效字制作

玉石文字设计

第5章　平面广告设计

Ch05\Complete\

时尚手机海报

房地产广告页的制作

第6章　包装设计

Ch06\Complete\

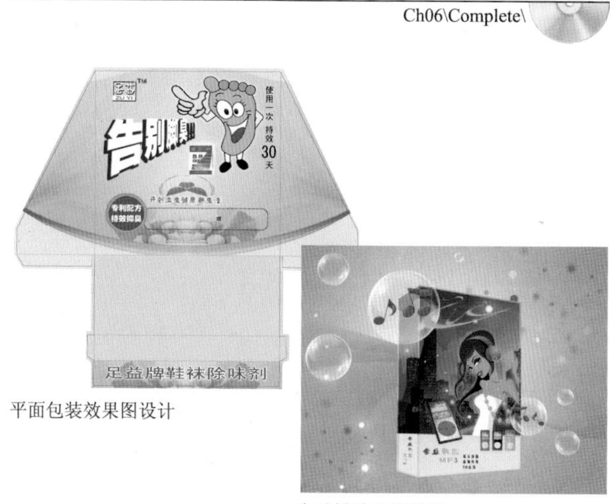

平面包装效果图设计

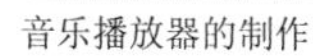

音乐播放器的制作

食品包装设计

第7章　印前设计

Ch07\Complete\

公益广告

时尚女性海报

Ch08\Complete\

毛发镂空通道技巧

电影海报：金色嘣嘣球

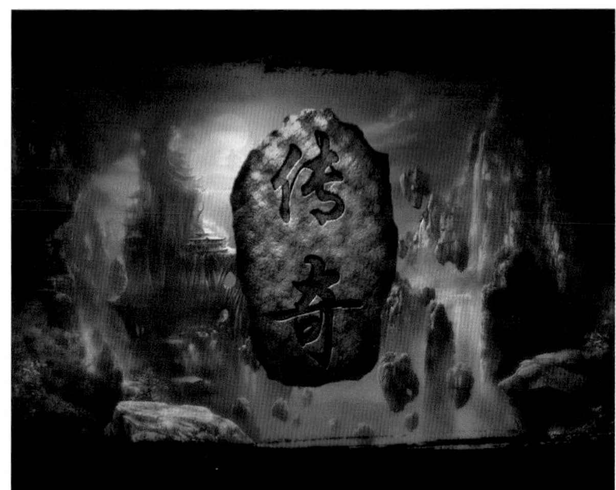

酷炫文字制作

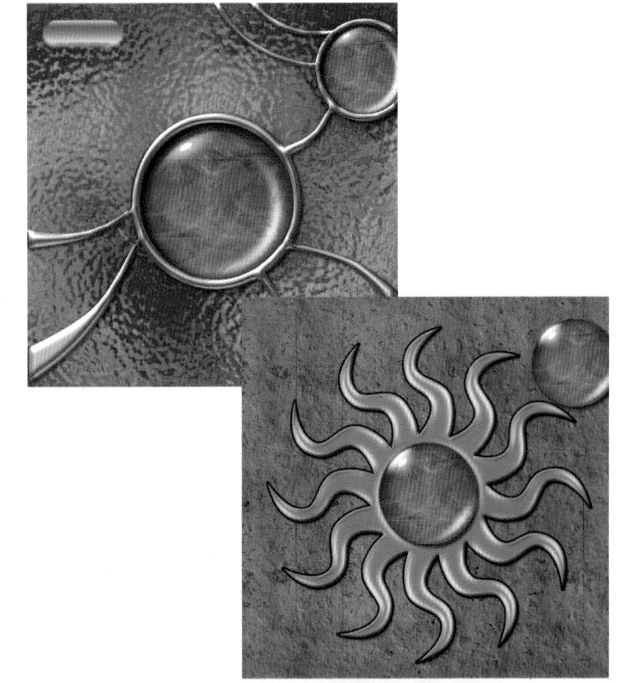

My Favorite Food

BERAD

Accelerating Adobe photoshop with the reconfigurable logic

Using the tools of photoshop software

乳酪文字制作

个性水晶框的制作

全国数字媒体艺术类主干课程标准教材

■ 丛书主编：肖永亮

数字艺术设计

Photoshop平面设计与制作

李 琦 编著

飞思数字创意出版中心 监制

電子工業出版社

Publishing House of Electronics Industry

北京·BEIJING

内容简介 Abstract

本书旨在为读者提供一个良好的计算机技术与艺术创意完美结合的媒介，书中从标志设计、字体设计、广告设计、包装装潢设计、印前设计等几个方面，运用大量实例进行分析、解剖，对如何运用计算机进行创意设计，从理论阐述到实例操作都进行了较详尽的叙述。以美术设计为主线，由浅入深地讲解、分析艺术设计及其在计算机辅助设计中的具体应用，使读者较全面地学习和了解计算机设计软件Photoshop，在设计创作中的灵活应用。

本书适合作为高校（电脑）艺术设计专业基础课教材，也可作为社会（电脑）艺术设计培训班教材，同时适合广大艺术设计爱好者作为自学参考用书。

图书在版编目（CIP）数据

数字艺术设计Photoshop平面设计与制作 / 肖永亮主编；李琦编著.
北京：电子工业出版社，2012.1
（全国数字媒体艺术类主干课程标准教材）
ISBN 978-7-121-13503-3

Ⅰ.①数… Ⅱ.①肖… ②李… Ⅲ.①图像处理软件，Photoshop－高等学校－教材 Ⅳ.①TP391.41

中国版本图书馆CIP数据核字(2011)第084527号

责任编辑：侯琦婧
特约编辑：李新承
印　　刷：北京天宇星印刷厂
装　　订：三河市皇庄路通装订厂
出版发行：电子工业出版社
　　　　　北京市海淀区万寿路173信箱　邮编：100036
开　　本：787×1092　1/16　印张：18.5　字数：600千字　彩插：2
印　　次：2012年1月第1次印刷
印　　数：4 000册　　定价：39.80元（含光盘1张）

凡所购买电子工业出版社图书有缺损问题，请向购买书店调换。若书店售缺，请与本社发行部联系，联系及邮购电话：（010）88254888。

质量投诉请发邮件至zlts@phei.com.cn，盗版侵权举报请发邮件至dbqq@phei.com.cn。

服务热线：（010）88258888。

Editorial Board

主编寄语

Preface by Editor in Chief

随着社会生产力的发展和科学技术的进步，视听艺术的创作手段和表现形式也打上了时代的烙印，融入了最新的前沿科技元素。计算机技术的发展使得数字化已成为我们当代社会的生活方式，人类社会从此进入所谓的“数字时代”。无论是网页游戏、动漫形象、特效电影，还是立体放映；从电影《阿凡达》、《2012》到《愤怒的小鸟》等，数字技术在艺术领域的运用掀起了一场新的视听革命。数字艺术作品的创作者不仅要熟悉艺术创作的基本规律，而且要掌握数字技术的基本操作和把握数字艺术发展的前沿动态。数字艺术的出现是我们时代变革的映射，在交互媒体设计、数字影像艺术、虚拟现实设计、新媒体艺术等诸方面都展现出强大的魅力，数字艺术已经作为一门独立的艺术形态存在。

狭义的数字艺术一般指的是受计算机影响、用计算机处理、制作或呈现的具有审美功能和审美价值的作品或过程。通过计算机产生的设计、影音、动画或其他艺术作品，相对于传统艺术作品，它在创作、展现、储藏、复制和传播等各个方面都有不可替代的优势。数字艺术的推动力表面上看是技术，但更重要的是观念，它是艺术观念与技术表现之间联姻的结果。数字艺术既是开放的、时尚的、跨学科的艺术，又是跨媒介的、进程性的、散漫态的、纯概念的和依赖语境的艺术。作为科学与艺术的完美结合，今天的数字艺术是虚拟现实与图像世界的重组，能深入地发掘互动及延伸性图像潜在的美学价值。数字艺术的向前发展需要越来越多的复合型人才，从事数字艺术创作的群体在我国也从量的变化提升到了质的变化，除了一大批专业的数字艺术从业者，随着计算机的普及，数字艺术已经覆盖到了各个行业的各个层面，数字艺术教育和岗位职业培训也不断提出新的要求。为了适应时代的发展和社会需求，我们组织国内活跃在数字艺术前沿的一批专业人士，共同策划和编写了本套丛书，希望有助于立志从事数字艺术领域工作的广大读者迅速提高专业水平和扩大从业视野。

本套丛书力求理论与实践相结合，突出专业特点，适应社会就业需求，尊重数字艺术创作规律，严格把握数字艺术教学体系，努力推出课程精品，使授课者易教，受教者易学，自学者见长。学而不惑，勤练有方。

萧永亮

北京师范大学艺术与传媒学院副院长

出版说明

Introduction

关于丛书

目前，我国数字艺术随着国际步伐已进入一个快速发展阶段。当前的就业市场对数字艺术设计、创作和生产的人才需求，在一定范围超过了对传统艺术相应人才的需求。社会对知识产权密集型创意的需求越来越迫切，各高等院校、社会培训机构纷纷开设数字艺术方面的教学和人才培养，但数字艺术专业人才尤其是兼通艺术与技术的复合型人才仍显不足，已经成为制约中国数字艺术相关产业发展的关键因素。由电子工业出版社与京师文化创意产业研究院共同深入研究并系统开发的“全国数字媒体艺术类主干课程标准教材”系列丛书，自2010年立项进行规划以来，经过了长时间深入细致地调研、策划和论证，并组织专家进行编写、审校等工作，终于在2011年正式出版这套丛书。

参照目前国内知名高校的数字媒体艺术类教学体系，可按下表加以归纳：

基础课	必修课	现阶段就业对口的课程	未来有更多发展的课程
设计素描 数字色彩 三大构成 数字艺术设计基础 平面设计基础 电脑美术设计 多媒体设计与制作 字体与版式设计 书籍装帧设计 数字摄影摄像基础	平面设计软件 计算机辅助设计 二维、三维动画设计 网页网站设计 数字图像处理 电脑图文设计 图案设计	新媒体广告设计 POP设计 二维动画设计 三维动画设计 游戏设计 影视制作 交互界面设计	手机影视编创 移动多媒体应用设计 影视虚拟空间艺术 动态海报设计 互动媒体设计 多媒体舞台设计 户外新媒体设计 融合媒体设计 数字阅读设计艺术 数字化城市导视设计

丛书选题的确定，主要遵循各大院校，如北京师范大学、北京电影学院、鲁迅美术学院、北京服装学院相关专业的骨干专业课程设计，结合创意产业中的重要技术环节和岗位基本要求来进行规划。下图为本套教材的培训体系结构图。

数字媒体艺术课程规划

基础课		
平面构成艺术	立体构成艺术	色彩构成艺术
数码摄影基础		
数字艺术与科学	数字艺术创作方法	数字艺术史论
视觉设计与技法		
数字图案设计——风景篇	数字图案设计——动物篇	数字图案设计——人物篇
数字图案设计——植物篇		
视觉传达设计方向（平面、广告设计）		
平面设计配色	环境导视系统设计	POP广告设计
书籍杂志设计	企业形象设计VI、产品包装设计、展示设计（含Photoshop、Illustrator、InDesign）	平面广告设计（Photoshop）
影像创作方向		
虚拟演播室设计与实践	电影数字特效制作	数码影像创作实践
新媒体设计方向		
Flash网页设计	UI界面设计	网页配色
动态海报设计	多媒体舞台设计	跨媒体整合设计
移动多媒体设计		

如何使用本套教材

本套教材贯彻“围绕专业精品课程建设、社会热门岗位人才培养体系，着力打造品牌核心竞争力”的选题规划思路。按照数字媒体艺术设计人才培养目标和定位，结合数字媒体艺术设计专业设置现状和条件，考虑社会对数字媒体艺术设计行业的需求，坚持可持续发展，把教程特点鲜明化，与社会数字媒体艺术设计行业对口。

本套图书主要体现以下五大特点：

- 围绕全国“数字媒体艺术”类各专业精品课程开发选题。有机结合传统美术知识和计算机应用技术，突破传统艺术设计教育的瓶颈，突出创意设计特点，传授软件应用技能，培养复合型数字媒体艺术设计人才。
- 以培养岗位职业技能为目标，以工作过程为导向，根据教学大纲组织教材内容。
- 设计情景教学，联手专业教师与一线企业专家、艺术家、业内精英共同打造。
- 理论贯通实际应用，基础知识与具体操作紧密结合（可以不受软件类型和版本限制），通过精心设计的项目式教学和大量结合案例的实训以提升综合技能。
- 书、盘、网三位一体，辅助教学资源丰富，根据每个选题的教学要求，可以提供教学所需的练习素材、学习资源、视频教程、课件等。

如何获取教学支持

根据课程的特点，还专门为教师开发了配套教学资源包，以教材为核心，从老师教学及学生学习的角度搭配内容，包括右图所示的六大教学资源库，分成教师光盘（每册均有）和学生光盘（软件操作类图书）两种形式提供给教师和学生。教师光盘免费赠送，与教材配套教学使用；学生光盘随书学习使用。获取教学支持方法：

电子邮件：yisu@fecit.com.cn；

jinnee0827@fecit.com.cn

联系电话：010-88254160

教师QQ群号：136675670

在学习过程中，本套教学体系还提供了认证考试平台为师生获得学历证书以外的其他职业证书提供服务。

本丛书的出版得到了专家委会员顾问组、专家委员会审读组所有成员的大力支持，特别是主编肖永亮教授在其中做了大量工作，在此一并表示感谢。

关于本书

目前，平面设计已经成为热门职业之一。在各类平面设计和制作中，Photoshop是使用最为广泛的软件，因此，很多人都想通过学习Photoshop来进入平面设计的领域，成为平面设计师。

在当今竞争日益激烈的平面设计行业，要想成为一名出色的平面设计师，仅具备熟练的软件操作技能是远远不够的，还必须具有新颖、独特的设计理论和创意灵感、丰富的行业知识和经验。

为了引导平面广告设计的初学者能够快速胜任这项工作，本书抛弃了传统的教学思路和教条式的理论知识，从实际的商业平面设计理论出发，详细讲述了各类平面设计的创意思路、表现方法和技术要领。只要读者能够耐心按照书中的课程完成每一个章节，就能深入了解现代商业平面设计的设计思想及技术实现的完整过程，从而获得举一反三的能力，以便能够轻松完成各类平面设计工作。

为了使读者快速熟悉各行业的设计特点和要求，以适应复杂多变的平面设计工作，本书独具匠心地将所有作品按照平面设计行业的划分进行分类，例如广告设计、平面设计、字体设计、印前设计等，涉及标志、卡片、DM、POP、海报、户外、UI、包装、画册、照片处理等门类，集行业宽度和专业深度于一体。

本书讲解的平面设计作品全部来源于实际商业项目，包含了设计师们的创意和智慧。这些精美作品展示了如何在平面设计中灵活使用Photoshop的各种功能。每一个案例都渗透了平面创意与设计的理论，为读者了解一个主题或产品应如何展示，提供了非常好的参考资料。

本书从专业角度将平面设计的理论知识与Photoshop CS5中文版软件的应用紧密地联系在一起，体现了近年来平面行业的最新动态。本书共8章，系统介绍了平面设计行业的相关知识及Photoshop CS5的操作方法与技巧，其中还收入了大量效果精美、创意独特的平面设计作品。

本书内容丰富，实例精彩，步骤讲解详尽，解读了当前平面市场中最热门的若干设计门类和表现形式，并通过各种不同的输出方式为平面设计人员提供专业的技术指导。本书配套光盘包含了案例的所有原素材及最终效果图分层文件。本书适合平面设计及其他设计领域的初学者使用，也可作为培训学校、大中专院校相关专业的教材。

本书由李琦编写，参与编写的人员还有马晓彤、刘波、贺海峰、李澎、朱立银、李斌、杜娟、钱政娟、王东华、王朋伟、王育新、阎河、王秀峰、刘正旭。

建议学时

Recommended hours

总学时：40学时

章名	序号	教学内容	建议学时	授课类型
第1章 Photoshop CS5基本知识	1	初识Photoshop CS5	2	理论
	2	Photoshop CS5的操作界面	2	
第2章 平面设计概述	3	平面设计概述	1	理论+实战
	4	形式美的构成因素及基本原则	1	
	5	平面设计综合实例	2	
第3章 标志设计	6	标志的功能	1	理论+实战
	7	标志的类别与特点	2	
	8	标志设计的基本原则	2	
	9	标志设计实例解析	2	
第4章 字效设计	10	字效设计的原则	1	理论+实践
	11	字效设计实例解析	2	
第5章 平面广告设计	12	广告概述	2	理论+实践
	13	广告设计实例解析	2	
第6章 包装设计	14	包装设计概述	1	理论+实践
	15	产品包装设计的基本构成要素	1	
	16	产品包装设计实例解析	2	

章名	序号	教学内容	建议学时	授课类型
第7章 印前设计	17	印前作业的相关知识	0.5	理论+实践
	18	印前设计的内容	1.5	
	19	印前设计的工作要点	1	
	20	校稿的注意事项	1	
	21	印前设计的工作流程	1.5	
	22	分辨率	0.5	
	23	图像的输出与打印	1	
	24	印前设计实例解析	2	
第8章 综合实例解析	25	毛发镂空通道技巧	1	理论+实践
	26	电影海报：金色嘣嘣球	1	
	27	个性水晶框的制作	1	
	28	酷炫文字制作	1	
	29	乳酪文字制作	1	

联系方式

咨询电话：（010）88254160 88254161-67

电子邮件：ina@fecit.com.cn jinnee0827@fecit.com.cn

服务网址：http://www.fecit.com.cn http://www.fecit.net

Contents

第1章 Photoshop CS5的基础知识

教学目的：

掌握Photoshop CS5的基本使用方法，了解各种面板的作用、图像的存储方法。

教学重点：

（1）熟悉Photoshop CS5的操作界面

（2）Photoshop CS5中主要工具的使用

（3）不同面板的功能

1.1 初识Photoshop CS5

计算机艺术天地中没有什么软件比Photoshop使用得更广泛了，不管是广告创意、平面构成、三维效果还是后期处理，Photoshop都是最佳的选择，尤其是印刷品的图像处理，Photoshop更是不可替代的专业软件。本节主要介绍Photoshop 的应用领域。

用Photoshop 制作各种效果

Photoshop 带给摄影师、画家及广大设计人员很多实用的功能，就像用五颜六色的画笔在图纸上绘制美丽的图画一样，Photoshop可将读者的想法以图像的形式表现出来。Photoshop从修复数码相机拍摄的照片到制作出精美的图片并上传到网上，从简单图案设计到专业印刷设计师或网页设计师对图片进行处理，无所不及，无所不能。

读者可以将一张用数码相机拍摄的照片，根据不同的需要在Photoshop中处理成不同风格的图像，从而方便、快捷地制作出艺术效果，这将给人们的生活添加风采。如下图所示为原图及各种效果图。

原图

半调图案效果

镜头光晕效果

水彩画纸效果

塑料包装效果

波浪效果

在Photoshop中，读者可以对图像进行粘贴、擦除、拼合等操作。仿制图章功能可以很快地删除画面中的图像，并自动补上缺口，即使复杂的背景也没问题，原图与效果图如下图所示。

原图

编辑后的图像效果

在Photoshop中，读者还可以为图片制作各式各样的效果，如海报、杂志封面、宣传页等，原图与效果图如下图所示。

原图1

处理之后的效果1

原图2

处理之后的效果2

下面就来使用富有魅力的Photoshop对数码图像进行操作。掌握Photoshop中的各种工具和菜单栏中的各种命令，同时提高自身的创造力，从而使设计灵感更上一层楼。如今，随着科技的迅速发展，网络无疑成了一个重要的信息平台，其中的元素等各方面内容也与Photoshop息息相关。如下图所示为两幅网站主页。

网站主页1

网站主页2

1.2 Photoshop CS5的操作界面

运行Photoshop CS5以后，可以看到包括了各种工具、菜单及面板的默认操作界面。本节将介绍Photoshop CS5的操作界面。

了解Photoshop CS5的操作界面

Photoshop CS5的操作界面主要由工具箱、菜单栏、面板和编辑区等组成，如下图所示。如果读者熟练掌握了各组成部分的基本名称和功能，就可以自如地对图形、图像进行操作。

❶ 快速切换栏

单击其中的按钮后，可以快速切换视图显示。如全屏模式、显示比例、网格、标尺等。单击按钮后，进入Bridge软件；单击按钮后，显示“选择显示网格”命令后的网格效果。如下图所示分别为网格效果和Bridge界面。

❷工作区切换器

可以快速切换到所需的工作区面板，包括“基本功能”、“设计”、“绘画”、“摄影”等工作区。如右图所示分别为“设计”工作区、“摄影”工作区。

❸菜单栏

菜单栏由11个菜单项组成，在各菜单项的下拉菜单中，如果单击有▶符号的命令，就会弹出级联菜单，如下图所示。

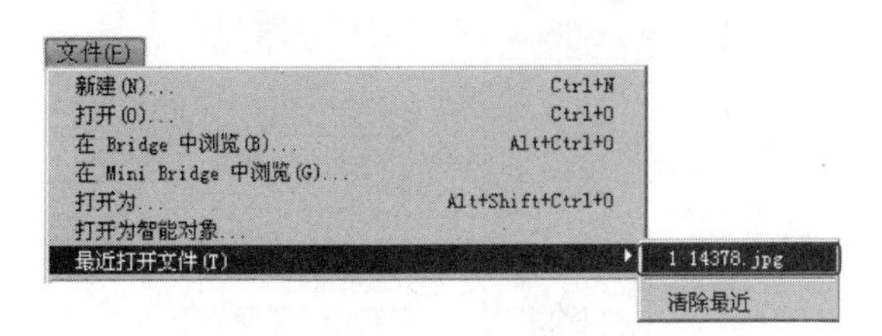

❹选项栏

在选项栏中，可显示在工具箱中所选工具的选项，如下图所示。根据所选工具的不同，所提供的选项也有所区别。

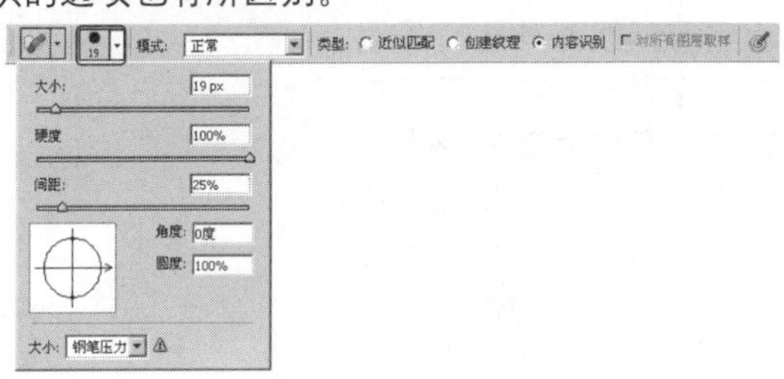

❺工具箱

工具箱中包含了photoshop CS5中的各种工具，部分工具如下图所示。

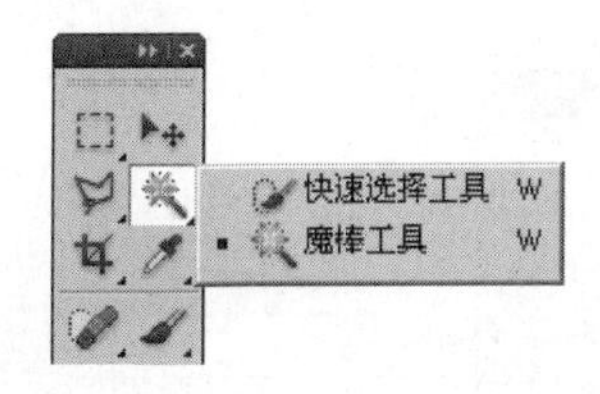

❻状态栏

位于界面下端，显示当前编辑图像文件的大小等各种信息，如下图所示。

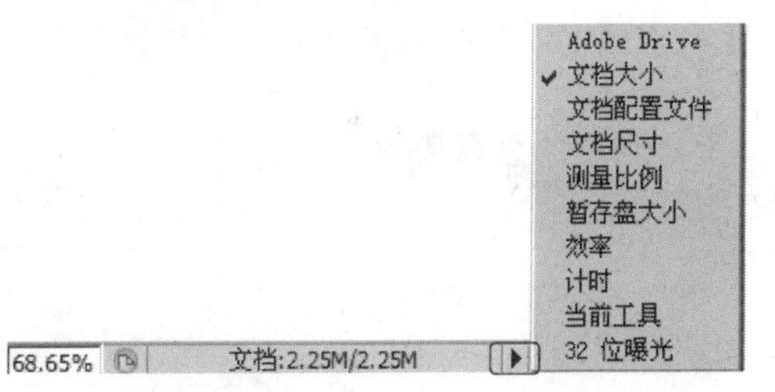

❼图像窗口

这是显示Photoshop中导入图像的窗口。在图像窗口中图像的标题栏中，可以显示文件名称、文件格式、缩放比率及颜色模式，如下图所示。

❽面板

为了更方便地使用Photoshop CS5中的各项功能，提供了各种面板。导航器面板如下图所示。

了解工具箱

启动 Photoshop CS5 后，工具箱将显示在界面左侧。工具箱中的某些工具会在选项栏中提供一些选项。使用这些工具，读者可以输入文字，也可以选择、绘制、移动、注释和查看图像，还可以对图像进行取样。有些工具可更改前景色和背景色，以及在不同的模式中工作。读者可以展开某些工具以查看隐藏的工具。工具按钮右下角的小三角形表示存在隐藏工具。将指针放在工具按钮上，便可以查看有关该工具的信息。工具的名称将出现在指针下面的工具提示中。如右图所示为工具箱。

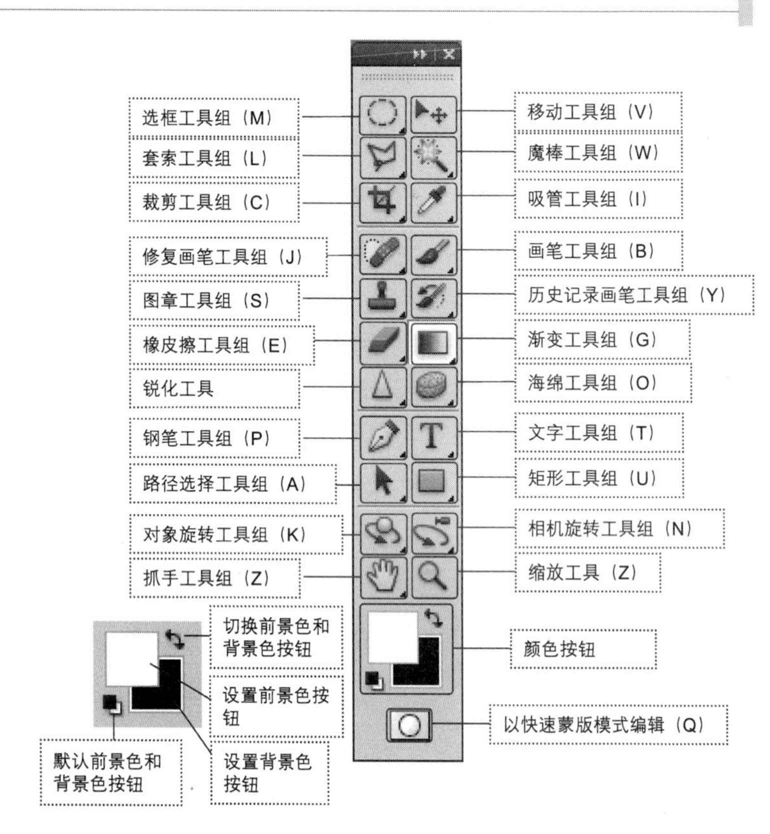

了解工具箱中的隐藏工具如下图所示

工具箱中的隐藏工具如右图所示。

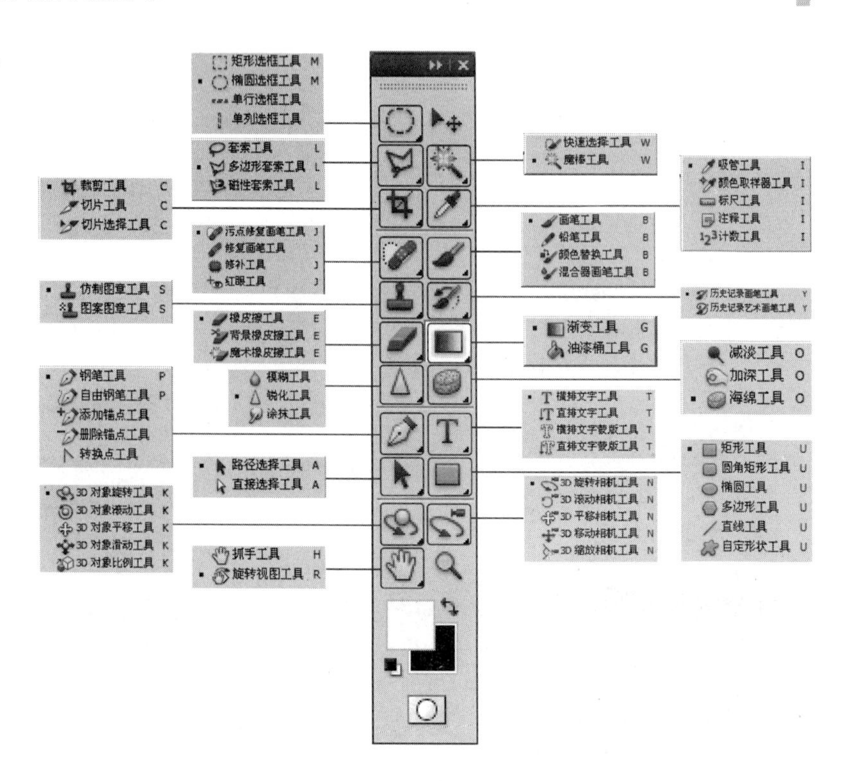

工具	说明	工具	说明
矩形选框工具 M 椭圆选框工具 M 单行选框工具 单列选框工具	“矩形选框工具”/“椭圆选框工具”/“单行选框工具”/“单列选框工具”：用于指定矩形、椭圆选区，以及单行或单列选择。	套索工具 L 多边形套索工具 L 磁性套索工具 L	“套索工具”/“多边形套索工具”/“磁性套索工具”：多用于指定曲线、多边形或不规则形态图像的选区。
裁剪工具 C 切片工具 C 切片选择工具 C	“裁剪工具”/“切片工具”/“切片选择”工具：在制作网页时，用于裁剪或切割图像。	污点修复画笔工具 J 修复画笔工具 J 修补工具 J 红眼工具 J	“污点修复画笔工具”/“修复画笔工具”/“修补工具”/“红眼工具”：用于修复图像或消除红眼现象。
仿制图章工具 S 图案图章工具 S	“仿制图章工具”/“图案图章工具”：用于复制特定图像，并将其粘贴到其他位置。	橡皮擦工具 E 背景橡皮擦工具 E 魔术橡皮擦工具 E	“橡皮擦工具”/“背景橡皮擦工具”/“魔术橡皮擦工具”：用于擦除图像或用指定的颜色擦除图像。
模糊工具 锐化工具 涂抹工具	“模糊工具”/“锐化工具”/“涂抹工具”：用于模糊处理或锐化图像。	钢笔工具 P 自由钢笔工具 P 添加锚点工具 删除锚点工具 转换点工具	“钢笔工具”/“自由钢笔工具”/“添加锚点工具”/“删除锚点工具”/“转换点工具”：用于绘制、修改路径，以及对矢量路径进行变形。
路径选择工具 A 直接选择工具 A	“路径选择工具”/“直接选择工具”：用于选择或移动路径和形状。	3D对象旋转工具 K 3D对象滚动工具 K 3D对象平移工具 K 3D对象滑动工具 K 3D对象比例工具 K	“3D对象旋转工具”/“3D对象滚动工具”/“3D对象平移工具”/“3D对象滑动工具”/“3D对象比例工具”：用于制作一些立体三维效果，然后凸出并膨胀其表面。
抓手工具 H 旋转视图工具 R	“抓手工具”/“旋转视图工具”：用于拖动或旋转图像。	快速选择工具 W 魔棒工具 W	“快速选择工具”/“魔棒工具”：可以快速地选择颜色相近并且相邻的区域。
吸管工具 I 颜色取样器工具 I 标尺工具 I 注释工具 I 计数工具 I	“吸管工具”/“颜色取样路径工具”/“标尺工具”/“注释工具”/“计数工具”：用于去除色样，度量图像的角度或长度，并可插入文本。	画笔工具 B 铅笔工具 B 颜色替换工具 B 混合器画笔工具 B	“画笔工具”/“铅笔工具”/“颜色替换工具”/“混合器画笔工具”：用于表现毛笔或铅笔效果。
历史记录画笔工具 Y 历史记录艺术画笔工具 Y	历史记录画笔工具/历史记录艺术画笔工具：将选定状态或快照的副本绘制到当前图像窗口中或复原图像。	渐变工具 G 油漆桶工具 G	“渐变工具工具”/“油漆桶工具”：用特定的颜色或者渐变色进行填充。
减淡工具 O 加深工具 O 海绵工具 O	“减淡工具”/“加深工具”/“海绵工具”：用于调整图像的色相及饱和度。	横排文字工具 T 直排文字工具 T 横排文字蒙版工具 T 直排文字蒙版工具 T	“横排文字工具”/“直排文字工具”/“横排文字蒙版工具”/“直排文字蒙版工具”：用于横向或纵向输入文字或文字蒙版。
矩形工具 U 圆角矩形工具 U 椭圆工具 U 多边形工具 U 直线工具 U 自定形状工具 U	“矩形工具”/“圆角矩形工具”/“椭圆工具”/“多边形工具”/“直线工具”/“自定形状工具”：用于绘制矩形椭圆等形状。	3D旋转相机工具 N 3D滚动相机工具 N 3D平移相机工具 N 3D移动相机工具 N 3D缩放相机工具 N	“3D旋转相机工具”/“3D滚动相机工具”/“3D平移相机工具”/“3D移动相机工具”/“3D缩放相机工具”：拖动可将相机沿X或Y方向环绕移动，还可以滚动相机；拖动还可将相机沿X或Y方向平移、移动；拖动可更改3D相机的视角。

了解面板

面板汇集了图像操作常用的选项或功能。在编辑图像时，选择工具箱中的工具或者执行菜单栏中的命令以后，使用面板可以进一步细致调整各选项，从而将面板中的功能更好地应用到图像上。Photoshop CS5根据各种功能提供了如下面板。

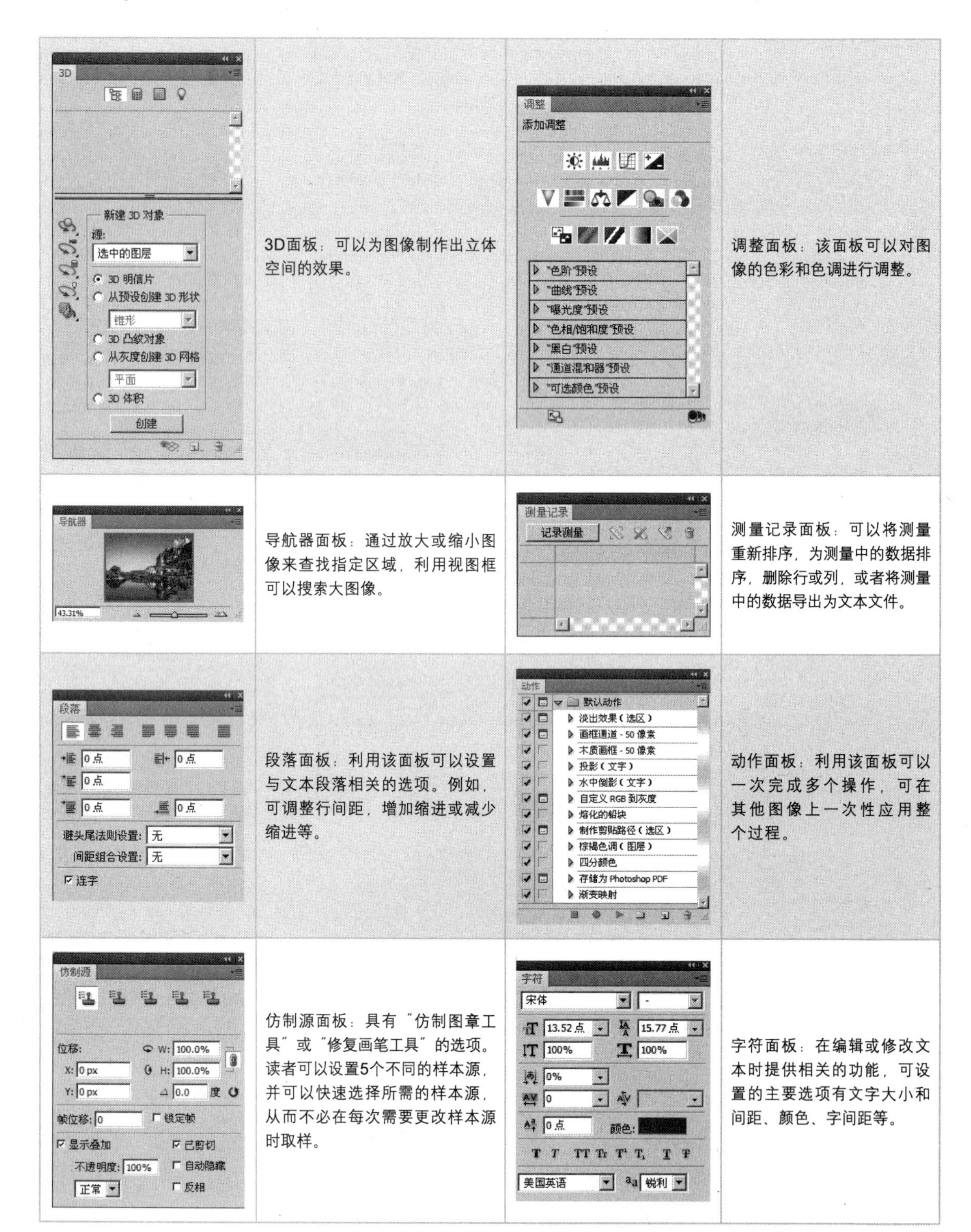

面板	说明	面板	说明
3D	3D面板：可以为图像制作出立体空间的效果。	调整	调整面板：该面板可以对图像的色彩和色调进行调整。
导航器	导航器面板：通过放大或缩小图像来查找指定区域，利用视图框可以搜索大图像。	测量记录	测量记录面板：可以将测量重新排序，为测量中的数据排序，删除行或列，或者将测量中的数据导出为文本文件。
段落	段落面板：利用该面板可以设置与文本段落相关的选项。例如，可调整行间距，增加缩进或减少缩进等。	动作	动作面板：利用该面板可以一次完成多个操作，可在其他图像上一次性应用整个过程。
仿制源	仿制源面板：具有“仿制图章工具”或“修复画笔工具”的选项。读者可以设置5个不同的样本源，并可以快速选择所需的样本源，从而不必在每次需要更改样本源时取样。	字符	字符面板：在编辑或修改文本时提供相关的功能，可设置的主要选项有文字大小和间距、颜色、字间距等。

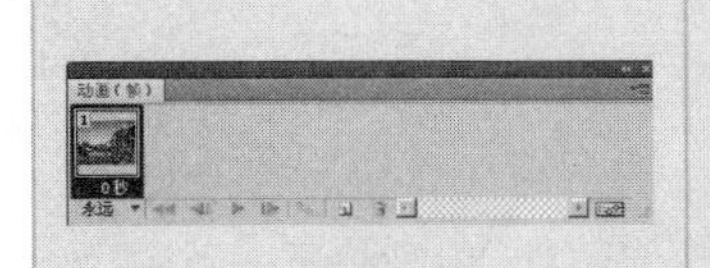	动画面板：利用该面板便于可以对动作进行操作。	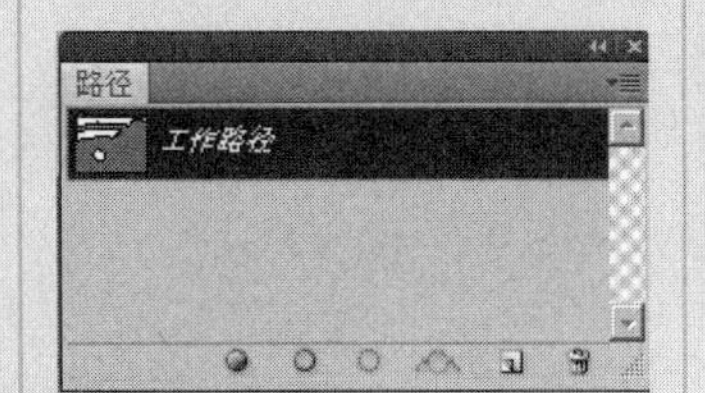	路径面板：用于将选区转换为路径，或者将路径转换为选区，利用该面板可以应用各种与路径相关的功能。
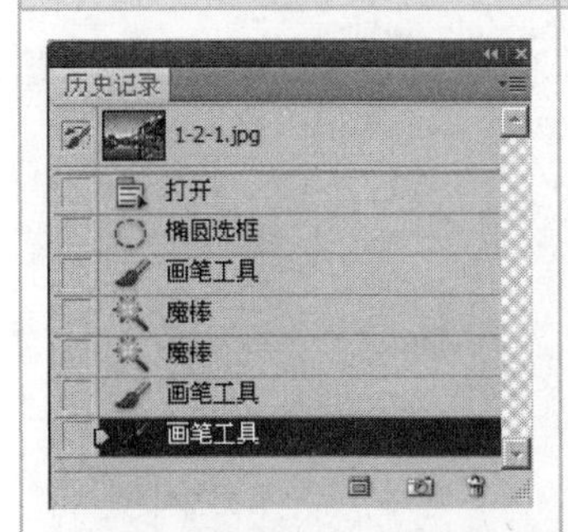	历史记录面板：该面板用于恢复操作过程，可将图像操作过程按顺序记录下来。	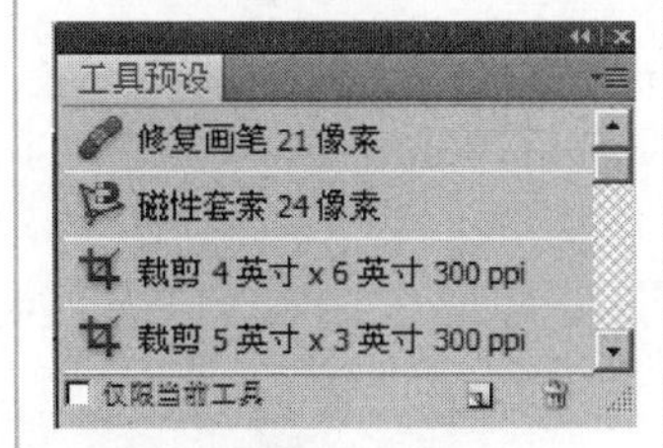	工具预设面板:在该面板中可保存常用的工具。可以将相同工具保存为不同的设置，因此可提高操作效率。
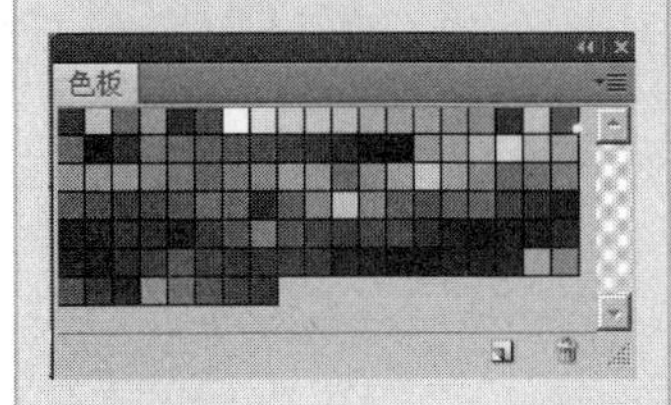	色板面板：该面板用于保存常用的颜色。单击相应的色块，该颜色就会被指定为前景色。		通道面板：该面板用于管理颜色信息或者利用通道指定的选区。主要用于创建Alpha通道及有效管理颜色通道。
	图层面板：在合成若干个图像时可以使用该面板。在该面板中可以创建和删除图层，并且可以设置图像的不透明度和图层蒙版等。	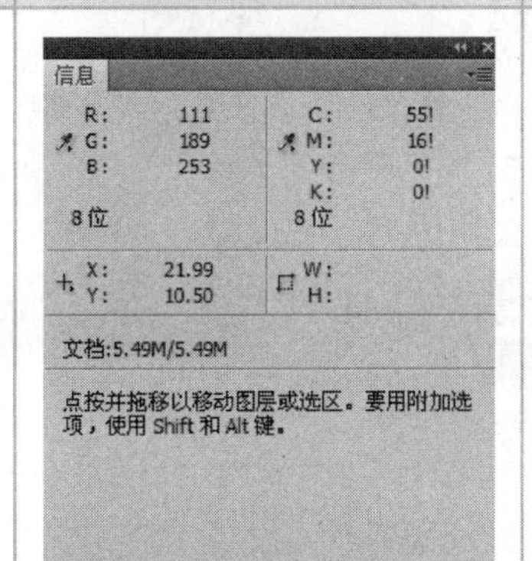	信息面板：该面板以数值形式显示图像信息。将指针移动到图像上，就会显示图像颜色相关的信息。
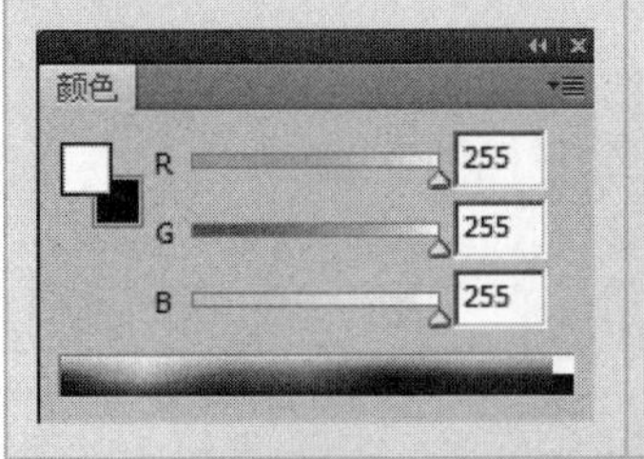	颜色面板：用于设置背景色和前景色。颜色可通过拖动滑块指定，也可以通过输入相应的颜色值指定。		样式面板：该面板用于制作立体图标。只要在该版面中预设的样式上单击即可。
	直方图面板：在该面板中可以看到图像所有色调的分布情况。图像的颜色主要分为最亮的区域（高光）、中间区域（中间色调）和暗淡区域（暗调）3部分。		

1.2.1 打开图像窗口

1. 打开文件

步骤01 运行Photoshop CS5后，在菜单栏中选择“文件>打开”命令或按【Ctrl+O】组合键，如右（左）图所示。

步骤02 弹出“打开”对话框，在指定文件夹中选择文件002.jpg，如右（右）图所示，然后单击“打开”按钮。

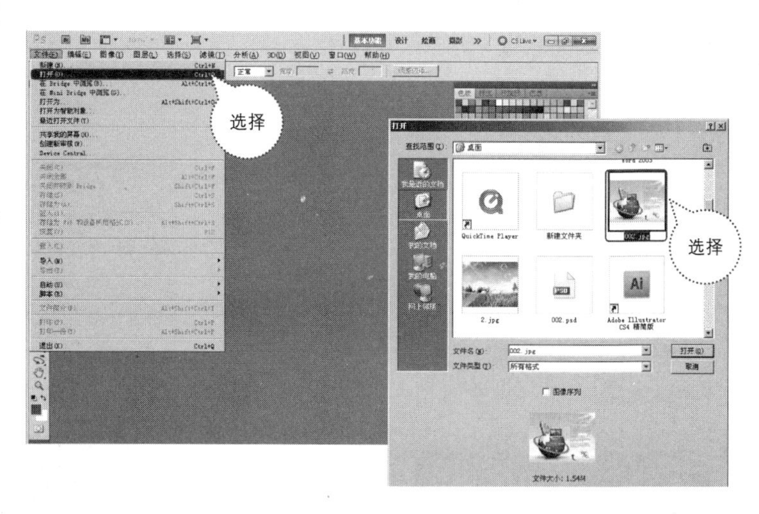

2. 移动并最小化图像窗口

步骤01 此时，所选图像显示在画面中。如果想将图像移动到指定位置，可单击图像窗口的标题栏并拖动，如右（左）图所示。

步骤02 如果想暂时隐藏图像，可单击图像窗口右上方的“最小化” 按钮，如右（右）图所示。

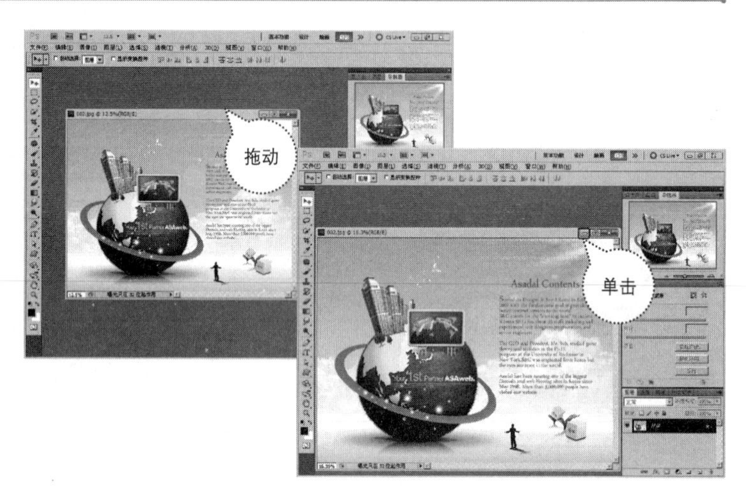

3. 最大化窗口

步骤01 如右（左）图所示，图像窗口被最小化为标题栏，位于界面的左下方，单击“最小化”按钮旁的“最大化”按钮。

步骤02 此时，图像窗口显示为最大，如右（右）图所示。

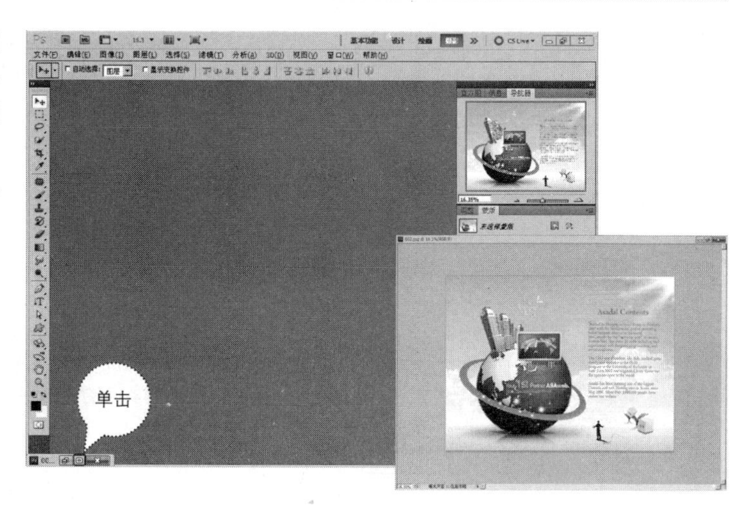

4. 利用Brige打开图像

步骤01 利用Bridge打开文件，可以先查看其缩略图再打开。选择“文件>在Bridge中浏览”命令，也可以按【Alt+Ctrl+O】组合键打开Bridge，如右（左）图所示。

步骤02 弹出Bridge窗口，在左上方树形结构的文件夹列表中打开保存有图片002.jpg的文件夹，选择图片002.jpg后，双击即可打开。

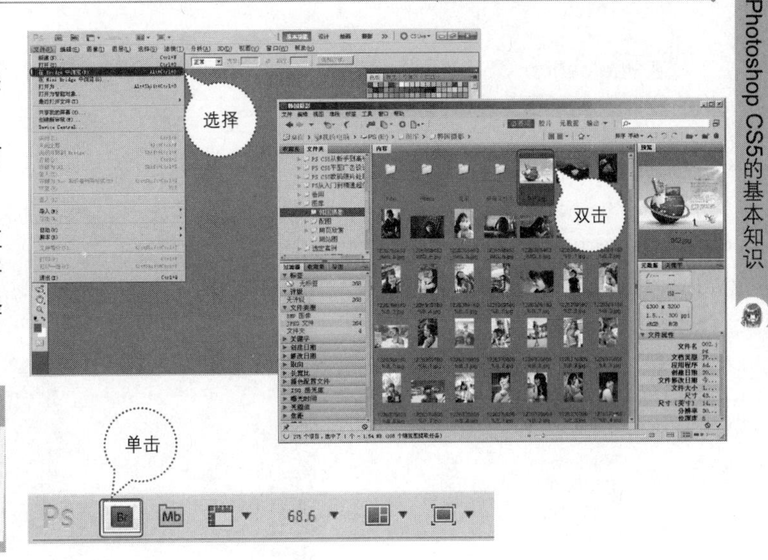

提示

也可直接在快速切换栏中单击“启动Bridge”按钮，可打开Bridge窗口，如右图所示。

5. 利用Mini Bridge打开图像

步骤01 选择“文件>在Mini Bridge中浏览”命令，可以打开Mini Bridge面板，如右图所示。

步骤02 弹出Mini Bridge窗口后，在上方的目录中选择保存有图片002.jpg的文件夹，找到所需图片后，双击该图片即可打开。

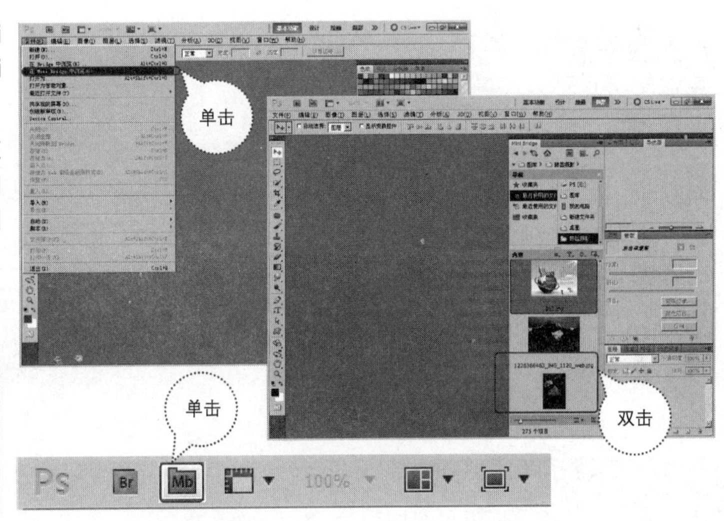

提示

也可直接在快速切换栏中单击“启动Mini Bridge”按钮，打开Mini Bridge窗口，如右图所示。

6. 关闭Mini Bridge面板

步骤01 如右（左）图所示，002.jpg显示在独立的图像窗口中。

步骤02 单击Mini Bridge右上方的 按钮，选择“关闭”命令即可关闭该界面。关闭该界面后的界面如右（右）图所示。

1.2.2　调整工具箱和面板

在Photoshop CS5中可以随意移动工具箱和面板，也可以调整面板大小。将面板移动到不妨碍操作的位置或者隐藏面板，都是最基本的操作。

1. 移动工具箱和面板

步骤01 打开图片003.jpg，在Photoshop中可根据操作者的工作需要调整工具箱和面板的位置。按住工具箱上方的标签并拖动，即可移动到任意位置。移动前后效果如右图所示。

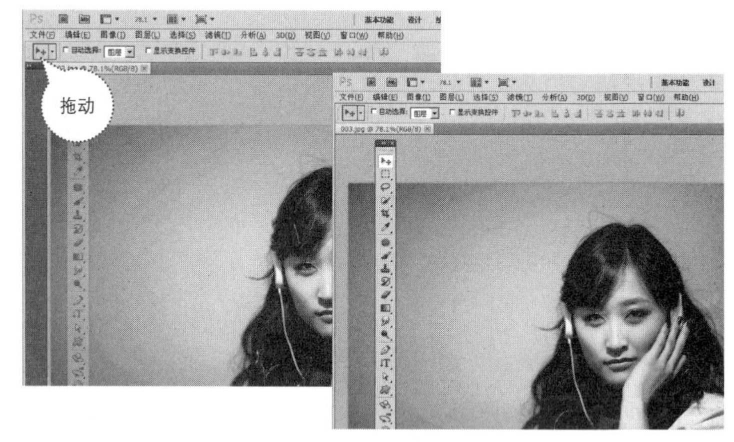

步骤02 同样，按住面板的标签并拖动，也可以将其移动到其他位置。

步骤03 拖动过程中，面板呈透明状显示，当将其移动到合适位置，释放鼠标后则正常显示。移动前后效果如右图所示。

2. 恢复工具箱和面板到原位置

要使工具箱和面板重新回到原位置，可选择“窗口 > 工作区 > 复位基本功能”菜单命令。如右图所示，工具箱和面板恢复到了初始位置。

3. 将工具箱呈两列显示

在操作过程中，如果习惯将工具箱呈两列显示，只需单击工具箱左上角的 ▸▸ 按钮即可，前后效果如右图所示。

4. 关闭不需要的面板

如果要隐藏不必要的面板，只需单击各面板中的“关闭”按钮即可，前后效果如右图所示。

5. 打开所需面板

如果隐藏了不必要的面板，则界面上只显示部分面板，可扩大操作区域，提高工作效率。若想再打开面板，则在“窗口”菜单中选择相应的面板名称即可。在本例中，要打开字符面板，选择“窗口 > 字符”菜单命令即可，如右图所示。

6. 调整面板大小

步骤01 下面来调整图层面板的大小。按住图层面板的标签，并将其移动到界面的左边。

步骤02 将指针移动到面板的边缘，鼠标指针变为↕形状，单击鼠标并拖动即可。

1.2.3 组合/拆分/切换面板

1. 组合面板

打开图像005.jpg，为进一步提高工作效率，可将需要使用的面板组合到一个面板组中。下面组合调整面板、图层面板。首先，按住调整面板的标签。将其拖动到图层面板组中，此时调整面板从原面板组中分离出来，并移到了图层面板旁，如右图所示。

2. 拆分面板

接下来拆分面板。按住通道面板的标签，并将其拖动到界面的左侧。如右图所示，通道面板从原面板组中分离出来，形成了独立的面板。

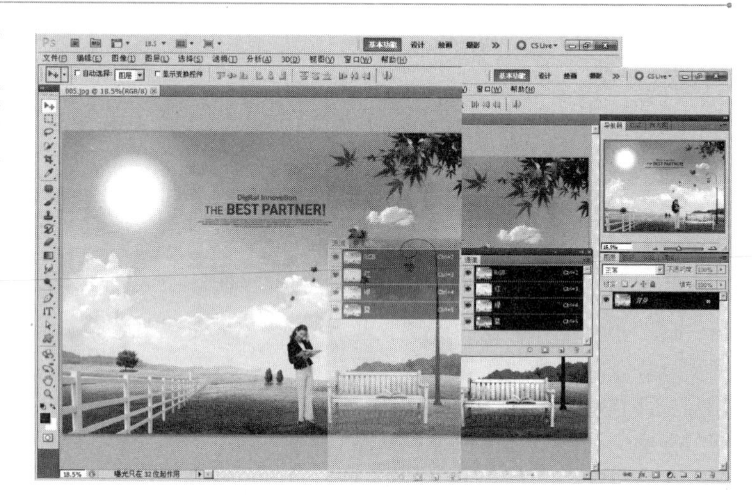

3. 切换面板

为了方便、快速地使用面板，可以在面板间进行切换。当面板显示为白色时，为当前正在使用状态；显示为灰色时，为隐藏状态。如右图所示，图层面板为当前正在使用的面板。要对通道面板进行操作，可直接单击通道面板标签，当它显示为白色状态时，即可以对其进行操作。

1.2.4 创建新文件并保存

1. 创建新文件

步骤01 选择“文件>新建”菜单命令或按【Ctrl+N】组合键。

步骤02 在弹出的“新建”对话框中可以设置新文件的大小。

步骤03 保留新建文件的名称为默认的“未标题-1”，将文件大小的宽设置为900，高为700，单位为像素，然后单击“确定”按钮，如右图所示。

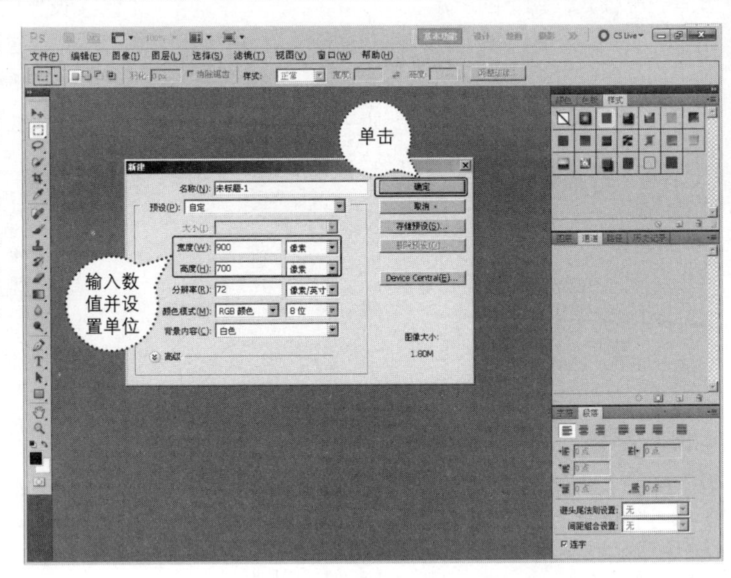

2. 确定文件窗口

界面上弹出了新的图像窗口。新文件的宽为900像素，高为700像素，白色区域就是操作区域，效果如右图所示。

3. 设置文件大小

步骤01 选择Photoshop CS5中预设的图像文件大小，也可以创建出大小各异的窗口。选择“文件>新建”菜单命令，弹出“新建”对话框。

步骤02 单击“预设”选项的下拉按钮，在下拉列表中选择“国际标准纸张”选项，如右（左）图所示。

步骤03 在“大小”下拉列表选择A3选项，如右（右）图所示。

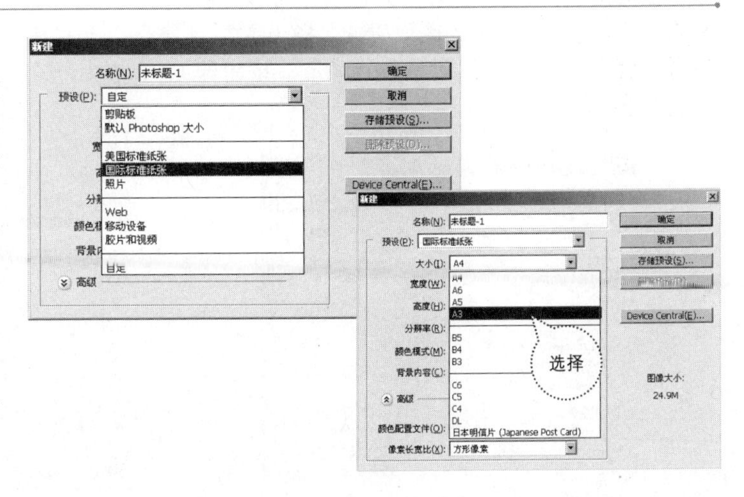

4. 颜色配置文件的设置

在“颜色配置文件”选项中，为新建的文件选择一种模式，如下图所示。

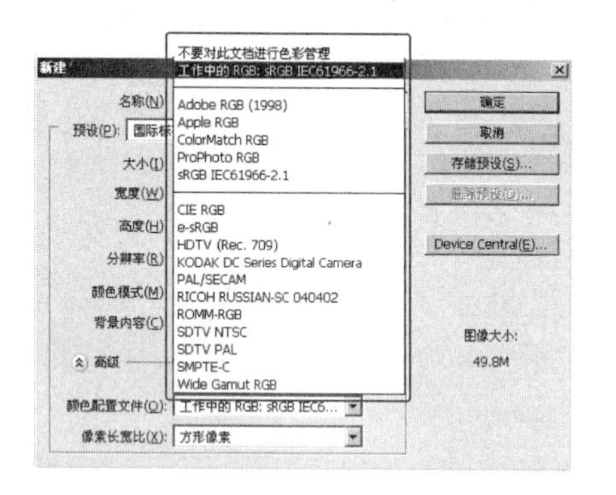

5. 像素长宽比的设置

如果需要为文件的像素设置长宽比例，可在“像素长宽比”下拉列表中选择一种模式，如下图所示。

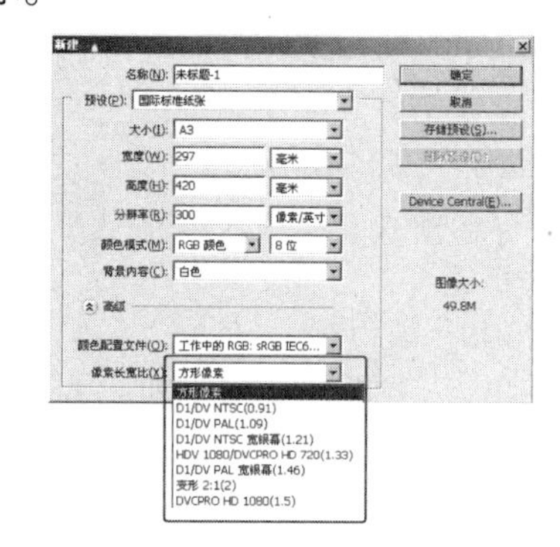

6. 保存文件

步骤01 要保存新建的文件，可选择“文件>存储为”菜单命令或按【Shift+Ctrl+S】组合键，如下图所示。

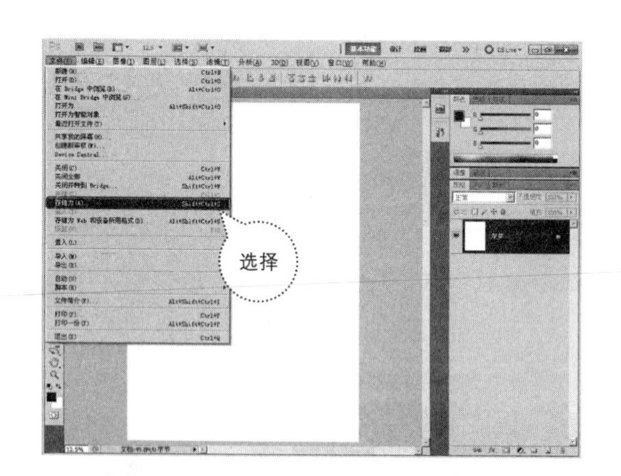

步骤02 弹出“储存为”对话框，输入文件名以后，在“格式”下拉列表中选择文件格式。在该范例中，将“文件名”设置为001，并选择JPEG文件格式，最后单击“保存”按钮，如下图所示。

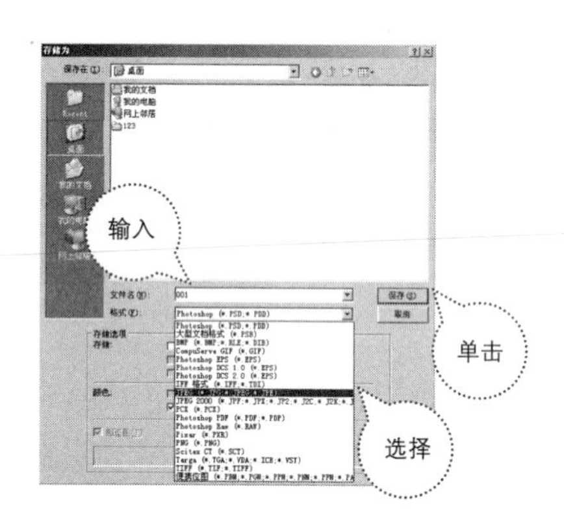

7. 设置图像的画质

在弹出的“JPEG选项”对话框中可设置图像的画质。为了得到好的图像质量，将“品质”选项设置为“高”，然后单击“确定”按钮即可，如下图所示。

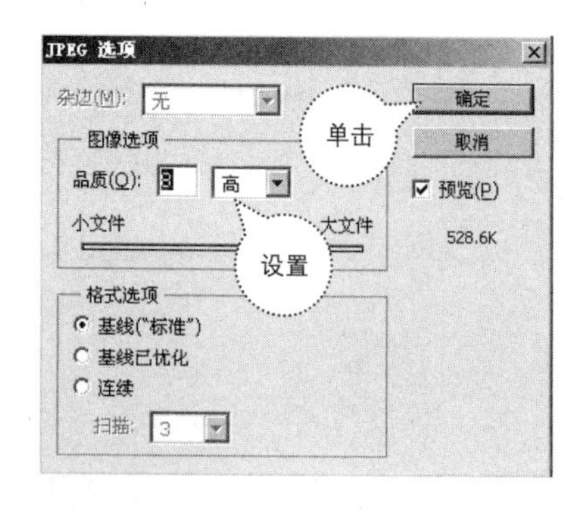

8. 关闭文件

选择“文件 > 关闭”菜单命令，如下图所示。也可按【Ctrl+W】组合键，还可以单击图像窗口右上方的“关闭”按钮，关闭当前编辑文件。

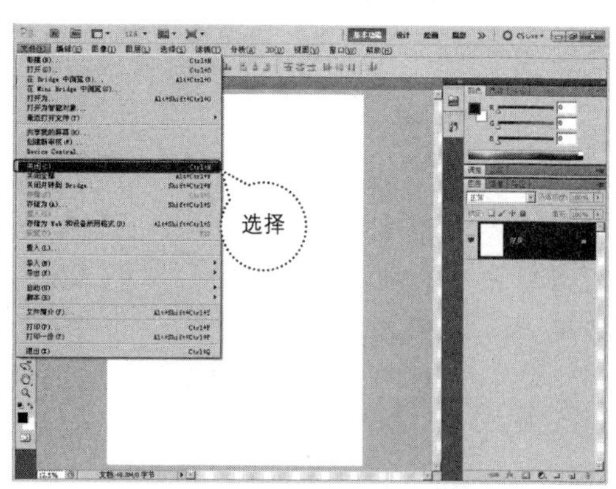

1.2.5 在Photoshop CS5中设置文件格式

Photoshop CS5提供了多种文件格式，以便在其他应用程序中导入图像。在Photoshop CS5中选择“文件＞存储为”菜单命令，在弹出的“存储为”对话框中有20种文件格式可供选择。

单击“格式”选项的下拉按钮，即可在其下拉列表中选择所需要的文件格式，如右图所示。在这里介绍几种经常用到的文件格式。

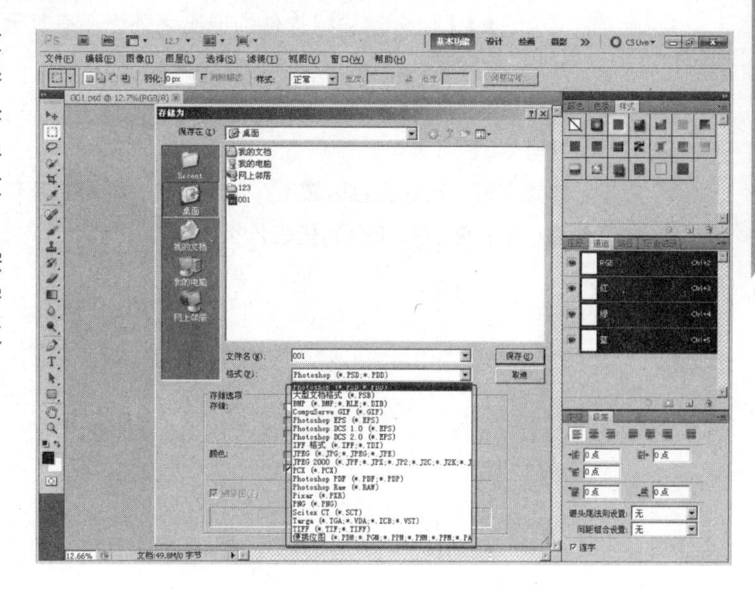

1. Photoshop文件格式

PSD：这是保存Photoshop图像所使用的文件格式，主要用于保存图层等在Photoshop中的信息。

2. 用于因特网上的文件格式

（1）JPEG：可以缩小文件容量，将图像压缩后保存的文件格式。其压缩功能很强，但缺点是会降低图像的画质。选择JPEG格式后，会弹出“JPEG选项”对话框，如右图所示。该对话框中的各项选项含义如下。

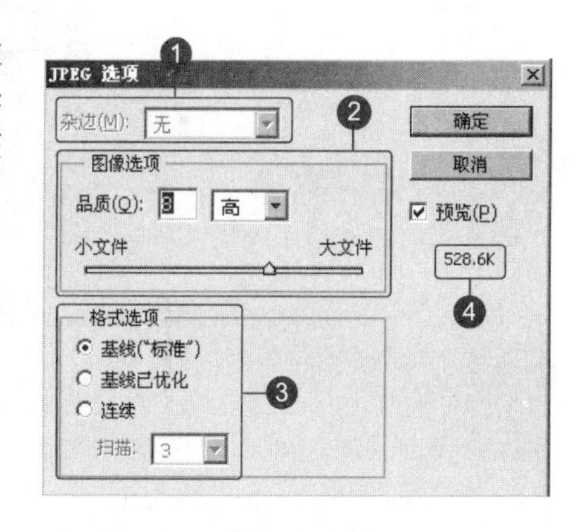

❶ 杂边：对于透明显示的图像，用于设置其背景色。

❷ 图象选项：用于设置图像画质的选项。其值越大，压缩率越低，画质就越接近原图像。

❸ 格式选项：用于设置图像的格式。基线（“标准”）选项为默认设置。

❹ 文件大小：显示图像的大小。

（2）GIF：可将图像的指定区域制作为透明状态，还可以为图像赋予动画效果的文件格式。选择GIF格式后，会弹出“索引颜色”对话框，如右图所示。该对话框中个选项含义如下。

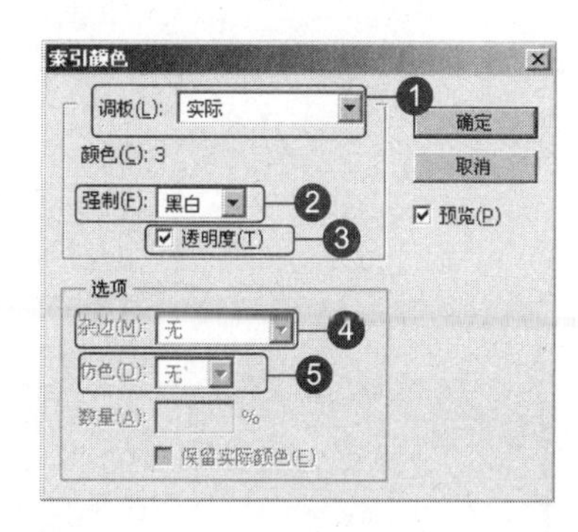

❶ 调板：调整图像表现的颜色数量。

❷ 强制：选择保存为索引颜色模式时所需要的选项

❸ 透明度：用于制作透明的图像。

❹ 杂边：设置图像背景色，将图像显示为透明状态。

❺ 仿色：在图像上应用效果，制作出最优的图像。

课程练习

1. 除了按【Alt+F4】组合键进行软件的退出之外，还有其他哪3种方法可以将Photoshop软件关闭?
2. 新建文件有哪3种方法?
3. 打开文件有哪3种方法?
4. 将指针放置在哪个栏的蓝色区域上，然后双击，即可将窗口在最大化和还原状态之间切换?
5. 在颜色面板中，R、G、B分别代表什么颜色?

第2章 平面设计概述

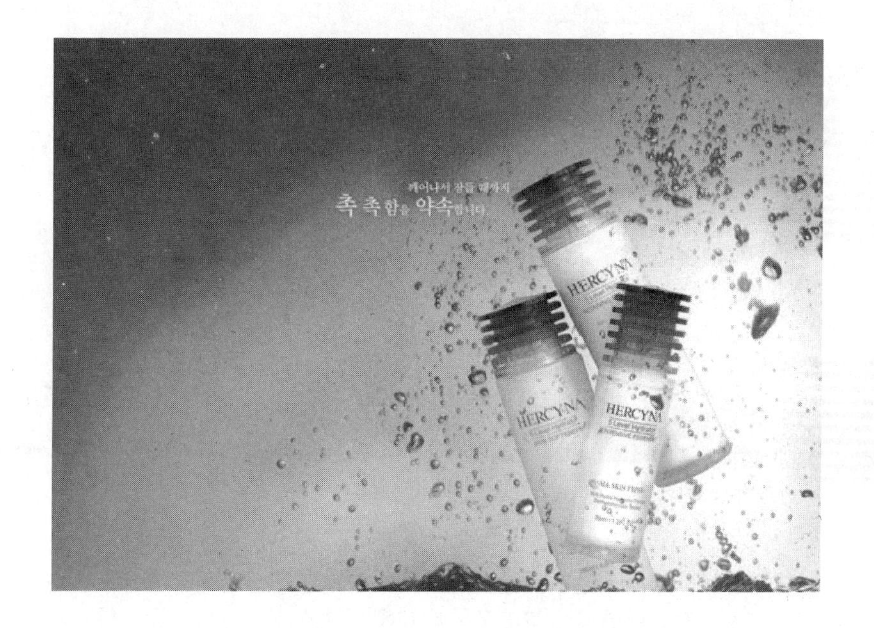

教学目的：

熟悉平面设计的基础知识，掌握平面设计的一般规律和审美原则，了解不同广告设计的传播媒体。

教学重点：

（1）平面设计的特征和分类

（2）常用的平面设计软件

（3）形式美的规律和设计原则

2.1 平面设计概述

平面设计泛指具有艺术性和专业性，以“视觉”作为沟通和表现的方式通过多种方式，来创造和结合符号、图片和文字，并借此传达想法或信息的视觉表现。平面设计师可能会利用字体排印、视觉艺术、版面等方面的专业技巧，来达到创作计划的目的。平面设计通常指制作（设计）时的过程，以及最后完成的作品。

2.1.1 平面设计基础知识

在日常生活中，随处都可以发现一些平面设计作品，平面设计涉及了多种不同的领域，如字体设计、书籍装帧设计、型录样本设计、DM杂志设计、新闻报刊设计、包装设计、海报设计、招贴设计。另外，平面设计在商业设计与艺术设计中很显然是存在的。设计是有目的的策划，平面设计是这些策划采取的形式之一。在平面设计中，需要用视觉元素来传播设想和计划，用文字和图形把信息传达给观众，让读者通过这些视觉元素了解设计师的设想和计划，也为人们的生活增添了不少乐趣。如下图所示，分别为利用不同的平面构图和通过对图形进行排列及对色彩进行调整所构成的三度空间效果图。本章主要介绍有关平面设计的知识。

2.1.2 平面设计的概述

设计是科技与艺术的结合，是商业社会的产物，在商业社会中需要艺术设计与创作理想的平衡。设计与美术不同，因为设计既要符合审美又要具有实用性，以人为本。设计是一种需要，而不仅仅是装饰、装潢。设计的关键之处在于发现，只有经过深入的感受和体验才能做到。设计可以让人感动，足够的细节本身就能感动人，图形创意、色彩品位、材料质地都能感动人。读者可以把设计的多种元素进行有机艺术化组合。平面设计作品的最终目的就是要将实体内容以广告的形式为众人所知，达到其宣传效果。如下图所示分别为设计的具有美感的插画和具有商业性质的包装。

2.1.3 平面设计的分类

目前，常见的平面设计项目可以归纳为十大类：网页设计、包装设计、DM广告设计、海报设计、平面媒体广告设计、POP广告设计、样本设计、书籍设计、刊物设计、VI设计。如下图所示分别为网页设计和海报设计作品。

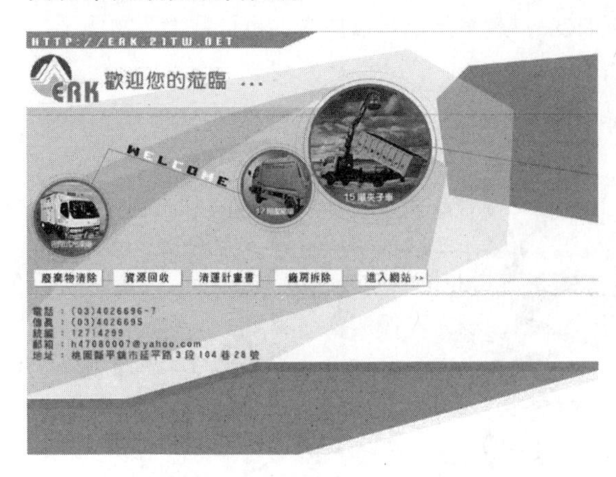

2.1.4 平面设计的传播媒体

人们对广告的认识和利用正在从微观向宏观扩展，从单纯的商业交换领域迅速扩展到整个经济、文化乃至政治领域。汉语“广告”的含义，可以说是广告的广义解释。近年来，随着“广而告之”电视栏目的播出，这个词语可以说是人人皆知。

如果广告是以“营利为目的”的，则称为“商业广告”或“经济广告”，这类广告是广告平面设计的重点。

凡能够向大众传播信息的载体均称为媒体。传播广告信息的载体，称为广告媒体，或称为“媒介物”、“媒介”。随着近代科技水平的进步和商品经济的发展，广告媒体越来越多，常见的种类有如下。

● 平面广告

平面广告包括招贴、样本、报纸杂志、户外广告、包装设计、标志设计、书籍封面设计等，如下（左）图所示。

● 立体广告

立体广告包括商业橱窗广告、展览会场广告、霓虹灯广告、灯箱广告、软雕塑广告等，如下（右）图所示。

● 电波广告

电波广告包括电影广告、电视广告、广播电台广告、录相广告、电子显示屏幕广告等，如下（左）图所示。

● POP广告

POP广告英文全称是Point Of Purchase，简称POP，意思是销售点广告，也可称为购物场所广告，如下（右）图所示。

通常，人们把报纸、电视、广播、招贴、POP广告称为五大媒体，因为它们在时效性、广泛性、权威性、习惯性等方面都具有其他媒体不可比拟的优势。随着家庭计算机的普及和网络技术的不断发展，网络媒体将会成为第六大媒体。

2.1.5 常用的平面设计软件

平面设计软件一直是应用的热门领域，可以划分为图像绘制和图像处理两个部分。经常用到的平面设计软件包括Adobe Photoshop、CorelDRAW、Adobe Illustrator、Adobe Indesign、PageMaker、FreeHand等，以上软件的界面分别如下图所示。这些软件高品质及多变化的功能受到了使用者的赞赏。同时，在使用这些软件时，也需要在意识、思维上有创意，这不仅能准确折射现代火热的生活、人们的开放意识，而且也能给人们以灵魂上的震撼，情操上的洗礼。

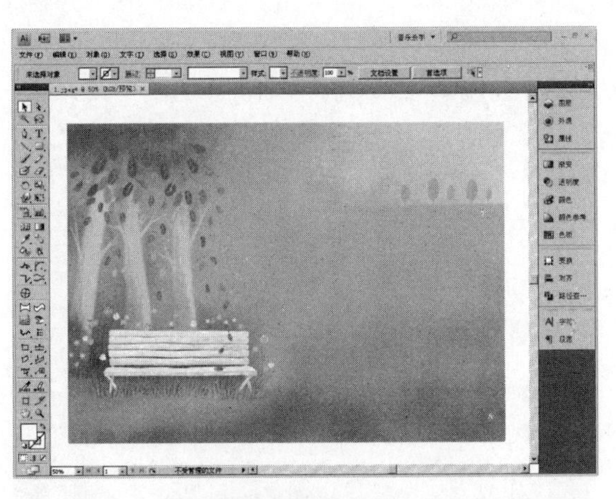

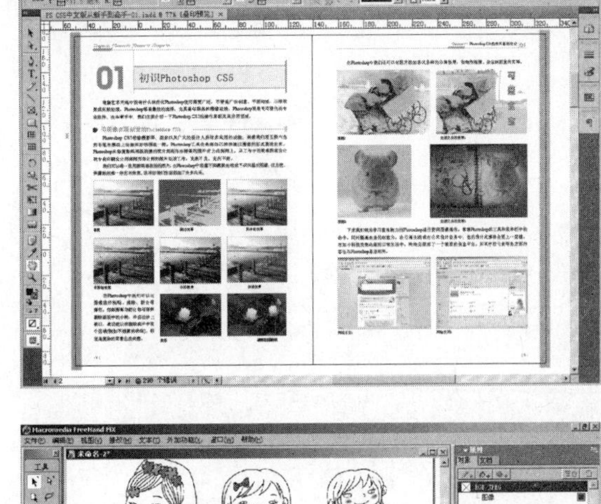

2.1.6 平面设计作品欣赏

随着经济的发展，广告业也日益受到大众的喜爱与欣赏，平面设计在广告制作过程中也是不可或缺的，如下图所示是各领域的平面设计作品，分别为动漫设计、包装袋设计、插画设计、卡片设计、广告设计、形象墙设计。

2.2 形式美的构成因素及基本原则

形式美法则是形式美的基本规律，是形态艺术设计的基本原则，它是人类千百年来从自然万物中总结出来的规律，具有普遍性。点、线、面是最基本的形态元素，点、线、面的构成是平面设计的基础，下面以会员卡和名片的构成为例进行介绍。

（1）造型形态的应用。从造型形态上来讲，点的构成应用包括分割画面以形成区域构图，辅助处理底纹以增强装饰性。线的构成应用包括分割画面以形成区域构图，构成图案以丰富画面，形成画面边框。面的构成应用包括分割画面以形成区域构图，强调画面中需要突出的部分。如下（左）图所示为制作的会员卡。

（2）构成要素的应用。名片的构成要素包括标志、主题文案、辅助说明文案、画面的构成图案。以构成要素分析点、线、面的构成是画面构图的需要。在一张完整的名片构图中，各个具体要素按照其形态、大小的不同，归纳出相应的点形、线形、面形，从点、线、面及其相互关系来调整其方位、比例等，从而丰富和完善画面的构图，也使设计者更好地把握构图如下（右）图。所示为制作的卡片。

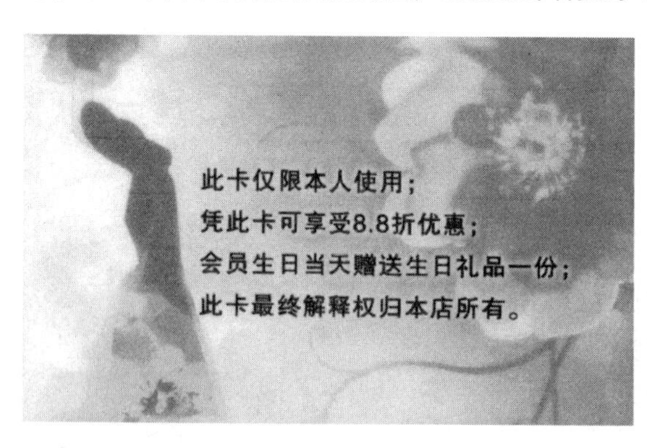

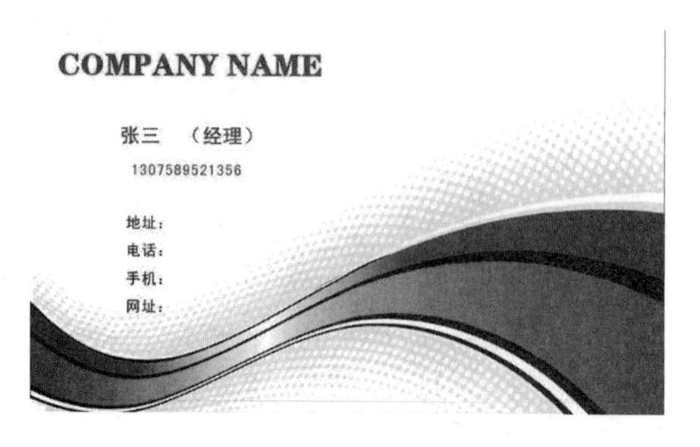

2.2.1 形式美的构成因素

形式美的构成因素一般分为两大部分：一部分是构成形式美的感性质料，另一部分是构成形式美感性质料之间的组合规律，或称为构成规律、形式美法则。如下图所示，前两幅图为形式美的感性质料，最后一幅图为感性质料的组合规律。

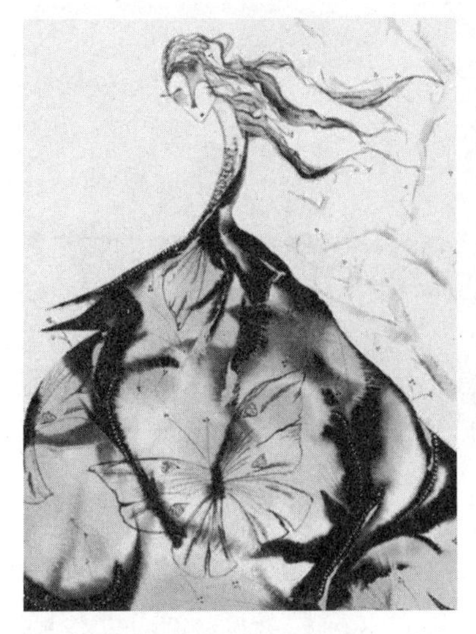

构成形式美的感性质料主要包括色彩、形状、线条、声音等。各种物体因吸收及反射光的程度不同，而呈现出赤、橙、黄、绿、青、蓝、紫等十分复杂的色彩现象。色彩既有色相、明度、纯度属性，又有色性差异。形状和线条作为构成事物空间形象的基本要素，也具有情感表现性。

构成形式美的感性质料组合规律，即形式美法则主要包括对齐与参差、对称与平衡、比例与尺度、黄金分割律、主从与重点、过渡与照应、稳定与轻巧、节奏与韵律、渗透与层次、质感与肌理、调和与对比、多样与统一等。这些规律是人类在创造美的活动中不断熟悉和掌握各种感性质料的特性，并对形式因素之间的联系进行抽象、概括而来的。如下图所示，左图展现了方格的对齐与参差，右图展现了对称与平衡。

2.2.2 形式美的基本原则

在日常生活中，美是人们追求的精神享受。当接触到一件事物，并判断它的存在价值时，合乎逻辑的内容和美的形式必然同时存在。在现实生活中，由于人们所处的经济地位、文化素质、思想习俗、生活理想、价值观念等的不同而有不同的审美追求。当单从形式条件来评价某一事物或某一造形设计时，对于美或丑的感觉，在大多数人中存在着一种相通的共识，这种共识是从人类社会长期生产、生活实践中积累的，它的依据就是客观存在的美的形式法则。在人类的视觉经验中，帆船的桅杆、电缆铁塔、高耸的大树、高楼大厦的结构轮廓都是高耸的垂直线，因而垂直线在艺术形式上给人以上升、高大、严格等感觉；水平线则使人联系到地平线、平原、大海等，给人开阔、平静等形式感。如下图所示的图片展现了各种形式美。

这些源于生活积累的共识，使人类逐渐意识到形式美的基本原则。形式美的基本原则主要表现如下。

（1）协调：世界上的万事万物，尽管形态千变万化，但它们都是按照一定的规律而存在，大到日月运行、星球活动，小到原子结构的组成和运动，都有其各自的规律。单独的一种颜色、一根线条称不上和谐，几种要素具有基本的共同性和溶合性才称为和谐。和谐也保持了部分差异性，当差异性表现得较强烈和显著时，和谐的格局就向对比的格局转化。如下（左）图所示表现了外形与色调的协调。如下（右）图所示表现了静与动的协调。

（2）对比：把质或量反差较大的两个要素放在一起，使人产生鲜明强烈的感触而仍具有统一感的现象称为对比，这样能使主题更加鲜明，使作品更加活跃。对比关系主要通过色调的明暗、冷暖，形状的大小、粗细、长短、方圆，方向的垂直、水平、倾斜，数量的多少，距离的远近、疏密，图的虚实、黑白、轻重，形象态势的动静等多方面的因素来得到。对比手法对于海报、橱窗设计、展示设计等以作用于第三者的视觉为第一要求的设计来说，具有更强大的实用效果。如下（左）图所示展现出了颜色对比，如下（右）图所示展现形状对比。

（3）对称：假定在某一图形的中央设置一条垂直线，将图形分为相等的左右两部分，其左右部分的形状完全相等，这个图形就是左右对称的图形，这条垂直线称为对称轴。当对称轴的方向由垂直转换成水平方向时，则为上下对称。如果垂直轴与水平轴交叉组合，则为四面对称，两轴相交的点即为中心点，这种对称形式称为点对称。如下（左）图所示表现为上下对称，如下（右）图所示表现为左右对称。

（4）均衡：图案构成设计上的平衡并非实际重量的均等关系，而是根据图像的形量、大小、轻重、色彩及材质的分布作用于视觉判断的平衡。平面上常以中轴线、中心线、中心点保持形量关系的平衡，同时关系到动势和重心等因素。在日常生活中，平衡是动态的特征，如人体运动、鸟的飞翔、兽的奔驰、风吹草动、流水激浪等都是平衡的形式，因而平衡的构成具有动感。如下图所示为静与动构成的均衡画面。

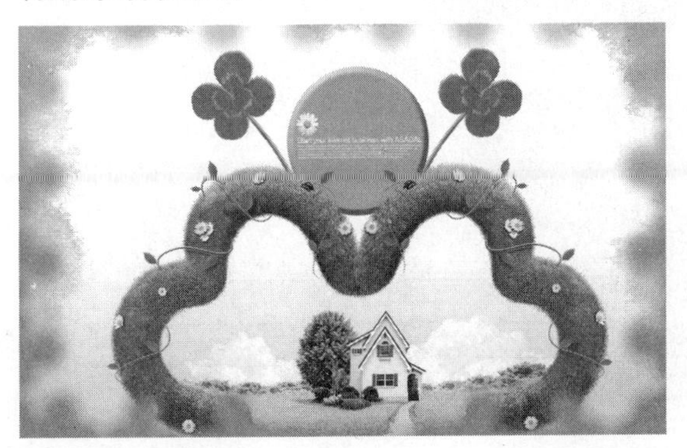

（5）比例：比例是部分与部分或部分与全体之间的数量关系，是比“对称”更为详密的比率概念。人们在长期的生产实践和生活活动中一直运用着比例关系，并以人体自身的尺度为中心，根据自身活动的方便总结出各种尺度标准，体现于衣、食、住、行及工具中，成为人因工程学的重要内容。比例是设计中的一切单位大小及各单位间编排组合的重要构成因素。如下（左）图所示展现了高与宽的比例，如下（右）图所示展现了大小之间的比例。

（6）重心：在立体器物上，重心是指器物内部各部分所受合力的作用点，找一般器物重心的常用方法是，用线悬挂物体，待物体平衡时，重心一定在悬挂线或悬挂线的延长线上；在另一点悬挂住物体，平衡后，重心必定在新悬挂线或新悬挂线的延长线上，前后两线的交点即物体的重心位置。任何物体的重心位置都和视觉的安定有紧密的关系。图像轮廓的变化、图形的聚散、色彩或明暗的分布都可对视觉重心产生影响。因此，画面重心的处理是平面构成探讨的一个方面。如下（左）图所示展现不倒翁的重心，如下（右）图所示展现了异体图形重心。

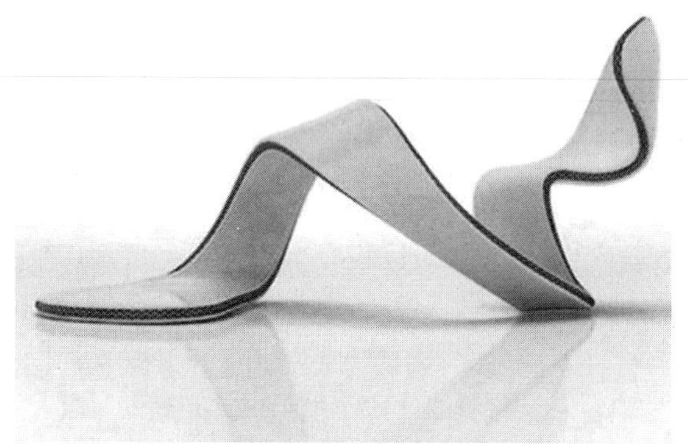

（7）旋律：旋律本是音乐中音响节拍轻重缓急的变化和重复。节奏这个具有时间感的用语在构成设计上是指，同一要素连续重复时所产生的运动感。如右（左）图所示展现了渐变色彩的旋律，如右（右）图所示展现了整齐形状的旋律。

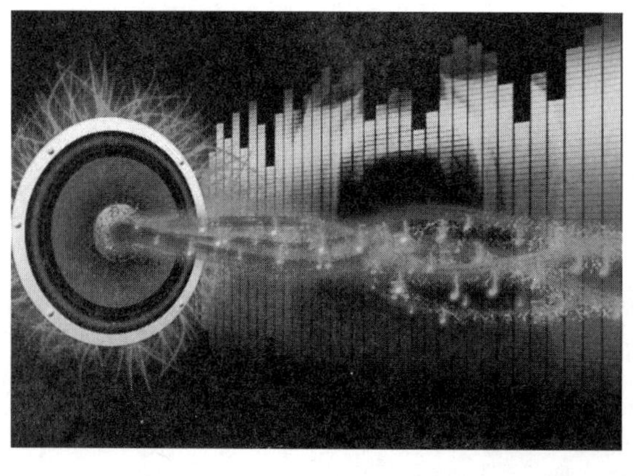

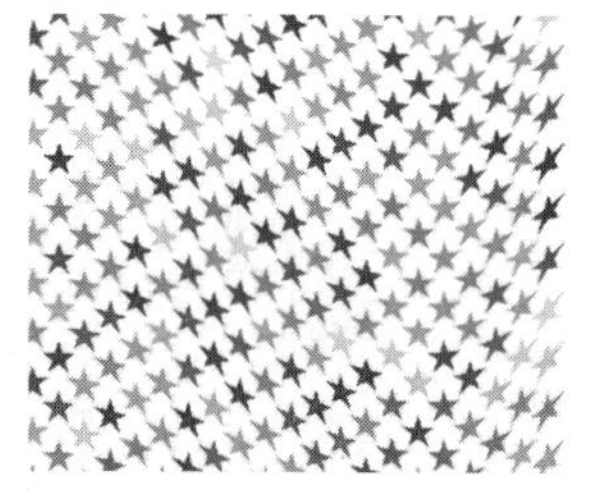

（8）韵律：平面构成中单纯的单元组合重复易于单调，由有规律变化的形象或色群间以等比排列，使之产生音乐、诗歌的旋律感，称为韵律。有韵律的构成具有积极的生机和加强魅力的能量。如下（左）图所示展现了高调色彩的韵律，如下（右）图所示展现了优美姿态的韵律。

2.3 平面设计综合实例

平面设计是人们在制作广告效果图时经常会涉及的一个领域，Photoshop用其独特的功能占据了重要地位。本节主要讲解利用Photoshop CS5制作漂亮的效果图实例。

2.3.1 炫彩海报的设计

本实例主要用Photoshop CS5制作素材与整个画面相称的效果。

本实例主要讲解了怎样使用通道抠图、图层混合模式的应用和图像色彩的调整，使整个画面达到一种相互映衬的和谐效果。在制作过程中，要特别注意色彩的调整搭配，以便制作出满意的效果，最终效果如右图所示。

原始文件： Ch02\Media\香水.psd

最终文件： Ch02\Complete\香水.psd

1. 准备素材

步骤01 选择"文件>新建"命令或按【Ctrl+N】组合键，在弹出的"新建"对话框中设置参数，如右（左）图所示。

步骤02 单击"确定"按钮后，退出"新建"对话框。此时，工作界面中会出现一个新的文件窗口，如右（右）图所示。

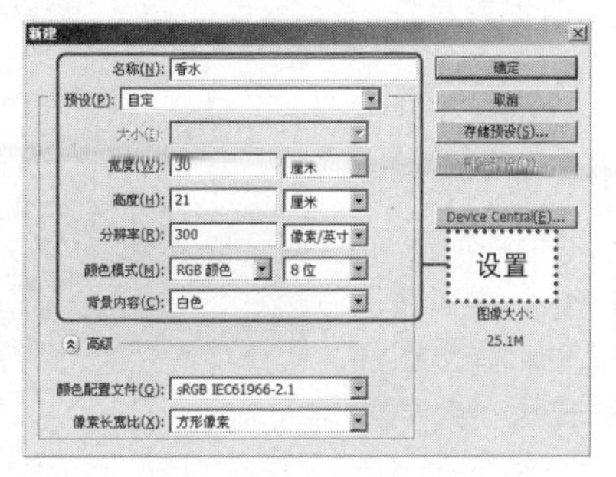

步骤03 选择“文件>打开”命令或按【Ctrl+O】组合键，打开本书附带光盘文件“背景.jpg”，如右（左）图所示。

步骤04 单击“移动工具”按钮，将打开的背景素材拖入到当前正在操作的文件窗口中，如右（右）图所示。此时，得到“图层1”图层。

步骤05 选择“编辑>自由变换”命令或按【Ctrl+T】组合键，弹出自由变换框，调整“背景jpg"的大小和位置，然后双击或按【Enter】键，应用变换效果，如右（左）图所示。

步骤06 选择“图像>调整>色相\饱和度”命令，弹出“色相\饱和度”对话框，设置参数，单击“确定”按钮，如右（右）图所示。

2. 制作光晕效果

步骤01 打开图层面板，单击图层面板下面的“创建新图层”按钮，新建一个图层。单击“椭圆选框工具”按钮，在选项栏中单击“从选区减去”，然后绘制椭圆选区，效果如右（左）图所示。

步骤02 选择“选择>修改>羽化”命令，在弹出“羽化选区对话框时，设置半径为5，像素单击“确定”按钮，如右（右）图所示。

步骤03 单击“设置前景色”色块，弹出“拾色器”前景色对话框颜色R：207、G:173、B:62，单击“确定”按钮。按下【Alt+Delete】组合键，填充颜色，按下【Ctrl+D】组合键，取消选择，如右（左）图所示。

步骤04 按【Ctrl+T】组合键，弹出自由变换框，通过拖动控制点调整图形形状，并将其移至到合适位置，效果如右（右）图所示。

步骤05 按照上述所述方法，继续绘制椭圆选区，对选区进行适当的羽化，设置颜色值为R:54、G:41、B:8，对图形进行适当的调整，效果如右（左）图所示。

步骤06 按照相同的方法继续绘制，效果如右（右）图所示。

步骤07 打开图层面板，按住【Shift】键，依次单击绘制的所有光晕图层，单击鼠标右键，在弹出的快捷菜单中选择“合并图层”命令，将所有光晕图层合并成为一个图层，双击“图层名称”，修改图层名称为“光晕”，效果如右（左）图所示。

步骤08 确认“光晕”图层处于选中状态，将“光晕”图层的混合模式设置为“滤色”，如右（右）图所示。

3. 添加花朵效果

步骤01 按【Ctrl+O】组合键，打开本书附带光盘中的“花.psd”文件，单击“移动工具”按钮，将打开的花朵素材拖入到当前正在操作的文件窗口中，效果如右（左）图所示。

步骤02 按【Ctrl+T】组合键，弹出自由变换框，通过拖动控制点调整图像大小，并将其移至合适位置，效果如右（右）图所示。

步骤03 双击“花”图层的图层缩览图，弹出“图层样式”对话框，选择“外发光”复选框，设置参数，单击“确定”按钮，参数设置及效果如右图所示。

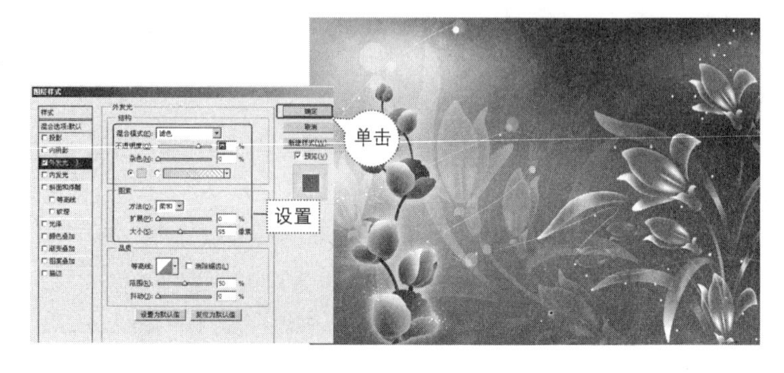

步骤04 按住【Alt】键并拖曳，复制花图像，再按【Ctrl+T】组合键，弹出自由变换框，按比例适当地缩放复制的花图像，在自由变换框内单击鼠标右键，选择“水平翻转”命令，效果如右（左）图所示。

步骤05 在自由变换框内单击鼠标右键，选择“扭曲”命令，通过拖动控制点调整图像的形状，效果如右（右）图所示。

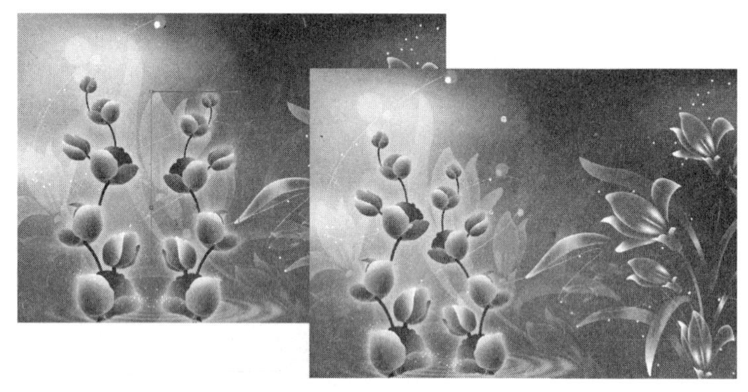

步骤06 单击“套索工具”按钮，在选项栏中设置羽化半径为5，在复制的花图像上创建选区，按【Delete】键删除选区内图像，如右（左）图所示。

步骤07 使用“套索工具”再次在花图像上创建选区，按【Ctrl+J】组合键，复制图层，如右（右）图所示。

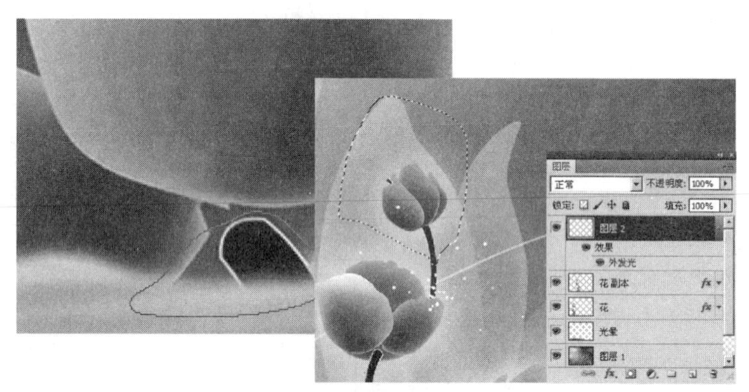

步骤08 按【Ctrl+T】组合键，弹出自由变换框，在自由变换框内单击鼠标右键，选择“水平翻转”命令，对图像进行适当地旋转，再单击鼠标右键，选择“扭曲”命令，调整图像形状，并调整图层位置，使其位于“花副本”图层的下面，效果如右（左）图所示。

步骤09 再次在花图像上新建一个选区，按【Ctrl+J】组合键，通过复制图层，命名为“图层3”，继续完善花朵图像；按住【Shift】键，依次选择花副本、图层2和图层3图层，右击选择“合并图层”命令，设置图层的不透明度为50%，效果如右（右）图所示。

步骤10 按住【Shift】键，选择“花”图层和“花副本”图层，单击鼠标右键，选择“合并图层”命令，得到“花副本”图层，单击图层面板下面的“添加图层蒙版”按钮，为图层添加图层蒙版，设置前景色为黑色，单击“渐变工具”按钮，选择线性渐变和前景到透明效果，在图像上拖曳，效果如右（左）图所示。

步骤11 确保“花副本”图层处于选中状态，设置图层的混合模式为“滤色”，效果如右（右）图所示。

步骤12 单击图层面板下面的“创建新图层”按钮，新建一个图层。单击“钢笔工具”按钮，在工作区上单击确定起始点，绘制封闭区域，结合“转换点工具”调整图形的形状，效果如右（左）图所示。

步骤13 设置前景色为白色，按【Ctrl+Enter】组合键，将其载入选区，按【Alt+Delete】组合键填充颜色，按【Ctrl+D】组合键取消选区，效果如右（右）图所示。

步骤14 选中上一步绘制的图形图层，设置其不透明度为14%，效果如右图所示。

步骤15 按照步骤12~14步所述的方法继续绘制图形，填充颜色，设置不透明度，效果如下（左）图所示。

步骤16 按住【Shift】键，将以上所绘制的所有封闭图形选中，单击鼠标右键，选择“合并图层”命令，双击图层名称，将图层名称修改为“光束”，设置其混合模式为“滤色”，如下（右）图所示。

4. 通道抠图，为人物制作特效

步骤01 按【Ctrl+O】组合键，打开本书附带光盘文件“人物.jpg”，打开通道面板，复制“红”通道，得到“红副本”通道，如右图所示。

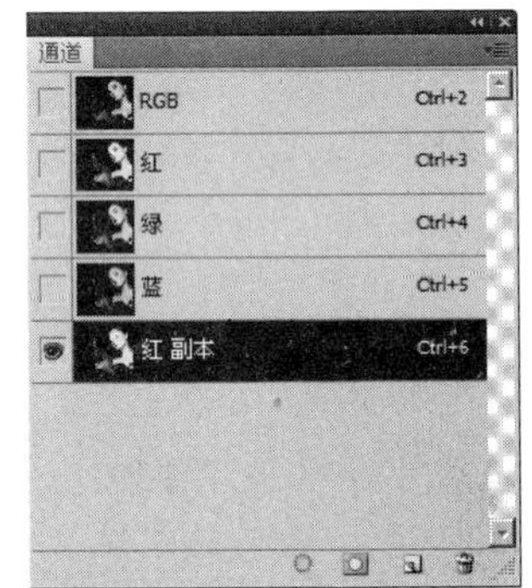

步骤02 选择“图像>调整>色阶”命令，弹出“色阶”对话框，设置参数，单击“确定”按钮，参数设置及效果。如右图所示。

> **提 示**
>
> 利用通道抠图时，通过对“红”、“绿”、“蓝”这3个通道进行对比，选出黑白对比比较强烈的一个通道进行复制，然后调整色阶，使其对比更加鲜明。如果尚未达到所需效果，还可使用“橡皮擦工具”达到满意的效果。

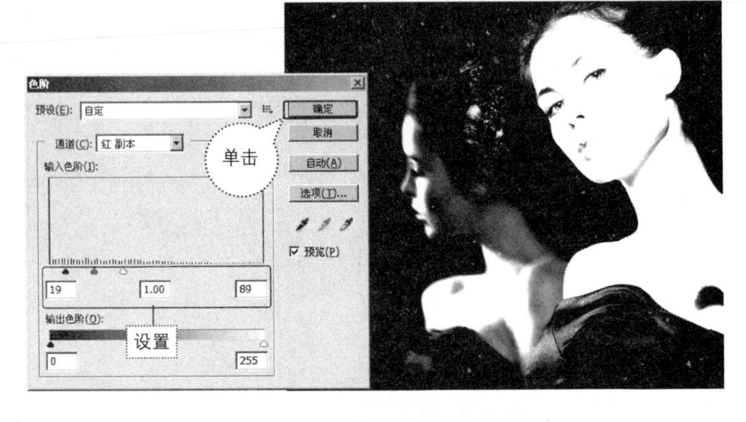

步骤03 设置前景色为黑色，单击“橡皮擦工具”按钮，在人物图像上涂抹，直至将整个人物完全涂为白色。设置前景色为白色，使用“橡皮擦工具”将背景和另一个人物涂为黑色，效果如右（左）图所示。

步骤04 选中“红副本”通道，按住【Ctrl】键单击“红副本”通道的缩览图，将人物图像载入选区，效果如右（右）图所示。

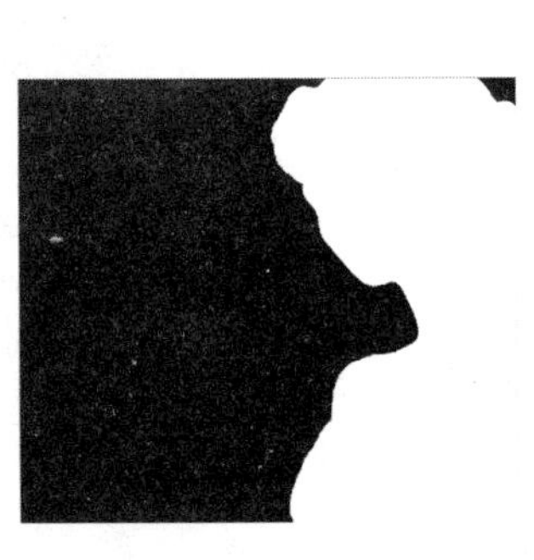

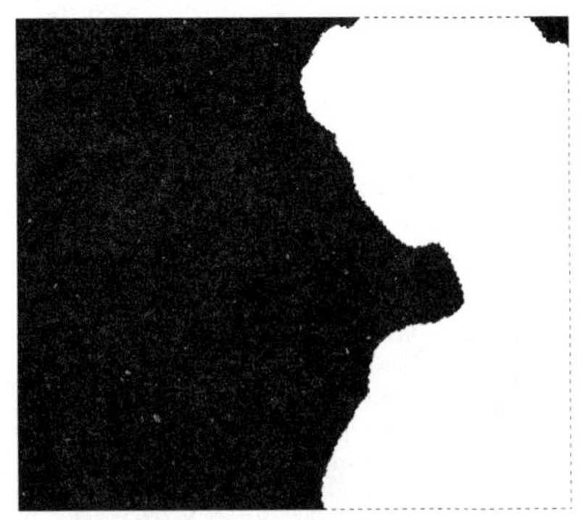

步骤05 选择RGB通道，回到图层面板，按【Ctrl+J】组合键进行复制，如右图所示。

步骤06 单击“移动工具”按钮，将抠出来的人物图像拖入到当前正在操作的文件窗口中，按【Ctrl+T】组合键，弹出自由变换框，通过拖动控制点调整图像的大小，且将其移至合适的位置，双击图层名称，将其修改为“人物”，如右图所示。

步骤07 确保“人物”图层处于选中状态，双击“人物”图层的图层缩览图，弹出“图层样式”对话框，选择“外发光”复选框，设置参数，单击“确定”按钮，参数设置及图像效果如右图所示。

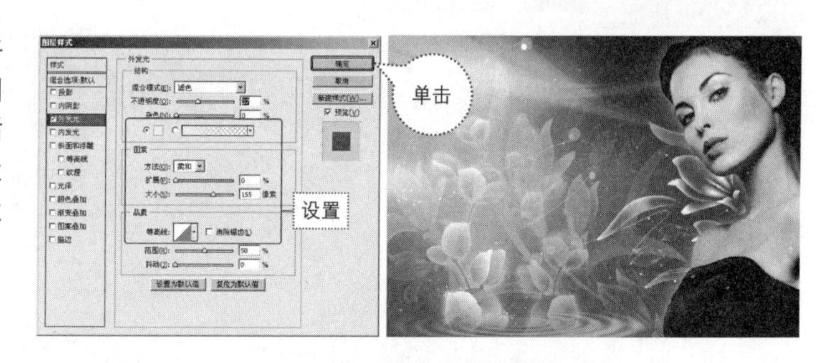

步骤08 确保“人物”图层处于选中状态，按住【Ctrl】键单击“人物”图层的图层缩览图，将人物载入选区，单击图层面板下面的“创建新的填充或调整图层”按钮，在弹出的菜单中选择“色阶”命令，得到“色阶1”图层，设置参数，效果及参数设置如右图所示。

步骤09 按照上一步所述的方法，将人物载入选区，单击图层面板下面的“创建新的填充或调整图层”按钮，在弹出的菜单中选择“色彩平衡”命令，得到“色彩平衡1”图层，设置参数，效果及参数设置如右图所示。

步骤10 打开图层面板，新建一个图层，单击“椭圆选框工具按钮”按钮，在工作区中绘制一个椭圆选区，效果如右（左）图所示。

步骤11 单击“渐变工具”按钮，打开“渐变编辑器”窗口，设置参数，单击“确定”按钮，如右（右）图所示。

步骤12 在选项栏中单击“径向渐变”按钮，为图形应用径向渐变效果，按【Ctrl+D】组合键取消选区，如图所示。

步骤13 确保“图层2”图层处于选中状态，按住【Ctrl】键单击人物图层的图层缩览图，将人物载入选区，按【Ctrl+J】组合键复制图层，得到“图层3”图层，如右图所示。

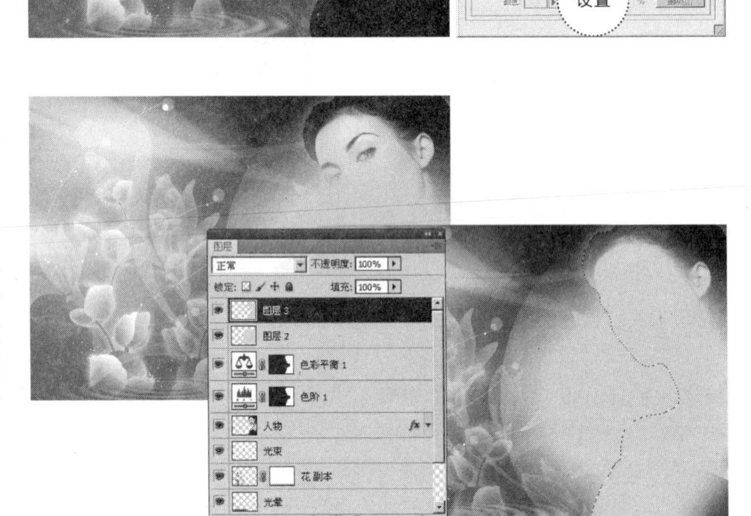

步骤14 选择“图层2”图层，按【Delete】键删除“图层2”图层，选择“图层3”图层，设置“图层3”图层的混合模式为“柔光”，效果及参数设置如右图所示。

5. 制作其他素材效果

步骤01 打开本书附带光盘中的“香水.psd”文件，单击“移动工具”按钮，将打开的素材拖入到当前正在操作的文件窗口中，按【Ctrl+T】组合键，适当调整图像大小，并移至合适位置，效果如右（左）图所示。

步骤02 确保香水图层处于选中状态，单击图层面板下面的“添加图层蒙版”按钮，给香水图层添加图层蒙版，设置前景色为黑色，单击“渐变工具”按钮，选择线性渐变和前景到透明效果，在图像上拖曳，效果如图所示。

步骤03 按住【Ctrl】键，单击香水图层的图层缩览图，将香水载入选区，单击图层面板下面的“创建新的填充或调整图层”按钮，在弹出的菜单中选择“色阶”命令，得到“色阶2”图层，设置参数，效果及参数设置如右（左）图所示。

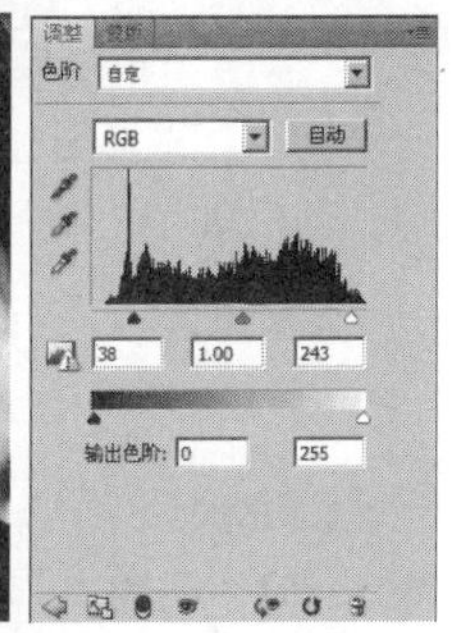

步骤04 复制香水图层，得到香水副本图层，选择“编辑>变换>垂直翻转”命令，再使用键盘上的方向键将其移至合适位置，效果如右（左）图所示。

步骤05 确保香水副本图层处于选中状态，将其图层的混合模式设置为“正片叠底”，参数设置及效果如右（右）图所示。

步骤06 打开本书附带光盘文件“素材.psd”，单击“移动工具”按钮，将打开的素材图片拖入到当前正在操作的文件窗口中，按【Ctrl+T】组合键，适当调整图像大小，并移至合适位置，效果如右（左）图所示。

步骤07 确保“素材”图层处于选中状态，设置其图层的混合模式为“颜色减淡”，效果及参数设置如右（右）图所示。

步骤08 打开本书附带光盘中的文件“星光.psd”和“蝴蝶.psd”，单击“移动工具”按钮，将打开的素材图片拖入到当前正在操作的文件窗口中，按【Ctrl+T】组合键，分别调整图像至合适的大小，并移至合适位置，效果如右（左）图所示。

步骤09 选中“蝴蝶”图层，设置其混合模式为“滤色”，效果及参数设置如右（右）图 所示。

步骤10 调整图层顺序，将“星光”图层移至“光晕”图层的上边，效果及图层面板如右图所示。

步骤11 以上为整个操作过程，最终效果如右图所示。

知识拓展

本实例讲解了制作时尚的人物海报的过程，主要运用了“渐变工具”、“椭圆选框工具”、“矩形选框工具”和“画笔工具”，制作羽化效果与图层样式效果，从而制作出炫彩的人物海报。在本小节主要讲解该实例所使用工具的相关知识点。

01 渐变工具

“渐变工具”可以阶段性地填充颜色。渐变类型分为线性、径向、角度、对称、菱形等多种渐度。

在工具箱中选择“渐变工具”，将显示如下图所示的“渐变工具”选项栏。“渐变工具”可以填充色带，经常作为背景图像使用。

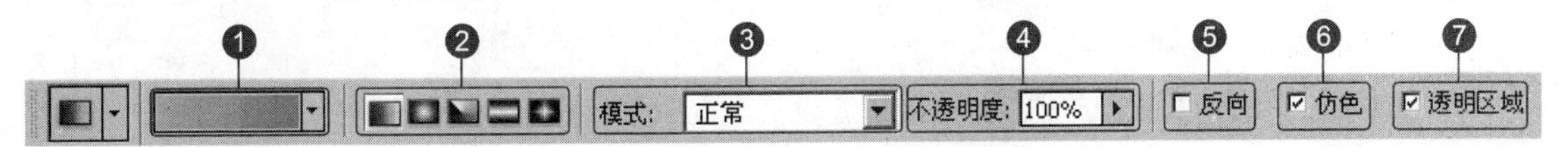

❶渐变条：在以前景色和背景色为基准显示或者保存渐变颜色的渐变样式中，显示选定的渐变颜色。单击渐变条后，会弹出“渐变编辑器”窗口，单击“预设”右侧的扩展按钮，会显示出渐变样式列表，这里包含了Photoshop CS5提供的基本渐变样式。

“渐变编辑器”窗口及单击“预设”右侧扩展按钮后的菜单如下图所示。其中，“渐变编辑器”窗口中各选项的含义如下。

ⓐ 预设：以图标形式显示Photoshop CS5中提供的基本渐变样式，单击图标后，可以设置该样式的渐变。单击右侧的扩展按钮，还可以打开保存的其他渐变样式。

ⓑ 名称：显示选定渐变的名称，也可以输入新建渐变的名称。

ⓒ 新建：单击该按钮，可以创建新渐变。

ⓓ 渐变类型：有显示为单色形态的“实底”和显示为多种色带形态的“杂色”两种渐变类型。
平滑度：调整渐变颜色阶段的柔和程度。
粗糙度：该选项可以设置渐变颜色的柔和程度。数值越大，颜色越鲜明。
颜色模型：该选项可以确定构成渐变的颜色基准，可以选择使用RGB、HSB或LAB颜色模式。

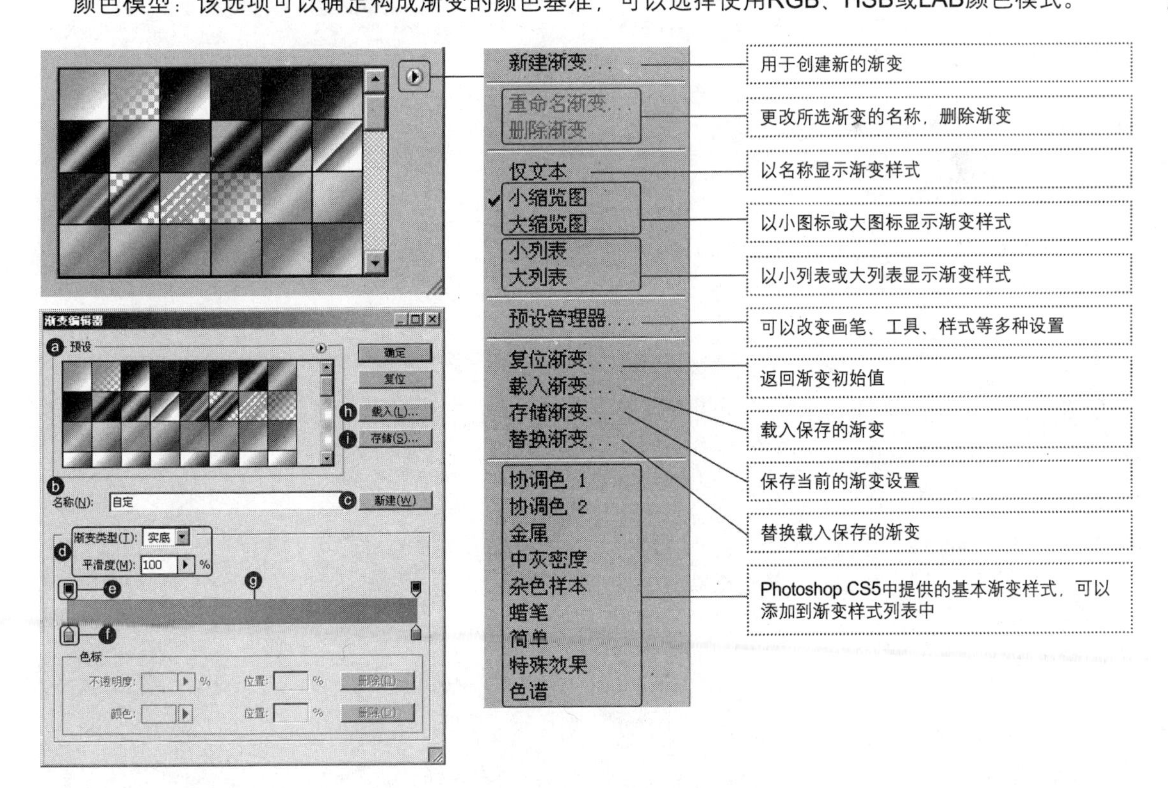

当选择“杂色”渐变类型时，“渐变类型”选项区域如右图所示。

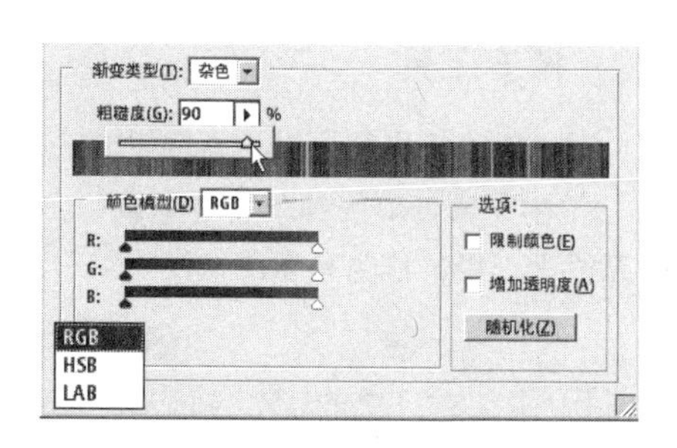

- 限制颜色：用来显示渐变的颜色数，选择该复选框，可以简化表现出来的颜色。
- 增加透明度：选择“增加透明度”复选框以后，可以在杂色渐变上添加透明度。
- 随机化：每单击一次该按钮，可以任意改变渐变的颜色组合。

ⓔ 不透明度色标：调整应用在渐变上的颜色不透明度值。默认值是100，数值越小，渐变的颜色越透明。

- 单击渐变条上端左侧的滑块，可以激活“色标”选项区域的“不透明度”和“位置”选项。
- 将“色标”选项区域的“不透明度”选项设置为50%，则透明部分会显示为格子的形态。
- 单击渐变条上端左侧的滑块，然后拖动该滑块，可以显示位置值。

ⓕ 色标：调整渐变中应用的颜色或颜色范围，可以通过拖动滑块的方式更改渐变。

- 单击渐变条下端左侧的色标，激活“色标”选项区域的“颜色”和“位置”选项，从而显示出当前单击点的颜色值和位置值。
- 单击渐变条下端的色标，然后拖动，可以在“位置”选项中显示出数值。
- 双击色标，弹出“选择色标颜色”对话框，从中可以选择需要的渐变颜色，对话框如右图所示。此时，可以看到渐变颜色应用了设置的颜色。

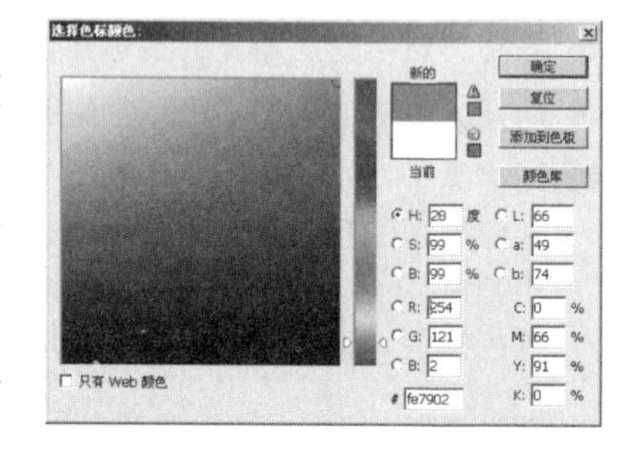

技巧提点

读者可以单击下拉按钮，在弹出的面板中便可以选择需要的渐变类型，如右图所示。

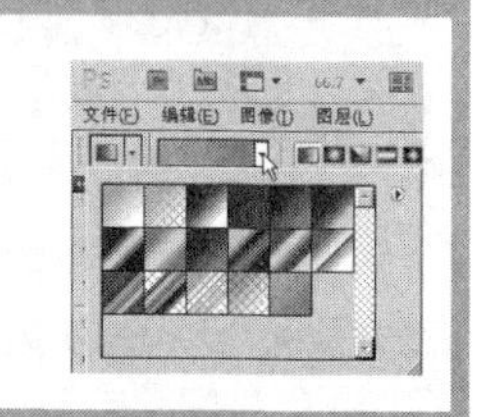

ⓖ 渐变条：显示当前选定渐变颜色，可以改变渐变的颜色或者范围。

ⓗ 载入：打开保存的渐变。

ⓘ 存储：保存新创建的渐变。

❷ 渐变类型：将线性、径向、角度、对称、菱形类型的渐变工具制作为图标。随着拖动方向的不同，颜色的顺序或位置也会发生改变。如下图所示是在人物的背景部分创建各种渐变类型的不同效果。

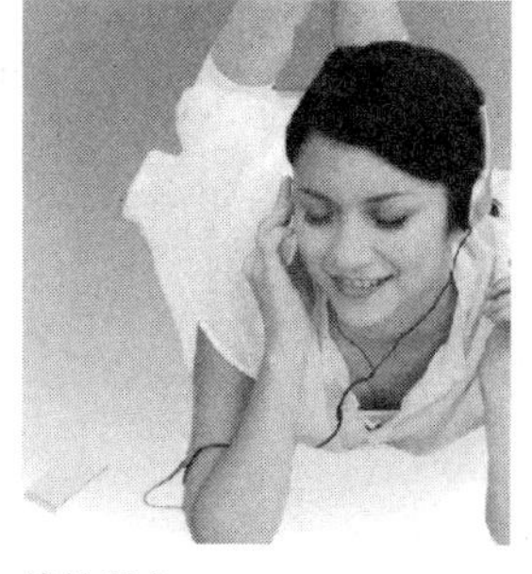

线性渐变

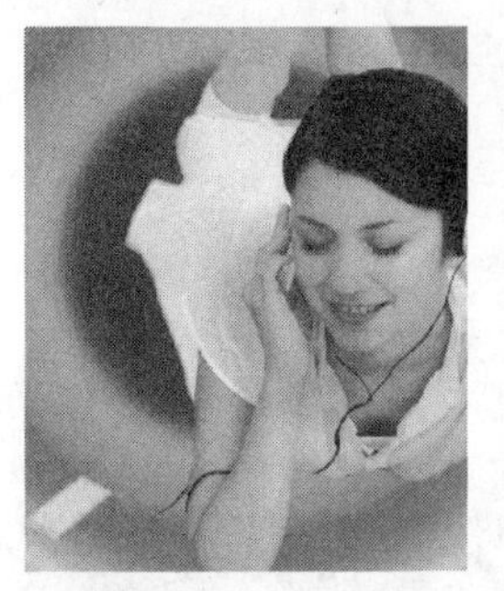

径向渐变

角度渐变

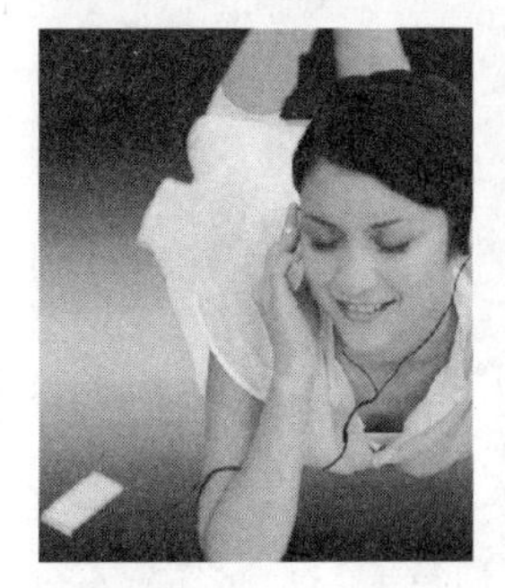 

对称渐变

菱形渐变

提 示

使用“渐变工具”可以创建多种颜色间的逐渐混合。读者可以从预设渐变中选择或创建渐变。使用“渐变工具”的方法如下。

（1）如果要填充图像的一部分，需要选择要填充的区域。否则，渐变填充将应用于整个图层。

（2）选择“渐变工具”，然后在选项栏中选取渐变样式。

（3）在选项栏中选择一种渐变类型，包括“线性渐变”、“径向渐变”、“角度渐变”、“对称渐变”、“菱形渐变”。

（4）将指针定位在图像中要设置渐变起点的位置，然后拖动并通过单击确定终点。

❸ 模式：设置原图像的背景颜色和渐变颜色的混合模式。

❹ 不透明度：除了在不透明度色标上设置不透明度外，还可以在该选项中调整整个渐变的不透明度。

❺ 反向：选项这一复选框，可以翻转渐变的颜色。

❻ 仿色：选择这一复选框，可以柔和地表现渐变的颜色。

❼ 透明区域：该选项可以设置渐变的透明度。如果不选择该复选框，则不能应用透明度，只能显示出一种颜色。

02 “矩形选框工具”、“椭圆选框工具”

“椭圆选框工具”和“矩形选框工具”的用法类似，都是通过拖动鼠标来指定选择区域的。单击“矩形选框工具”按钮后，只需要拖动鼠标，便能轻松地创建出矩形选区，按住【Shift】键拖动鼠标，可以绘制正方形的选区。还可以通过“固定比例”和“固定大小”选项，对图像进行设置。下面以“矩形选框工具”的选项栏为例讲解相关知识。

在工具箱中选择“矩形选框工具”，将显示如下图所示的选项栏。在“矩形选框工具”的选项栏中,可以设置羽化值、样式及形态。

❶ 羽化：该选项用来设置羽化值，可柔和表现选区的边框。羽化值越大，选区边角越圆。不同羽化值的效果如下图所示。

羽化值为0

羽化值为50

羽化值为100

❷ 样式：在该选项的下拉列表中包含3个选项，分别为“正常”、“固定比例”和“固定大小”。

- 正常：随鼠标的拖动指定矩形选区，参数设置及效果如右图所示。
- 固定比例：用于指定宽高比例一定的矩形选区。例如，将“宽度”和“高度”值分别设置为3和1，然后拖动鼠标即可绘制出宽高比为3:1的矩形选区，参数设置及效果如下（左）图所示。
- 固定大小：输入“宽度”和“高度”值后，拖动鼠标便可以绘制出指定大小的选区。例如，将“宽度”和“高度”值均设置为200px以后，拖动鼠标就可以绘制出宽和高均为200像素的矩形选区，参数设置及效果如下（右）图所示。

03 画笔工具

在“画笔工具”的选项栏中设置选项后，可调整笔触的大小、形态和材质。读者可以任意调整形态的笔触，而且还可以从画笔列表中选择画笔，从而表现不同的效果。选择“画笔工具”后，会显示出该工具的选项栏，如下图所示。

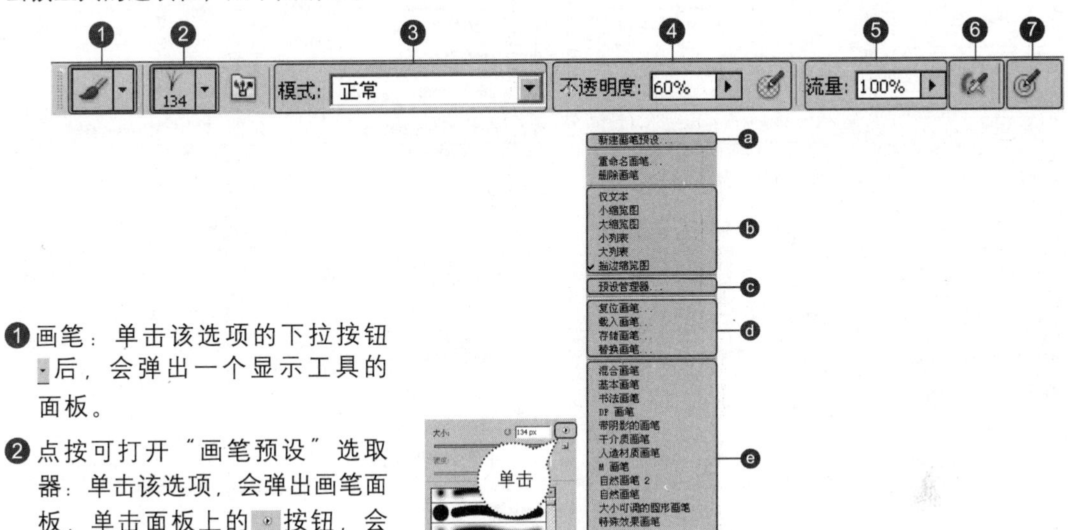

❶画笔：单击该选项的下拉按钮后，会弹出一个显示工具的面板。

❷点按可打开“画笔预设”选取器：单击该选项，会弹出画笔面板，单击面板上的按钮，会显示扩展菜单，如右图所示。

ⓐ 新建画笔预设：这是创建新画笔的命令，选择该命令后，弹出“画笔名称”对话框以后，输入画笔名称，然后单击“确定”按钮，即可新建画笔。

ⓑ 这是显示画笔形式的命令，默认设置为描边缩览图。如右图所示为不同形式画笔的显示。

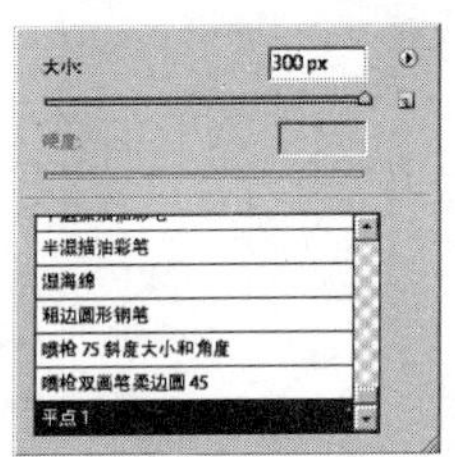

仅文本

小缩览图

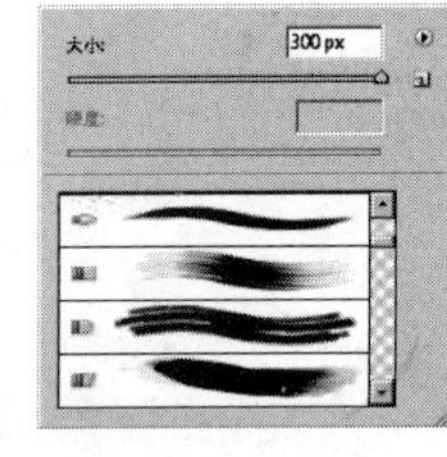

描边缩览图

ⓒ 预设管理器：选择该命令后，会弹出“预设管理器”对话框，在这里可以选择并设置Photoshop CS5提供的多种画笔。单击“载入”按钮，在弹出的“载入”对话框中选择画笔画库，然后单击“载入”按钮即可，如右图所示。

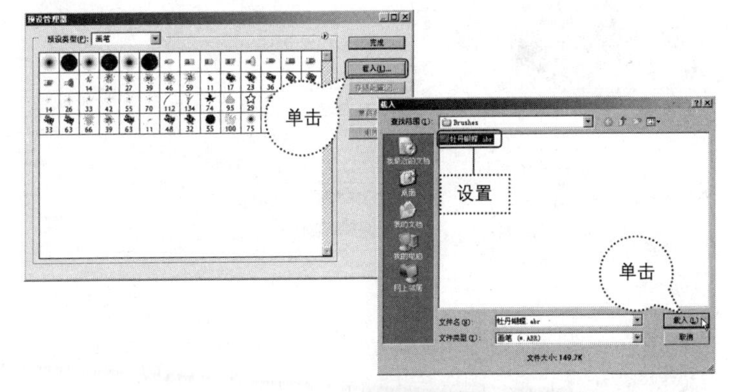

ⓓ 这是“复位画笔”、“载入画笔”、“存储画笔”、“替换画笔”的命令。选择“复位画笔”命令后，会弹出一个询问框，询问是否替换当前的画笔。单击“确定”按钮，就会被新画笔替代；单击“取消”按钮，则会把新画笔添加到当前设置的画笔项上。

ⓔ 显示当前Photoshop CS5提供的各类画笔，各种类型的画笔如下图所示。

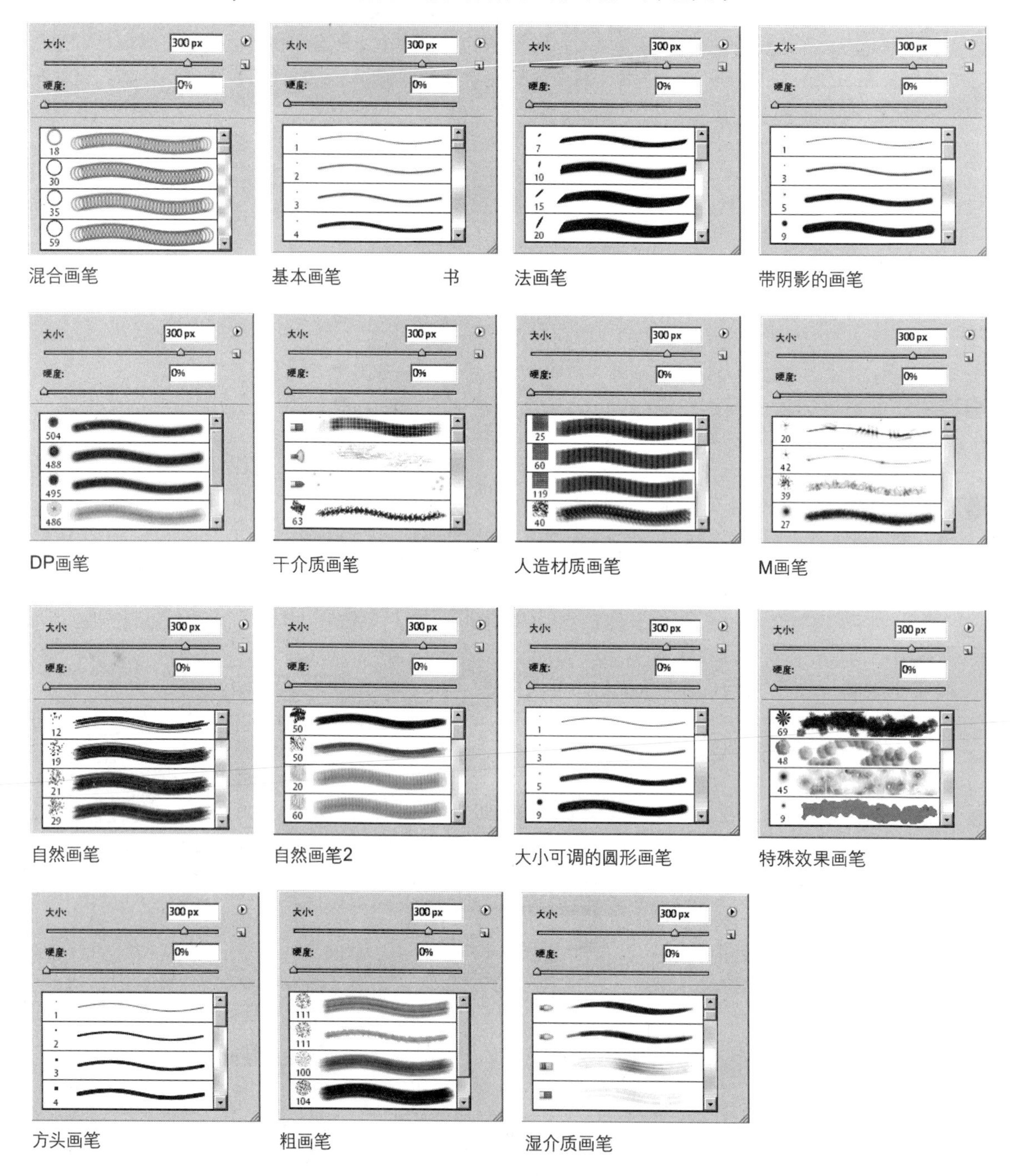

混合画笔　基本画笔　书法画笔　带阴影的画笔
DP画笔　干介质画笔　人造材质画笔　M画笔
自然画笔　自然画笔2　大小可调的圆形画笔　特殊效果画笔
方头画笔　粗画笔　湿介质画笔

❸ 模式：该选项提供了画笔和图像的合成效果，一般称为混合模式，可以在图像上应用独特的画笔效果，各种模式如下图所示。

ⓐ 正常：没有特定的合成效果，直接表现选定的画笔形态。

ⓑ 溶解：按照像素形态显示笔触，不透明度值越小，画面上显示的像素越多。

ⓒ 背后：当有透明图层的时候才可以使用，只能在透明区域中表现笔触效果。

ⓓ 清除：当有透明图层的时候才可以使用，笔触部分会被表现为透明区域。

ⓐ 正常
ⓑ 溶解
ⓒ 背后
ⓓ 清除

ⓔ 变暗
ⓕ 正片叠底
ⓖ 颜色加深
ⓗ 线性加深
ⓘ 深色

ⓙ 变亮
ⓚ 滤色
ⓛ 颜色减淡
ⓜ 线性减淡（添加）
ⓝ 浅色

ⓞ 叠加
ⓟ 柔光
ⓠ 强光
ⓡ 亮光
ⓢ 线性光
ⓣ 点光
ⓤ 实色混合

ⓥ 差值
ⓦ 排除
ⓧ 减去
ⓨ 划分

ⓩ 色相
aa 饱和度
bb 颜色
cc 明度

ⓔ 变暗：颜色深的部分没有变化，而高光部分则被处理得较暗。

ⓕ 正片叠底：将前景色与背景图像颜色重叠后显示出的效果，重叠的颜色会显示为混合后的颜色。

ⓖ 颜色加深：和“加深工具”一样，可以使颜色变深，在白色区域上不显示效果。

ⓗ 线性加深：强调图像的轮廓部分，可以表现清楚的笔触效果。

ⓘ 深色：以图像中的深颜色为准，基于基色图层或混合色图层的颜色（哪个颜色深就显示哪个颜色，不会混合出第三种颜色）。

ⓙ 变亮：可以把某个颜色的笔触表现得更亮，深色部分也会被处理得更亮。

ⓚ 滤色：可以将笔触表现为漂白的效果。

ⓛ 颜色减淡：类似“减淡工具”的效果，可将笔触处理得亮一些。

ⓜ 线性减淡（添加）：在白色以外的颜色上混合白色，表现整体变亮的笔触。

ⓝ 浅色：比较混合色和基色所有通道值的总和并显示值较大的颜色。“浅色”模式不会生成第三种颜色。

ⓞ 叠加：在高光和阴影部分上表现涂抹颜色的合成效果。

ⓟ 柔光：图像比较亮的时候，就像使用了“减淡工具”一样，变得更亮；图像比较暗的时候，好像使用了“加深工具”一样，表现得更暗。

ⓠ 强光：表现如同聚光灯照射在图像上的效果。

ⓡ 亮光：应用比设置颜色更亮的颜色。

ⓢ 线性光：强烈表现颜色对比值，可以表现强烈的笔触。

ⓣ 点光：表现整体较亮的笔触，可以将白色部分处理为透明效果。

ⓤ 实色混合：通过强烈的颜色对比效果，表现接近于原色的笔触。

ⓥ 差值：将应用笔触的部分转换为底片颜色。

ⓦ 排除：如果是白色，表现为图像颜色的补色；如果是黑色，则没有任何变化。

ⓧ 减去：从基准颜色中去除混合颜色。

ⓨ 划分：查看每个通道中的颜色和信息，并从基色中分割混合色。

ⓩ 色相：调整混合笔触的色相，只对混合颜色应用变化。

aa 饱和度：调整混合笔触的饱和度。

bb 颜色：调整混合笔触的颜色。

cc 明度：保留基色的色相和饱和度，使用混合色的明度，构建出新的颜色。

04 羽化值的设置

羽化值的设置决定了绘制选区的精确度。羽化值越大，选区的边线越宽。在合成图像时，边线内侧和外侧会应用羽化值。

如下图所示的图像是在工具箱中选择“多边形套索工具”后，在选项栏中设置不同羽化值的效果。当羽化值为0时，可指定利用“多边形套索工具”绘制的选区。

指定选区

羽化：20

羽化：60

2.3.2 汽车平面招贴的制作

本实例制作的是一幅汽车的平面招贴，主要用于在户外宣传使用。本实例通过各种色彩的搭配，使画面富有时尚气息，两辆汽车的外形优雅大方，使人想迫切地亲身体验。本实例的最终效果如右图所示。下面就来制作这张汽车平面作品。

原始文件：Ch02\Media\2-3-2.psd

最终文件：Ch02\Complete\2-3-2.psd

步骤01 选择“文件>新建”命令或按【Ctrl+N】组合键，弹出“新建”对话框，设置参数，单击“确定”按钮，如下图所示。

新建
名称(N): 汽车
预设(P): 自定
大小(I):
宽度(W): 80 厘米
高度(H): 53.83 厘米
分辨率(R): 72 像素/英寸
颜色模式(M): CMYK 颜色 8 位
背景内容(C): 白色
高级
确定
复位
存储预设(S)...
删除预设(D)...
Device Central(E)...
图像大小:
13.2M

步骤02 单击“渐变工具”按钮，单击选项栏上的色块，打开的“渐变编辑器”窗口，如下图所示。

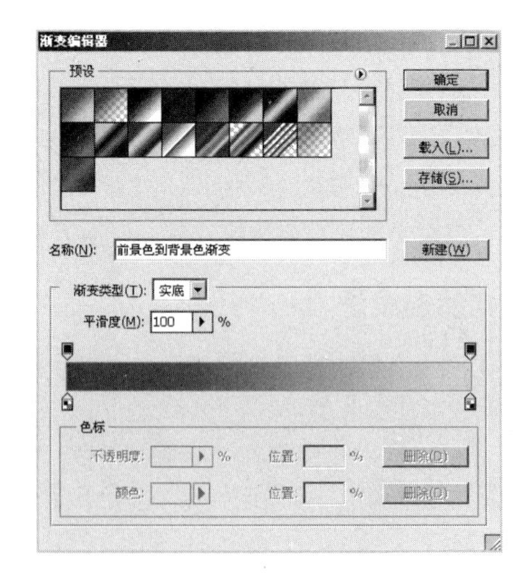

步骤03 按【Shift+Ctrl+N】组合键，新建“渐变”图层，单击选项栏上的“线性渐变”按钮，在“背景”图层中从上往下拖曳，绘制渐变色，得到的效果如下图所示。

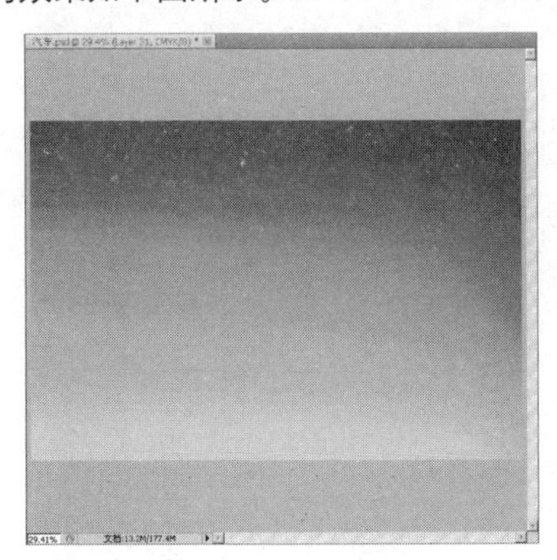

步骤04 按【Ctrl+O】组合键，打开本书附带光盘文件“素材1.psd”，单击“移动工具”按钮，将打开的图像拖曳到当前正在操作的文件窗口中，效果如下图所示。

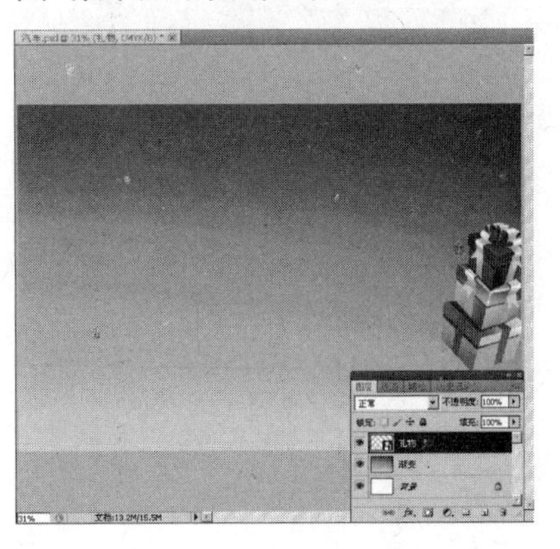

步骤05 将“礼物”图层拖曳到“创建新图层”按钮处，得到“礼物副本”图层，按【Ctrl+T】组合键，调整其大小并将其移动到合适位置，效果如下图所示。

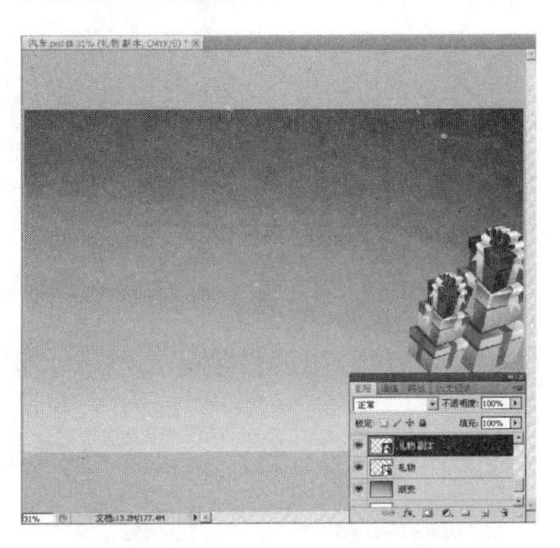

步骤06 将“礼物”图层拖曳到“创建新图层”按钮处，得到“礼物副本2”图层，选择“编辑>变换>水平翻转”命令，按【Ctrl+T】组合键，调整其大小并将其移动到合适位置，效果如下图所示。

步骤07 将“礼物副本2”图层拖曳到创建新图层按钮处，得到“礼物副本3”图层，按【Ctrl+T】组合键，调整其大小并将其移动到合适位置，然后调整图层顺序，效果如下图所示。

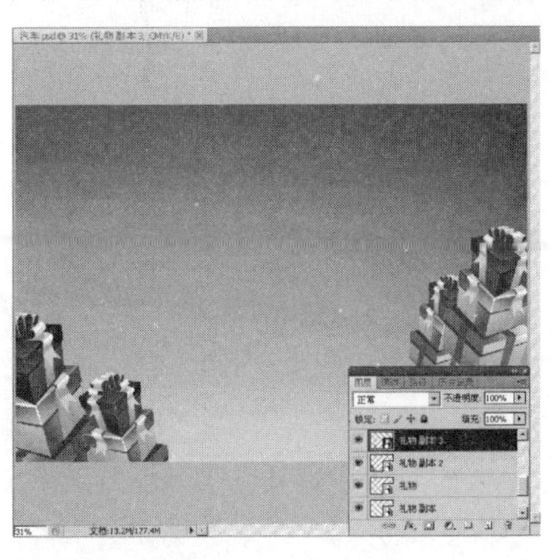

步骤08 按【Ctrl+O】组合键，打开本书附带光盘文件“素材2.psd”，单击“移动工具”按钮，将打开的图像拖曳到当前正在操作的文件窗口中，调整图层顺序，效果如下图所示。

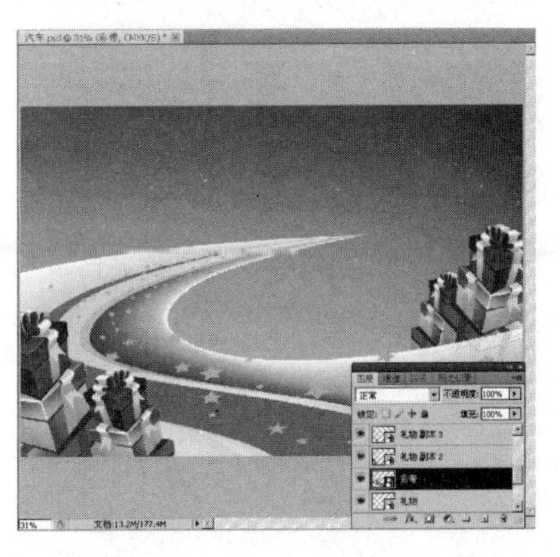

步骤09 单击“钢笔工具”按钮，在图像窗口内通过单击确定起始点，绘制封闭路径，使用“转换点工具”调整路径形状，效果如下图所示。

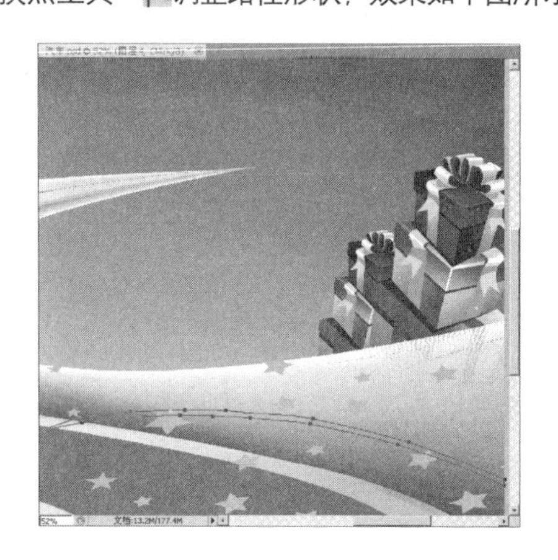

步骤10 按【Shift+Ctrl+N】组合键，新建“图层1”图层。切换到路径面板，选中工作路径，单击“将路径作为选区载入”按钮，载入选区。将前景色设置为白色，按【Alt+Delete】组合键填充前景色，效果如下图所示。按【Ctrl+D】组合键取消选区。

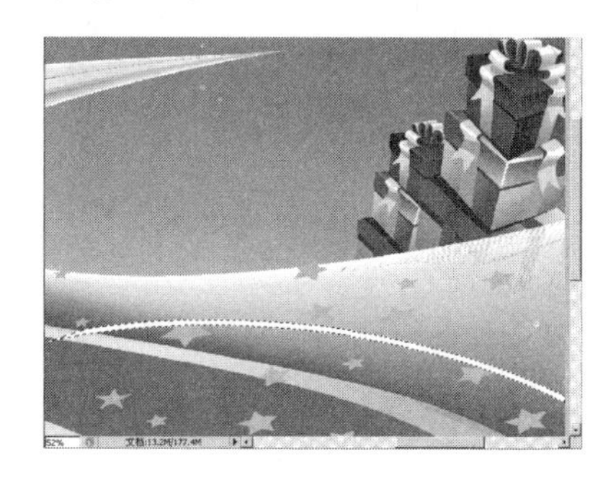

步骤11 单击图层面板上的“创建新组”按钮，新建“太阳”组。按【Shift+Ctrl+N】组合键，新建“图层2”图层，将前景色设置为白色，选择“画笔工具”，设置合适的画笔属性，在图像窗口内进行涂抹，将图层“不透明度”设置为70%，效果如下图所示。

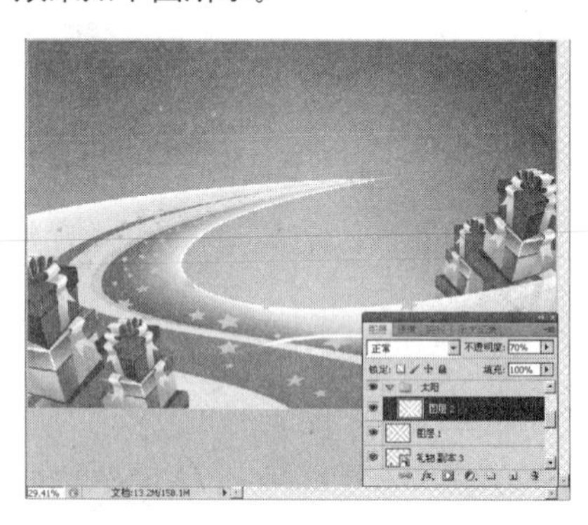

步骤12 单击“钢笔工具”按钮，在图像窗口内通过单击确定起始点，绘制封闭路径，使用“转换点工具”调整路径形状，效果如下图所示。

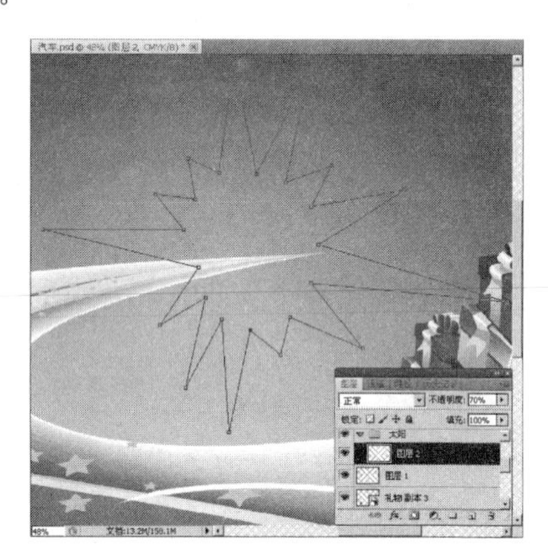

步骤13 按【Shift+Ctrl+N】组合键，新建“图层3”图层，切换到路径面板，选中工作路径，单击将“路径作为选区载入”按钮，载入选区，效果如下图所示。

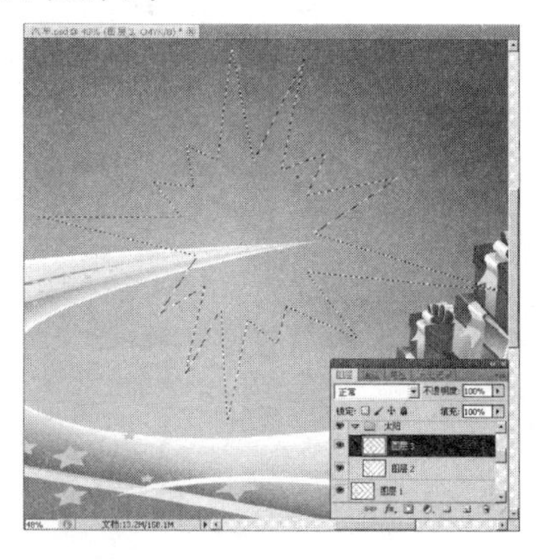

步骤14 按【Shift+F6】组合键，打开“羽化选区”对话框，参数设置如下图所示。

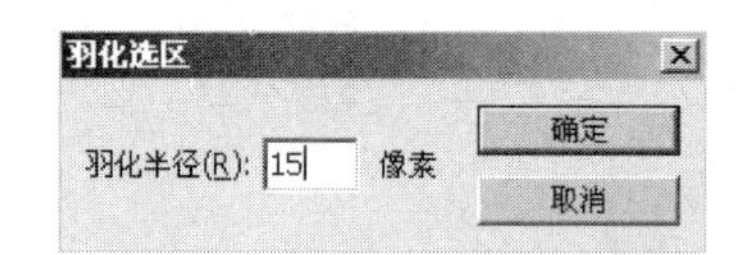

步骤15 设置完毕后，按【Enter】键确认。将前景色设置为白色，按【Alt+Delete】组合键填充前景色，按【Ctrl+D】组合键取消选区，选择“画笔工具”，设置合适的画笔属性，在图像窗口内进行涂抹，效果如下图所示。

步骤16 选中“太阳”组，单击“添加图层蒙版”按钮，为其添加蒙版，将前景色设置为黑色，单击“画笔工具”按钮，设置合适的画笔属性，在蒙版上进行涂抹，效果如下图所示。

步骤17 按【Ctrl+O】组合键，打开本书附带光盘文件“素材3.psd”，单击“移动工具”按钮，将打开的图像拖曳到当前正在操作的文件窗口中，效果如下图所示。

步骤18 按【Ctrl+O】组合键，打开本书附带光盘文件“素材4.psd”，单击“移动工具”按钮，将打开的图像拖曳到当前正在操作的文件窗口中，效果如下图所示。

步骤19 选择“矩形工具”，按住【Shift】键在图像窗口绘制如下图所示的正方形路径。

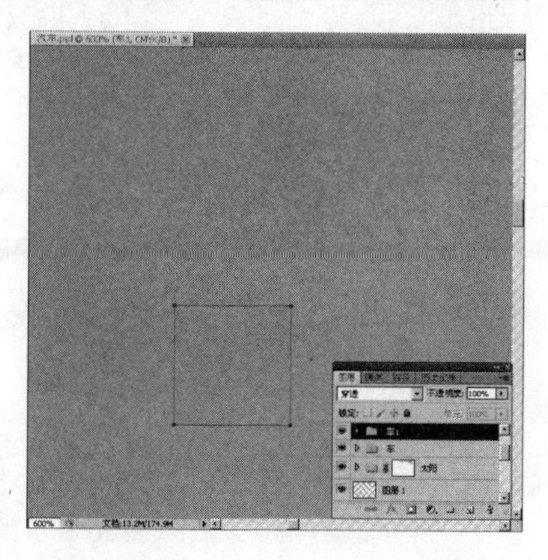

步骤20 按【Shift+Ctrl+N】组合键，新建“图层4”图层，选择“画笔工具”，设置合适的画笔属性，切换到路径面板，选中工作路径，单击“用画笔描边路径”按钮，效果如下图所示。

步骤21 选择“多边形套索工具”，在图像窗口内创建多边形选区，将前景色设置为R199、G0、B31，按【Alt+Delete】组合键填充前景色，效果如下图所示。最后，按【Ctrl+D】组合键取消选区。

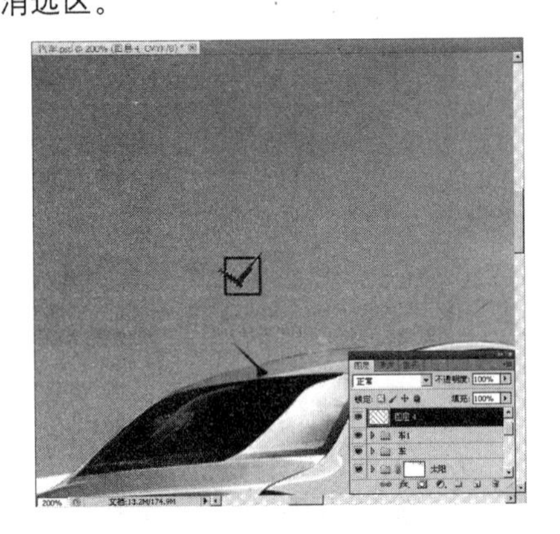

步骤22 按住【Ctrl】键单击“图层4”图层左侧的图层缩览图，载入选区。选择“移动工具”，按住【Alt+Shift】组合键，复制选区内的图像并水平移动到合适位置，重复操作，效果如下图所示。

步骤23 选择“多边形套索工具”，在图像窗口内创建多边形选区，将前景色设置为R:199、G:0、B:31，按【Alt+Delete】组合键填充前景色，效果如下图所示。最后，按【Ctrl+D】组合键取消选区。

步骤24 按住【Ctrl】键单击“图层4”图层左侧的图层缩览图，载入选区。选择“移动工具”，按住【Alt+Shift】组合键，复制选区内的图像并水平移动到合适位置，重复操作，效果如下图所示。

至此，汽车广告就制作完成了，最终效果如右图所示。

知识拓展

接下来主要讲解画笔画板、“多边形套案工具”和盖印图层的知识点。

01 画笔面板

选择“窗口>画笔”菜单命令，打开画笔面板，如下（左）图所示。画笔面板可以调整画笔的大小、旋转角度及深浅程度等。

❶ 画笔笔尖形状：调整画笔的大小、角度、间距和硬度等选项。选择“画笔笔尖形状”选项后，其选项区域如下（右）图所示。

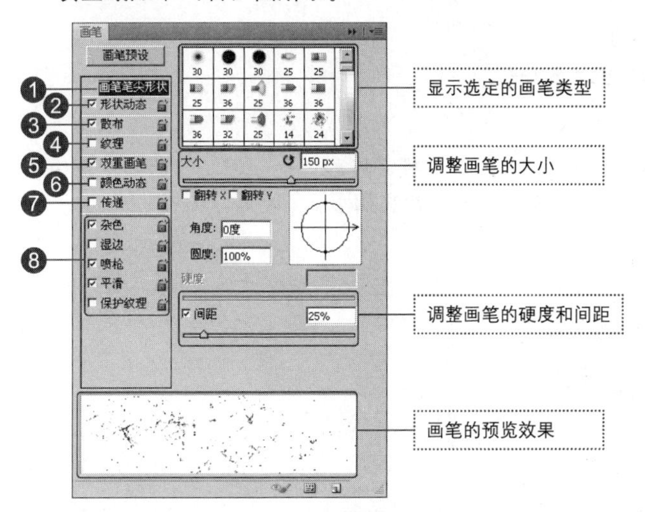

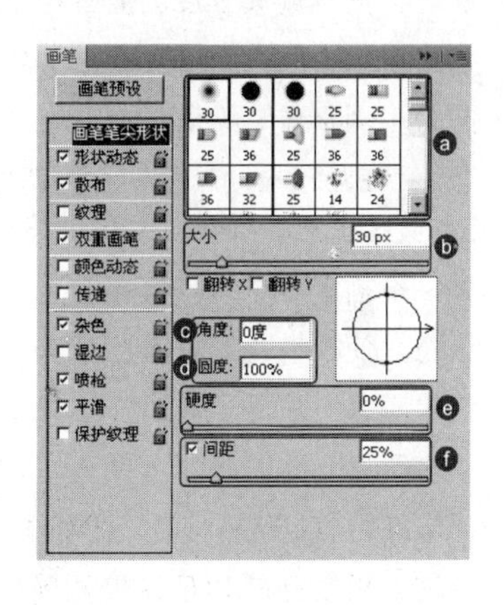

ⓐ 画笔选择区域：从中可以选择需要的画笔选项。

ⓑ 大小：通过拖动滑块或者输入数值来调整画笔的大小。值越大，画笔的笔触越粗。

ⓒ 角度：调整画笔的绘画角度。可以在文本框中指定角度值，也可以在右侧的坐标上通过拖动鼠标进行指定。

ⓓ 圆度：调整画笔的笔触形状。当值为100%时为圆形，随着圆度值的逐渐变小，画笔也将逐渐变为椭圆形。

ⓔ 硬度：调整画笔的硬度。硬度值越大，画笔的笔触越明显。

ⓕ 间距：调整画笔 的间距，默认值为25%。间距值越大，画笔之间的间距越宽。

❷ 形状动态：此选项可以调整画笔的大小抖动、最小直径、角度抖动及圆度抖动等选项，其选项区域如右图所示。

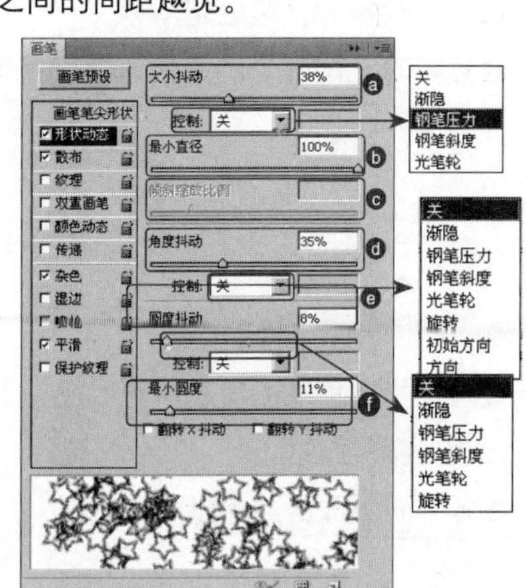

ⓐ 大小抖动：调整画笔的抖动大小。值越大，抖动的幅度越大。

“控制”下拉列表个选项的含义如下。

- 关：不指定画笔抖动的程度。
- 渐隐：使画笔的大小逐渐缩小。
- 钢笔压力：根据画笔的压力调整画笔的大小。
- 钢笔斜度：根据画笔的倾斜程度调整画笔的属性。
- 光笔轮：根据旋转程度调整画笔的大小。

ⓑ 最小直径：在画笔的抖动幅度中设置最小直径。值越小，画笔的抖动越严重。

ⓒ 倾斜缩放比例：在画笔的抖动幅度中指定倾斜幅度。在“大小抖动”的“控制”选项中选择“钢笔斜度”选项之后，该选项才可以用。

ⓓ 角度抖动：在画笔的抖动幅度中指定画笔角度。值越小，越接近保存的角度值。在“控制”选项中提供了各种控制类型，可以调整画笔的角度抖动效果，各控制类型的含义如下。

- 关：不指定画笔的抖动效果。
- 渐隐：使画笔的角度逐渐减小。
- 钢笔压力：根据画笔的压力（用笔强度）调整画笔的角度。
- 钢笔斜度：根据倾斜角度调整画笔的角度。
- 光笔轮：根据旋转情况调整画笔的角度。
- 旋转：根据旋转程度调整画笔的旋转角度。
- 初始方向：保持原始值不变的同时调整画笔的角度。
- 方向：调整画笔的角度的方向。

ⓔ 圆度抖动：在画笔抖动幅度中指定笔触的椭圆程度。值越大，椭圆越扁。在“控制”选项中提供了多个控制类型，可以调整画笔的圆度抖动效果，各控制类型的含义如下。

- 关：不指定画笔的抖动效果。
- 渐隐：使画笔的笔触椭圆度越来越小。
- 钢笔压力：根据画笔的压力调整笔触的椭圆程度。
- 钢笔斜度：根据倾斜度调整笔触的椭圆程度。
- 光笔轮：根据旋转程度调整笔触的椭圆程度。
- 旋转：根据旋转程度调整画笔的旋转圆度。

ⓕ 最小圆度：根据画笔的抖动程度指定画笔的最小直径。

❸ 散布：调整画笔的笔触分布密度，其选项区域如右图所示。

ⓐ 散布：调整画笔笔触的分布密度。值越大，分布密度越大。

ⓑ 两轴：选择此复选框，画笔的笔触分布范围将缩小。

ⓒ 数量：指定分布画笔笔触的粒子密度。值越大，密度越大，笔触越浓。

ⓓ 数量抖动：调整笔触的抖动密度。值越大抖动密度越大。

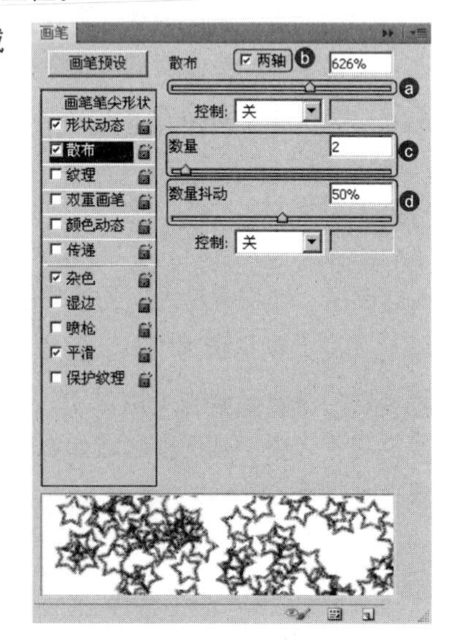

❹ 纹理：指定画笔的材质，可以应用纹理样式的连续材质，其选项区域如下图所示。

ⓐ 反相：翻转纹理。

ⓑ 缩放：可以放大或者缩小纹理。

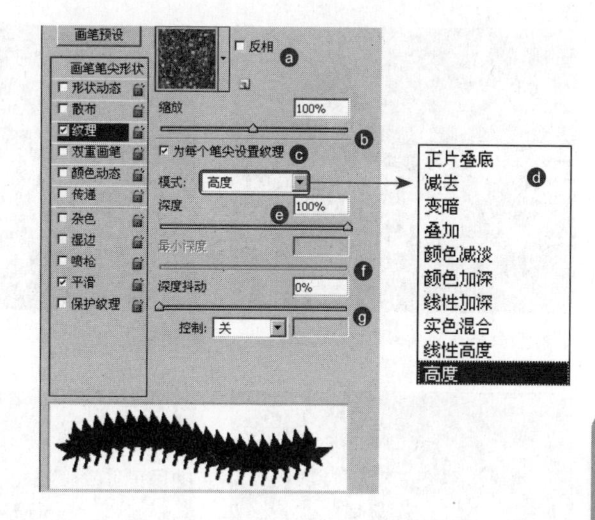

ⓒ 为每个笔尖设置纹理：选择此复选框，可以通过调整深度抖动更加细腻地调整笔刷。

ⓓ 模式：设置画笔的笔触混合模式。

ⓔ 深度：调整质感的深度。

ⓕ 最小深度：调整质感的最小深度。

ⓖ 深度抖动：调整质感的深度抖动。

ⓒ 为每个笔尖设置纹理：选择此复选框，可以通过调整深度抖动更加细腻地调整笔刷。

ⓓ 模式：设置画笔的笔触混合模式。

ⓔ 深度：调整质感的深度。

ⓕ 最小深度：调整质感的最小深度。

ⓖ 深度抖动：调整质感的深度抖动。

画笔的各种模式如下图所示。

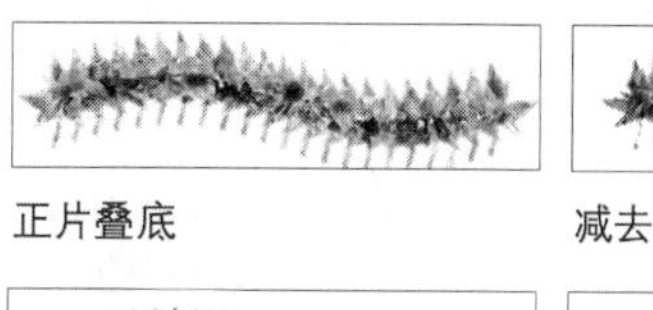
正片叠底

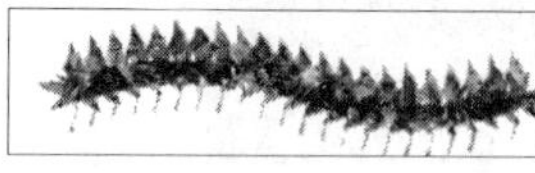
减去

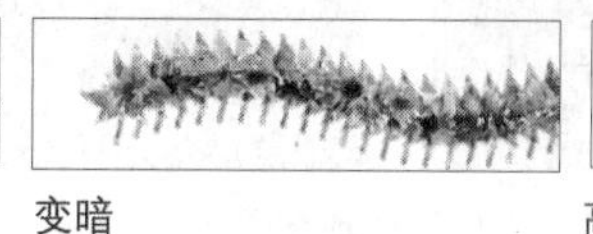
变暗

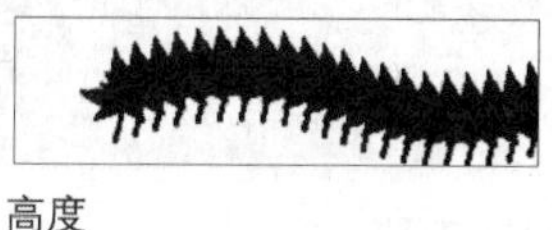
高度

叠加

颜色减淡

颜色加深

线性加深

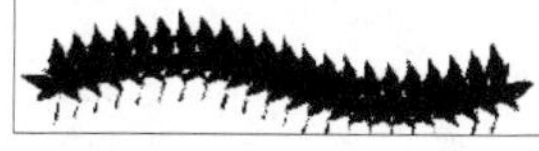
实色混合

线性高度

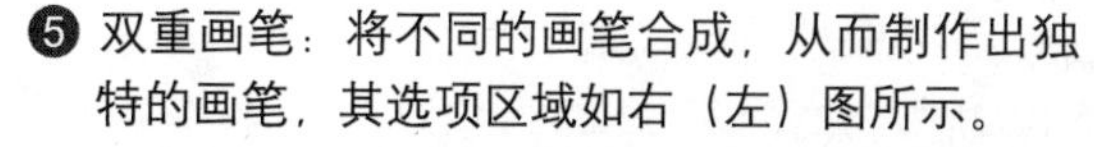

❺ 双重画笔：将不同的画笔合成，从而制作出独特的画笔，其选项区域如右（左）图所示。

❻ 颜色动态：根据拖动画笔的方式调整颜色、明暗度和饱和度等选项，其选项区域如右（右）图所示。

ⓐ 前景/背景抖动：利用工具箱中的“设置前景色”和“设置背景色”色块调整画笔的颜色范围。

ⓑ 色相抖动：以前景色为基准，调整颜色范围。

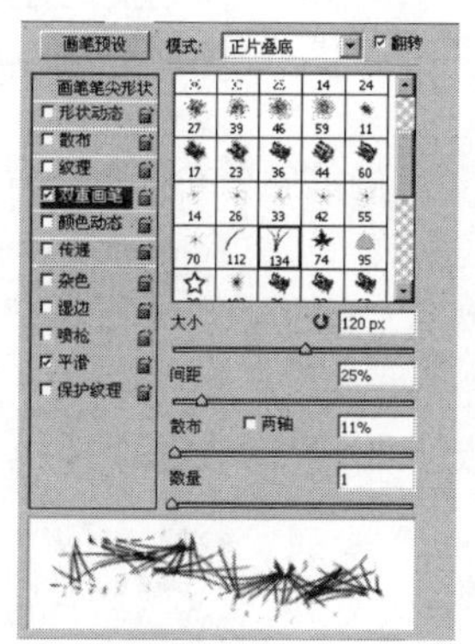

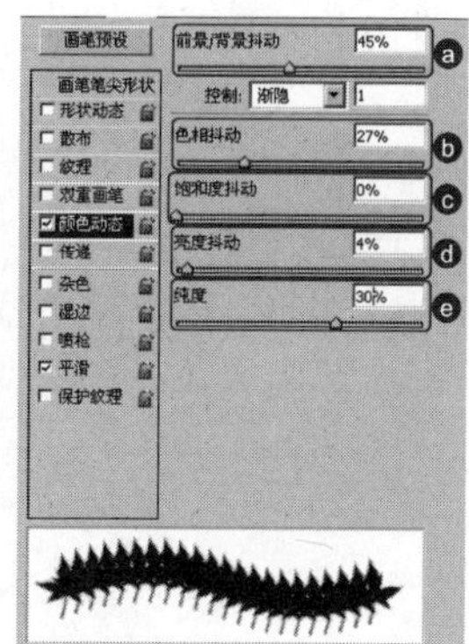

ⓒ 饱和度抖动：调整颜色的饱和度范围。值越大，饱和度越低。

ⓓ 亮度抖动：调整颜色的亮度范围。值越大，亮度越暗。

ⓔ 纯度：调整颜色的纯度。负值无色，正值表现为深色。

如下图所示为“颜色动态”各选项的效果图。

前景/背景抖动

色相抖动

饱和度抖动

亮度抖动

纯度

❼ 传递：可以设置“不透明度抖动”、“流量抖动”、“湿度抖动和混合抖动”选项。“不透明度抖动”的值越大，断断续续的现象越明显。如右图所示为”不透明度抖动”值和不同“流量抖动”值的效果。

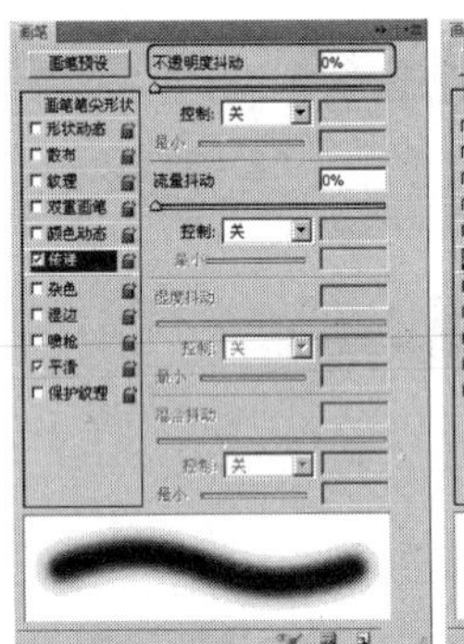

”不透明度抖动”值为0

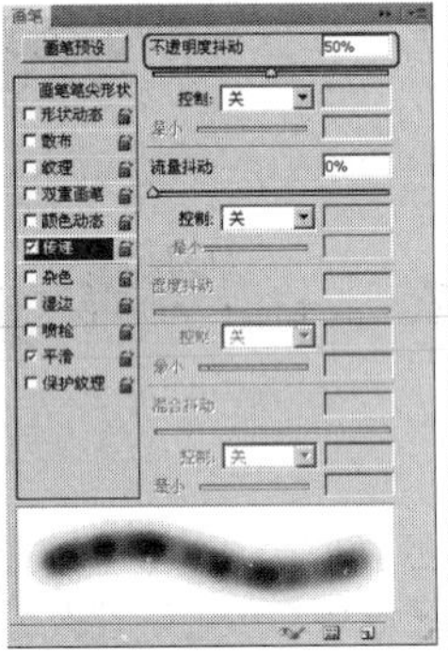

”不透明度抖动”值为50

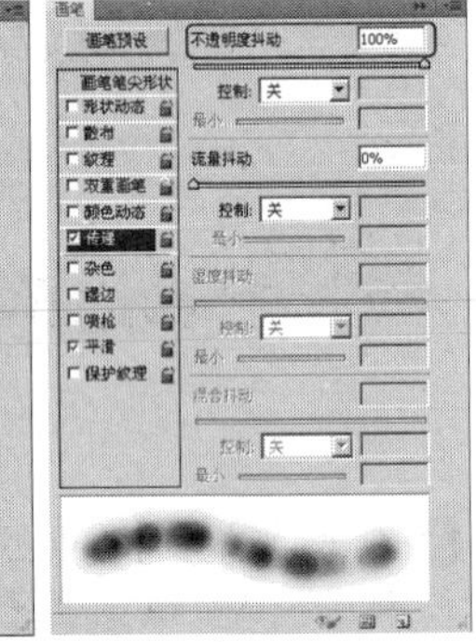

”不透明度抖动”值为100%

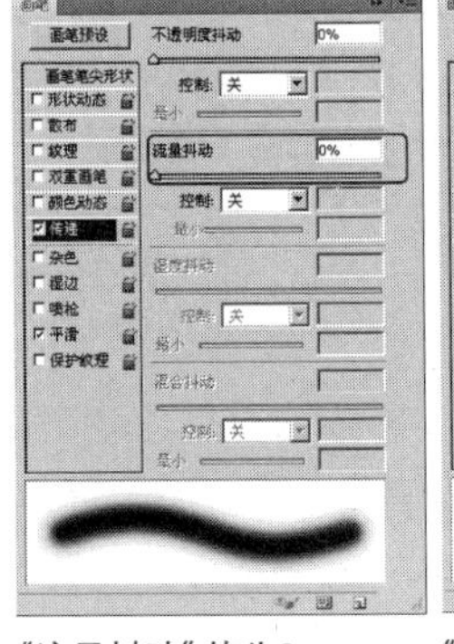

“流量抖动”值为0

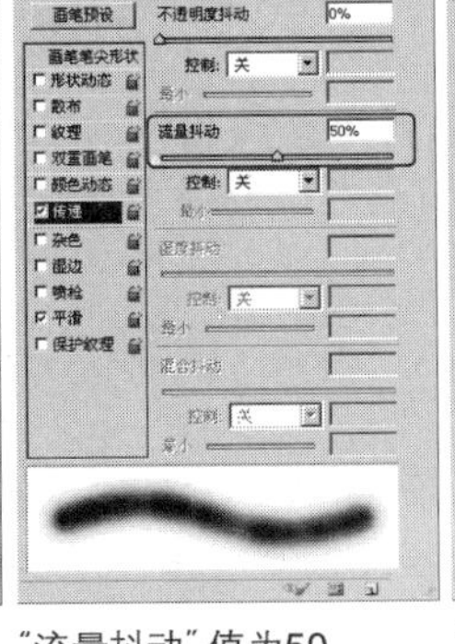

“流量抖动”值为50

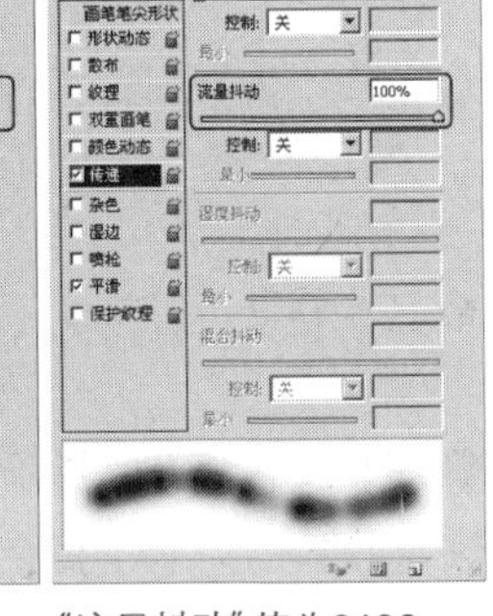

“流量抖动”值为0100

❽ 另外，还有一些能够使纹理变化的选项。

- 平滑：实现柔滑的画笔笔触效果。
- 保护纹理：保护画笔笔触的质感。

- 杂色：在画笔的边缘部分加入杂点，其选项区域如下图所示。
- 湿边：应用水彩画特色的画笔笔触效果，其选项区域效果如右（左）图所示。
- 喷枪：应用喷枪效果，其选项区域效果如右（右）图所示。

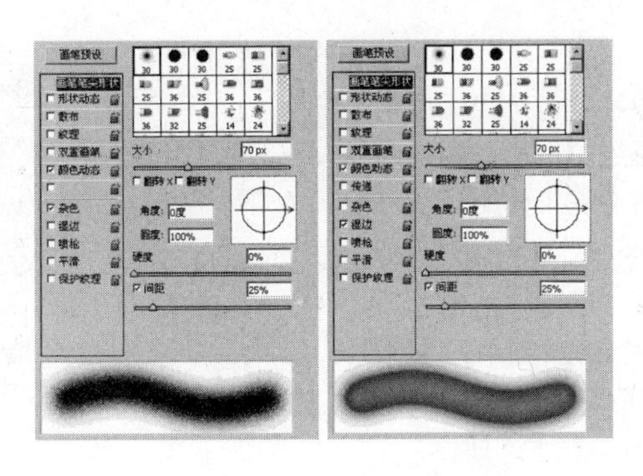

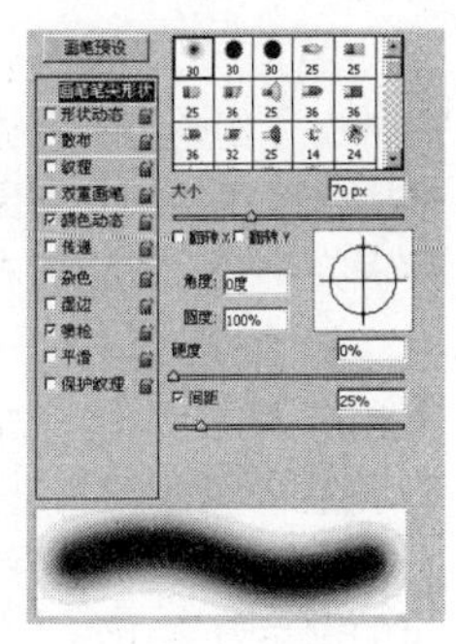

02 多边形套索工具

使用“多边形套索工具”创建的选区由直线段组成，它通过不断地单击创建首尾相连的直线段，当与第一次单击的位置重合后，再次单击可闭合线段，从而完成选区的创建，其操作步骤如下。

（1）在工具箱中选择“多边形套索工具”。

（2）在要进行定义的选取框边缘上单击，拖曳鼠标到另一点后单击，即可定义一条直线。继续进行这样的操作，当结束点与开始点重合时单击，即可完成整个选区的定义。读者也可以在最后一个点处双击鼠标，软件将自动连接首尾两个点，从而定义选区。

在使用“套索工具”绘制自由形状的选区时，按下【Alt】键，此时释放鼠标，当前工具暂时切换到“多边形套索工具”，在图像中单击可继续创建由直线组成的线段。释放【Alt】键的同时，若未松开鼠标左键，此时工具恢复到“套索工具”，可继续绘制自由形状的线条；若释放【Alt】键的同时，释放鼠标左键，则线段将自动闭合并创建选区。

在创建选区时，按住【Shift】键，可以在水平、垂直或以45°角方向进行绘制。如果双击，则会将双击点与起点连接一条直线闭合选区。

03 盖印图层

盖印是一种特殊的合并图层方法，它可以将多个图层中的图像内容合并到一个新图层中，同时保持其他图层完好无损。如果想要得到某些图层的合并效果，又需要保持原图层完整，盖印图层是最佳的解决办法。

向下盖印：选择一个图层，按【Ctrl+Alt+A】组合键，可以将该图层中的图像盖印到下面的图层中，原图层内容保持不变，向下盖印前后效果如右图所示。

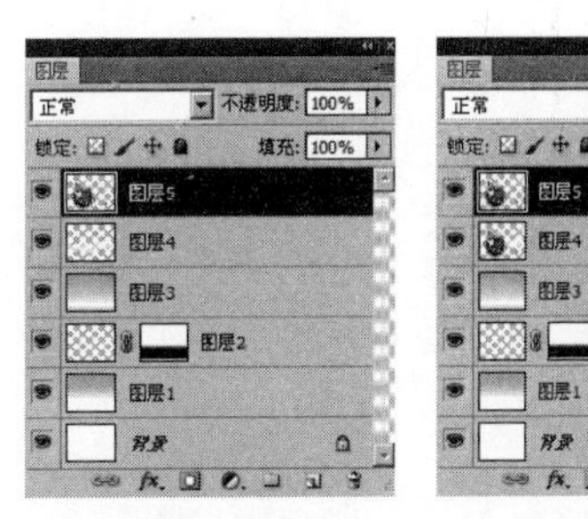

盖印多个图层：选择多个图层，按【Ctrl+Alt+E】组合键，可以将它们盖印到一个新的图层中，原有图层的内容保持不变，盖印多个图层前后效果如右图所示。

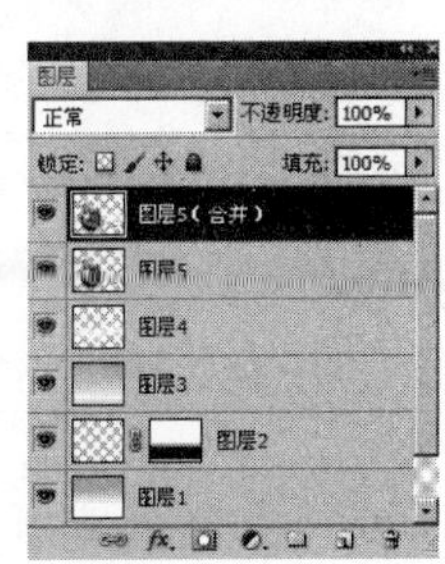

盖印可见图层：按【Shift+Ctrl+Alt+E】组合键，可以将所有可见图层中的图像盖印到一个新图层中，原有图层内容保持不变，效果如右（左）图所示。

盖印图层组：选择图层组，按【Ctrl+Alt+E】组合键，可以将组中的所有图层内容盖印到一个新图层中，原组及组中的图层内容保持不变，盖印图层组的前后效果如右（中、右）图所示。

课程练习

1. 平面设计有哪些分类?
2. 在平面设计中，形式美要遵循哪些原则?
3. 按键盘中的（　），可以将Photoshop关闭，甚至可以将计算机关闭。

   A.【Ctrl+W】组合键　　B.【Alt+F4】组合键

   C.【Ctrl+Q】组合键　　D.【Shift+Ctrl+W】组合键
4. RGB颜色模式是一种（　）。

   A. 屏幕显示模式　B. 光色显示模式　C. 印刷模式　D. 油墨模式
5. 向画面中快速填充前景色的快捷键是（　）。

   A. Alt+Backspace　B. Ctrl+Backspace　C. Shift+Backspace
6. 可以快速弹出颜色面板的快捷键是什么? 可以快速弹出图层面板的快捷键是什么?

第3章 标志设计

教学目的：

理解标志的定义，熟悉标志的分类，了解成功标志所具备的特点及标志设计的表现形式。

教学重点：

（1）标志的功能

（2）标志的特点

（3）标志的设计原则

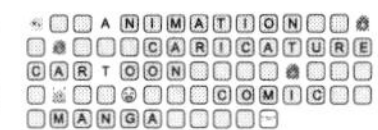

3.1 标志的功能

标志是表明事物特征的记号。它以单纯、显著、易识别的物象、图形或文字符号为直观语言，除了表示什么、代替什么之外，还具有表达意义、情感和指示行动等作用。理想的传达效果是信息传达者使其图形化的传达内容与信息接收者所理解和解释的意义相一致，各类标志有不同的应用范围，发挥的功能也不同。商标在标志中的数量最多，与人们的日常物质生活的关联也最紧密。

标志功能可以帮助公众识别各家企业，传达企业信息，提升企业形象，象征企业核心文化，保护消费者权益，保护企业权益等，归纳起来有以下几个作用。

3.1.1 识别功能

1. 区别同类产品的不同企业与经营部门

在当今社会中，市场上的同类产品很多，但是生产企业却不同。每一个企业也各具特色，为了能在竞争激烈的市场中树立自己的企业形象，通常都用独特的标志来展现自家企业，通过一定的艺术形式来反映企业及其商品的特点，即企业标志和商品标志，用于与同行进行区别。例如，中国联通公司和中国移动公司虽然同属通信公司，但都有各自的形象标志，如下（上排）图所示；耐克运动鞋与李宁运动鞋也同属鞋类，但是各自的标志也是不同的，消费者也可以根据需要从中进行选择和比较如下（下排）图所示。这种代表企业形象或品牌的标志在国际经济中十分流行，并且得到法律的认可和保护。

2. 区别同类产品的不同质量

在商品交换过程中，无论是生产者还是经营者，都是通过标志来区分、识别同类产品的不同档次的。对于生产厂家来说，不同类型的产品也能用不同的标志进行区分，例如，丰田汽车公司生产的皇冠、别克、塞利卡、短跑家等车型，均有的车型标志这样不同质量档次的商品便得到了区分，如下（上排）图所示。商标在商品上使用的时间越长，区分商品质量的作用就越大，特别是那些在市场上建立了信誉的名牌商标，已成为商品质量优异的象征，例如柯达胶卷、尼康相机等商标已成为质量的可靠保证，如下（下排）图所示。

Nikon

3.1.2 象征功能

标志能方便消费者认牌购物，消费者购买商品时除了看价格外，更重要的是注重选择大众公认、了解的产品，此时标志就起了很大的作用。在商品市场里，同类、同品种的产品数量繁多，其质量、等级、规格、特点是不大相同的，但只要众多的产品都有自己的标志也就不难辨认了。在现代化的自选市场里，众多同类产品放在同一排货架上，如果没有他人的推荐介绍，消费者完全可以凭借标志来寻找自己所需要的品牌。因此，标志的作用是很突出的，例如，蒙牛集团与伊利公司的标志也分别象征着各自品牌的某种意义，其标志如下图所示。

蒙牛®

3.1.3 传播功能

标志对宣传企业产品起到非常大的作用，也能醒目、简洁、明了地传达某种信息。在商品交换过程中，它通过自己独特的名称、优美的图形、鲜明的色彩、代表着企业的信誉，象征着特定产品的质量与特色，从而吸引消费者，刺激他们的消费欲望。企业的产品一旦以其优异的质量和独到的功效取得了消费者的信任与好评，就成了名牌产品，标志就在企业与消费者之间建立了信任感和亲近感，便能发挥独特的广告作用。企业也可以通过这种关系了解企业产品在市场上的信誉与评价，从而不断提高产品质量，修正产品策略，以便更好地适应目标市场消费者的需求。就像宝马汽车和奥迪汽车一样，简单的标志广泛地传达了产品的特色与价值，其标志如下图所示。

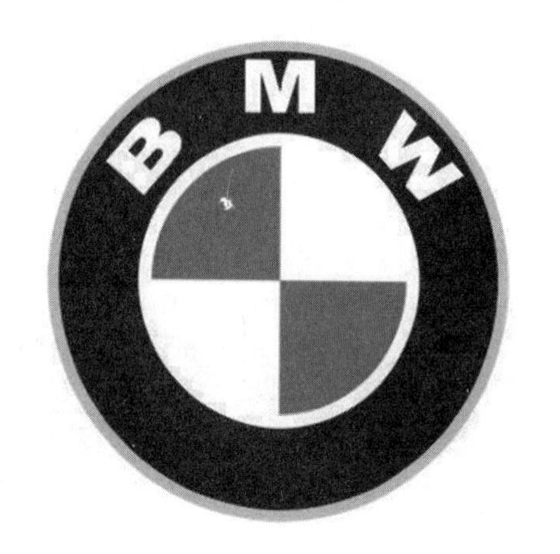

标志具有美化产品的功能。

一个设计成功的标志能增强产品的美感，提高产品的价值，扩大产品的销路。例如，索尼与美的的精美标志图形不仅宣传了标志本身，也美化了公司形象，从而给消费者带来了一个好的印象，其标志如下图所示。

标志有利于国际经济交流。

在国际贸易交往中，一个没有品牌标志的产品是无法进入国际市场的。企业和产品若没有标志，就难以在市场上占据一定的位置，更得不到法律的有力保护。由此可见，标志不仅在国内市场起到不容忽视的作用，而且也是连接国际经济交流的一个枢纽。如下图所示是国际上有名的标志。

3.2 标志的类别与特点

标志是企业的形象代表，均有自身含义。不同类别的标志具有不同的特点，本节主要讲解标志的类别与标志的特点。

3.2.1 标志的分类

按标志表现的不同性质分类。

（1）品质标志：品质标志表明属性方面的特征，其标志只能用文字来表现，代表标志如下图所示。

（2）数量标志：数量标志表明数量方面的特征，其标志可以用数值表示，代表标志如下图所示。

（3）属性标志：可以描述企业特征、性质等的固有性质。在标志设计中描述某个实体的一种事实，代表标志如下图所示。

（4）特征标志：主要体现企业形象最具特点的一面，代表标志如下图所示。

根据基本构成因素，标志可分为如下几类。

（1）文字标志：文字标志可以直接用中文、外文或汉语拼音构成，还可以用汉语拼音或外文单词的字首进行组合，代表标志如下图所示。

（2）图形标志：通过几何图案或象形图案来表示标志。图形标志又可分为3种，即具象图形标志、抽象图形标志、具象与抽象相结合的标志，代表标志如下图所示。

（3）图文组合标志：这种标志集中了文字标志和图形标志的长处，克服了两者的不足，代表标志如下图所示。

3.2.2　标志的特点

1. 功用性

标志的本质在于它的功用性。经过艺术设计的标志虽然具有观赏价值，但标志不是为了供人观赏，而是为了实用。标志是人们进行生产活动、社会活动必不可少的直观工具。

标志有人类共用的，如公共场所标志、交通标志、安全标志、操作标志等，如下图所示的第一幅图；有国家、地区、城市、民族、家族专用的旗徽等标志；有社会团体、企业、仁义、活动专用的，如会徽、会标、厂标、社标等，如下图所示的第二、三幅图；有某种商品、产品专用的商标；有集体或个人所属物品专用的，如图章、签名、花押、落款、烙印等，如下图所示的最后一幅图：都具有不可替代的独特功能，具有法律效力，尤其兼有维护权益的特殊使命。

2. 识别性

标志最突出的特点是各具独特面貌，易于识别，显示事物自身特征。标示事物间不同的意义、区别与归属是标志的主要功能。各种标志直接关系到国家、集团或个人的根本利益，决不能雷同、混淆，以免造成错觉。因此，标志必须特征鲜明，令人一眼即可识别，并过目不忘，代表标志如下图所示。

NOKIA
Connecting People
诺基亚

3. 显著性

显著是标志的又一重要特点，除隐形标志外，绝大多数标志的目的都要引起人们注意。因此，色彩强烈醒目、图形简练清晰是标志通常具有的特征。

4. 多样性

标志种类繁多、用途广泛，从其应用形式、构成形式、表现手段来看，都有着极其丰富的多样性。对于其应用形式，不仅有平面的，还有立体的。如下（左）图所示为平面标志，如下（右）图所示为立体标志。对于其构成形式，有直接利用物象的，有利用文字符号的，有利用具象、意象或抽象图形的，有利用色彩的。多数标志都是由几种基本形式组合构成的。从表现手段来看，其丰富性和多样性几乎难以概述，并且随着科技、文化、艺术的发展，总在不断创新。

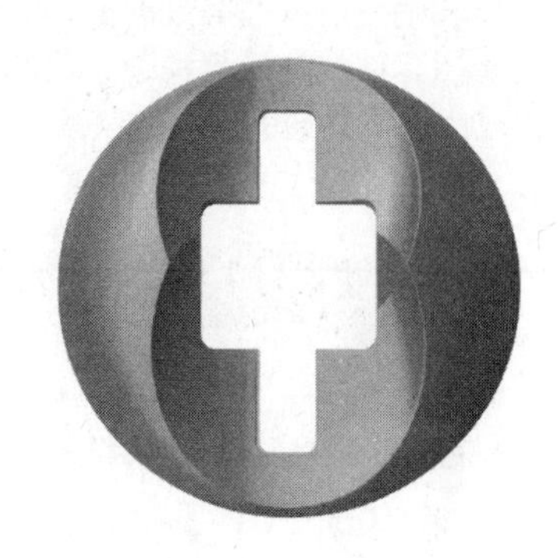

5. 艺术性

凡经过设计的非自然标志都具有某种程度的艺术性。既符合实用要求，又符合美学原则，给人以美感。艺术性强的标志更能吸引和感染人，给人以强烈和深刻的印象，如下（左）图所示。标志的高度艺术化是时代和文明进步的需要，是人们越来越高的文化素养体现和审美心理的需要。

6. 准确性

不管标志要说明什么、指示什么，不管是寓意还是象征，其含义必须准确。首先要易懂，符合人们的认识心理和认识能力。其次要准确，避免多解或误解，尤其应注意禁忌。让人们在极短时间内一目了然、准确领会是标志优于语言的长处，代表标志如下（右）图所示。

7. 持久性

标志与广告或其他宣传品不同，一般都具有长期使用价值，不能轻易改动。在当今社会中，印刷、摄影、设计和图像传送的作用越来越重要，这种非语言传送的发展具有和语言传送相抗衡的竞争力量，标志则是其中一种独特的传送方式。例如，人们看到烟的上升，就会想到下面有火，烟就是火的一种自然标记。这种人为的烟，既是信号，也是一种标志。这种非语言传送的速度和效应是语言和文字传送所不及的。

虽然现在的手段已十分发达，但标志这种令公众一目了然，效应快捷，并且不受民族、国家、语言文字束缚的直观传送方式，更适应生活节奏不断加快的需要，其特殊作用仍然是任何传送方式都无法替代的。标志作为人类直观联系的特殊方式，不但在社会活动与生产活动中无处不在，而且对于国家、社会集团及个人的根本利益来说，越来越显示其极重要的独特功用。

公共场所的标志、交通标志、安全标志、操作标志等对于指导人们进行有秩序的正常活动、确保生命财产安全，具有直观、快捷的功能。商标、店标、厂标等专用标志对于发展经济、创造经济效益、维护企业和消费者权益等具有实用价值和法律保障作用。标志的直观、形象、不受语言文字限制等特性有利于国际间的交流与沟通，因此，国际化标志得以迅速推广和发展，成为视觉传送最有效的手段之一，成为人类共通的直观的联系工具，代表标志如下图所示。

8. 独特性

标志设计不仅是实用物的设计，也是一种图形艺术的设计。它与其他图形艺术表现手段既有相同之处，又有自己的艺术规律。由于人们对标志具有简练、概括、完美苛刻的要求，也就是要完美到几乎找不到更好的替代方案，其设计难度比其他任何图形艺术设计都要大得多。如下（左）图所示展现了轮廓与色调的独特性，如下（右）图所示展现了形式与分布的独特性。

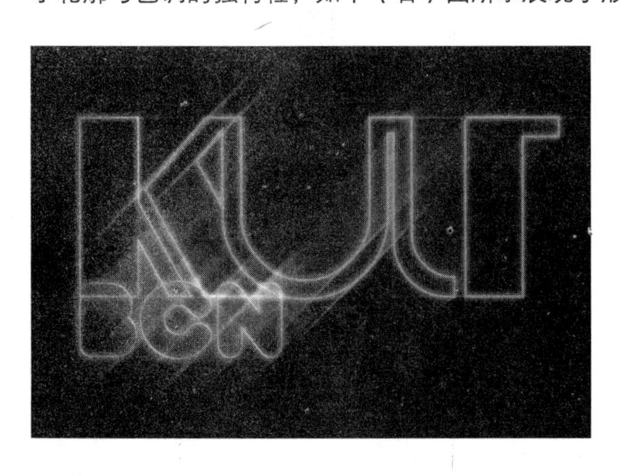

（1）设计须充分考虑其实现的可行性，针对其应用形式、材料和制作条件采取相应的设计手段。同时，还要顾及其他视觉传播方式（如印刷、广告、映像等），以及放大、缩小时的视觉效果。

（2）设计应在详尽明了设计对象的使用目的、适用范畴及有关法规等有关情况和深刻领会其功能性要求的前提下进行。

（3）构思须慎重推敲，力求深刻、巧妙、新颖、独特，表意准确，能经受住时间的考验。

（4）设计要符合作用对象的直观接受能力、审美意识、社会心理和禁忌。

（5）构图要凝练、美观、适形（适应其应用物的形态）。

（6）色彩要单纯，强烈，醒目。

（7）图形、符号既要简练、概括，又要讲究艺术性。

（8）遵循标志设计的艺术规律，创造性地探求恰当的艺术表现形式和手法，锤炼出精准的艺术语言，使所设计的标志具有高度的整体美感、最佳的视觉效果。标志艺术除了具有一般的设计艺术规律（如装饰美、秩序美等）之外，还有其独特的艺术规律。

- 符号美：标志艺术是一种独具符号艺术特征的图形设计艺术。它把来源于自然、社会及人们观念中的事物形态、符号（包括文字）、色彩等，经过艺术的提炼和加工，使之成为具有完整艺术性的图形符号，从而区别于装饰图和其他艺术设计。标志图形符号在某种程度上带有文字符号的简约性、聚集性和抽象性，有时直接利用现成的文字符号，但却不同于文字符号。它是以“图形”的形式体现的（现成的文字符号须经图形化改造），更具鲜明的形象性、艺术性和共识性。符号美是标志设计中最重要的艺术规律。标志艺术就是图形符号的艺术，代表标志如下图所示。

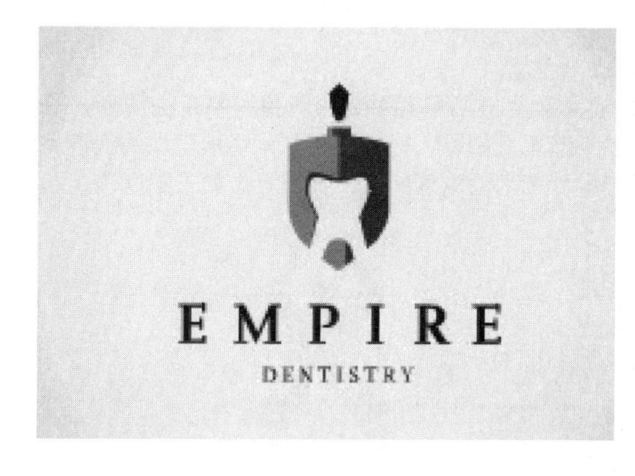

- 特征美：特征美也是标志独特的艺术特征。标志图形所体现的不是个别事物的个别特征（个性），而是同类事物整体的本质特征（共性），即类别特征。通过对这些特征进行艺术强化与夸张，获得共识的艺术效果。如下（左）图所示展现了颜色的个性与形状的共性，如下（右）图所示展示了形态的个性与色彩的共性。这与其他造型艺术通过有血有肉的个性刻画获得感人的艺术效果是迥然不同的。它对事物共性特征的表现又不是千篇一律和概念化的，同一共性特征在不同设计中可以并且必须各具不同的个性形态美，从而各具独特艺术魅力。

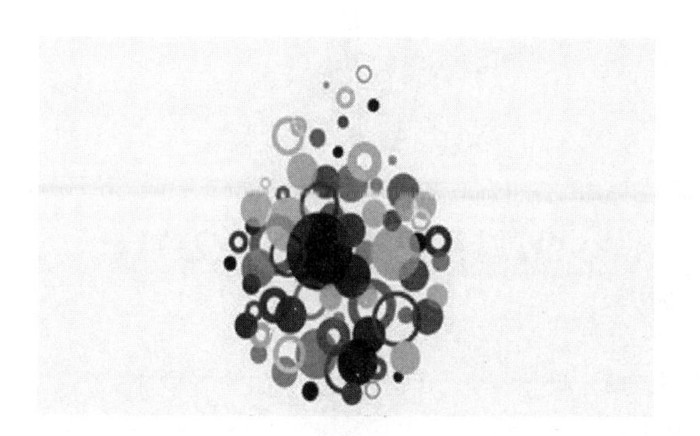

● 凝练美：构图紧凑、图形简练，是标志艺术必须遵循的结构美原则。如下（左）图所示展现了图形较简单的标志，如下（右）图所示展现了构图紧凑的标志。标志不仅可以单独使用，而且经常用于各种文件、宣传品、广告、映像等视觉传播物之中。具有凝练美的标志，不仅在任何视觉传播物中（不论放得多大或缩得多小）都能显现出自身独立完整的符号美，而且还对视觉传播物产生强烈的装饰美感。凝练不是简单，凝练的结构美只有经过精准的艺术提练和概括才能获得。

● 单纯美：标志艺术语言必须单纯再单纯，力戒冗杂。一切可有可无、可用可不用的图形、符号、文字、色彩坚决不用；一切非本质特征的细节坚决剔除；能用一种艺术手段表现的就不用两种。高度单纯而又具有高度美感，正是标志设计艺术的难度所在，代表标志如下图所示。

3.3 标志设计的基本原则

醒目、具有代表性、给大众的印象深刻是设计标志的最基本原则。标志设计要具有企业特性、企业精力、商品特征、经营理念运营思维等。好的标志设计要求设计者必须具备高明的设计才能，更要拥有各种学问，标志是一个标准化、富有典范的视觉形象。如下（左）图所示为具有代表性的标志，如下（右）图所示为能给人深刻印象的标志。一个成功的标志设计，应该遵守以下原则。

1. 识别性

标志必须具有光鲜的共性，不允许类似、相近或者相同。标志的冲击力越强、艺术构念越奇妙就越能给人留下深刻的印象，这就是标志设计的一个原则。如下（左）图所示为设计的识别性标志。

2. 传达性

标志设计的另一目标就是把一类庞杂的理念、概念用图案表示，从而设计出难于辨认而又独具一格的典范形象。

标志不仅是一个符号，而且要通过标志表达特定的含义，传达一定的信息，从而给消费者留下奇特的、美妙的、无止境的特殊印象。信息包含企业的运营理念、历史演化、资产范围、产品机能、用处、出售对象和生产工艺等。随后挑选出有代表作用的点、线、面，应用概括、夸大、比喻等手法，设计出艺术抽象标志。如下（右）图所示为设计的传达性标志。

要在玲珑的图案中衬托出企业经营特色和运营思维等，并要把这些信息清楚地传达给消费者，这是设计师在设计标志时所要注重的第二个基本原则。

3. 艺术性

标志的最大特性就是它的艺术性，主要表示在简洁、概括、鲜明、强烈。

人的视觉对对象的接触往往是瞬时的,视觉对标志的接收会受到时光和制度的制约，尤其是在生活节拍慢的时代，更要求标志具有简洁、鲜明、强烈的视觉效果，这样才能给人们留下深刻的印象，代表标志如下图所示的第一幅图。

一幅完美的标志图案，既要感情丰盛又要组织有序，既有变化又不枯燥，并富有艺术感。这就是标志设计中所要留意的第三个原则，即艺术性原则。

4. 顺应性

标志在视觉传达设计中是一种最普遍、最广泛的信息。它被广泛地应用于车辆、招牌及建物墙面等媒介上，代表标志如下图所示中的后3幅图。

3.4 标志设计实例解析

标志对一个企业来说尤为重要，代表着企业的形象，且具有更深的含义。本节主要介绍标志设计的一些实例。

3.4.1　公司标志制作

标志是一个企业或集团的名称与代表。具有特殊性与代表性的标志是每个企业的象征与展示。接下来学习制作本实例标志的具体操作过程，最终效果如右图所示。

最终文件：Ch03\Complete\3-4-1.psd

步骤01 按【Ctrl+N】组合键，弹出“新建”对话框，具体设置如下图所示。设置完毕后，单击“确定”按钮。

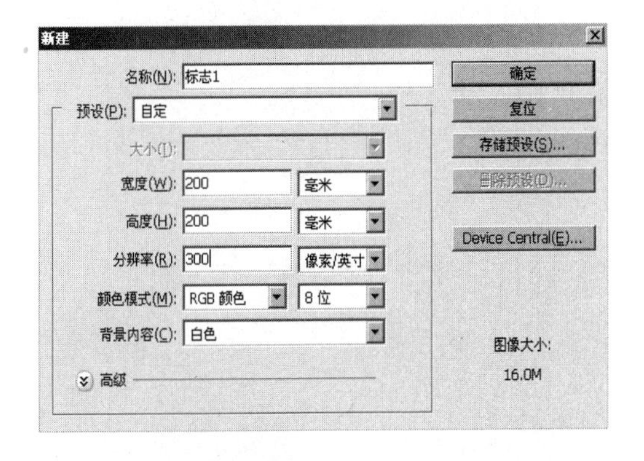

步骤02 选择“背景”图层，单击图层面板上的“添加图层样式”按钮，在弹出的菜单中选择“渐变叠加”命令，弹出“图层样式”对话框，具体参数设置如下图所示。

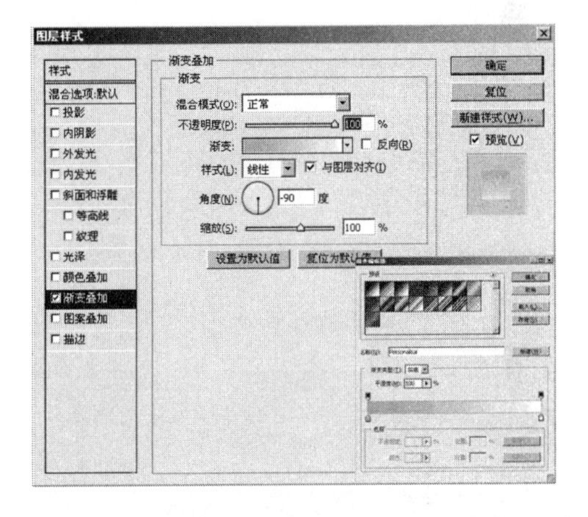

步骤03 设置完毕后，单击“确定”按钮，得到的图像效果如下图所示。

步骤04 单击图层面板上的“创建新图层”按钮，新建“图层1”图层，选择“椭圆选框工具”，按住【Shift】键在图像窗口内绘制如下图所示的正圆选区。

步骤05 按【Shift+F6】组合键，打开“羽化选区”对话框，将“羽化半径”设置为25，选择“渐变工具”，单击选项栏上的色块，打开“渐变编辑器”窗口，参数设置如下图所示。

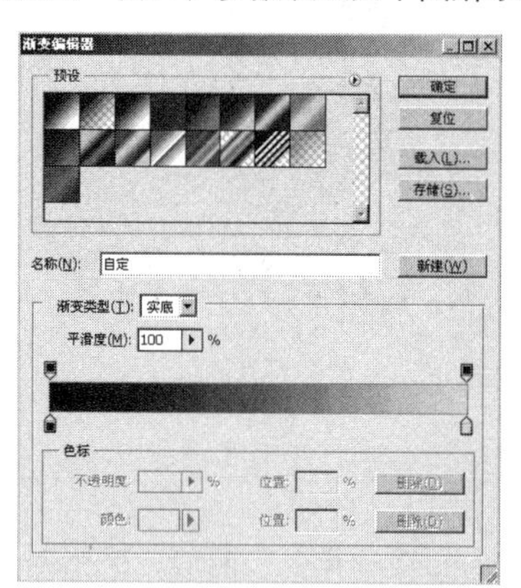

步骤06 单击选项栏上的“径向渐变”按钮，在图像窗口中绘制渐变色，效果如下图所示。

步骤07 按【Ctrl+D】组合键取消选区，按【Ctrl+T】组合键进行自由变换，调整正圆形状，如下图所示。

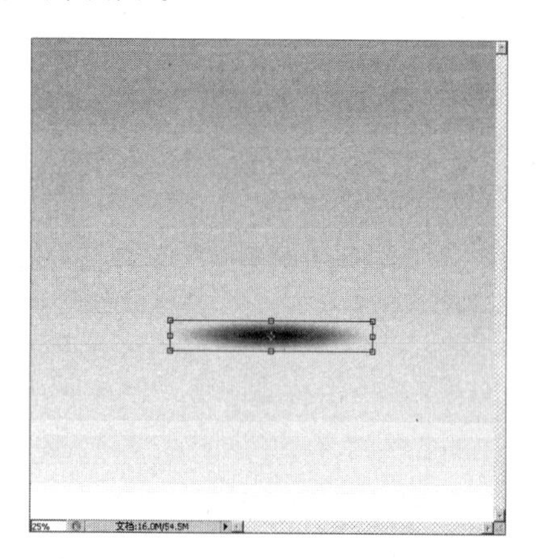

步骤08 按【Enter】键确认操作，将图层的“不透明度”设置为42%，得到的图像效果如下图所示。

步骤09 单击图层面板上的“创建新图层”按钮，新建“图层2”图层，选择“钢笔工具”，在图像窗口内创建路径，效果如下图所示。

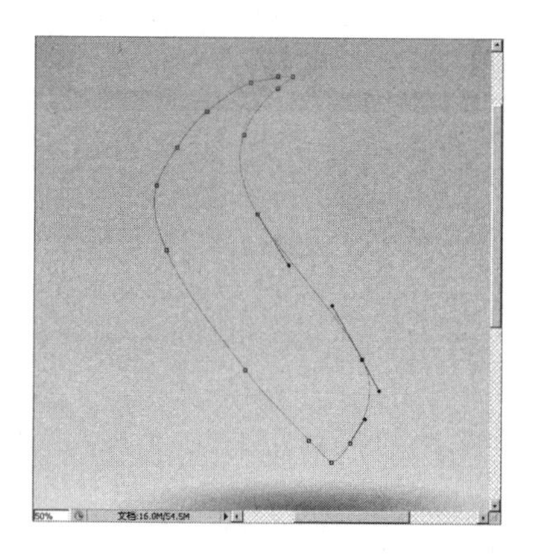

步骤10 切换到路径面板，单击路径面板上的“将路径作为选区载入”按钮，将前景色设置为黑色，按【Alt+Delete】组合键填充前景色，得到的图像效果如下图所示。

步骤11 按【Ctrl+D】组合键取消选区，单击图层面板上的“添加图层样式”按钮，在弹出的菜单中选择“渐变叠加”命令，弹出“图层样式”对话框，具体参数设置如下图所示。

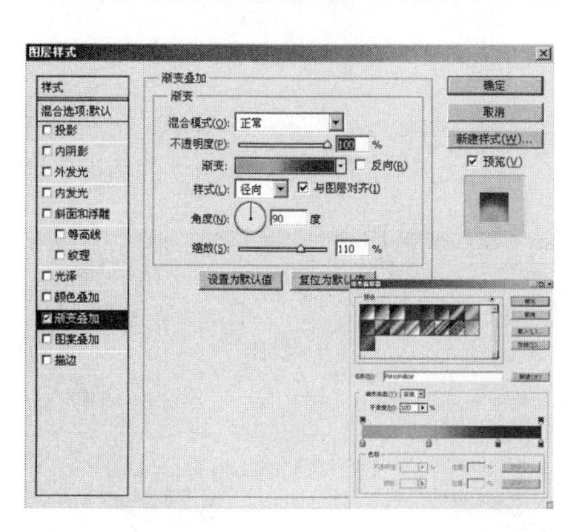

步骤12 设置完毕后单击“确定”按钮，将图层的“填充”选项设置为0%，得到的图像效果如下图所示。

步骤13 单击图层面板上的“创建新图层”按钮，新建“图层3”图层，选择“钢笔工具”，在图像窗口内创建路径，效果如下图所示。

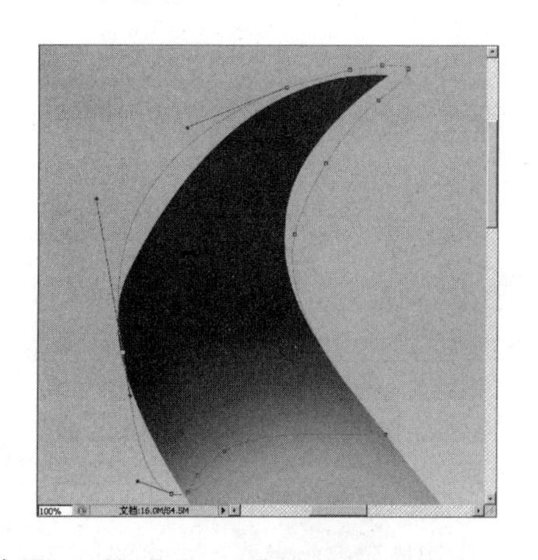

步骤14 切换到路径面板，单击路径面板上的“将路径作为选区载入”按钮，将前景色设置为黑色，按【Alt+Delete】组合键填充前景色，得到的图像效果如下图所示。

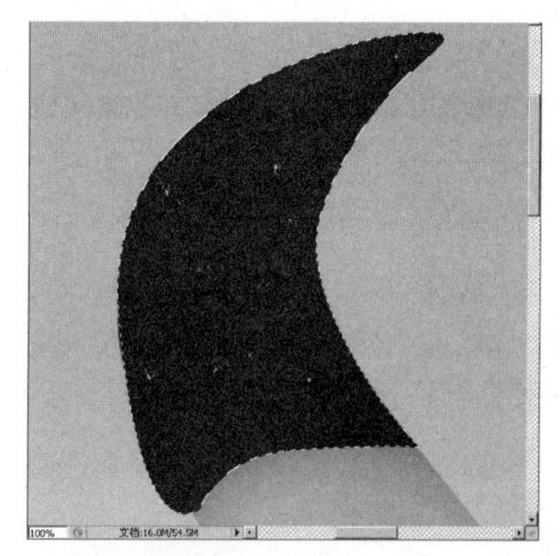

步骤15 按【Ctrl+D】组合键取消选区，单击图层面板上的“添加图层样式”按钮，在弹出的菜单中选择“渐变叠加”命令，弹出“图层样式”对话框，具体参数设置如下图所示。

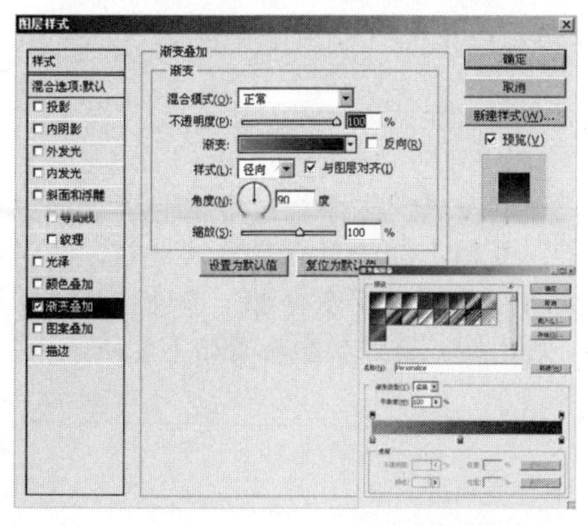

步骤16 设置完毕后单击“确定”按钮，将图层的“填充”选项设置为0%，得到的图像效果如下图所示。

步骤17 新建“图层4”图层，选择“钢笔工具”，在图像窗口内创建路径，单击路径面板上的“将路径作为选区载入”按钮，将前景色设置为黑色，按【Alt+Delete】组合键填充前景色，得到的图像效果如下图所示。

步骤18 按【Ctrl+D】组合键取消选区，单击图层面板上的“添加图层样式”按钮，在弹出的菜单中选择“渐变叠加”命令，弹出“图层样式”对话框，具体参数设置如下图所示。

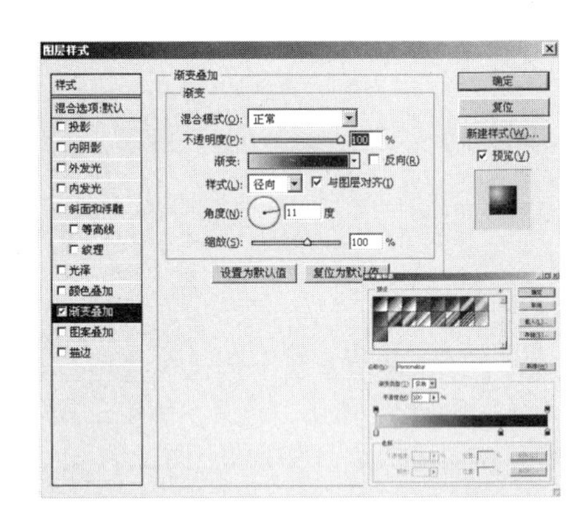

步骤19 设置完毕后不关闭对话框，继续选择“内阴影”复选框，设置内阴影颜色为白色，其他设置如下图所示。

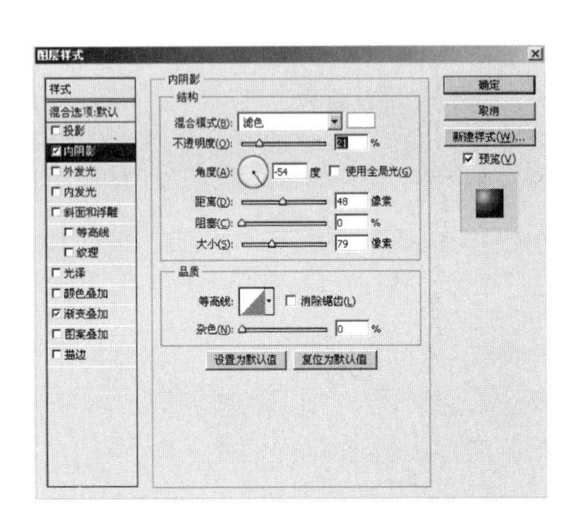

步骤20 设置完毕后单击“确定”按钮，将图层的“填充”选项设置为0%，得到的图像效果如下图所示。

步骤21 新建“图层5”图层，选择“钢笔工具”，绘制路径，单击路径面板上的“将路径作为选区载入”按钮，载入选区，将前景色设置为黑色，按【Alt+Delete】组合键填充前景色，效果如下图所示。

步骤22 按【Ctrl+D】组合键取消选择，单击“图层”面板上的添加图层样式按钮，在弹出的下拉菜单中选择“渐变叠加”选项，弹出“图层样式”对话框，具体参数设置如下图所示。

步骤23 设置完毕后单击“确定”按钮，将图层的“不透明度”选项设置为50%，将“填充”选项设置为0%，得到的图像效果如下图所示。

步骤25 切换到路径面板，单击路径面板上的“将路径作为选区载入”按钮，载入选区，将前景色设置为R:7、G:142、B:8，按【Alt+Delete】组合键填充前景色，按【Ctrl+D】组合键取消选区，将图层的“不透明度”选项设置为80%，得到的图像效果如下图所示。

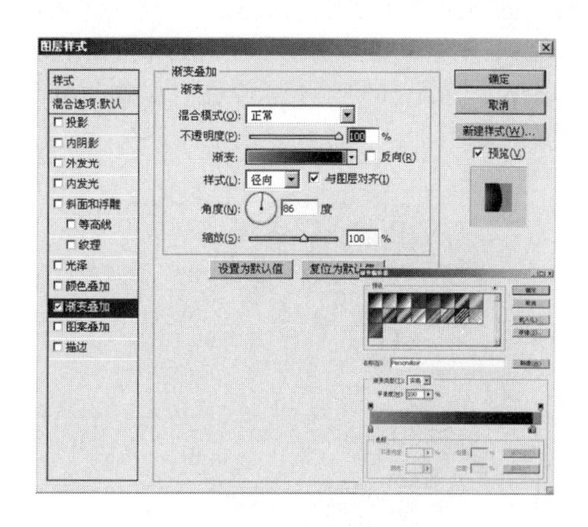

步骤24 单击图层面板上的“创建新图层”按钮，新建“图层6”图层，选择“钢笔工具”，在图像窗口内创建路径，效果如下图所示。

步骤26 单击图层面板上的“创建新图层”按钮，新建“图层7”图层，选择“钢笔工具”，在图像窗口内创建路径，效果如下图所示。

步骤27 切换到路径面板，单击路径面板上的“将路径作为选区载入”按钮，载入选区，将前景色设置为黑色，按【Alt+Delete】组合键填充前景色，将图层的“不透明度”设置为85%，效果如下图所示。

步骤28 按【Ctrl+D】组合键取消选区，将“图层7”图层拖曳至图层面板上的“创建新图层”按钮处，得到“图层7副本”图层，在“图层7副本”图层上单击鼠标右键，选择“创建剪切蒙版”命令，此时的图层面板如下图所示。

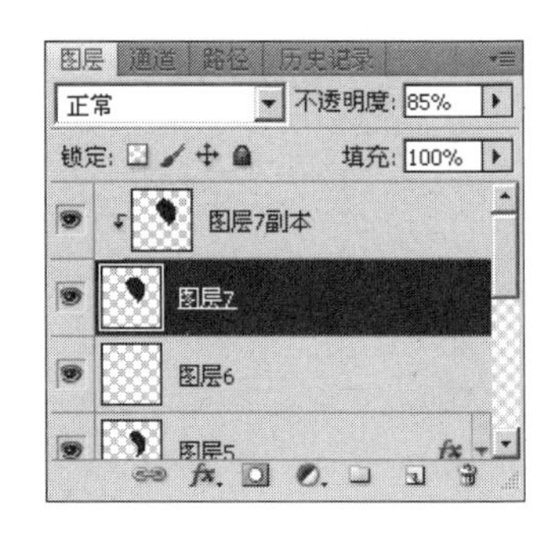

步骤29 选中“图层7副本”图层，单击图层面板上的“添加图层样式”按钮，在弹出的菜单中选择“渐变叠加”命令，弹出“图层样式”对话框，具体参数设置如下图所示。

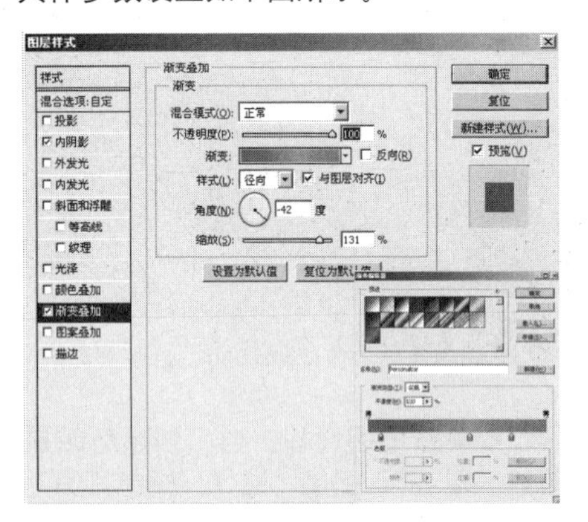

步骤30 设置完毕后不关闭对话框，继续选择“内阴影”复选框，设置内阴影颜色为黑色，其他设置如下图所示。

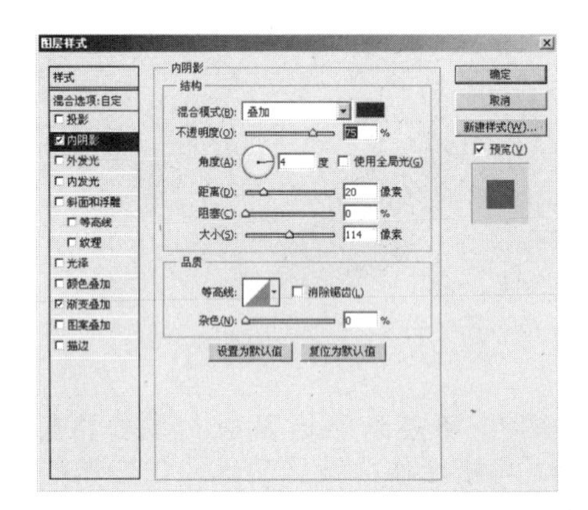

步骤31 设置完毕后单击“确定”按钮，将图层的“填充”选项设置为0%，得到的图像效果如下图所示。

步骤32 单击图层面板上的“创建新图层”按钮，新建“图层8”图层，选择“椭圆选框工具”，按住【Shift】键绘制正圆，将前景色设置为黑色，按【Alt+Delete】组合键填充前景色，效果如下图所示。

步骤33 按【Ctrl+D】组合键取消选区，在“图层8”图层上单击鼠标右键，选择“创建剪切蒙版”命令，得到的图像效果如下图所示。

步骤34 单击图层面板上的“添加图层样式”按钮，在弹出的菜单中选择“渐变叠加”命令，弹出“图层样式”对话框，具体参数设置如下图所示。

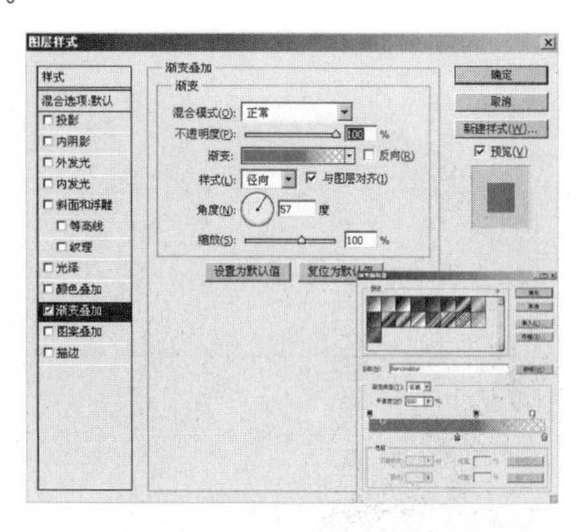

步骤35 设置完毕后单击“确定”按钮，将图层的“填充”选项设置为0%，得到的图像效果如下图所示。

步骤36 单击图层面板上的“创建新图层”按钮，新建“图层9”图层，选择“椭圆选框工具”，在图像窗口内绘制椭圆，将前景色设置为黑色，按【Alt+Delete】组合键填充前景色，效果如下图所示。

步骤37 按【Ctrl+D】组合键取消选区，在“图层9”图层上单击鼠标右键，选择“创建剪切蒙版”命令，得到的图像效果如下图所示。

步骤38 单击图层面板上的“添加图层样式”按钮，在弹出的菜单中选择“内发光”选项，弹出“图层样式”对话框，具体参数设置如下图所示。

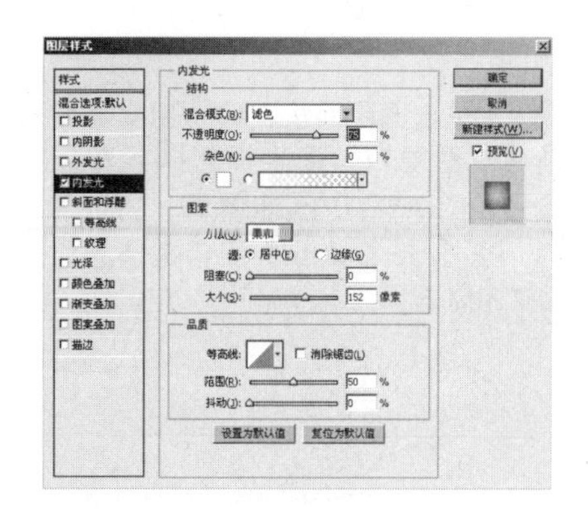

步骤39 设置完毕后单击“确定”按钮，将图层的“填充”选项设置为0%，得到的图像效果如下图所示。

步骤40 单击图层面板上的“创建新图层”按钮，新建“图层10”图层，选择“椭圆选框工具”，在图像窗口内绘制椭圆，将前景色设置为黑色，按【Alt+Delete】组合键填充前景色，效果如下图所示。

步骤41 按【Ctrl+D】组合键取消选区，在“图层10”图层上单击鼠标右键，选择“创建剪切蒙版”命令，单击图层面板上的“添加图层样式”按钮，选择“内发光”命令，弹出“图层样式”对话框，参数设置如下图所示。

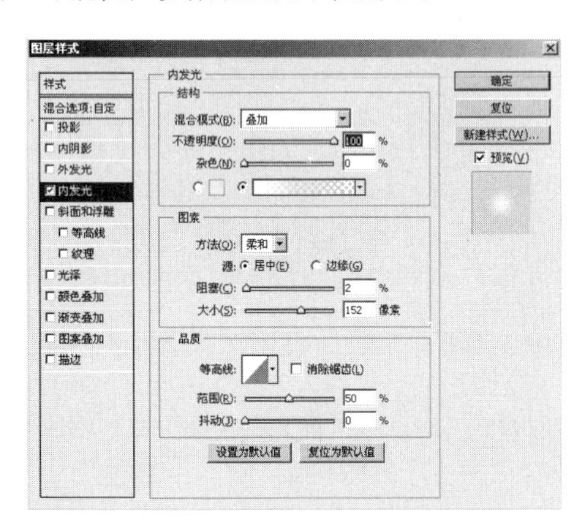

步骤42 设置完毕后单击“确定”按钮，将图层的“填充”选项设置为0%，得到的图像效果如下图所示。

步骤43 单击图层面板上的“创建新图层”按钮，新建“图层11”图层，选择“椭圆选框工具”，在图像窗口内绘制椭圆，将前景色设置为黑色，按【Alt+Delete】组合键填充前景色，效果如下图所示。

步骤44 按【Ctrl+D】组合键取消选区，在“图层11”图层上单击鼠标右键，选择“创建剪切蒙版”命令，单击图层面板上的“添加图层样式”按钮，选择“内发光”命令，弹出“图层样式”对话框，相关参数设置如下图所示。

步骤45 设置完毕后单击“确定”按钮，将图层的“不透明度”选项设置为72%，将“填充”选项设置为0%，得到的图像效果如下图所示。

步骤47 按【Ctrl+D】组合键取消选区，单击图层面板上的“添加图层样式”按钮，在弹出的菜单中选择“渐变叠加”命令，弹出“图层样式”对话框，具体参数设置如下图所示。

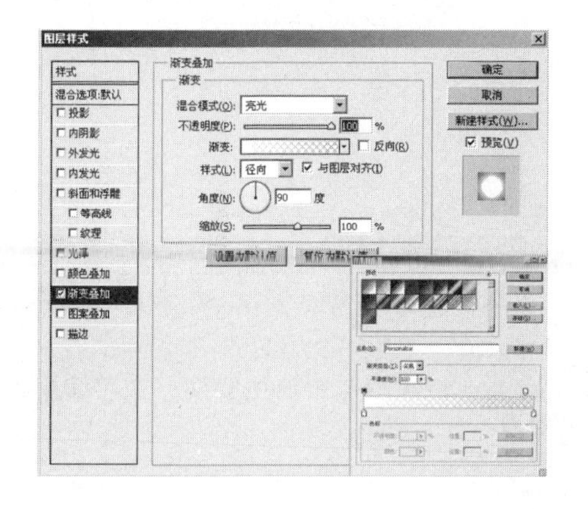

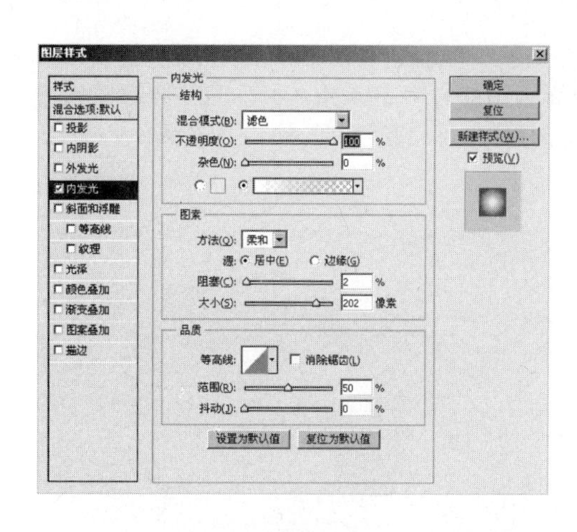

步骤46 单击图层面板上的“创建新图层”按钮，新建“图层12”图层，选择“椭圆选框工具”，在图像窗口内绘制椭圆，将前景色设置为黑色，按【Alt+Delete】组合键填充前景色，效果如下图所示。

步骤48 设置完毕后单击“确定”按钮，将图层的“不透明度”选项设置为82%，将“填充”选项设置为0%，得到的图像效果如下图所示。

步骤49 选择工具箱中的“横排文字工具” T，设置合适的文字字体及大小，在图像窗口内输入相应文字并填充颜色，效果如下图所示。

步骤50 将文字图层拖曳至图层面板上的“创建新图层”按钮处，得到文字副本图层，选择“编辑>变换>垂直翻转”命令，将其移到合适位置，效果如下图所示。

步骤51 单击图层面板上的“添加图层样式”按钮，在弹出的菜单中选择“渐变叠加”命令，弹出“图层样式”对话框，具体参数设置如下图所示。

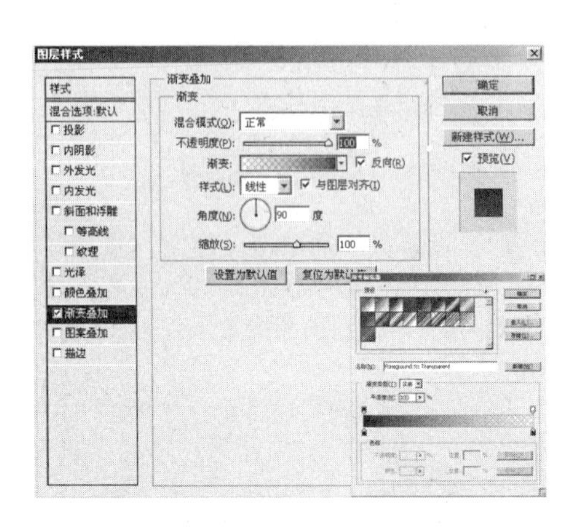

步骤52 设置完毕后单击“确定”按钮，将图层的“不透明度”选项设置为6%，将“填充”选项设置为0%，得到的图像效果如下图所示。

知识拓展

本实例讲解了制作企业标志的过程，主要运用了绘制选区、新建图层、自由变换、文字编排等操作，同时设置了不同的图层样式效果，从而制作出出色的标志。

01 图层面板

在制作复杂的图像时，需要很多图层才能完成，Photoshop CS5中提供了用于管理图层的图层面板，如下图所示。下面来介绍图层面板，图层面板是由图层、图层的混合模式、填充、不透明度、快捷按钮及锁定等组成的。

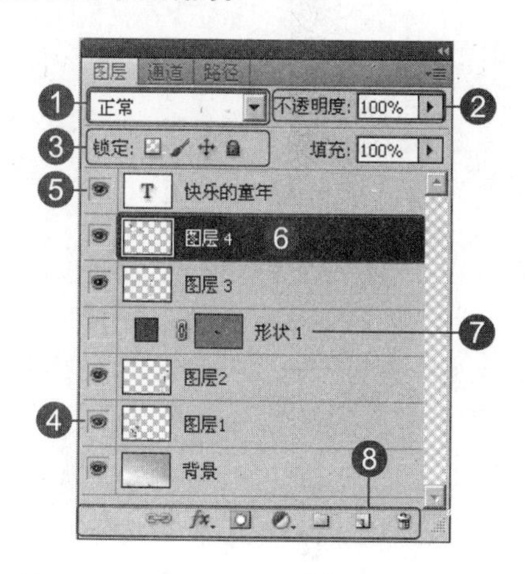

❶ 混合模式：可为图层图像设置特殊的效果。

❷ 不透明度：设置图层图像的透明程度。

❸ 锁定按钮：如果不想在选定的图层上应用某功能，可以单击相应的锁定按钮。

- 锁定透明像素：不能在图层的透明区域应用各种功能，只能应用于有图像的区域。
- 锁定图像像素：选择图层以后，单击该按钮，会显示出锁形图标，在这种锁定状态下是不能编辑图像的。
- 锁定位置：单击该按钮后，不能移动相应图层的图像。
- 锁定全部：相应图层在这种锁定状态下，不能再进行修饰或者编辑。

❹ 指示图层可见性：可以在图像窗口上显示或者隐藏图层图像。

❺ 使用文字工具输入文字以后生成的图层。

❻ 图层的名称，且该图层为目前选择的图层。

❼ 使用形状工具生成的图层。

❽ 快捷按钮：可对图层进行各种操作。

ⓐ 链接图层：显示图层与其他图层的链接情况。

ⓑ 添加图层样式：可在选定的图层上添加图层样式。

ⓒ 添加图层蒙版：可在选定的图层上添加图层蒙版。

ⓓ 创建新的填充或调整图层：可对图像进行编辑，不会损坏原图像，且能完成对图像的调整。

ⓔ 创建新组：可以创建图层组。

ⓕ 创建新图层：单击此按钮，可以得到新的图层。

在图层面板中，单击面板右侧的按钮，会弹出图层面板菜单，如下（左）图所示。在“图层缩览图”上单击鼠标右键，会弹出如下（右）图所示的快捷菜单，从中选择“无缩览图”命令，图层面板中的缩览图将会消失。

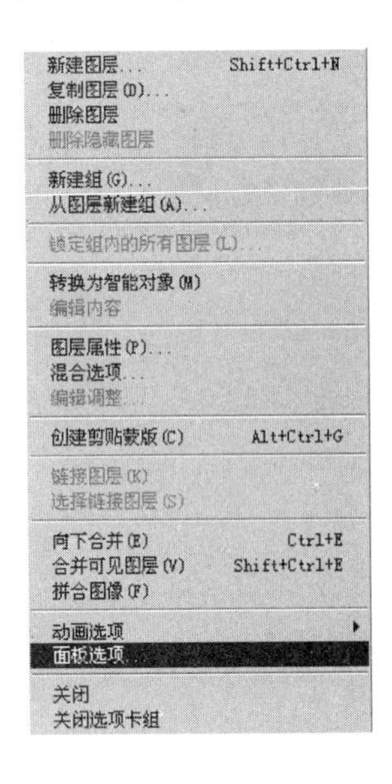

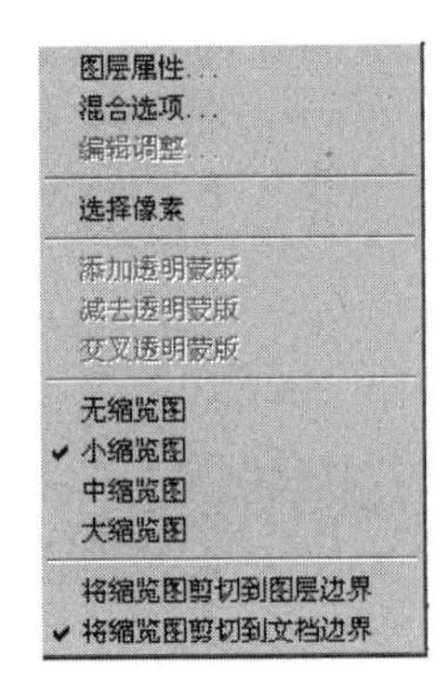

新建图层的方法如下。

（1）创建新图层的时候，可以在图层面板中单击“创建新图层”按钮，这样就会在选中的图层上面创建一个新图层，如右图所示。

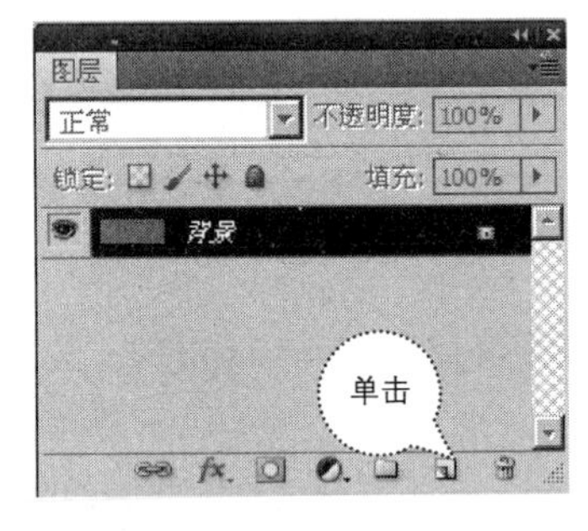

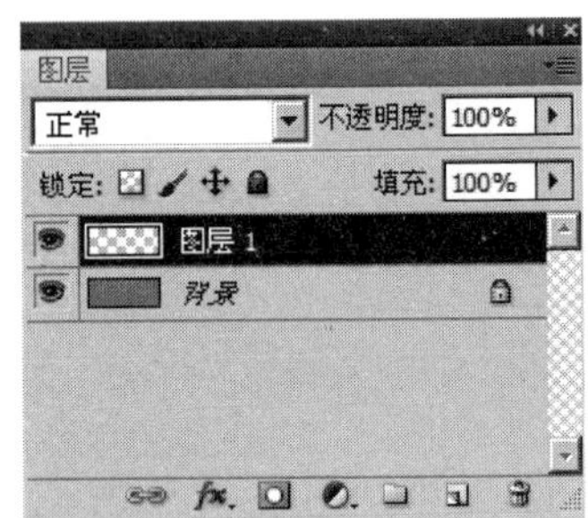

（2）选中“图层1”图层，然后按住【Ctrl】键单击“创建新图层”按钮，即可在该图层之下新建一个新图层，如右图所示。

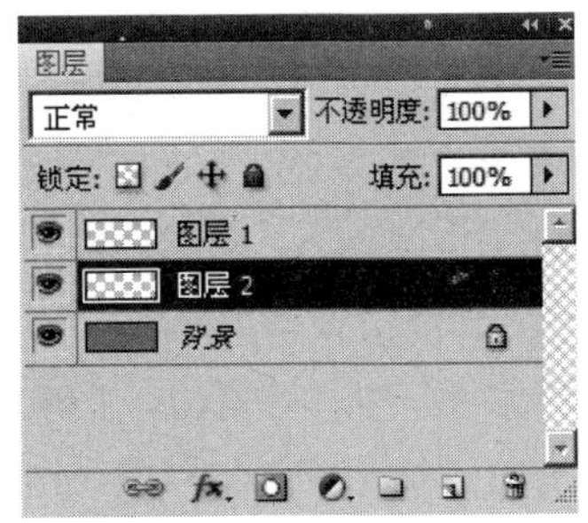

（3）按住【Alt】键单击“创建新图层”按钮，弹出“新建图层”对话框，可以在对话框中设置图层的参数，如右图所示。

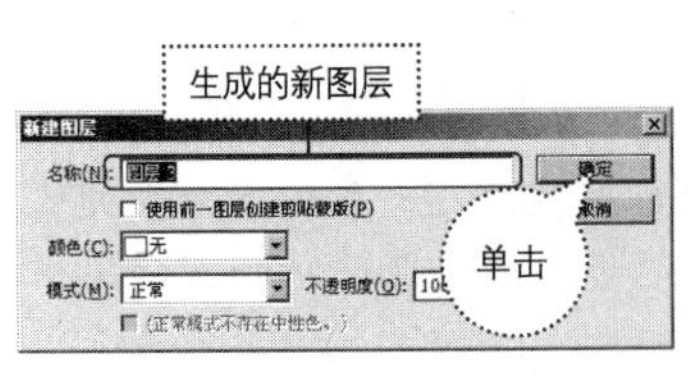

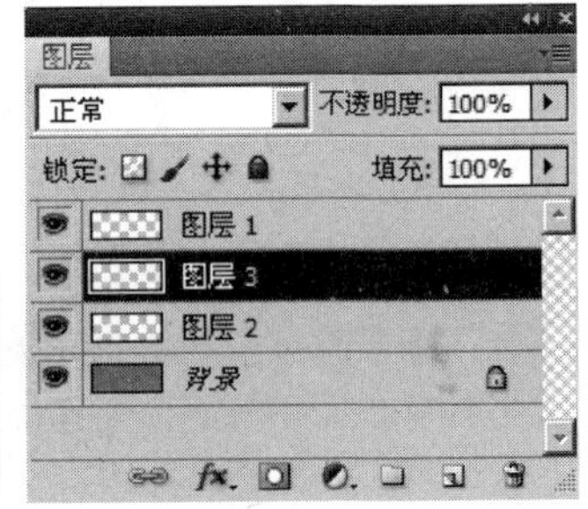

（4）单击图层面板右上角的按钮，在弹出的面板菜单中选择“新建图层”命令，即可弹出“新建图层”对话框，设置参数后，单击“确定”按钮，即可新建一个图层，如右图所示。

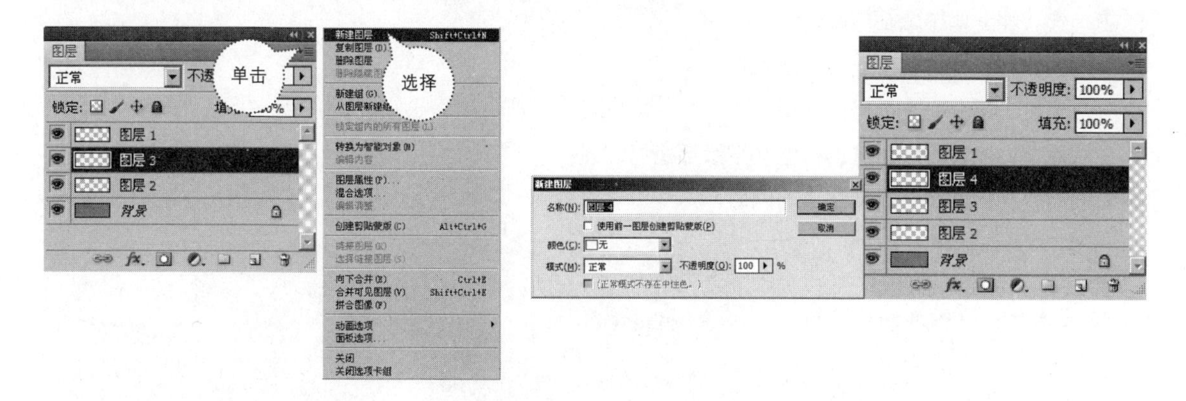

02 文字

1. 文字面板

显示/隐藏字符和段落面板：单击文字工具选项栏中的“切换字符和段落面板”按钮，会显示/隐藏与文字相关的字符面板和与排版相关的段落面板。单击“字符”标签会显示字符面板，单击“段落”标签会显示段落面板。

字符面板：应用该面板可以对文字的字体、大小间隔、颜色、字间距、行间距等选项进行详细的设置。如下图所示为字符面板及字符面板菜单，下面进行详细介绍。

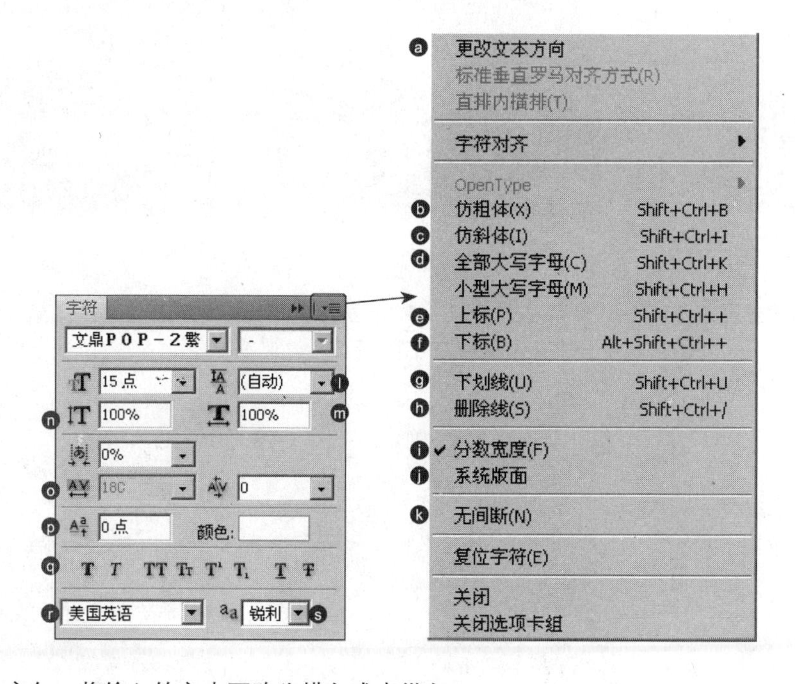

ⓐ 更改文本方向：将输入的文本更改为横向或者纵向。

ⓑ 仿粗体：文字以粗体显示。

ⓒ 仿斜体：文字以斜体显示。

ⓓ 全部大写字母：文字以大写字母显示。

ⓔ 上标：文字以上标显示。

ⓕ 下标：文字以下标显示。

ⓖ 下画线：在文字下添加下画线。

ⓗ 删除线：在选定的文字上添加删除线。

ⓘ 分数宽度：调整文字之间的间距。

ⓙ 系统版面：以使用者系统的操作文字版面进行显示。

ⓚ 无间断：确保文字不出现错误的间断。

ⓛ 设置行距：调整文字的行间距。单击下拉按钮，可以在下拉列表中选择行间距的数值，也可以直接输入数值。默认为"自动"选项，值越大，间距越宽。行距分别为"自动"选项和10时的图像效果如右图所示。

行间距：自动

行间距：10

ⓜ 水平缩放：用于调整字符的宽度，系统默认值为100%，值越大，文字越扁。不同水平缩放值的文字效果如下图所示。

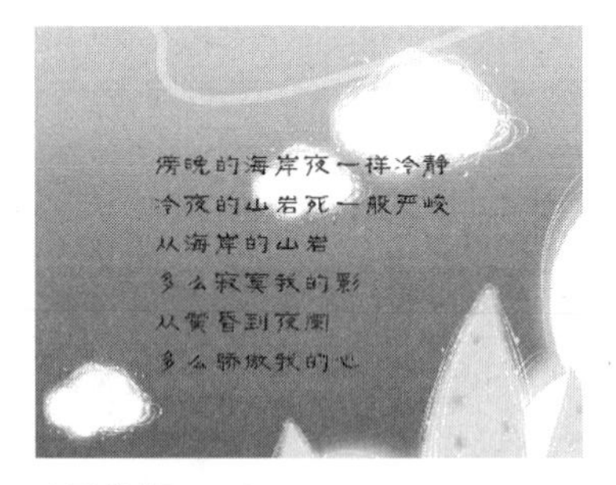

水平缩放：100%

水平缩放：50%

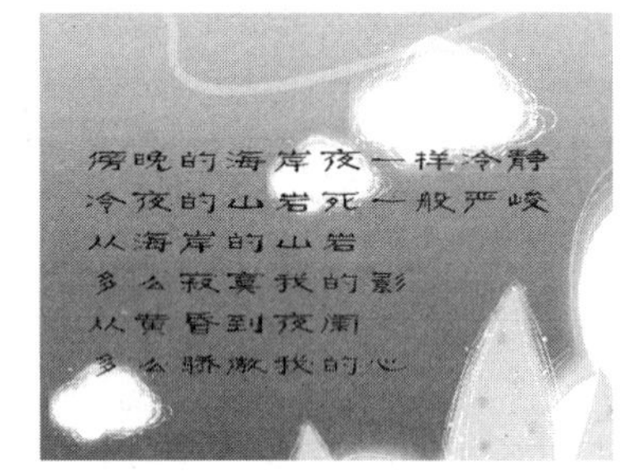

水平缩放：150%

ⓝ 垂直缩放：可在垂直的方向上调整文字的高度，默认值为100%。如果选的数值比默认值大，那么文字就会被拉长。不同垂直缩放值的文字效果如下图所示。

垂直缩放：100%

垂直缩放：50%

垂直缩放：150%

o 设置所选字符的字距调整：用于缩小或者放大文字的字间距。默认值为 0，值越大，字间距越宽。不同字间距的文字效果如下图所示。

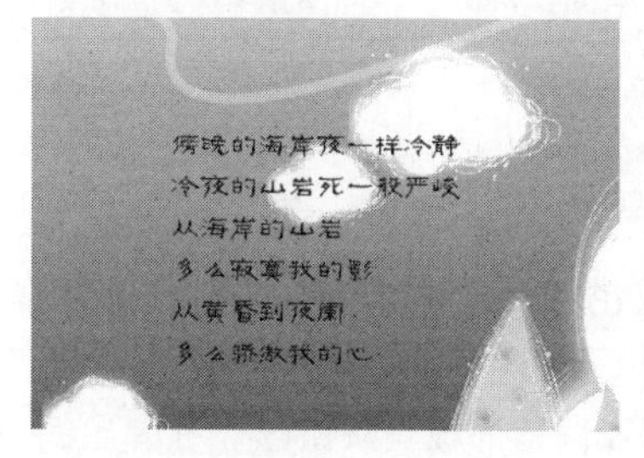

字间距：0

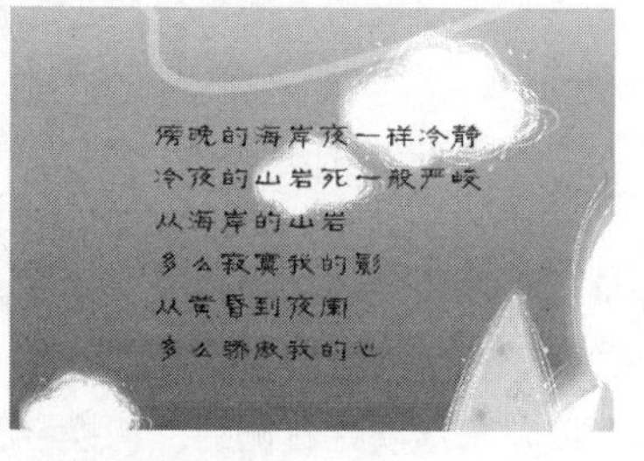

字间距：100

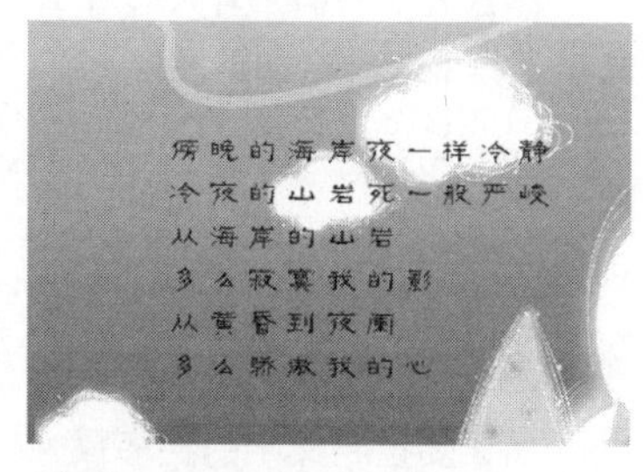

字间距：300

p 设置基线偏移：用于调整文字的基线。默认为"0 点"。如果设置的数值比默认值大，基线上移，相反则下移。不同基线偏移值的文字效果如下图所示。

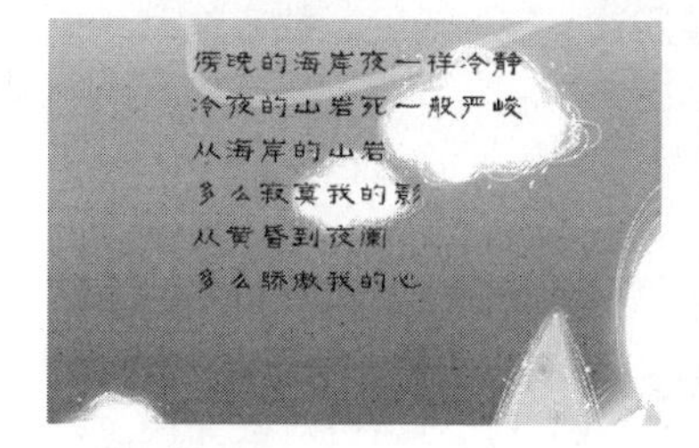

基线偏移：30

基线偏移：0

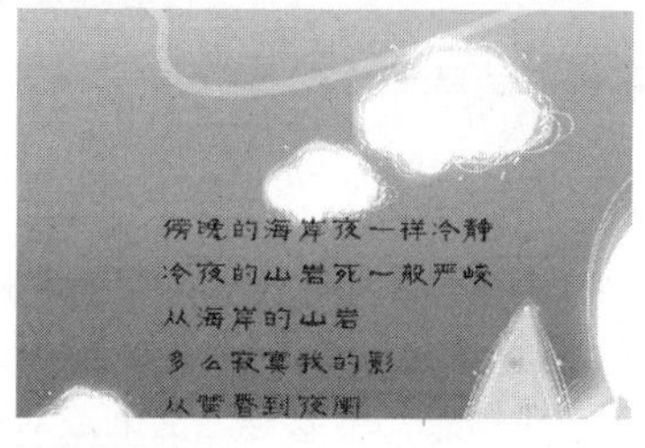

基线偏移：-30

q 文字样式：将文字设置为粗体或者斜体，或者设置为上标、下标，主要用于设置文字的样式，如下图所示为文字的不同样式。

原文　仿粗体　仿斜体　全部大写字母

小型大写字母　上标　下标

r 对所选字符进行有关连字符和拼写规则的语言设置：可以选择各个国家的语言。

s 设置消除锯齿的方法：设置文字的轮廓线形态。

下画线

删除线

2. 文字工具属性

在输入文字时，在文字工具的选项栏中可对文字属性进行设置，包括字体、字号、颜色等选项。文字工具的选项栏如下图所示。

若要设置文本的格式，可以在输入之前在选项栏中设置，也可以在输入文字以后将其选中，然后在此选项栏中设置，最后单击选项栏最右侧的“提交所有当前编辑”按钮，以确认操作。

如果要控制文字的更多属性，可以单击选项栏右侧的“切换字符和段落面板”按钮，在弹出的字符面板进行设置。

如果要设置所选择文字之间的间距，将指针插入文字中，微调参数才可以使用。此时，在文本框中输入数值，也可以在下拉列表中选择数值。数值越大，此间距越大。

文字间的间距选项只有在选中文字时才可以用，此选项可以调整所选文字的间距。数值越大，文字间的距离越大。

03 自由变换

“自由变换”命令是对对象进行缩放、旋转等操作时经常用到的一个命令。选择菜单栏中的“编辑>自由变换”命令，或按【Ctrl+T】组合键，即可显示自由变换框。按住【Shift】键拖曳4个角的任一控制点，可以等比例缩放对象；按住【Ctrl】键拖曳4个角的任一控制点，可以将对象变换为斜切状态；按住【Alt】键拖曳4个角的任一控制点，可将对象以中心点为定点向四周同时变换；按住【Shift+Alt】组合键拖曳4个角的任一控制点，可将对象以中心点为位定点等比例向四周同时缩放。如果在自由变换框内单击鼠标右键，则会弹出快捷菜单。

3.4.2 BEYOND标志制作

本实例主要介绍用Photoshop CS5制作创意图案的一些应用方法与技巧。主要讲解了如何使用路径工具与文字图像相结合，制作出一幅创意图案的图像效果。在制作过程中，要特别注意路径的运用，以便制作出满意的效果。本实例的最终效果如右图所示。

最终文件：Ch03\Complete\3-4-2.psd

步骤01 按【Ctrl+N】组合键新建文件，在“新建”对话框中将其命名为BEYOND，并设置文件大小，如下图所示。最后，单击“确定”按钮完成创建。

步骤02 设置前景色与背景色，选择“渐变工具”，单击选项栏中的色块，在“渐变编辑器”窗口中选择“前景色到背景色渐变”色块，如下图所示。

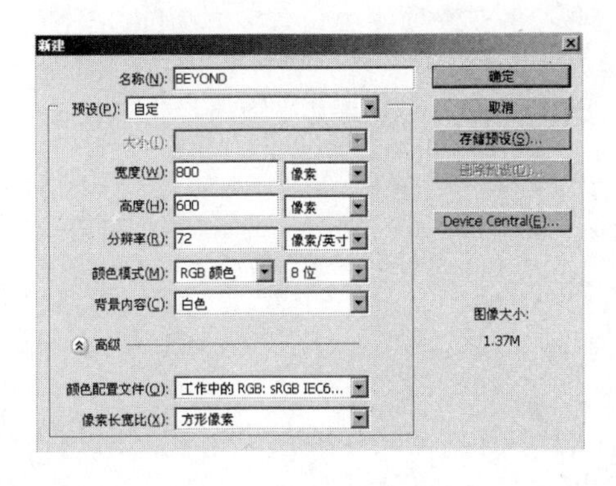

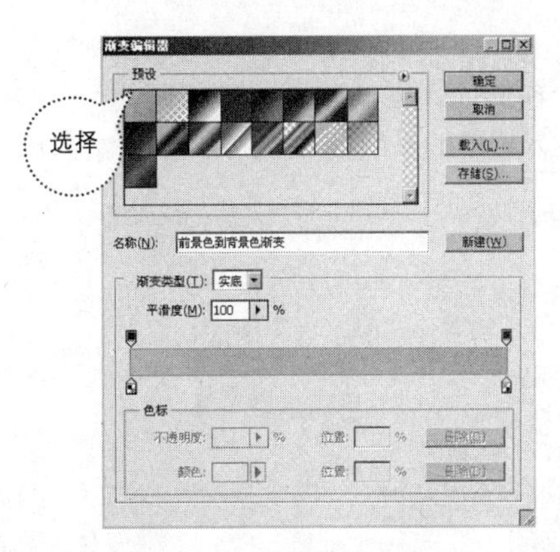

步骤03 单击选项栏上的“径向渐变”按钮，在图像窗口中绘制渐变色，效果如下图所示。

步骤04 新建图层并命名为“图案”，选择“矩形工具”，单击选项栏上的“路径”按钮，效果如下图所示。

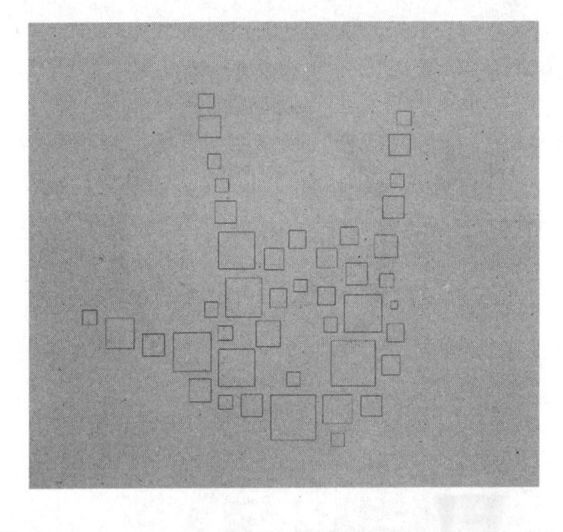

步骤05 切换到路径面板，单击该面板下面的“将路径作为选区载入”按钮，将该路径载入选区，效果如下图所示。

步骤06 在工具箱中单击“默认前景色和背景色”按钮，切换前景色与背景色为默认的黑白，按【Ctrl+Delete】组合键，用背景色填充选区，效果如下图所示。

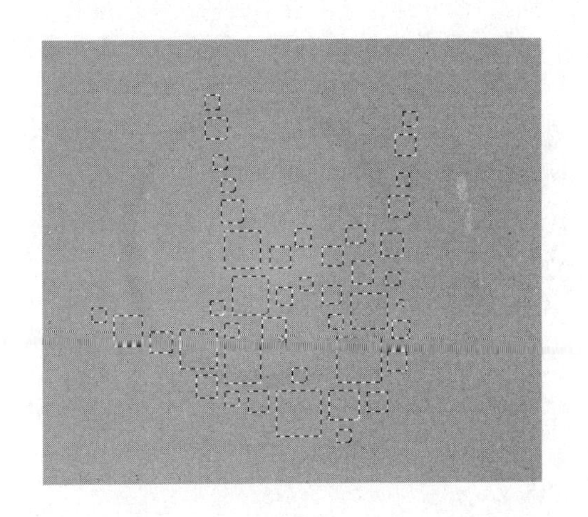

步骤07 单击工具箱中的“横排文字工具”按钮T，在选项栏中设置字体为“黑体”，在英文状态输入相应的文字信息，效果如下图所示。

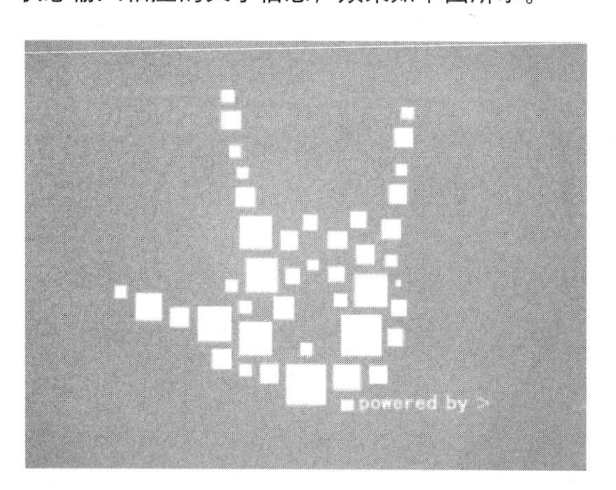

步骤08 在选项栏中设置字体为DICE zXr0、字体大小为“40点”，然后在图案的下面输入英文“BEYOND”，效果如下图所示。

步骤09 单击图层面板中的fx按钮，在弹出的菜单中选择“斜面和浮雕”命令，打开“图层样式”对话框，设置参数如下图所示。

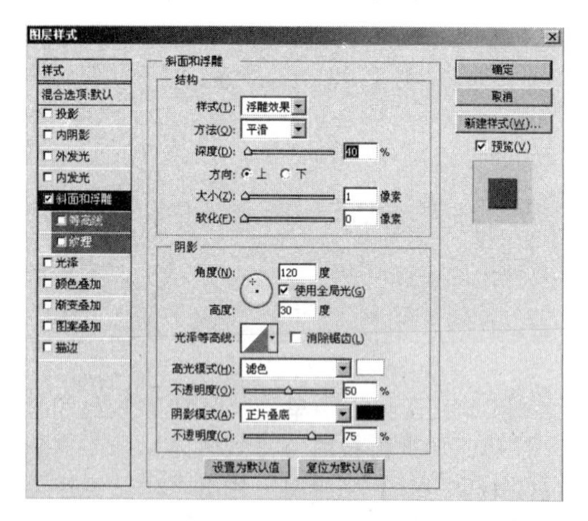

步骤10 选择“投影”复选框，在“投影”选项区域中设置参数，然后单击“确定”按钮，参数设置及效果如下图所示。

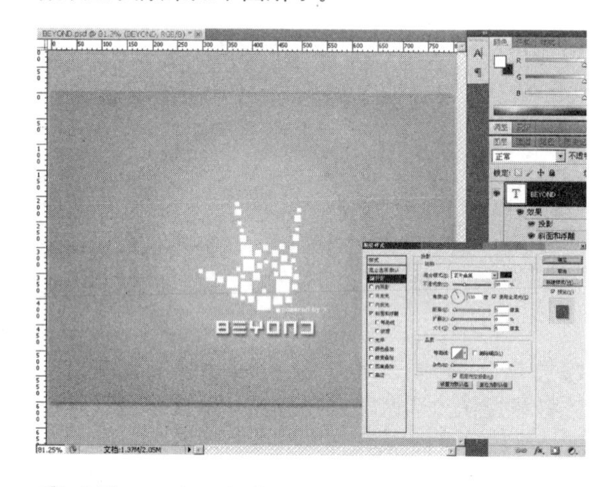

步骤11 在下BEYOND图层上单击鼠标右键，选择“拷贝图层样式”命令，如下图所示。

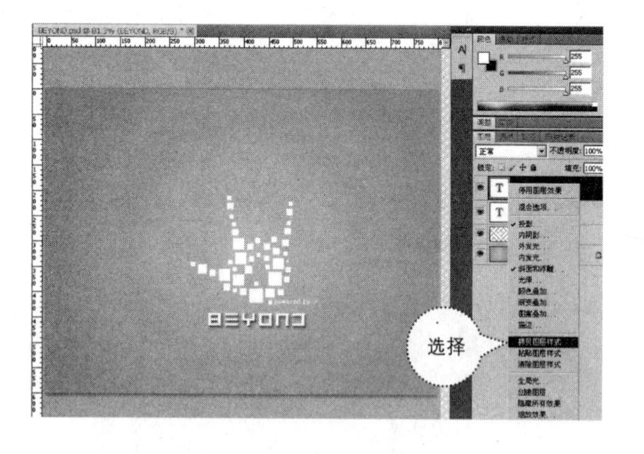

步骤12 分别在该图层下面的文字图层和“图案”图层上单击鼠标右键，选择“粘贴图层样式”命令，如下图所示。

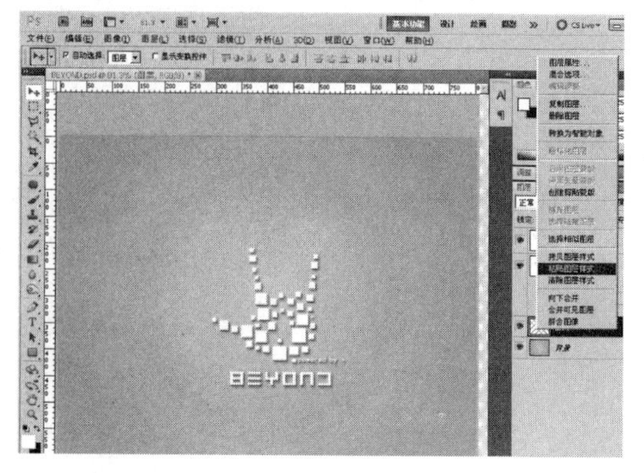

步骤13 将“背景”图层之外的图层选中，并将其链接，以便整体移动，此时的图层面板如下图所示。

步骤14 至此，“BEYOND”案例制作完成了，最终效果如下图所示。

知识拓展

本实例讲解了制作手形标志的过程，主要运用了“矩形工具”绘制出手的轮廓，将其填充为白色，然后输入相关文字，并且设置不同的图层样式，从而制作出简单、大方的BEYOND标志。

01 新建文件

在Photoshop CS5中，不仅可以编辑一个已有的图像，也可以创建一个全新的空白文件，从而可以在上面进行绘画，或者将其他图像拖入其中，然后对其进行编辑。

选择“文件>新建”命令或按【Ctrl+N】组合键，即可打开“新建”对话框，如右图所示。在对话框中可以输入文件的名称，设置文件尺寸、分辨率、颜色模式和背景内容等选项，单击“确定”按钮，即可创建一个空白文件。

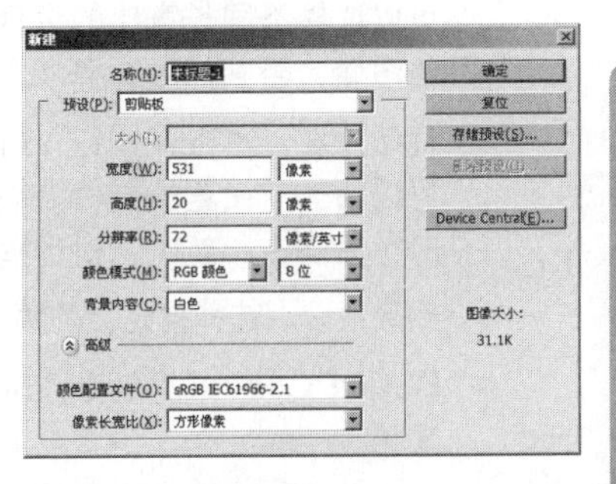

- 名称：可输入文件的名称，也可以使用默认的文件名“未标题-1”。创建文件后，文件名会显示在文档窗口的标题栏中。保存文件时，文件名会自动显示在存储文件的对话框内。
- “预设”/“大小”：提供了各种文档的尺寸预设。例如，要创建一个5×7英寸的照片文档，可以先在“预设”下拉列表中选择“照片”选项，然后在“大小”下拉列表中选择“横向，5×7”选项即可，如下图所示。

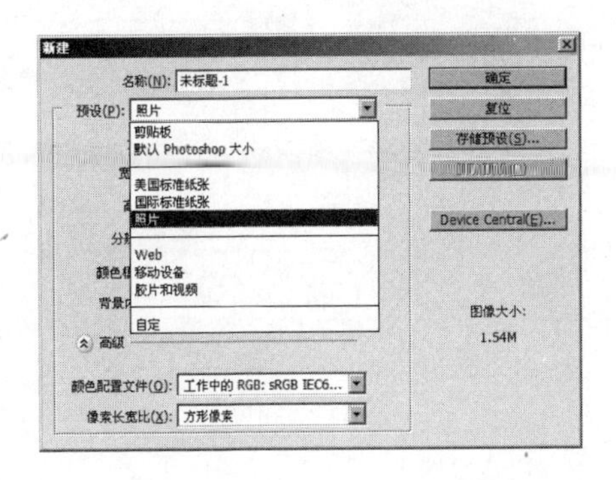

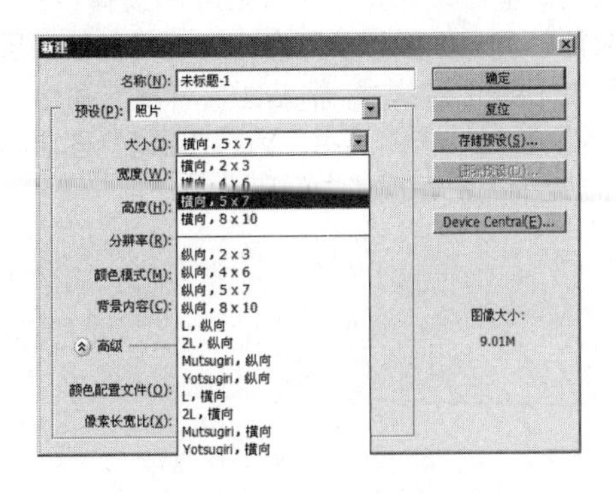

- “宽度”/“高度”：可设置文件的宽度和高度，在右侧的选项中可以选择单位，包括“像素”、“英寸”、“厘米”、“毫米”、“点”、“派卡”和“列”。
- 分辨率：可设置文件的分辨率，在右侧选项可以选择分辨率的单位，包括“像素/英寸”和“像素/厘米”。
- 颜色模式：可以选择文件的颜色模式，包括“位图”、“灰度”、“RGB颜色”、“CMYK颜色”和“Lab颜色”。
- 背景内容：可以选择文件背景的内容，包括“白色”、“背景色”和“透明”。“白色”为默认的颜色。“背景色”是指使用工具箱中的背景色作为文档“背景”图层的颜色。“透明”是指创建透明背景，此时文档中没有“背景”图层。背景内容的选项不同，创建的文档效果也不同，如下图所示。

背景内容为“白色”

背景内容为“背景色”

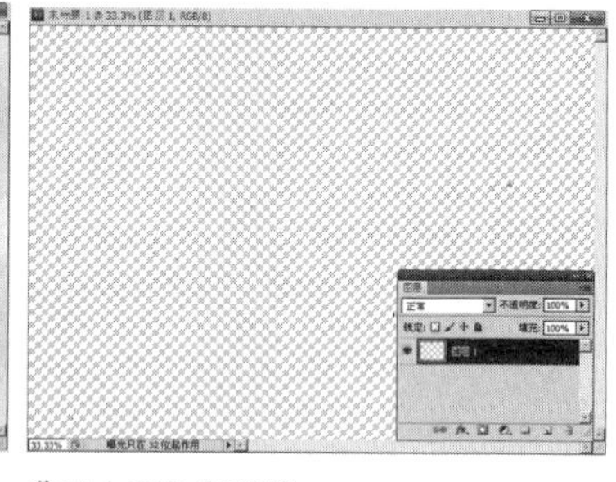

背景内容为“透明”

- 高级：单击按钮，可以显示出对话框中隐藏的选项“颜色配置文件”和“像素长宽比”。在“颜色配置文件”下拉列表中可以为文件选择一个颜色标准；在“像素长宽比”下拉列表中可以选择不同长宽比的像素。计算机显示器上的图像是由正方形像素组成的，除非是用于视频的图像，否则都应选择“方形像素”选项。
- 存储预设：单击该按钮，打开“新建文档预设”对话框，输入预设的名称并选择相应的选项，可以将当前设置的文件大小、分辨率、颜色模式等创建为一个预设。以后需要用到同样的文档时，只需在“新建”对话框的“预设”下拉列表中选择该预设即可。
- 删除预设：选择自定义的预设文件后，单击该按钮即可将其删除，但系统提供的预设不能删除。
- Device Central：单击该按钮，可运行Device Central，从而创建特定设备（如手机）使用的文档。
- 图像大小：显示了当前新建文件的大小。

02 图层样式的编辑

1. 复制与粘贴图层样式

选择添加了图层样式的图层，选择“图层>图层样式>拷贝图层样式”命令，选择其他图层，选择“图层>图层样式>粘贴图层样式”命令，可以将效果粘贴到该图层中，为“图层1”图层添加效果前后的图层面板如右图所示。

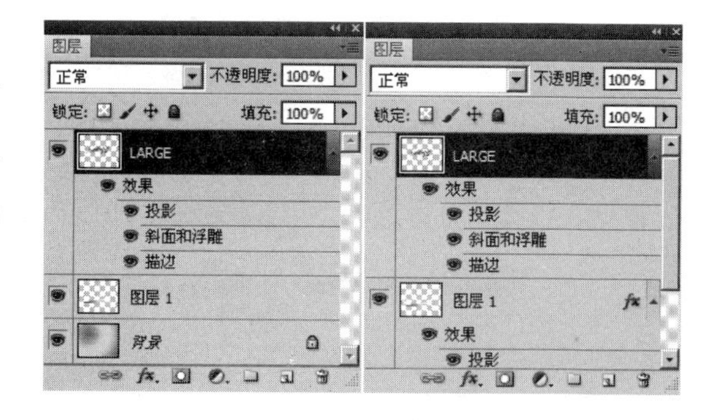

此外，按住【Alt】键将效果图标 fx 从一个图层拖动到另一个图层，可以将该图层上的所有效果都复制到目标图层。如果只需要复制一个效果，可按住【Alt】键拖动该效果的名称至目标图层；如果没有按住【Alt】键，则将效果转移到目标图层，原图层不再有效果。

2. 清除效果

如果要删除一种效果，可以将其拖动到图层面板底部的“删除图层”按钮上，如右图所示。

如果要删除图层上的所有效果，可以将效果图标 fx 拖动到按钮上，如右图所示。读者也可以选择图层，然后选择“图层>图层样式>清除图层样式”命令来进行操作。

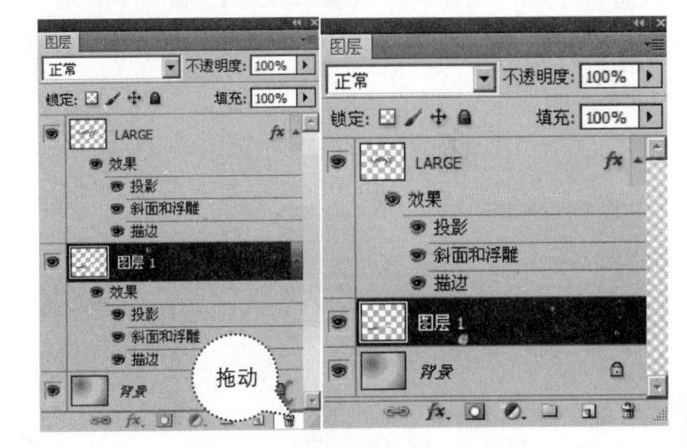

3. 显示与隐藏效果

在图层面板中，效果前面的眼睛图标可以控制效果的可见性。如果要隐藏一个效果，可单击该效果名称前的眼睛图标。如果要隐藏一个图层中的所有效果，可单击该图层“效果”前的眼睛图标。隐藏“描边”效果前后的图层面板及图像窗口中的显示如下图所示。

如果要隐藏文档中所有图层的效果，可以选择“图层>图层样式>隐藏所有效果”命令。隐藏效果后，在原眼睛图标处单击，可以重新显示效果，如下图所示。

4. 修改效果

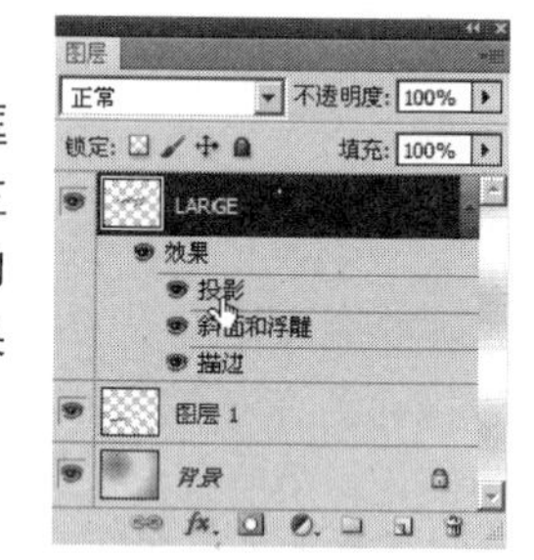

在图层面板中，双击一个效果的名称，可以打开“图层样式”对话框并进入该效果的选项设置区域，此时可以修改该效果的参数，也可以在左侧列表中选择新效果。设置完成后，单击“确定”按钮，即可将修改后的效果用于图像。如右图所示为图层面板；如下图所示为修改“投影”效果前后的“图层样式”对话框和前后效果。

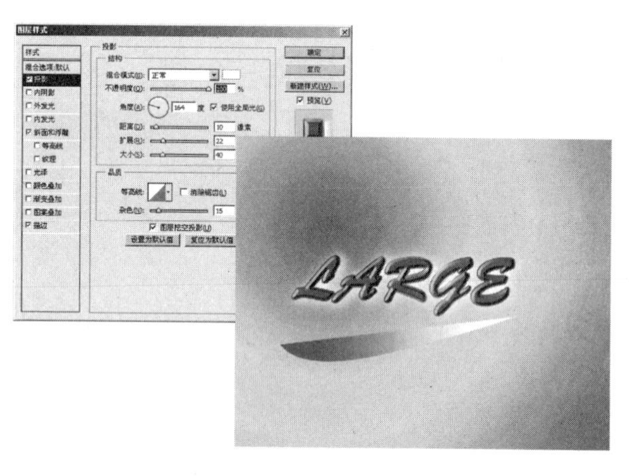

课程练习

1. 标志的功能哪些?
2. 标志的特点是什么?
3. 标志设计应该遵循哪些设计原则?
4. 简述“存储”与“存储为”命令的区别。
5. 简述什么是分辨率，它的重要作用是什么。
6. RGB颜色模式与CMYK颜色模式有什么区别?

第4章 字效设计

教学目的：

掌握文字的功能，了解创造性文字的艺术美及文字的可识性原则。

教学重点：

（1）文字设计风格的分类

（2）文字的视觉美感

（3）字体排版设计

4.1 字效设计的原则

原则是事物的本质，是事物的原生规则，指观察、处理问题的准则。对问题的看法和处理，往往会受到立场、观点、方法的影响。原则是从自然界和人类历史中抽象出来的，只有能正确反映事物客观规律的原则才是正确的。

4.1.1 文字的适合性

信息传播是文字设计的一大功能，也是最基本的功能。文字设计最重要的一点在于要服从表述主题的要求，要与其内容吻合一致，不能相互脱离，更不能相互冲突，否则就破坏了文字的诉求效果。尤其在商品广告的文字设计上，更应该注意任何一条标题、任何一个字体标志。商品品牌都是有其自身内涵的，将它正确无误地传达给消费者，是文字设计的目的，否则就失去了它的功能。抽象的笔画通过设计后所形成的文字形式，往往具有明确的倾向，文字的形式感应与传达内容是一致的。如生产儿童用品的企业，其广告的文字必须具有活泼、可爱的风采；对于手工艺品广告的文字，则多采用不同风格的手写文字、书法等，以体现手工艺品的艺术风格和情趣。

根据文字字体的特性和使用类型，文字的设计风格大约可以分为下列几种。

（1）秀丽柔美。字体优美清新，线条流畅，给人以华丽柔美之感，如下图所示。此种类型的字体适用于女用化妆品、饰品、日常生活用品、服务业等主题。

（2）稳重挺拔。字体造型规整，富有力度，给人以简洁爽朗的现代感，有较强的视觉冲击力，如下图所示。这种风格的字体适合于机械、科技等主题。

錦宸集团

（3）活泼有趣。字体造型生动活泼，有鲜明的节奏韵律感，色彩丰富明快，给人以生机盎然的感受，如下图所示。这种风格的字体适用于儿童用品、运动休闲、时尚产品等主题。

（4）苍劲古朴。字体朴素无华，饱含古时之风韵，能带给人们一种怀旧感觉，如下图所示。这种风格的字体适用于传统产品、民间艺术品等主题。

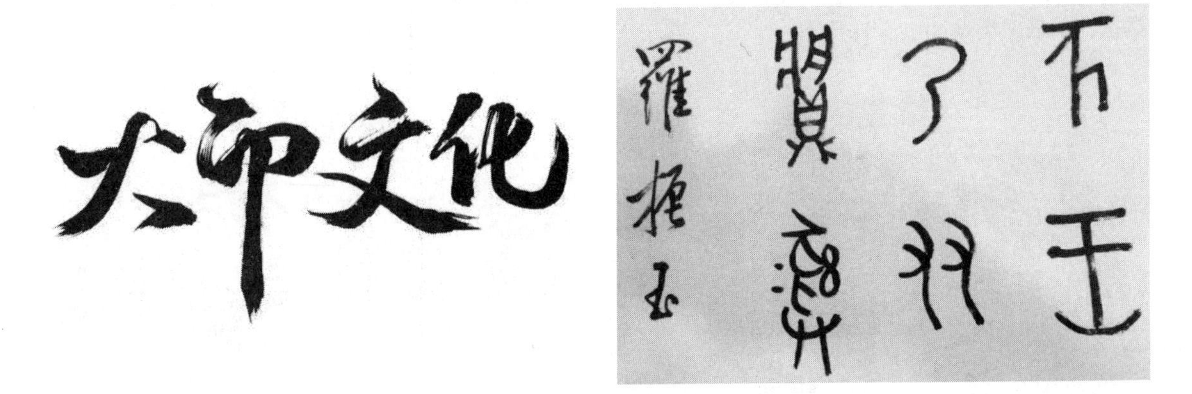

（5）深沉厚重。字体造型规整，具有重量感，庄严雄伟，不可动摇，如下图所示。

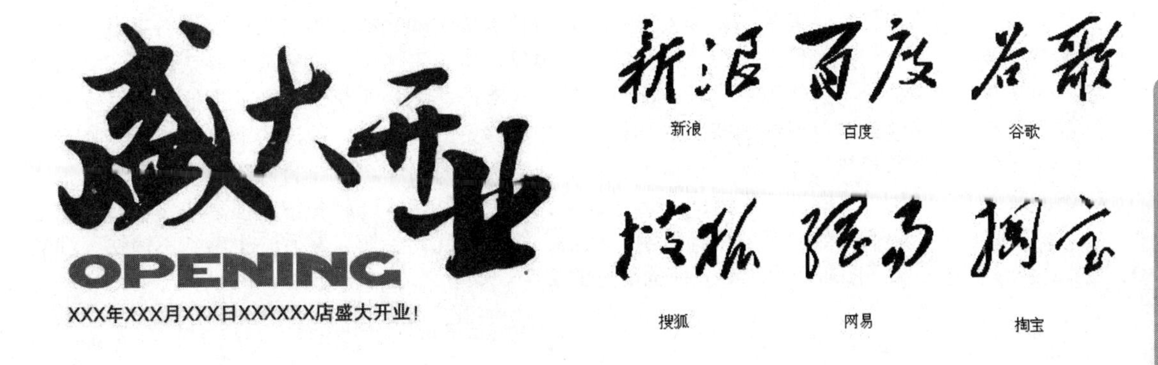

（6）新颖独特。字体的造型奇妙，不同一般，个性非常突出，给人的印象独特而新颖，如下图所示。

4.1.2 文字的可识性

文字的主要功能是在视觉传达中向大众传达信息，而要达到此目的必须考虑文字的整体诉求效果，给人以清晰的视觉印象。无论字形多么富有美感，如果失去了文字的可识性，这一设计无疑是失败的。因为文学形态的固化，因此，在设计时要避免繁杂、零乱，减去不必要的装饰，使人易认、易懂。不能忘记了文字设计的根本目的是为了更好、更有效地传达信息，表达内容和构想意念。字体的字形和结构必须清晰，不能随意变动字形结构，增减笔画，使人难以辨认。如果在设计中不遵守这一准则，单纯追求视觉效果，必定失去文字的基本功能。所以，在进行文字设计时，都应以易于识别为宗旨，代表文字设计如下图所示。

4.1.3 文字的视觉美感

文字在视觉传达中作为画面的形象要素之一，具有传达感情的功能，因而它必须具有视觉上的美感，能够给人以美的感受。人们对作用于视觉感官的事物以美丑来衡量，已经成为有意识或无意识的标准。在文字设计中，美不仅体现在局部，而且体现在对笔形、结构及整个设计的把握上。文字是由横、竖、点和圆弧等线条组合成的形态，在结构的安排和线条的搭配上，通过协调笔画与笔画、字与字之间的关系，强调节奏与韵律，从而创造出更具表现力和感染力的设计。将内容准确、鲜明地传达给观众，是文字设计的重要课题。优秀的字体设计能让人过目不忘，既起着传递信息的作用，又能达到视觉审美的目的。相反，如果字型设计丑陋、粗俗、组合零乱，会使人看后心里感到不愉快，视觉上也难以产生美感。如下图所示为能给人视觉美感的文字。

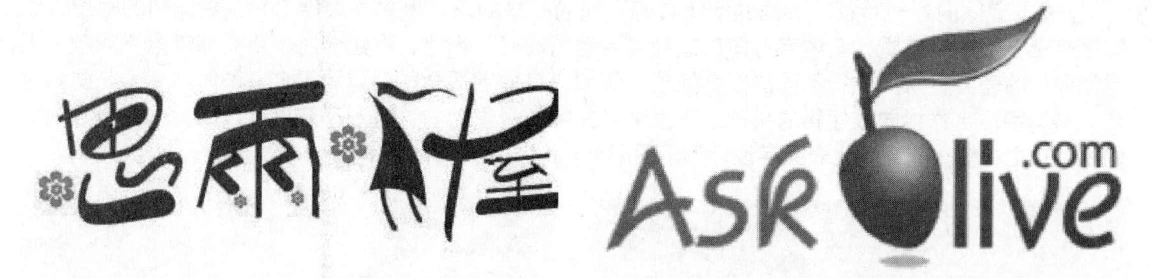

根据广告主题的要求，极力突出文字设计的个性色彩，创造出与众不同的独具特色的字体，给人以别开生面的视觉感受，将有利于企业和产品良好形象的树立。在设计时要避免与已有设计作品的字体相同或相似，更不能抄袭。在设计特定字体时，一定要从字的形态特征与组合编排上进行探求，不断修改，反复琢磨，这样才能创造出富有个性的文字，其外部形态和设计格调才能唤起人们的审美愉悦感受，代表文字设计如下图所示。

4.1.4 富有创造性的字体设计

根据标志主题的要求，突出表达字体设计的创造性和艺术性，体现字体的本质特征，有利于作者设计意图的表现。设计时，应从字体的形态特征与组合上进行探求，反复琢磨，创造出富有个性的字体效果，使其外部形态和设计格调都能唤起人们对其标志的审美而愉悦感受。有时候对文字的笔画做特殊的加工处理，往往会产生一些意想不到的效果，同时人性化的味道也会更浓一些，如下图所示。

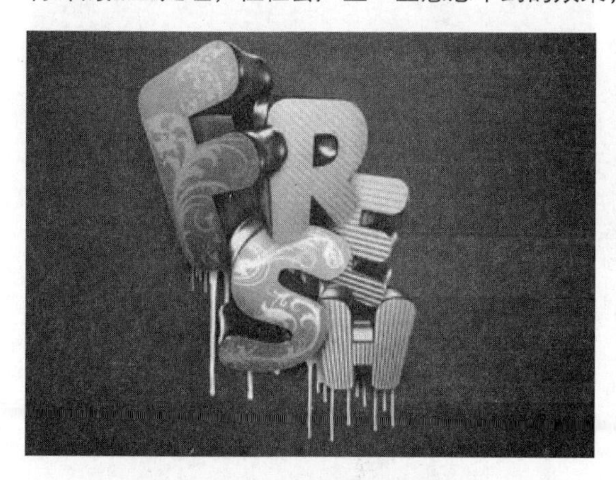

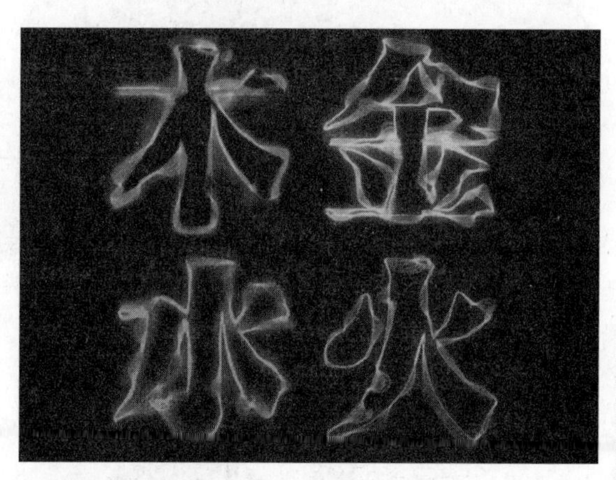

4.1.5 文字排列时的注意事项

排列文字时，应注意以下几个方面。

（1）在水平方向上，人们的视线一般是从左向右流动的；在垂直方向上，视线一般是从上向下流动的；大于45° 斜度时，视线是从上而下的；小于45° 时，视线是从下而上流动的。

（2）字体的外形特征。不同的字体具有不同的视觉动向。例如，扁体字有左右流动的动感，长体字有上下流动的感觉，斜体字有向前或倾斜流动的动感。因此，在组合时，要充分考虑不同字体视觉动向上的差异，从而进行不同的组合处理。例如，扁体字适合横向编排组合，长体字适合竖向的组合，斜体字适合作横向或倾斜的排列。合理运用文字的视觉动向，有利于突出设计的主体，引导观众的视线按主次轻重流动，代表文字设计如下图所示。

（3）要有一个设计基调。对作品而言，每一件作品都应有其特有的风格。在这个前提下，一个作品版面上各种不同字体的组合，一定要具有符合整个作品的风格倾向，形成总体的情调和感情倾向，不能各种文字自成一种风格，各行其是。总的基调应该是整体上的协调和局部的对比，在统一之中又具有灵动的变化，从而具有对比、和谐的效果。这样，整个作品才会产生视觉上的美感，才能符合人们的欣赏心理。除了以统一文字个性的方法来达到设计的基调外，也可以从方向性上来形成文字统一的基调，也可以利用色彩方面的心理感觉来达到统一基调的效果，代表文字设计如下图所示。

（4）注意负空间的运用。在文字组合上，负空间是指除字体本身所占用的画面空间之外的空白部分，即字间距及其周围的空白区域。字的行距应大于字距，否则观众的视线难以按一定的方向和顺序进行。要对不同类别文字的空间进行适当的集中，并利用空白加以区分。为了突出不同部分字体的形态特征，应留适当的空白分类集中，代表文字设计如下图所示。

4.2 字效设计实例解析

在广告设计中，一种具有创意的字体既能有效地起到宣传效果，又能在美的原则上深深地吸引观众的眼球与消费心理。本节主要介绍字体设计的过程。

4.2.1 兔形字效设计

本实例主要介绍用Photoshop CS5制作象形文字的一些应用方法与技巧。本实例主要讲解如何将路径工具与文字相结合，制作出兔形文字图像效果。在制作过程中，要特别注意路径的灵活运用，以便制作出满意的效果。

最终文件：Ch04\Complete\4-2-1.psd

步骤01 按【Ctrl+N】组合键新建文件，在“新建”对话框中将名称命名为“兔形字体”，并设置文件大小，如下图所示。最后，单击“确定”按钮完成创建。

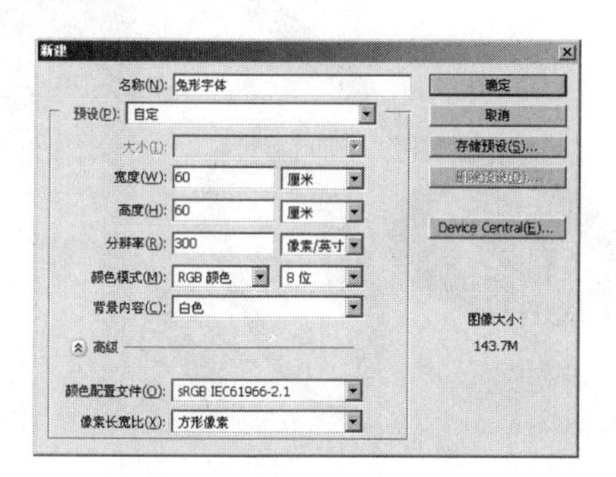

步骤02 单击工具箱中的“横排文字工具”按钮，在选项栏中选择一款比较有艺术性的字体，然后在文档中输入数字“2011”，效果如下图所示。

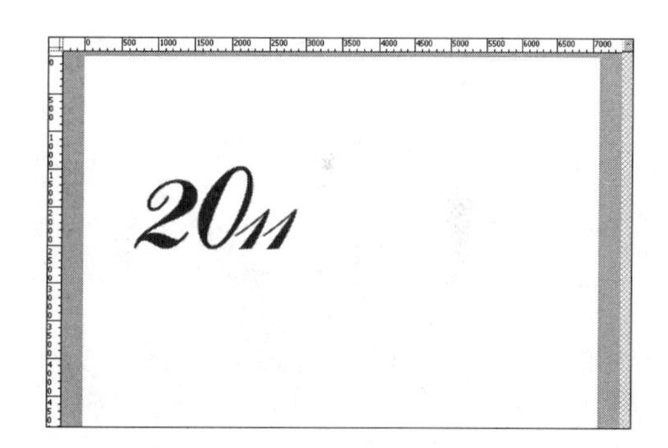

步骤03 单击工具箱中的“钢笔工具”按钮，并在选项栏中单击“路径”按钮，然后在文档中绘制如下图所示的路径。

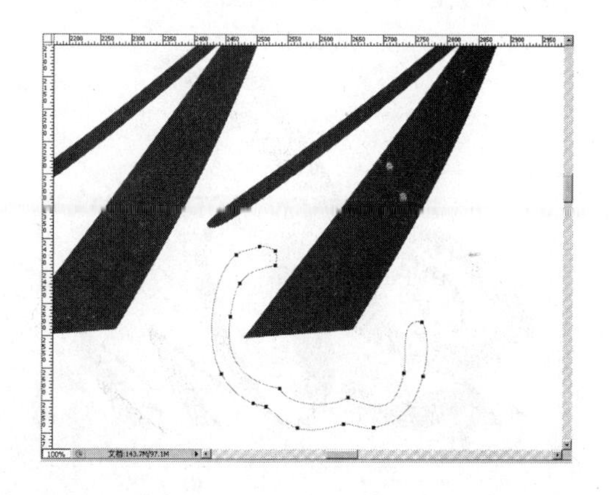

步骤04 切换到路径面板并选中“工作路径”，再单击该面板下面的“将路径作为选区载入”按钮，将该路径载入选区，新建“图层1”图层，然后用前景色填充选区，效果如下图所示。

步骤05 在“图层1”图层上单击鼠标右键，从弹出的快捷菜单中选择“复制图层”命令，然后选中“图层1副本”图层，按【Ctrl+T】组合键进行自由变换，单击鼠标右键，选择“变形”命令，如下图所示。

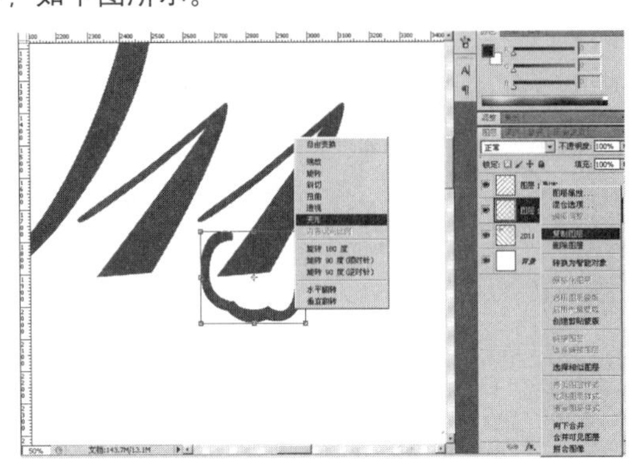

步骤06 拖动自由变换控制点调整形状，并将其移至合适位置，效果如下图所示。

步骤07 单击工具箱中的“钢笔工具”按钮，并在选项栏中单击“路径”按钮，然后在文档中绘制如下图所示的路径。

步骤08 切换到路径面板并选中“工作路径”，再单击该面板下面的“将路径作为选区载入”按钮，将该路径载入选区，新建“图层2”图层，用前景色填充选区，效果如下图所示。

步骤09 按【Ctrl+D】组合键取消选区，单击工具箱中的“钢笔工具”按钮，并在选项栏中单击“路径”按钮，然后在文档中绘制如下图所示的路径。

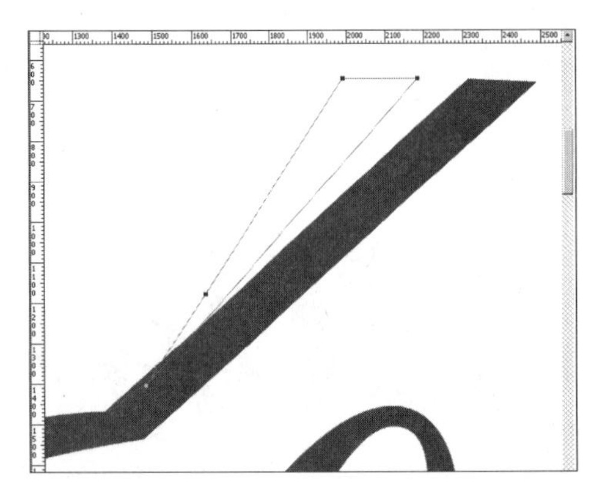

步骤10 切换到路径面板并选中“工作路径”，再单击“将路径作为选区载入”按钮，将该路径载入选区，新建一个“图层3”图层，然后用前景色填充选区，效果如下图所示。

步骤11 再将“图层1”图层复制一层，并移动到合适位置，效果如下图所示。

步骤12 选择“钢笔工具”，并在选项栏中单击“路径”按钮，然后在文档中绘制如下图所示的路径。

步骤13 单击“将路径作为选区载入”按钮，将该路径载入选区，按【Shift+Ctrl+N】组合键新建“图层4”图层，然后按【Alt+Delete】组合键用前景色填充选区，效果如下图所示。

步骤14 按住【Shift】键将除“背景”图层以外的所有图层选中，按【Ctrl+Alt+E】组合键执行盖印图层3次，将图层合并至新图层，并分别命名为“合并1”、“合并 2”和“合并 3”，然后将它们移动到合适位置，效果如下图所示。

步骤15 最后添加效果，至此“兔形字体”案例就完成了，最终效果如右图所示。

第4章 字效设计

知识拓展

本实例讲解了制作特效字的过程，主要介绍了应用“钢笔工具”绘制路径，将路径转换为选区并填充选区的方法，从而制作出个性兔字的效果。接下来讲解本实例中所应用工具的相关知识点。

01 钢笔工具

单击“钢笔工具”按钮后，显示的选项栏如下图所示。

❶ 设置路径形态按钮：选择“钢笔工具”后，在选项栏中会显示此按钮，可以设置要制作的路径形态。

- 形状图层：单击该按钮后，使用“钢笔工具”创建路径时，会按照前景色或者选定的图层样式填充区域。此时，会在图层面板中显示“形状1”图层，在路径面板中显示“形状1矢量蒙版”路径，如右图所示。

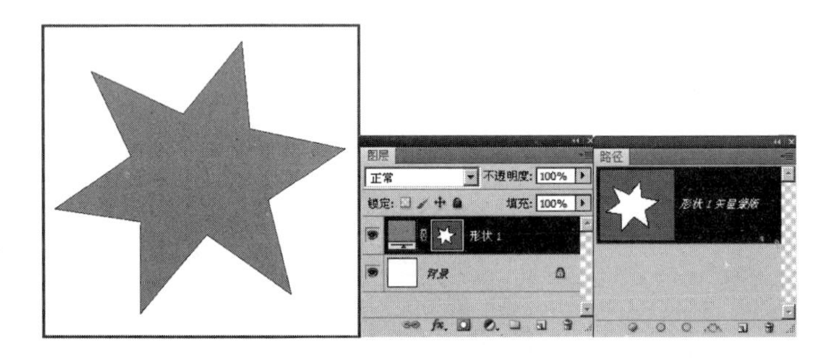

- 路径：单击该按钮后，使用“钢笔工具”创建路径时，只生成路径。此时，路径面板上显示出“工作路径”路径，如右图所示。单击这个按钮后，选项栏中的“样式”和“颜色”选项就会消失。

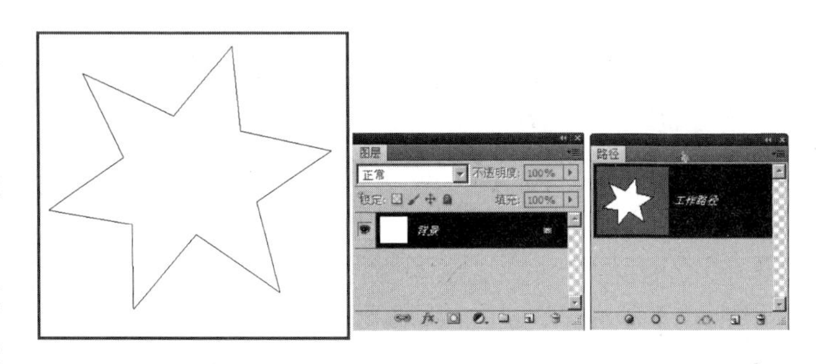

- 填充像素：单击该按钮后，拖动图形工具，会以前景色填充区域，而不是生成图层和路径。

❷ 钢笔工具按钮组：包括“钢笔工具”和“自由钢 笔工具”。

可以通过拖动鼠标创建路径，一般在快速创建大致形态的路径时会使用该工具。单击选项栏中的“自由钢笔工具”按钮，然后单击“几何形状”按钮，会显示出“自由钢笔选项”面板，如右图所示。在这里可以调整路径的选择范围、对比值、生成点的程度等选项。

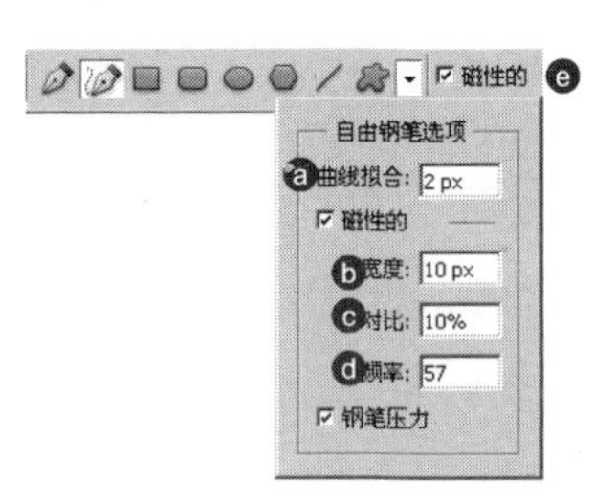

ⓐ 曲线拟合：在创建路径的时候，调整曲线部分的弯曲程度。数值越大，路径弯曲得越柔和。

ⓑ 宽度：调整路径的选择范围。数值越大，选择范围越大。不同宽度值时的效果如右图所示。

宽度：10

宽度：50

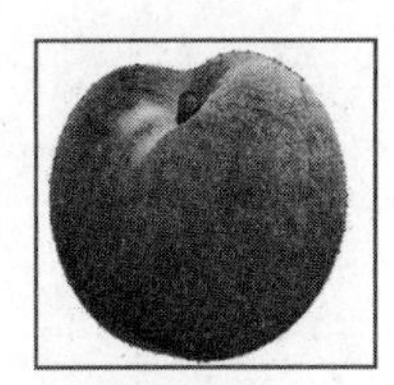
宽度：100

ⓒ 对比：创建路径时，该选项表示图像边线的对比值。数值越大，生成的路径越柔和。不同对比值时的效果如右图所示。

对比：5%

对比：50%

对比：100%

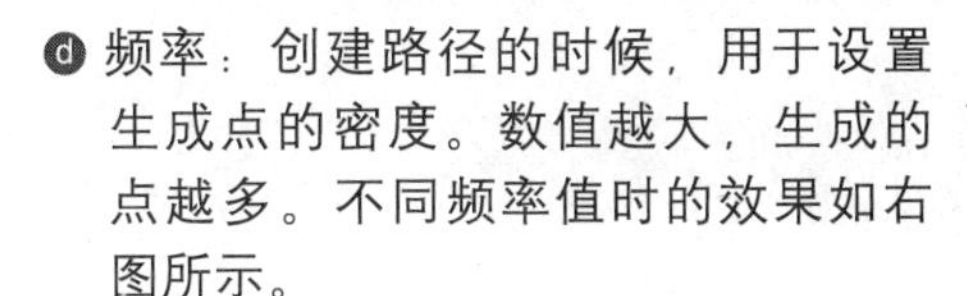

ⓓ 频率：创建路径的时候，用于设置生成点的密度。数值越大，生成的点越多。不同频率值时的效果如右图所示。

频率：5

频率：50

频率：100

ⓔ 磁性的：当选择“自由钢笔工具”的时候，都会显示该选项。在选择的状态下，将指针放到图像的轮廓上，然后单击并拖动鼠标，此时就会像磁铁一样被吸引，从而根据图像的边线绘制路径。

❸ 图形工具按钮：包括用于创建矩形、圆角矩形、圆形、多边形、线段、自定义图形等多种图形的按钮。

❹ 自动添加/删除：可以自动添加和删除点。

❺ 设置更改目标图层的属性/清除可以更改新图层的属性：单击“形状图层”按钮后，会激活该按钮。创建路径后，如果需要创建路径并保存应用的路径图层特性，可以单击该按钮，如果想改变，只需单击该按钮即可。每次单击都是在打开和关闭之间切换。

❻ 样式：单击“点按可打开‘样式’拾色器”按钮后，弹出样式面板，单击面板右上角的三角形按钮，会弹出面板菜单，从中可以选择各种类型的样式效果。不同样式的效果如下图所示。

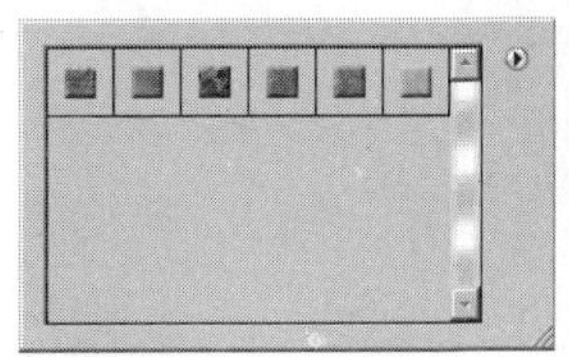
抽象样式

按钮

DP样式

虚拟笔画

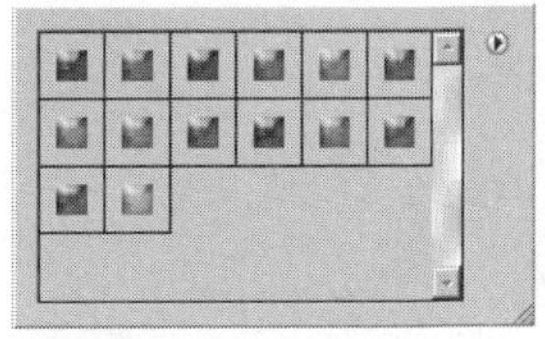
玻璃按钮

图像效果

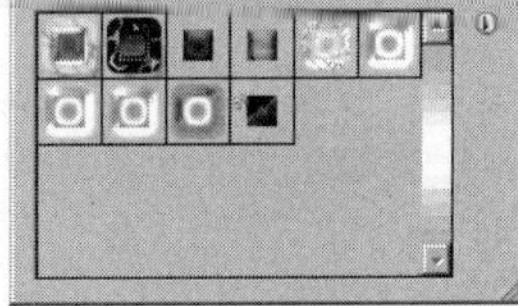
KS样式

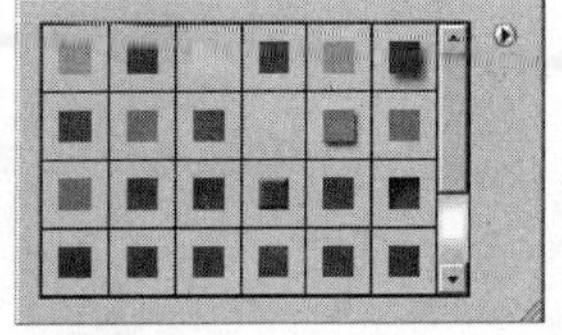
摄影效果

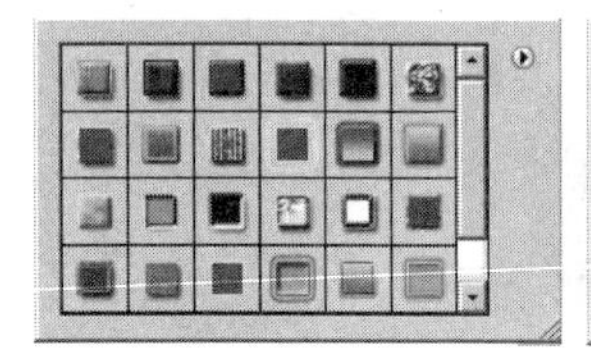

文字效果2

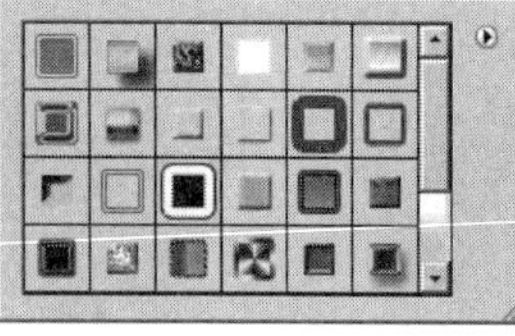

文字效果

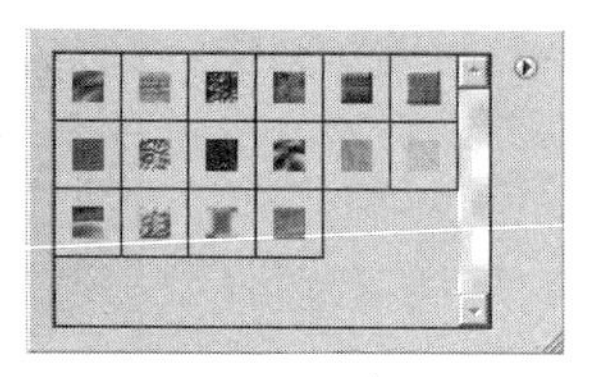

纹理

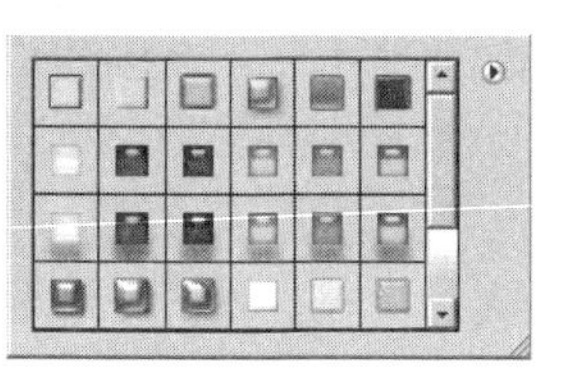

Web样式

02 路径

选择“窗口>路径”命令，即可打开路径面板。如下图所示分别为路径面板和面板菜单。

1. 路径面板

快捷按钮

：用前景色填充路径。

：用画笔描边路径。

：将路径作为选区载入。

：从选区生成工作状态。

：创建新路径。

：删除当前路径。

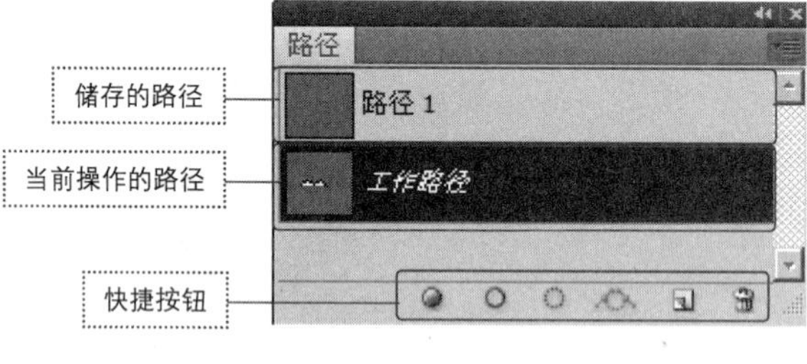

❶ 新建路径：用于创建新路径。选择该命令后，会弹出“新建路径”对话框，如右图所示。

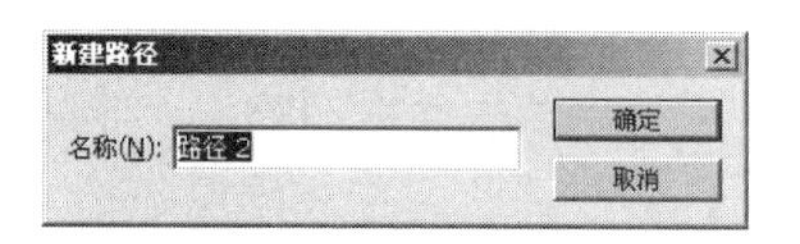

❷ 复制路径：可以复制选定的路径。选择该命令后，会弹出“复制路径”对话框，如右图所示。

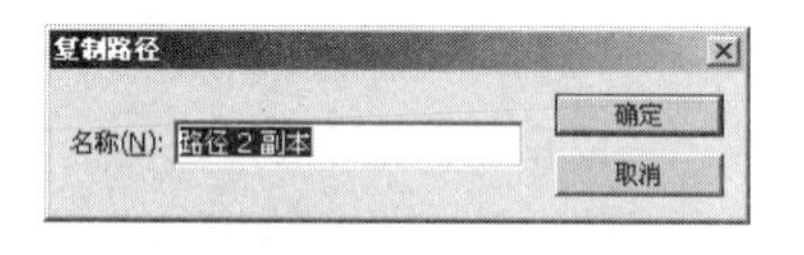

❸ 删除路径：删除选定的路径。

❹ 建立工作路径：将选区生成工作路径。

❺ 建立选区：将选定的路径生成选区。

❻ 填充路径：可以使用颜色或者图案填充路径内部。选择该命令后，会弹出“填充路径”对话框，如右图所示。

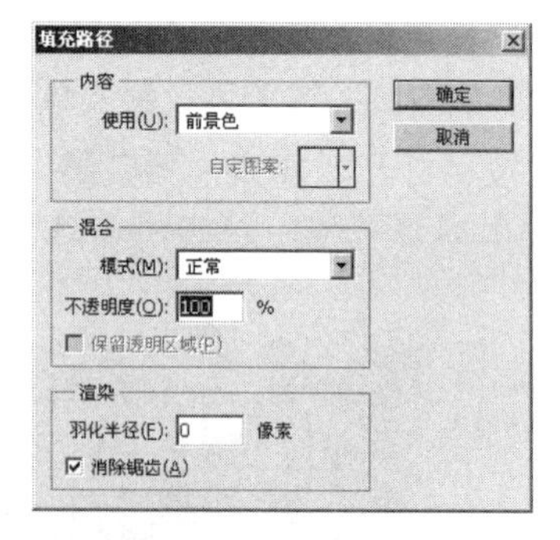

❼ 描边路径：可以为选定的路径轮廓填充前景色。选择该命令后，弹出“描边路径”对话框，在“工具”选项中，包括各种工具，如右图所示。

❽ 剪贴路径：可以在路径上应用剪贴路径，其他部分则为透明状态。选择该命令后，会弹出“剪贴路径”对话框，如右（左）图所示。

❾面板选项：选择该命令后，可以在弹出的“路径面板选项”对话框中调整路径面板的缩览图大小，如右（右）图所示。

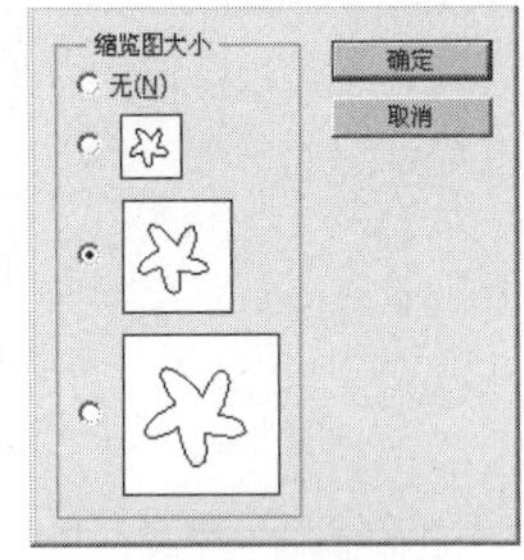

使用“钢笔工具‘或形状工具绘制路径后，如果单击路径面板中的“创建新路径”按钮，可新建一个路径层，然后在图像窗口绘制，即可创建路径，如右（左）图所示；如果没有单击按钮而直接绘制，则创建的是工作路径，如右（右）图所示。工作路径是出现在路径面板中的临时路径，用于定义形状的轮廓轮廓。

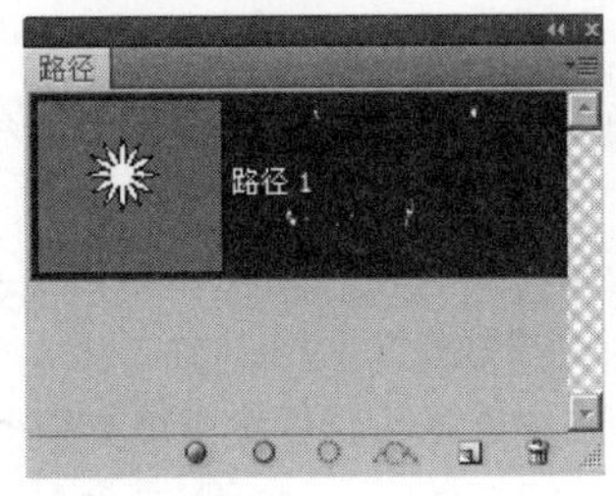

创建的路径

临时的工作路径

2. 路径的变换操作

在路径面板中选择路径，选择“编辑>变换路径”级联菜单中的命令可以显示定界框，拖动控制点即可对路径进行缩放、旋转、斜切、扭曲等变换操作。路径的变换方法与变换图像的方法相同。如下图所示为显示的路径定界框及路径扭曲后的效果。

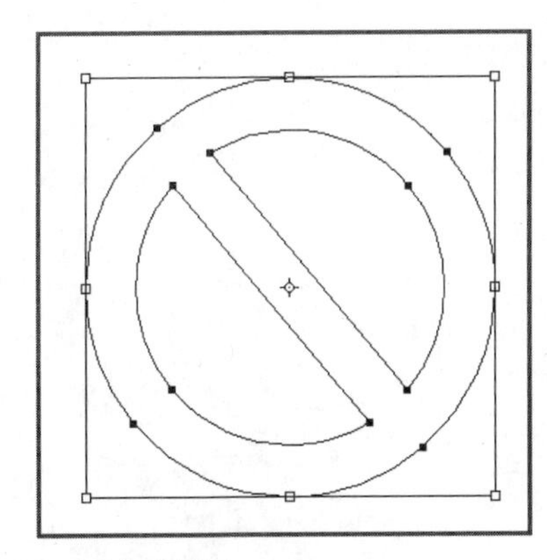
显示路径定界框

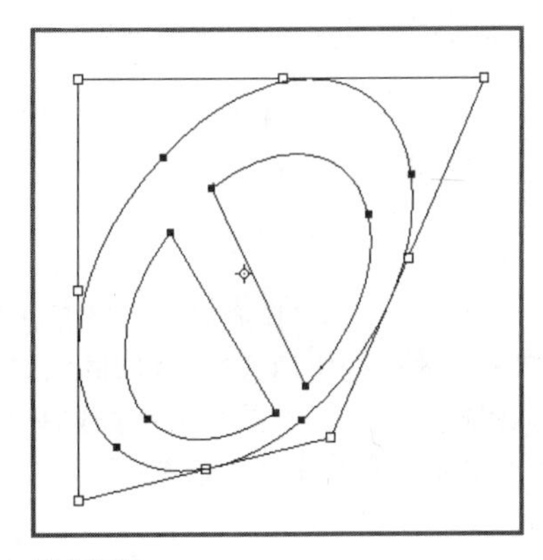
扭曲路径

3. 使用“钢笔工具”绘制曲线

步骤01 选择“钢笔工具”，在工具选项栏中单击“路径”按钮，在图像窗口中单击并向下拖动，创建一个平滑点，如下图所示的第一幅图。

步骤02 将指针移至下一处位置，然后单击，如下图所示的第二幅图，向上拖动创建第二个平滑点，如下图所示的第三幅图，在拖动过程中可以调整方向线的长度和方向，从而影响下一个锚点生成的路径走向，因此，要绘制曲线路径，需要控制好方向线。

步骤03 继续创建平滑点，便可以生成一段光滑的曲线，如下图所示的第四幅图。

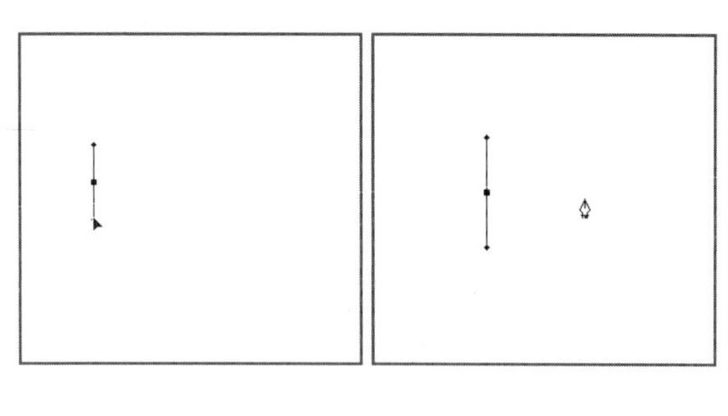

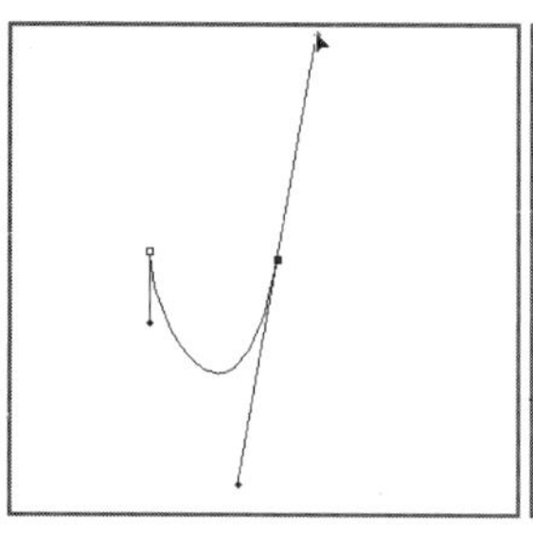

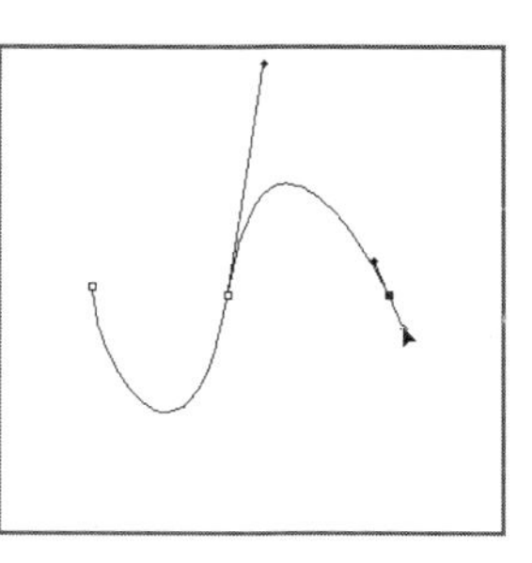

4. “填充路径”对话框

在“填充路径”对话框中可以设置填充内容和混合模式等选项。

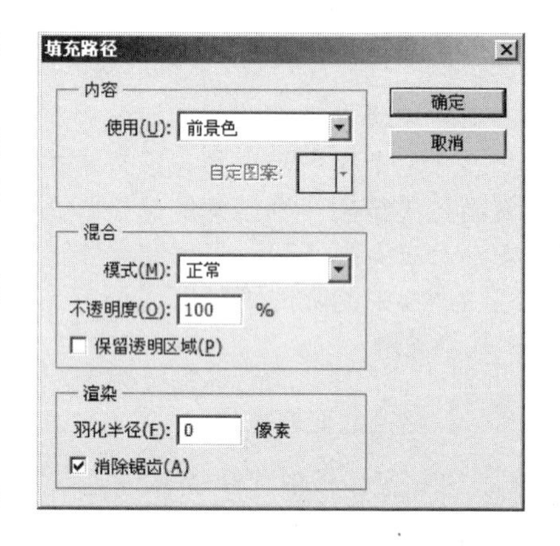

- 使用：可选择用前景色、背景色、黑色、白色或其他颜色填充路径。如果选择“图案”选项，则可以在下面的“自定图案”下拉面板中选择一种图案来填充路径。
- “模式”/“不透明度”：可以选择填充效果的混合模式和不透明度。
- 保留透明区域：仅限于填充包含像素的图层区域。
- 羽化半径：可为填充设置羽化效果。
- 消除锯齿：可部分填充选区的边缘，在选区的像素和周围像素之间创建精细的过渡。

4.2.2 特效字制作

本实例主要介绍用Photoshop CS5制作花纹文字图案的一些应用方法与技巧。本实例主要讲解如何将路径工具与文字图像相结合，从而制作出“创意字体”图像效果。

最终文件：Ch04\Complete\4-2-2.psd

步骤01 按【Ctrl+N】组合键新建文件，将其名称命名为“乐途”，具体参数设置如下图所示。

步骤02 单击工具箱中的“横排文字工具”按钮，在选项栏中设置字体为“华文细黑”、大小为“200点”，然后在文档的中间位置输入文字“乐途”，效果如下图所示。

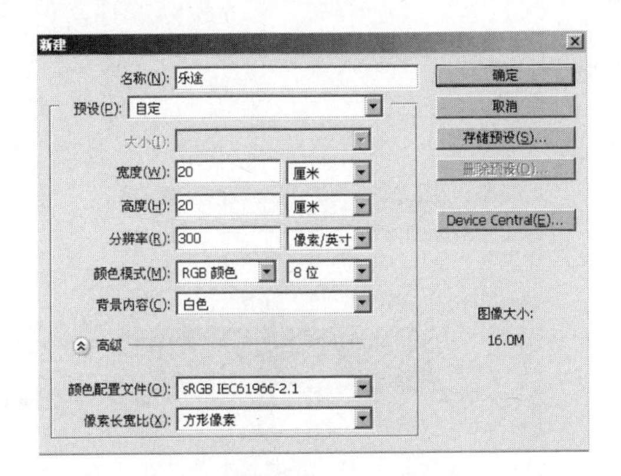

步骤03 在图层面板中选择“乐途”文字图层，然后在其缩览图右侧的空白区域单击鼠标右键，在弹出的快捷菜单中选择“栅格化文字”命令，将其转换为普通图层，如下图所示。

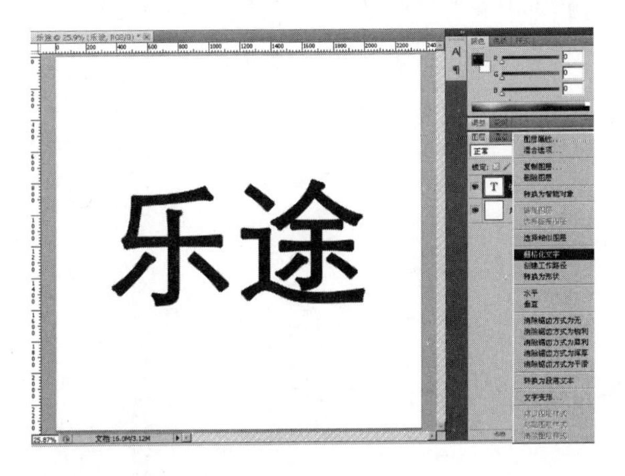

步骤04 单击工具箱中的“橡皮擦工具”按钮，将“乐”字右侧的部分擦掉，单击工具箱中的“套索工具”按钮，选择“途”字，再使用“移动工具”将其拖曳到如下图所示位置。

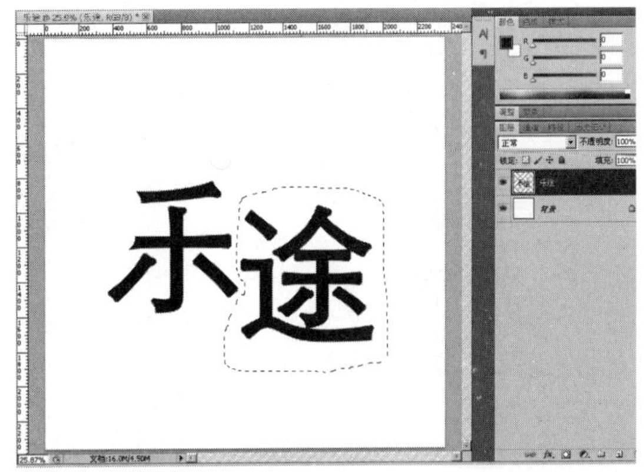

步骤05 按【Shift+Ctrl+J】组合键，将选区内的图像剪切到一个新的“图层1”图层中，然后按【Shift+Ctrl+N】组合键新建一个“图层2”图层，单击工具箱中的“钢笔工具”按钮，并在选项栏中单击“路径”按钮，最后在文档中绘制如下图所示的路径。

步骤06 单击工具箱中的“设置前景色”色块，打开“拾色器（前景色）”对话框，具体参数设置如下图所示。

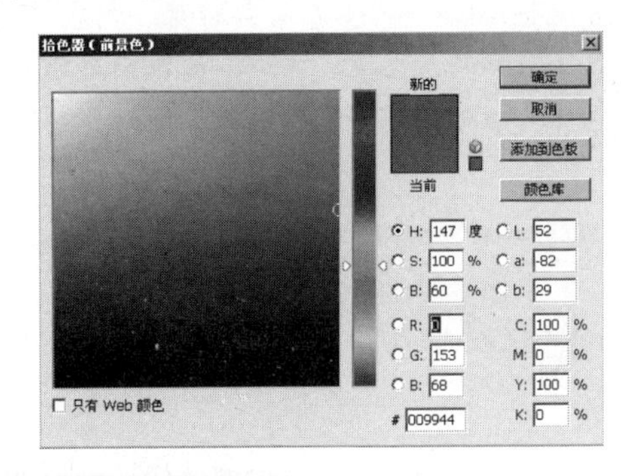

步骤07 确定“图层2”图层为当前层，切换到路径面板并选中“工作路径”层，再单击该面板下面的“将路径作为选区载入”按钮，将该路径载入选区，然后按【Alt+Delete】组合键用前景色填充选区，效果如下图所示。

步骤08 按住【Shift】键的同时单击“乐途”图层、“图层1”图层、“图层2”图层，便可同时选择这3个图层，然后按【Ctrl+E】组合键将其合并，将合并后的图层更名为“图层3”，如下图所示。然后，按住【Ctrl】键的同时单击“图层3”图层的缩览图。

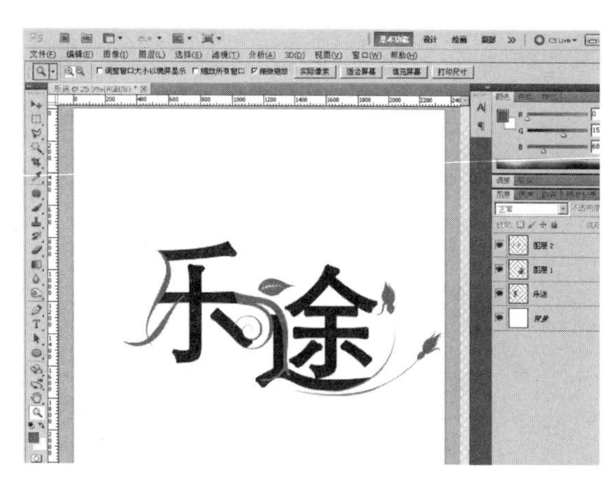

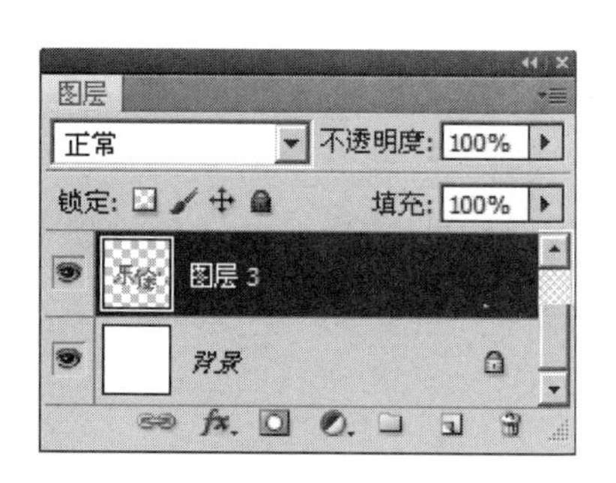

步骤09 将该图层载入选区，再按【Alt+Delete】组合键用前景色填充选区，效果如下图所示。

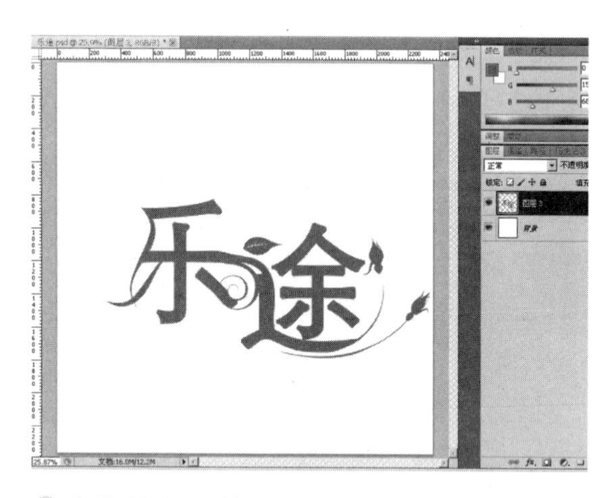

步骤10 单击工具箱中的“横排文字工具”按钮，在选项栏中选择一款比较有艺术性的字体，然后在“乐”字的下面输入英文“Lotto”，效果如下图所示。

步骤11 设置前景色为C:30、M:0、Y:100、K:0，单击工具箱中的“渐变工具”按钮，然后单击选项栏中的“点按可编辑渐变”色块，打开“渐变编辑器”窗口，选择“前景色到透明渐变”方式，如下图所示。然后返回操作界面，在选项栏中单击“线性渐变”按钮。

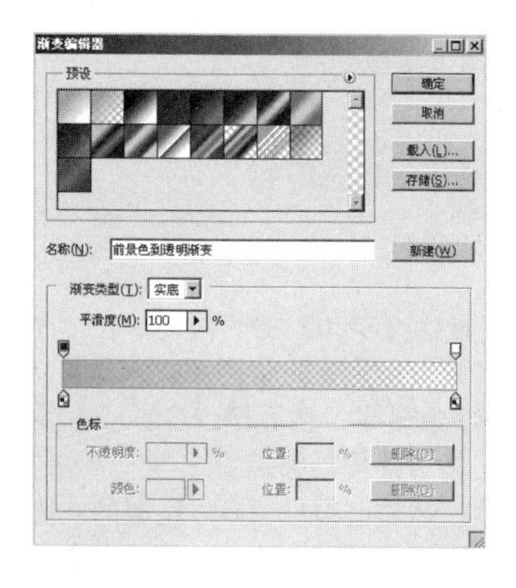

步骤12 确定文字图层为当前层，在其缩览图右侧的空白区域单击鼠标右键，在弹出的快捷菜单中选择“栅格化文字”命令，然后将该图层载入选区，在按住【Shift+Ctrl】组合键的同时单击图层缩览图，将该图层的选区添加到原选区中，效果如下图所示。

步骤13 在图层面板的最上面新建一个“图层2”图层，然后按照如下图所示的方向拖出渐变。

步骤14 按【Ctrl+D】组合键取消选区，然后使用“横排文字工具”在文档中输入相应的文字信息，如下图所示。

步骤15 将文字图层选中，然后按住【Shift】键，单击“图层3”图层，将除“背景”图层以外的所有图层选中，然后单击“图层”面板底部的按钮，将其链接，效果如下图所示。

步骤16 利用“移动工具”将链接图层移至文档的合适位置，然后在“背景”图层之上新建一个图层，为其填充从绿色到白色的径向渐变效果，效果如下图所示。

知识拓展

本实例主要讲解了如何制作“乐途”特效字的过程，主要运用了文字工具输入相关文字，然后利用“钢笔工具”绘制花边，并将其组合为一个整体，最后使用“渐变工具”为其填充渐变色，从而制作出时尚的艺术文字。接下来主要讲解本实例中涉及的知识点。

01 橡皮擦工具

“橡皮擦工具”用来擦除图像，Photoshop CS5中包含了3种类型的擦除工具，即“橡皮擦工具”、“背景橡皮擦工具”和“魔术橡皮擦工具”。后两种橡皮擦工具主要用于抠图（去除图像的背景），而“橡皮擦工具”则会因设置的选项不同具有不同的用途。

“橡皮擦工具”可以擦除图像。如果处理的是“背景”图层或锁定了透明区域（单击图层面板中的按钮）的图层，涂抹区域会显示为背景色。如果处理的是其他图层，则可擦除涂抹区域的像素。“橡皮擦工具”的选项栏如下图所示。

- 模式：可以选择橡皮擦的种类。选择“画笔”选项，可创建柔边擦除效果；选择“铅笔”选项，可创建硬边擦除效果；选择“块”选项，则擦除的效果为块状。
- 不透明度：用来设置工具的擦除强度。100%的不透明度可以完全擦除像素，较低的不透明度可部分擦除像素。将“模式”设置为“块”时，不能使用该选项。
- 流量：用来控制工具的涂抹速度。
- 抹到历史记录：与“历史记录画笔工具”的作用相同。选择该复选框后，在历史记录面板中选择一个状态或快照，在擦除时可以将图像恢复为指定状态。

02 溢色

在计算机上看到的色彩是屏幕颜色，其原理是电子流冲击屏幕上的发光体使之发光来合成颜色，而印刷色则是通过油墨合成的颜色。由于色彩范围不同，导致这两种模式之间存在一定的差异。

显示器的色域（RGB模式）比打印机（CMYK模式）的色域广，这就导致人们在显示器上看到或调出的颜色有可能打印不出来，那些不能被打印机打印的颜色称为“溢色”。

使用拾色器或颜色面板设置颜色时，如果出现溢色，Photoshop CS5就会给出一个警告，在它下面出现一个颜色块，这是Photoshop CS5提供的与当前颜色最为接近的可打印颜色，如下图所示。单击该颜色块，就可以用它来替换溢色。

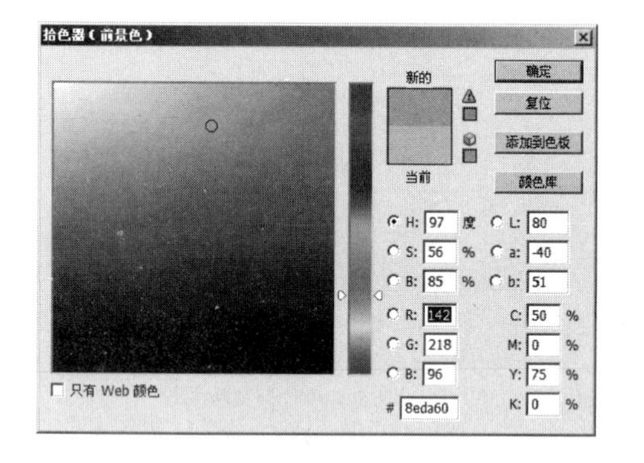

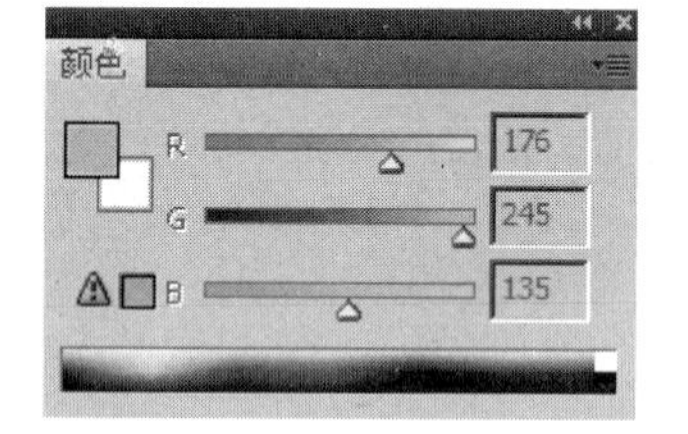

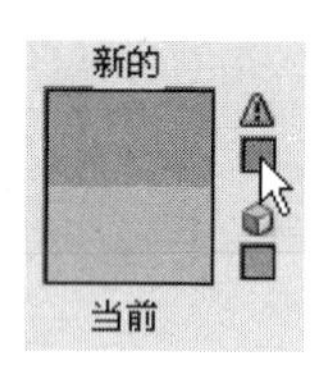

如果选择“图像>调整”菜单中的命令，或者用调整面板中的工具增加颜色的饱和度，则要在操作过程中了解图像中是否出现了溢色，可以先用“颜色取样器工具”选择取样点，然后在信息面板的吸管上单击鼠标右键并选择“CMYK颜色”选项，如果取样点的颜色超出了CMYK色域，CMYK值旁边便会出现惊叹号，如右图所示。

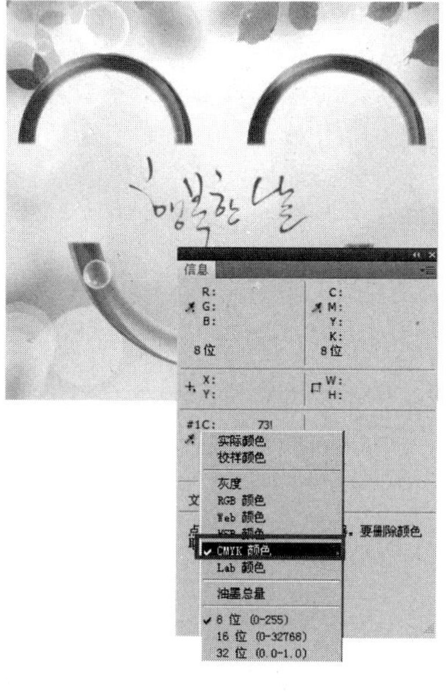

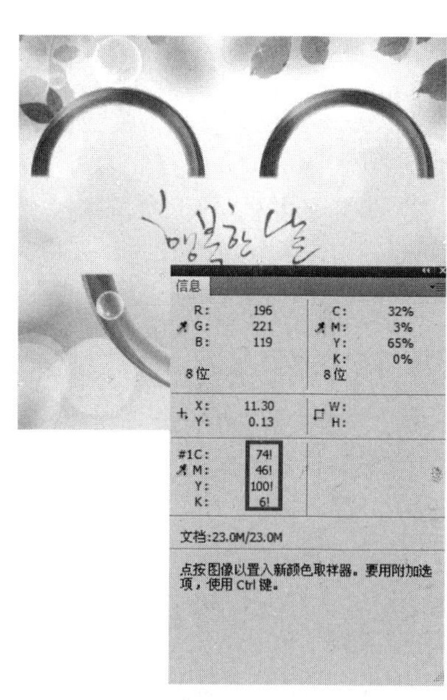

4.2.3 玉石文字设计

本实例主要介绍用Photoshop CS5制作玉石文字效果，并且利用“自定形状工具”绘制精美的图案，然后使用样式面板中的样式为文字和图形添加了玉石效果。

最终文件：Ch04\Complete\4-2-3.psd

步骤01 按下【Ctrl+N】组合键，弹出“新建”对话框，具体设置如下图所示。设置完毕后单击“确定”按钮。

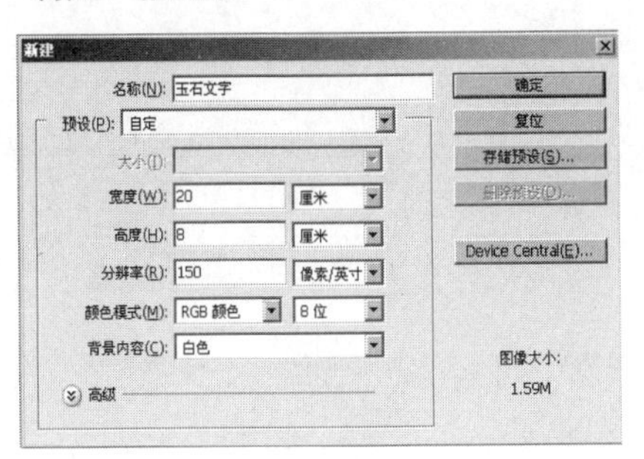

步骤02 将前景色设置为黑色，选择工具箱中的“横排文字工具” T，设置合适的文字字体及大小，在图像中单击并输入文字，效果如下图所示。

步骤03 选择“图层>栅格化>文字”命令，将文字图层栅格化。按【Ctrl】键单击文字图层缩览图，将其载入选区，选择“编辑>描边”命令，弹出“描边”对话框，具体设置如下图所示。

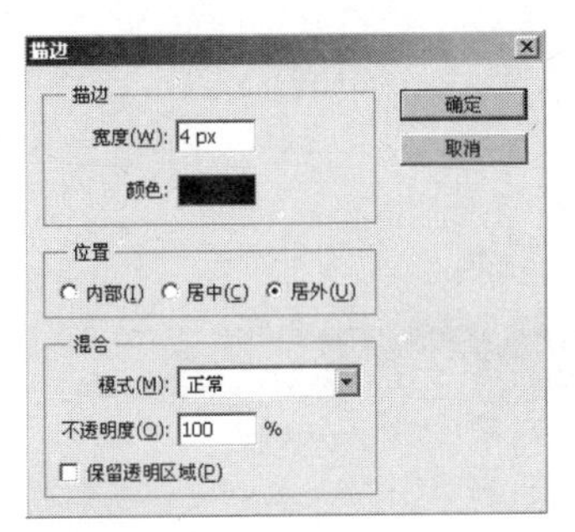

步骤04 设置完毕后，单击“确定”按钮。按【Ctrl+D】组合键取消选区，得到的图像效果如下图所示。

步骤05 将前景色设置为黑色，选择工具箱中的“自定形状工具”，在其选项栏中单击“点按可打开‘自定形状’拾色器”按钮，选择图案，然后在图像中绘制图案，得到的图像效果如下图所示。

步骤06 选择文字图层，单击图层面板上的“添加图层样式”按钮 fx.，在弹出的菜单中选择“投影”命令，弹出“图层样式”对话框，将“投影”颜色设置为R:107、G:107、B:107，其他参数设置如下图所示。

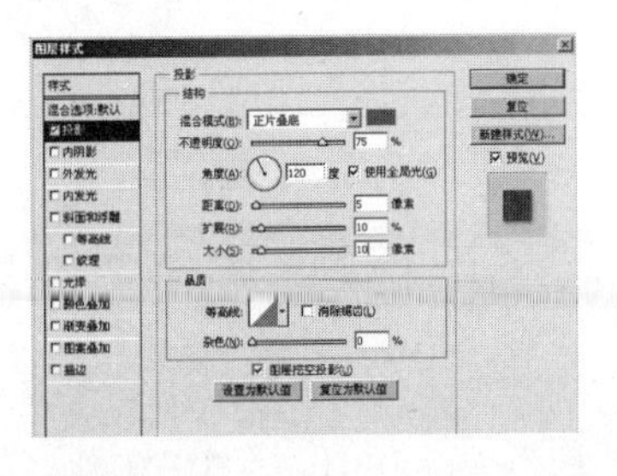

步骤07 设置完毕后，继续选择“内阴影”复选框，设置“内阴影”颜色为R:3、G:69、B:64，并设置其他参数。选择“内发光”复选框，设置“内发光”颜色为R:0、G:133、B:22，并设置其他参数。选择“斜面和浮雕”复选框，设置“斜面和浮雕”高光颜色为R:210、G:214、B:175，阴影颜色

为R:5、G:58、B:3，并设置其他参数。选择“等高线”复选框，并设置其他参数。选择“光泽”复选框，设置“光泽”颜色为R:237、G:245、B:253，并设置其他参数。选择“颜色叠加”复选框，设置“颜色叠加”颜色为R:110、G:245、B:17，并设置其他参数。选择“图案叠加”复选框，选择图案，并设置其他参数。设置完毕后，单击“确定”按钮，所有参数设置及应用所有样式后得到的图像效果如下图所示。

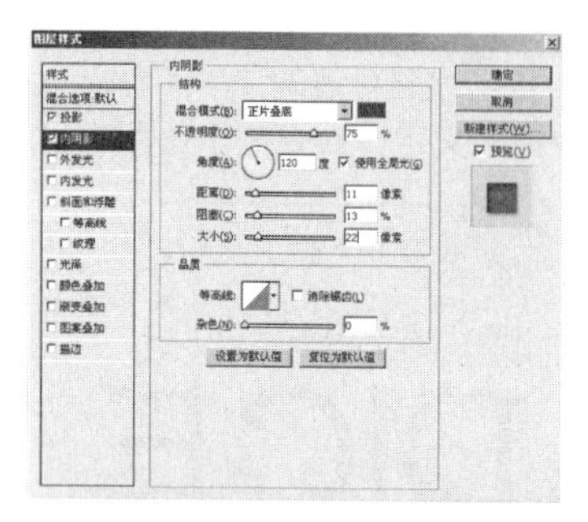

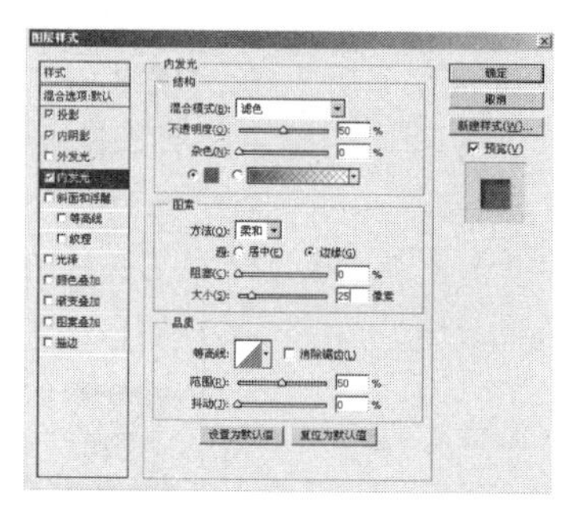

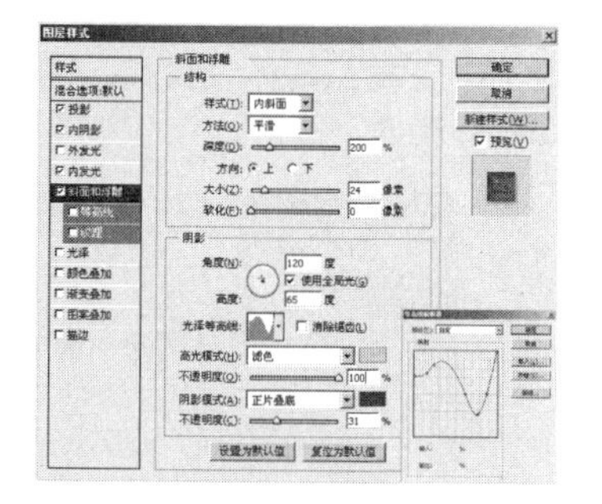

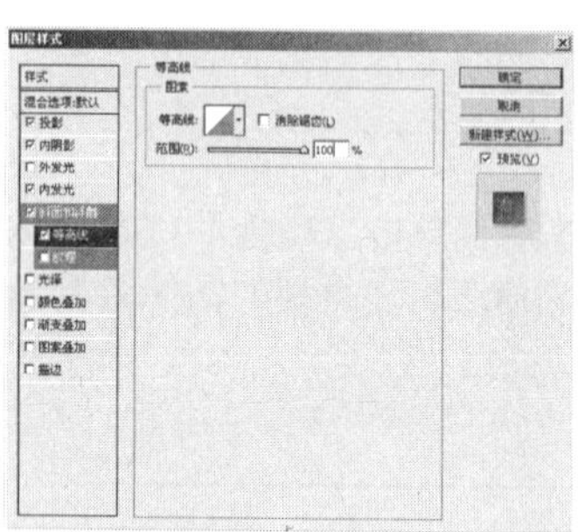

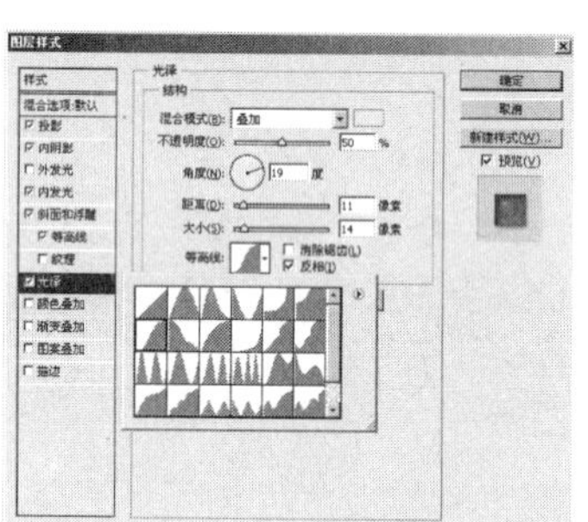

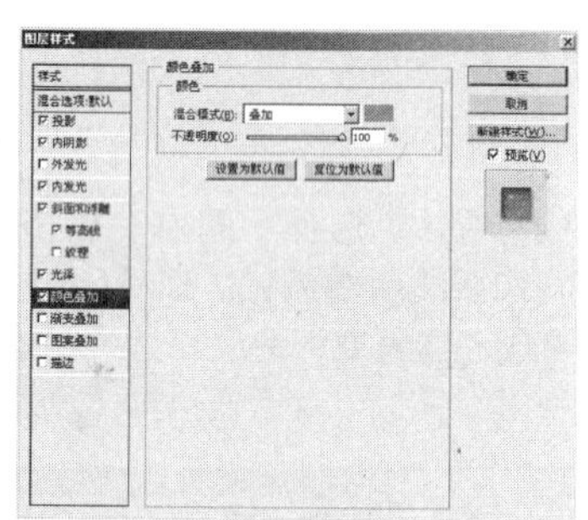

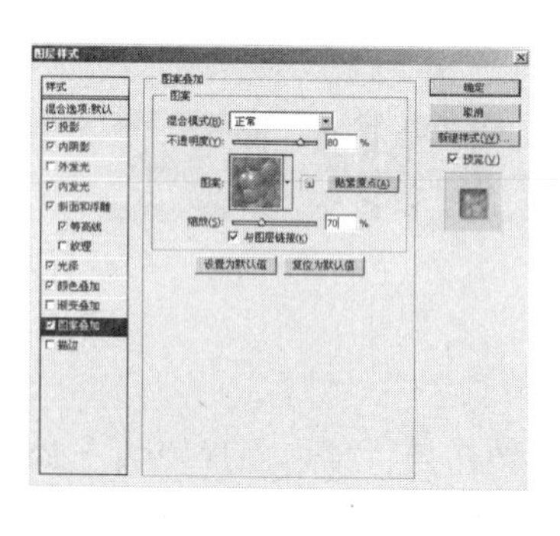

步骤08 选择“背景”图层，将前景色设置为R:90、G:123、B:161，按【Alt+Delete】组合键使用前景色填充，得到的图像效果如下图所示。

步骤09 将EADICE图层拖曳至图层面板上的“创建新图层”按钮，得到“EADICE副本”图层。单击图层面板上的“创建新图层”按钮，得到“图层1”图层。按【Ctrl】键在图层面板上分别单击“图层1”图层和“EADICE副本”图层，将其全部选中，图层面板状态如下图所示。

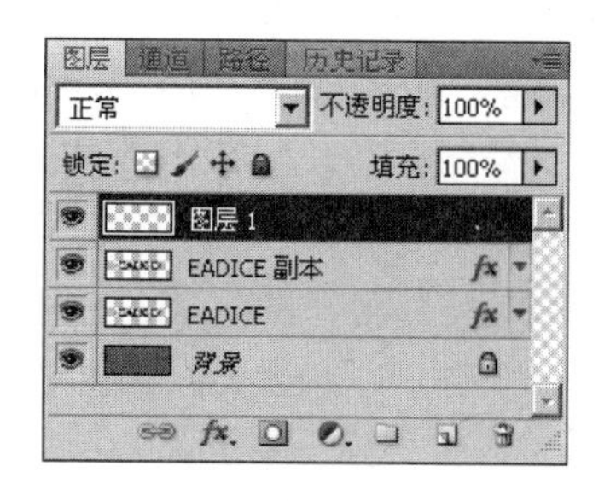

步骤10 按【Ctrl+E】组合键合并所选图层，合并后得到“图层1”图层。选择“编辑>变换>垂直翻转”命令，选择工具箱中的“移动工具”，按【Shift】键将图像拖曳至如下图所示的位置。

步骤11 在图层面板上选择“图层1”图层，单击图层面板中的“添加图层蒙版”按钮，选择“渐变工具”，设置“前景色”到“背景色渐变”类型，在图像中从下至上拖动鼠标，图层面板状态及玉石文字最终效果如下图所示。

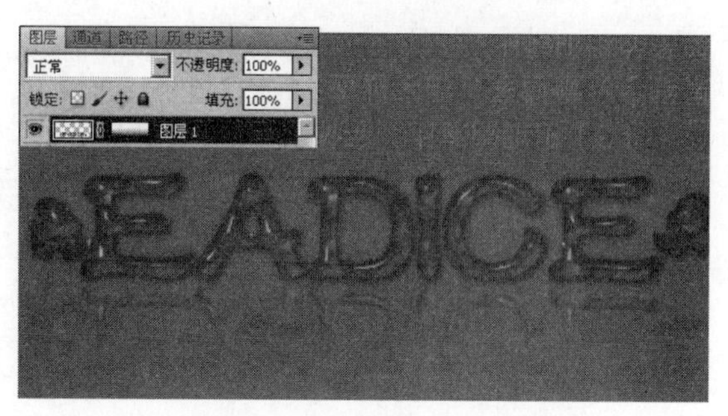

本实例主要讲解了制作玉石文字效果的操作过程，主要应用了“自定形状工具”绘制图形，然后为其添加不同的图层样式，从而制作出晶莹剔透的玉石效果。接下来主要讲解本例中涉及的知识点。

知识拓展

01 自定形状工具

使用“自定形状工具”可以绘制Photoshop CS5预设的形状、自定义的形状或者外部提供的形状。选择该工具后，需要单击选项栏中“形状”右侧的下三角按钮，在打开的形状下拉面板中选择一种形状，如下（左）图所示，然后单击并拖动鼠标即可创建该图形。如果要保持形状的比例，可以按住【Shift】键绘制图形。

如果要使用其他方法创建图形，可以在“自定形状选项”面板中设置，如下（右）图所示。

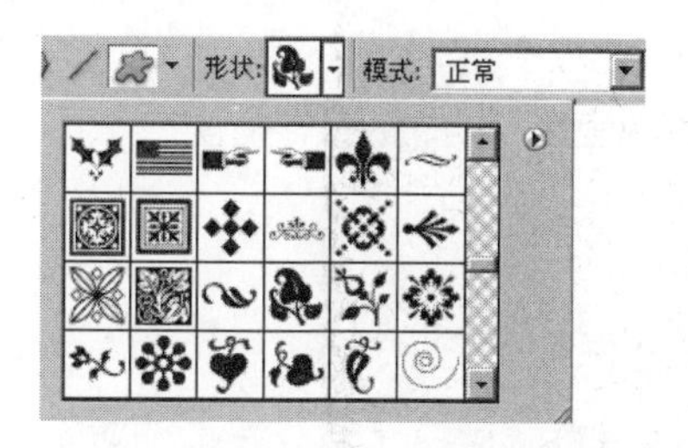

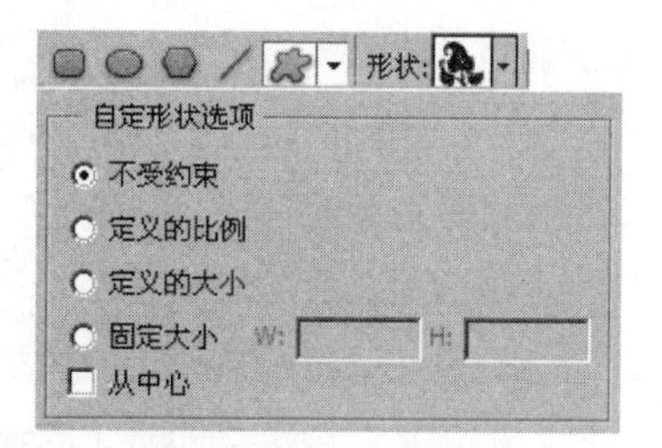

提 示

在绘制矩形、圆形、多边形、直线和自定义形状工具时，创建形状的过程中按下键盘中的空格键并拖动鼠标，可以移动形状。

02 栅格化文字

如果要使用绘画工具和滤镜编辑文字图层，就需要先将其栅格化，使图层中的内容转换为普通图像，然后才能进行相应的编辑。

选择需要栅格化的文字图层，选择“图层>栅格化>文字”命令，即可栅格化文字，如右图所示。

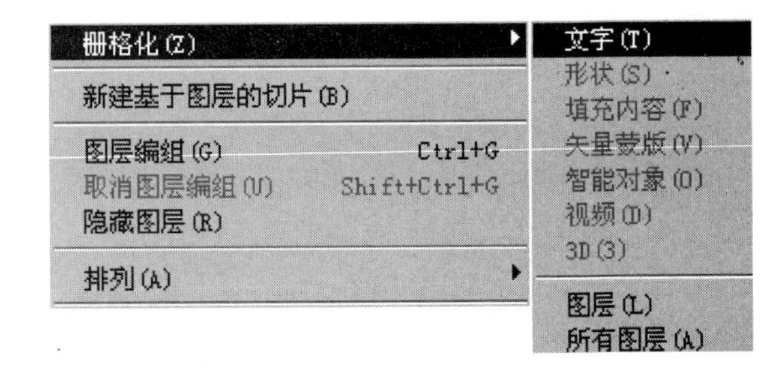

选择需要栅格化的文字图层，单击鼠标右键，在弹出的快捷菜单中选择“栅格化文字”命令，即可将文字变为普通图层，如右图所示。

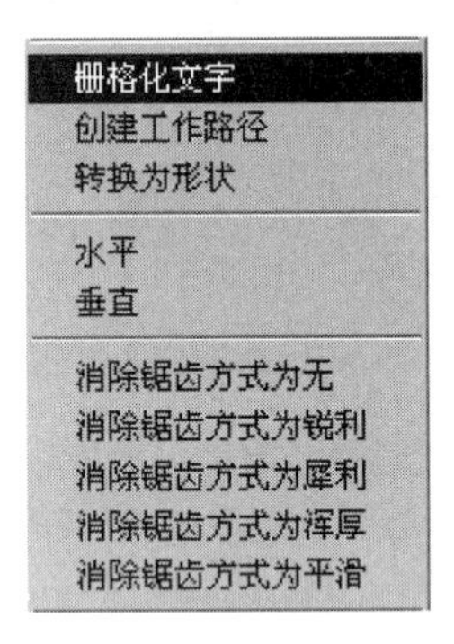

课程练习

1. 字体设计应该遵循哪些原则?
2. 简述矢量图与位图的性质。
3. 简述仿制图章工具的使用方法。
4. 对于一个已具有图层蒙版的图层而言，如果再次单击“添加图层蒙版”按钮，则下列哪一项能够正确描述操作结果?

   A. 无任何结果

   B. 将为当前图层增加一个图层剪贴路径蒙版

   C. 为当前图层增加一个与第一个蒙版相同的蒙版，从而使当前图层具有两个蒙版

   D. 删除当前图层蒙版
5. 在运行Photoshop CS5时，Photoshop CS5默认将在哪里建立默认的暂存磁盘?

   A. 没有暂存磁盘的建立

   B. 暂存磁盘可在任何盘中建立

   C. 暂存磁盘在系统的启动盘中建立

   D. 暂存磁盘将在磁盘空间最大的盘中建立

第5章 平面广告设计

教学目的：

理解广告设计的定义和广告创意的概念，掌握广告的基本功能、广告的表现及传播途径。

教学重点：

（1）广告创意的原则

（2）广告设计的常识

5.1 广告概述

广告设计是一种职业，是基于计算机平面设计技术应用的基础上，随着广告行业发展所形成的一种新职业。该职业技术的主要特征是将图像、文字、色彩、版面、图形等能表达广告的元素与广告媒体的使用特征结合，在计算机上通过相关设计软件来实现表达广告的目的和意图，从而进行平面艺术创意的一种设计活动或过程。

所谓广告设计，是指从创意到制作的整个过程。广告设计是广告的主题、创意、语言文字、形象、衬托等5个要素构成的组合安排。广告设计的最终目的就是通过广告来达到吸引眼球的目的。

在繁华的大街小巷，随处都可以看到一些不同类型的广告宣传栏，这不仅是一道亮丽的风景线，而且还能将商家的某种重要信息传达给众多消费者，以便让消费者了解产品，最终刺激消费者的消费欲望，同时也提高了厂家的知名度。下面主要介绍关于广告方面的一些基础知识。

5.1.1 广告的表现

广告不同于一般大众传播和宣传活动，主要表现在以下几个方面：

（1）广告是一种传播工具，可以将某一种商品的信息由商品的生产或经营机构（广告主）传送给一些用户和消费者；

（2）做广告需要支付一定的费用；

（3）广告进行的传播活动是带有说服性的；

（4）广告是有目的、有计划的，是连续的，能够起到一定的宣传作用；

（5）广告不仅对广告主有利，而且对目标对象也有好处，它可使用户和消费者得到有用的信息。如下图所示为两幅广告。

5.1.2 广告的传播途径

广告的传播途径有多种，可通过报刊、杂志、广播、电视、电影、路牌、橱窗、印刷品、霓虹灯等媒介或形式进行传播，具体可以分为以下几类。

（1）刊登广告：利用报纸、期刊、图书、名录、宣传页等张贴的广告，如下（左）图所示；

（2）播映广告：利用广播、电视、电影、录像、幻灯等张贴的广告，如下（右）图所示；

（3）户外广告：利用街道、广场、机场、车站、码头等建筑物或空间设置的路牌、霓虹灯、电子显示牌、橱窗、灯箱、墙壁等张贴的广告；

（4）室内广告：利用影剧院、体育场（馆）、文化馆、展览馆、宾馆、饭店、游乐场、商场等场所内外设置、张贴的广告，如下（左）图所示；

（5）车体广告：利用车、船、飞机等交通工具设置、绘制、张贴的广告，如下（右）图所示；

（6）利用其他媒介和形式刊播、设置、张贴的广告。

5.1.3 广告的创意

随着中国经济持续的高速增长、市场竞争的日益扩张和竞争的不断升级，商战已经开始进入“智”战时期，广告也从以前的“媒体大战”、“投入大战”上升到广告创意的竞争。“创意”从字面上理解是“创造意象之意”，如果从这一层面进行挖掘，则广告创意是介于广告策划与广告表现制作之间的艺术构思活动。也就是根据广告主题，经过精心思考和策划，运用艺术手段，把所具有的材料进行创造性的组合，以塑造一个意象的过程。简言之，即广告主题意念的意象化。

为了更好地理解广告创意，下面对意念、意象、表象、意境进行解释。

意念指念头和想法，在艺术创作中，意念是作品所要表达的思想和观点，是作品的核心内容。在广告创意和设计中，意念即广告主题，它是指广告为了达到某种特定目的而要说明的观念。它是无形的、观念性的东西，必须借助某一特定有形的东西才能表达出来。任何艺术活动必须具备两个方面的要素：一是客观事物本身，是艺术表现的对象；二是表现客观事物的形象的手法，它是艺术表现的手段。将这两者有机联系在一起的构思活动，就是创意。在艺术表现的过程中，形象的选择是很重要的，因为它是传递客观事物信息的符号。一方面必须要比较确切地反映被表现事物的本质特征，另一方面又必须能被公众理解和接受。与此同时，形象的新颖性也很重要。在广告创意活动中，创作者也要力图寻找适当的艺术形象来表达广告主题意念，如果艺术形象选择不成功，就无法通过意念的传达去刺激和说服消费者。代表广告如下（左）图所示。

符合广告创作者思想的可用以表现商品和劳务特征的客观形象，在其未用做特定表现形式时称为表象。表象应当是广告受众比较熟悉的，而且最好是已在现实生活中被普遍定义的，能激起某种共同联想的客观形象。

在人们头脑中形成的表象经过创作者的感受、情感体验和理解作用，渗透到主观情感、情绪，经过一定的联想、夸大、浓缩、扭曲和变形，便转化为意象。代表广告如下（右）图所示。

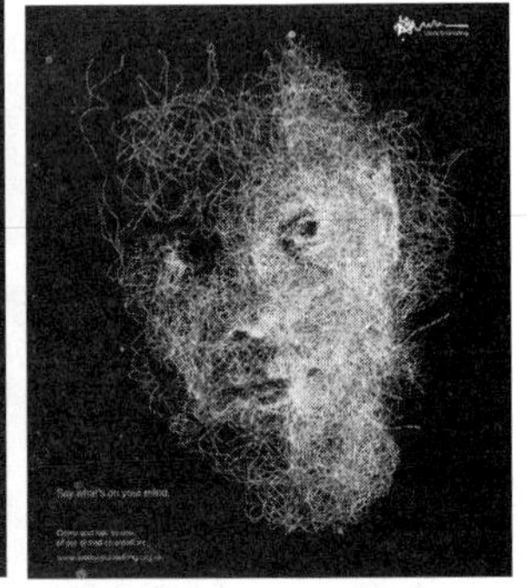

表象一旦转化为意象，便具有了特定的含义和主观色彩，意象对客观事物及创作者意念的反映程度是不同的，其所能引发的受众感觉也会有差别。用意象反映客观事物的格调和程度即为意境，也就是意象所能达到的境界。意境是衡量艺术作品质量的重要指标。

5.1.4 广告创意的原则

当设计师进行广告设计时，必须遵守广告创意的以下原则。

（1）广告创意的独创性原则。所谓独创性原则，是指广告创意中不能因循守旧、墨守成规，而要善于标新立异、独辟蹊径。独创性的广告创意具有最大强度的心理突破效果。与众不同的新奇感可以引人注目，且其鲜明的魅力会触发观众的兴趣，能够在大众脑海中留下深刻的印象。长久地被记忆符合广告传达的心理阶梯目标。如下（左）图所示展现了广告创意独创性原则。

（2）广告创意的实效性原则。虽然独创性是广告创意的首要原则，但独创性不是目的。通过广告能否达到促销的目的基本上取决于广告信息的传达效率，这就是广告创意的实效性原则，包括理解性和相关性。理解性即易为广大受众所接受。在进行广告创作时，要善于将各种信息符号元素进行最佳的组合，使其具有适度的新颖性和独创性。其关键是在“新颖性”与“可理解性”之间寻找到最佳结合点。相关性是指广告创意中的意象组合和广告主题内容的内在相关联系。如下（右）图所示展现了广告创意的实效性原则。

（3）广告创意的冲击性原则。在令人眼花缭乱的报纸广告中，要想迅速吸引人们的视线，在广告创作时就必须把提升视觉张力放在首位。例如，如果将摄影艺术与计算机后期制作充分结合，拓展广告创意的视野与表现手法，就会产生强烈的视觉冲击力，给观众留下深刻印象。如下（右）图所示展现了广告创意的冲击性原则。

（4）广告创意的蕴含性原则。吸引人们眼球的是形式，打动人心的是内容。独特、醒目的形式必须蕴含耐人思索的深邃内容，才具有吸引人一看再看的魅力。这就要求广告创意不能停留在表层，而要使“本质”通过“表象”显现出来，这样才能有效地挖掘读者内心深处的渴望，如下（右）图所示展现了广告创意的蕴含性原则。

好的广告创意是将熟悉的事物进行巧妙组合，从而达到新奇的传播效果。广告创意的确立、围绕创意的选材、材料的加工、计算机的后期制作，都伴随着形象思维的推敲过程。推敲的目的是为了使广告作品精确、聚焦、闪光。

（5）广告创意的渗透性原则。人最美好的感觉就是感动。感人心者，莫过于情。读者情感的变化必定会引起态度的变化，就好比方向盘的转动，汽车就得跟着拐。出色的广告创意往往把“以情动人”作为追求的目标。如下（左）所示展现了广告创意的渗透性原则。

（6）广告创意的简单性原则。牛顿说：“自然界喜欢简单。”一些揭示自然界普遍规律的表达方式都是异乎寻常的简单。近年来国际上流行的创意风格越来越简单、明快。如下（右）图所示展现了广告创意的简单性原则。

一个好的广告创意表现方法包括3个方面：清晰、简练和结构得当。简单的本质是精炼化。广告创意的简练，除了从思想上提炼外，还可以从形式上提纯。简单明了绝不等于无须构思的粗制滥造，构思精巧也绝不意味着高深莫测。平中见奇、意料之外、情理之中往往是传媒广告人在创意时渴求的目标。

5.1.5 广告设计的常识

广告是营销活动中的重要环节，是广告主以付费的方式，利用媒介对商品、品牌和企业本身的有关信息，通过强化传播形成认知，塑造事实，达到销售推广的目的。广告设计的常识主要表现在以下方面。

（1）大小的对比。大小关系是造型要素中最受重视的一项，几乎可以决定意象与调和的关系。大小的差别小，给人的感觉较沉着、温和；大小的差别大，给人的感觉较鲜明。如下（左）图所示展现了广告设计中人物和气球的大小对比。

（2）明暗的对比。明暗的对比主要是针对广告的色彩进行对比，明暗（黑和白）是色感中最基本的要素，也是一则广告给观众的第一印象。如下（右）图所示展现了明暗对比。

（3）粗细的对比。字体愈粗，愈富有男性的气概。如果代表时髦与女性，则通常以细字表现。如果细字分量增多，粗字就应该减少，这样的搭配看起来会比较明快。如下（左）图所示展现了酒瓶与架子的粗细对比。

（4）曲线和直线的对比。曲线富有柔和感、缓和感；直线则富有坚硬感、锐利感。当用曲线或直线强调某形状时，会给人们深刻的印象，同时也会产生相对应的情感。因此，为了加深曲线印象，就用一些直线来强调，也可以说，少量的直线会使曲线更引人注目。如下（右）图所示展现了脚印的曲线和中轴线的对比。

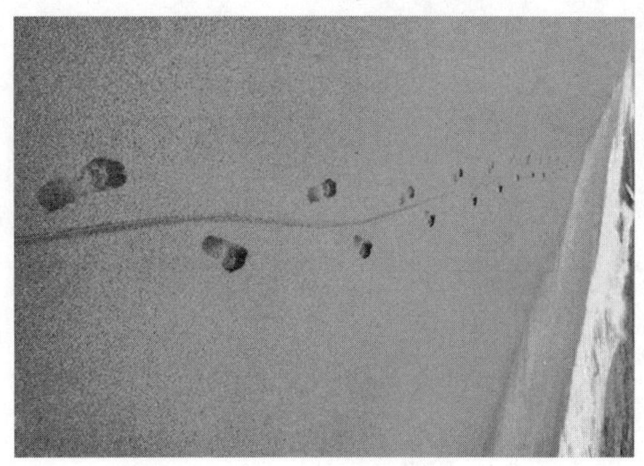

（5）质感的对比。在日常生活中，也许很少听到质感这句话，但是在美术方面，质感却是很重要的造型要素。例如松弛感、平滑感、湿润感等，都是形容质感的，质感不仅能表现出情感，而且还能与这种情感融为一体。人们观察画家的作品时，常会注意色彩与图面的构成，其实质感才是决定作品风格的主要因素。作为基础的质感，与画家的本质有着密切的关系，是不易变更的。这才是最重要的基础要素，对情感也是最强烈的影响力。如下（左）图所示展现了质感的对比。

（6）位置的对比。在画面两侧放置某种物体，不但可以强调，同时也能产生对比。画面的上下、左右和对角线上皆有潜在性的力点，在力点处配置照片、大标题或标志、记号等，便可显示出隐藏的力量。因此，在潜在的对立关系位置上，放置鲜明的造型要素，可显示出对比关系，并产生具有紧凑感的画面，如下（右）图所示。

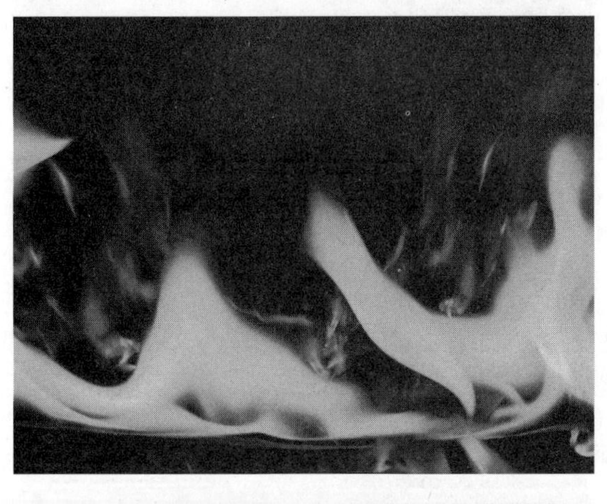

（7）主与从的对比。明确表示主从的手法是很正统的构成方法。如果两者的关系模糊，会令人无所适从；如果主角过强就失去动感，变成庸俗的画面；如果版面中能表现出什么是主题，会促使读者了解内容：所以，主从关系是设计配置的基本条件。如下（左）图所示展现了主与从的对比。

（8）动与静的对比。一个故事有开端、说明、转变和结果。同样的，在设计配置上也有激烈动态与文静部分。扩散或流动的形状即为“动”，水平或垂直性强化的形状则为“静”。把这两者配置于相对之处，而以“动”部分占大面积，“静”部分占小面积，并在周边留出适当的留白以强调其独立性。如下（右）图所示展现了动与静的对比。

（9）多种对比。对比还有垂直与水平、锐角与钝角等多种不同的对比。如果将前面讲述的各种对比和这些要素加以组合搭配，便能制作富有变化的画面。如下（右）图所示展现了色彩的对比及形状的对比。

（10）起与受。画面的空间因为各种力的关系产生动态，进而支配空间。产生动态的形状和接受这种动态的另一种形状互相配合着，使空间变化更生动。两者的距离愈大，效果愈显著。可以利用画面的两端，不过起点和受点必须有适当的强弱变化，如果有一方软弱无力就不能引起共鸣。如下（右）图所示展现了起与受的关系。

（11）对称。以一点为起点，向左右同时展开的形态称为左右对称。应用对称的原理即可设计出漩涡等复杂状态。在日常生活中，常见的对称事物确实不少，如佛像等。对称会显出高格调、风格化的意象。如下（左）图所示展现了左右对称。

（12）强调。在同一格调的画面中，在不影响格调的条件下进行适当的变化，就会产生强调效果。强调打破了画面的单调感，使画面变得有朝气、生动而富于变化，如下（右）图所示。

（13）比例。希腊美术的特色是具有“黄金比”，在设计建筑物的长度、宽度、高度和柱子的形状、位置时，如果能参照“黄金比”来处理，就能产生希腊特有的建筑风格，也能产生稳重和适度紧张的视觉效果。长度比、宽度比、面积比等比例能与其他造型要素产生同样的作用，从而表现极佳的意象。如下（左）图所示展现了不同的比例。

（14）韵律感。具有共同印象的形状反复排列时，就会产生韵律感。不一定要用同一形状的东西，只要具有强烈印象就可以了。有时只需反复使用几次具有特征的形状，就会产生韵律感。如下（右）图所示为具有韵律感的图像。

（15）左右的重心。考虑左右平衡时，如何处理左右重心成为关键性的问题。人的视觉对从右上到左下的流向较为自然。编排文字时，将右下角空着来编排标题与插画，就会产生一种很自然的流向。如果将其逆转就会失去平衡而显得不自然。如下图所示分别展现出了图像左侧重心和左右均等。

（16）向心与扩散。在人的情感中，总是能意识到事物的中心部分。虽然蛮不在乎地看事物，但是在人们心中总是想探测其中心部分，这就构成了视觉的向心。一般而言，向心型看似温柔，也是一般人所喜欢采用的方式，但容易流于平凡。离心型的排版，可以将其称为扩散型。如下图所示展现出了扩散与向心。

（17）Jump 率。在版面设计上，必须根据内容来决定标题的大小。标题和文本大小的比率就称为 Jump 率。Jump 率越大，版面越活泼；Jump 率越小，版面格调越高。依照这种尺度来衡量，就很容易判断版面的效果。标题与文本字体大小决定后，还要考虑双方的比例关系，如下（左）图所示。

（18）统一与调和。如果过分强调对比关系，当空间预留太多或加上太多造型要素时，容易使画面产生混乱。要调和这种现象，最好加上一些共同的造型要素，使画面产生共通的格调，产生整体统一与调和的感觉。反复使用同种造型的事物，能使版面产生调合感。两者相互配合运用，能制作出统一与调和的效果。如下（右）图所示展现了色彩的统一与格调的调和。

（19）形态的意象。一般的编排形式皆以四角形为标准形，其他各种形式都属于变形。如果4个角皆为直角，能给人规律、表情少的感觉，其他变形则呈现形形色色的表情。相同的曲线也有不同的表情，例如，规规矩矩用仪器画出来的圆有硬质感，徒手画出来的圆就有柔和的曲线之美。如下图所示展现出了形态意向的构思。

(20)水平和垂直。水平线给人稳定和平静的感觉，无论是事物的开始还是结束，水平线总是能表达精致的时刻。垂直线具有活动感，表达向上伸展的活动力，具有僵硬和理智的意向，使版面显得冷静、鲜明。将垂直线和水平线进行对比的处理，可以使两者更生动，不但能使画面产生紧凑感，也能避免冷漠、僵硬的情况产生，相互截长补短，使画面更完美，如下图所示。

5.1.6 广告的功能

在日益发达的信息时代，更是离不开广告的宣传与展示，广告的功能是多元化的。下面来讲解一下广告的主要功能。

广告的功能是指广告的基本效能，也就是广告以其所传播的内容对所传播的对象和社会环境所产生的作用和影响。广告是通过媒体向用户推销产品或承揽服务，通过增加了解和信任扩大销售募得的一种促销形式。当今世界，商业广告已十分发达，很多企业、公司、商业部门都乐于使用大量资金做广告。广告在促销中有着特殊的功能和效用。

（1）市场营销功能。广告是最大、最快、最广泛的信息传递媒介。通过广告，企业或公司能把产品与劳务的特性、功能、用途及供应厂家等信息传递给消费者，沟通产需双方的联系，引起消费者的注意与兴趣，促进交易。为了沟通产需之间的联系，现在不仅生产单位和销售单位刊登广告，而且一些急需某种设备或原材料的单位也刊登广告，寻找货源。因此，广告的信息传递能迅速加强供求关系，加速商品流通和销售。如下（左）图所示展现出了广告的市场营销功能。

（2）传播功能。广告能激发和诱导消费，广告造成的视觉、感觉影响及诱导往往会勾起消费者的购买欲望。另外，广告的反复渲染、刺激，也会扩大产品的知名度，从而使人们对其产生一定的信任感，最终促进销售量的增加。如下（右）图所示展现了广告的传播功能。

（3）引导功能。广告能较好的介绍产品知识，指导消费。通过广告可以全面介绍产品的性能、质量、用途、维修、安装等，并且消除人们由于维修、保养、安装等问题而产生的后顾之忧，从而使其产生购买欲望，达到广告的引导作用。如下图所示分别为手机海报和房地产宣传海报 。

（4）催化功能。广告能促进新产品、新技术的发展。如果新产品、新技术，靠行政手段推广，则局限性很大；如果通过广告直接与广大消费者见面，则能使新产品、新技术迅速在市场上得到推广，从而获得成功，如下图所示为新品上市广告。

5.2 广告设计实例解析

广告的主要作用就是宣传，一幅好的广告画面能够很快地吸引观众的眼球，这样，广告的效果就会展现出来。本节主要介绍广告设计的实例。

5.2.1 时尚手机海报的制作

本实例主要介绍时尚手机宣传海报的制作。在制作过程中，以暗色为主旋律，最终制作出高调、超前的效果。接下来介绍本实例的操作过程。本实例的最终效果如右图所示。

最终文件：Ch05\Complete\5-2-1.psd

步骤01 选择“文件>新建”命令或按【Ctrl+N】组合键，弹出“新建”对话框，设置参数，单击“确定”按钮，参数设置及效果如下图所示。

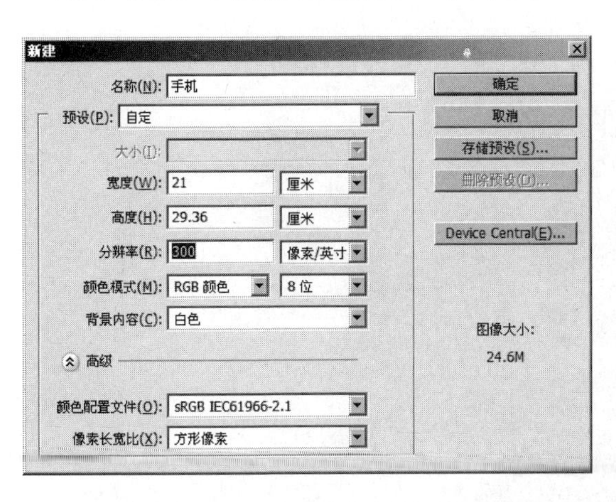

步骤02 单击“渐变工具”按钮，在选择栏中单击“点按可编辑渐变”色块，弹出“渐变编辑器”窗口，设置参数，单击“确定”按钮，在选项栏中单击“径向渐变”按钮，在“背景”图层中从下至上拖动，添加径向渐变效果，参数设置及效果如下图所示。

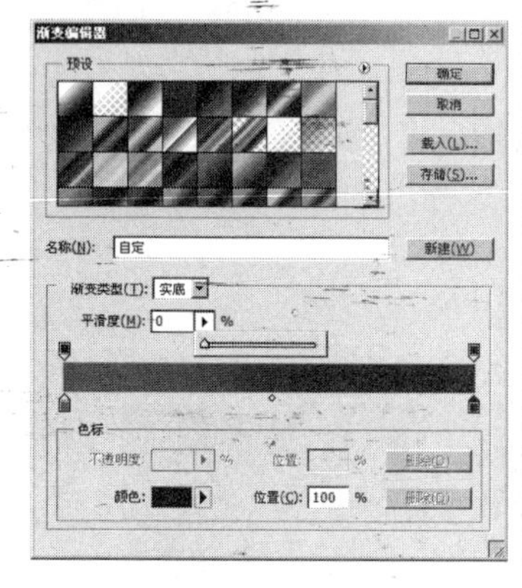

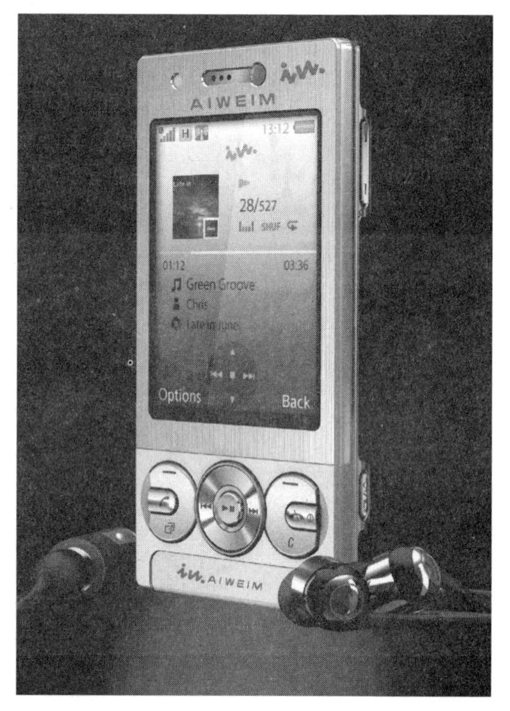

步骤03 选择“文件>打开”命令或按【Ctrl+O】组合键，打开本书附带光盘文件“素材1.png”，单击“移动工具”按钮，将打开的手机图像拖曳到当前正在操作的文件窗口中，素材文件与拖曳后的效果如右图所示。

步骤04 按【Ctrl+T】组合键，弹出自由变换框，通过拖动控制框上的控制点来调整图像的大小，并移动手机图像至合适位置，如下图所示。最后，按【Enter】键确认操作。

步骤05 单击“多边形套索工具”按钮，沿着手机边缘创建选区，按【Ctrl+J】组合键复制图层，如右图所示。

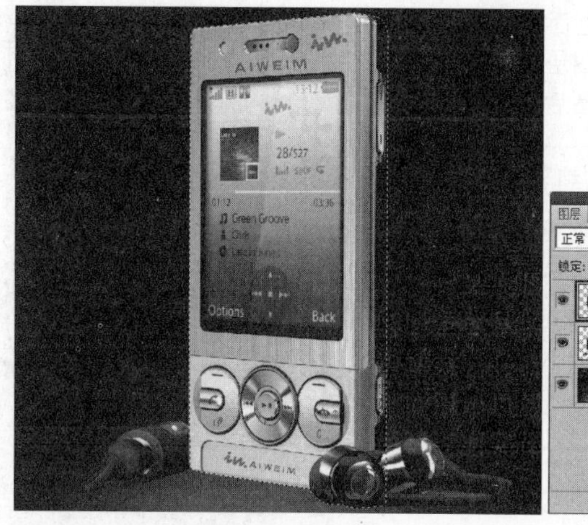

步骤06 选择“编辑>变换>垂直翻转”命令，通过按键盘上的方向键将其移至合适位置，按【Ctrl+T】组合键，在弹出的控制框内单击鼠标右键，在弹出的快捷菜单栏中选择“扭曲”命令，对图像进行扭曲变换，效果如右图所示。

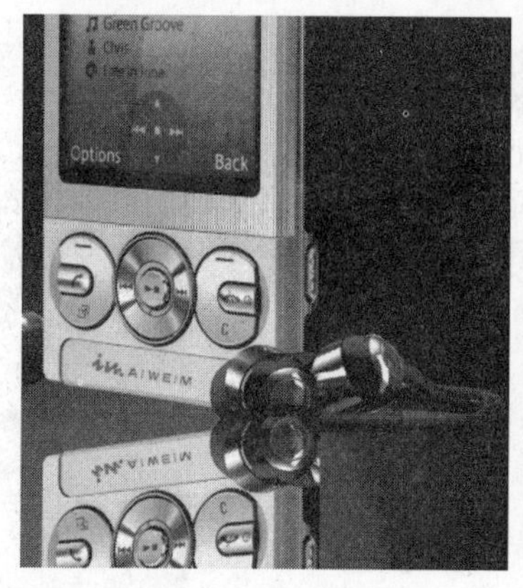

步骤07 将“图层1”图层移至“手机”图层下方，单击图层面板下方的“添加图层蒙版”按钮，为“图层1”图层添加图层蒙版，设置前景色为黑色。单击“渐变工具”按钮，在选项栏中单击“线性渐变”按钮，为图像应用黑色到透明的线性渐变效果，单击“橡皮擦工具”按钮，在选项栏中设置合适的画笔属性，在图像上进行涂抹，使图像之间衔接得更加自然，设置图层的“不透明度”选项为50%，效果及图层面板如右图所示。

步骤08 按照上面所述的方法，分别在“手机”图层左右两边的图像上创建选区，然后复制图层，对其进行垂直翻转，并分别添加图层蒙版，应用黑色到透明的线性渐变，调整图层顺序，效果及图层面板如右图所示。

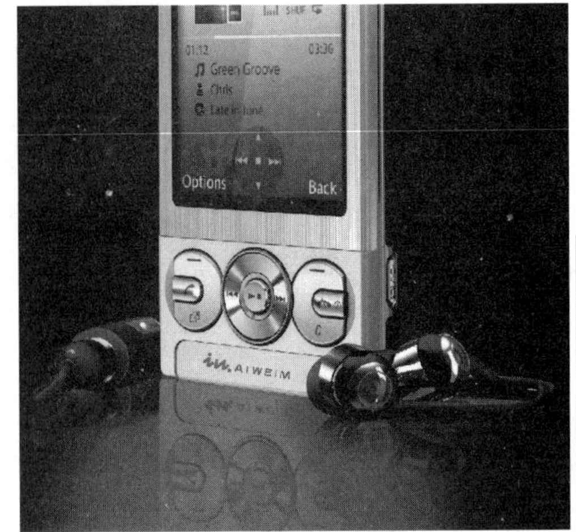

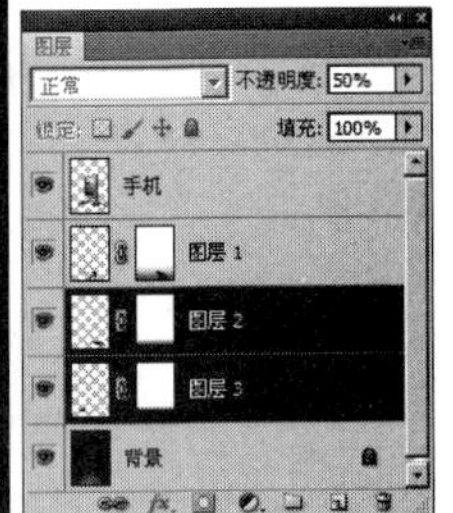

步骤09 新建一个图层，单击“钢笔工具”按钮，在图像窗口中通过单击确定起始点，然后绘制封闭路径，使用“转换点工具”调整路径形状，效果如右图所示。

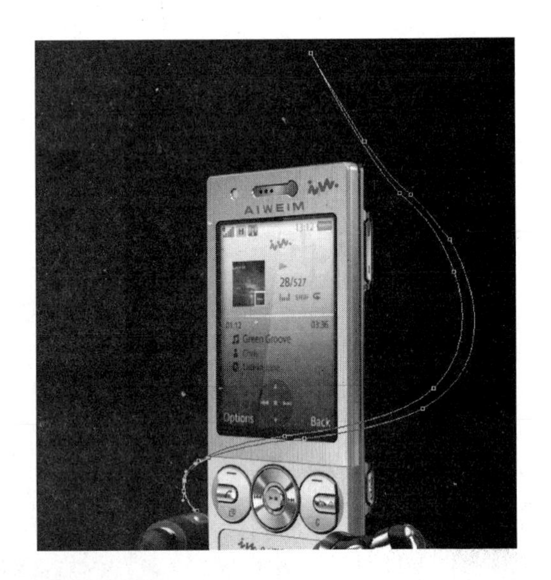

步骤10 按【Ctrl+Enter】组合键将路径作为选区载入，选择“选择>修改>羽化”命令，设置羽化半径为3px，设置前景色为R:77、G:182、B:201，按【Alt+Delete】组合键填充颜色，按【Ctrl+D】组合键，取消选区，效果如右图所示。

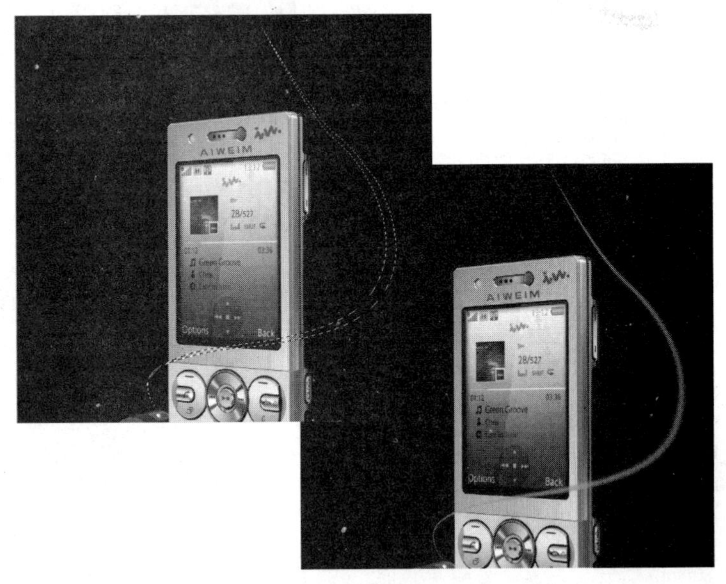

步骤11 确保“图层4”图层处于选中状态，单击图层面板下方的“添加图层样式”按钮，在弹出的菜单中选择“外发光”命令，弹出“图层样式”对话框，设置参数，单击“确定”按钮，设置“图层4”图层的“不透明度”选项为80%，参数设置及效果如右图所示。

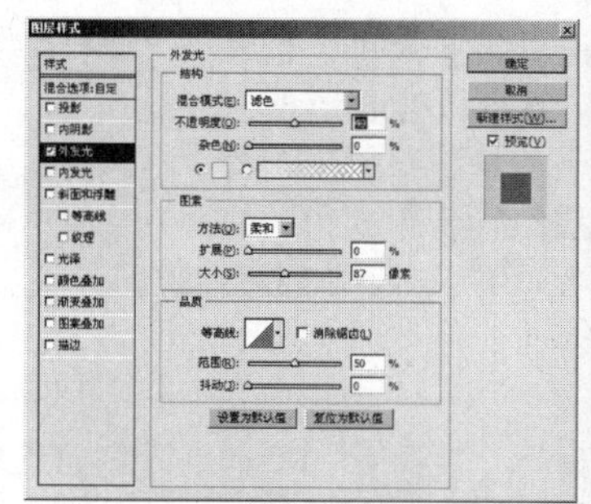

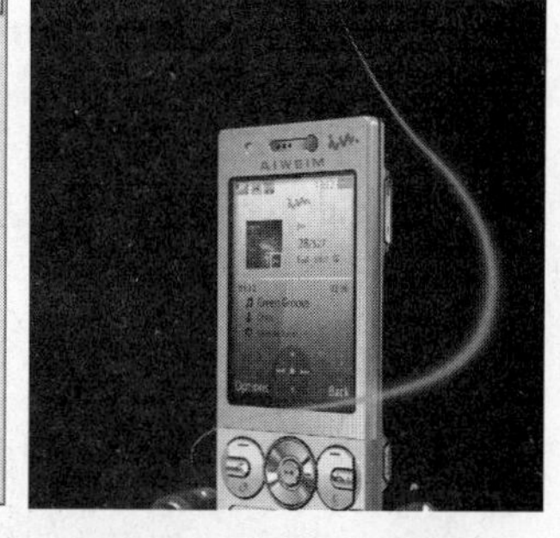

步骤12 复制“图层4”图层，得到“图层4副本”图层，设置“图层4副本”图层的混合模式为“溶解”，不透明度为10%，按【Ctrl+G】组合键创建“组1”组，将“图层4”图层和“图层4副本”图层拖曳到“组1”组中，此时的图层面板及效果如右图所示。

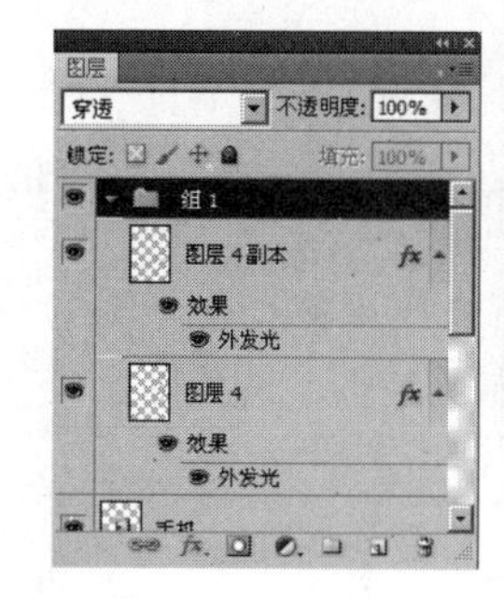

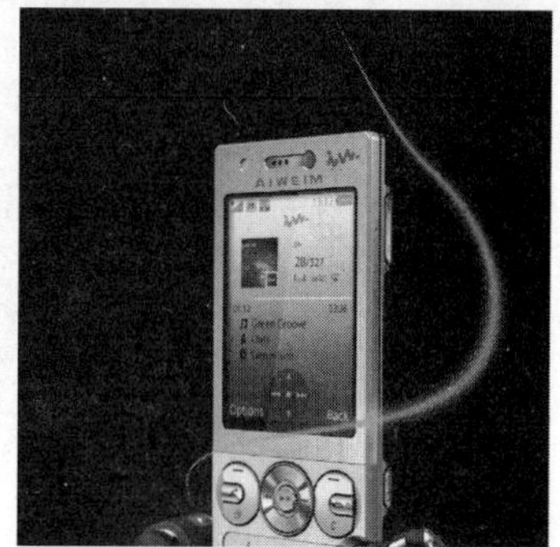

步骤13 复制“组1”组，复制两次，对复制组执行“编辑>变换>水平翻转”命令，按【Ctrl+T】组合键，调整其大小和位置，在弹出的控制框内单击鼠标右键，在弹出的快捷菜单中选择“扭曲”命令，分别对其进行扭曲变换，此时的图层面板和图像效果如右图所示。

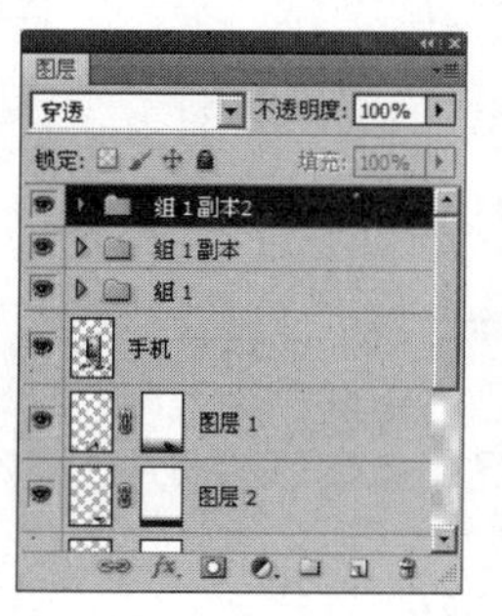

知识链接

图层混合模式中的“溶解”模式产生的像素颜色来源于上下图层混合颜色的随机置换值，与像素的不透明度有关。将目标层图像以散乱的点状形式叠加到底层图像上时，对图像的色彩不产生任何的影响。通过调整不透明度，可增大或减小目标层散点的密度，其效果通常是画面呈现颗粒状或线条边缘粗糙化。

步骤14 新建图层，使用“钢笔工具”绘制心形路径，将其载入选区，填充白色，取消选区，降低图层的不透明度。单击“画笔工具”按钮，在选项栏中设置合适的画笔属性，在心形上进行涂抹，继续绘制路径，填充颜色，降低不透明度，作为高光部分，复制心形图层，调整大小和位置，效果如右图所示。

步骤15 再次复制心形图层，调整大小、位置及不透明度，按住【Shift】键将所有心形图层选中，单击鼠标右键，在弹出的快捷菜单中选择“合并图层”命令，设置图层的混合模式为“滤色”，不透明度为40%，参数设置及效果如右图所示。

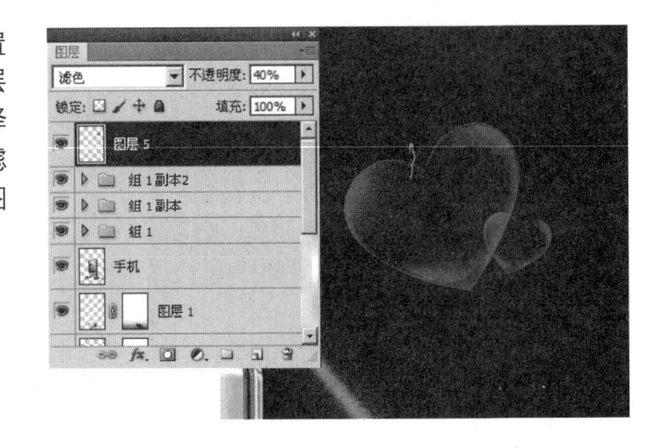

步骤16 新建图层，使用“钢笔工具”在图像区域上绘制星形路径，将路径转换为选区，执行“羽化”命令，设置合适的羽化半径，填充白色，降低不透明度，复制绘制的星形，调整大小，调高图像的不透明度，效果如右图所示。

步骤17 新建图层，单击“画笔工具”按钮，在选项栏中设置带有羽化值的画笔笔刷，降低画笔的不透明度，绘制光晕，将光晕和星形图层进行合并，效果如右图所示。

步骤18 复制合并后的图层，复制多次，分别对其调整大小和位置，将其旋转至合适角度，效果如右图所示。

步骤19 按照上面所述绘制星形的方法，继续绘制其他形状的星形，复制出各种形状的星星，将其放置在合适的位置，并调整大小和角度，此时的图层面板和图像效果如右图所示。

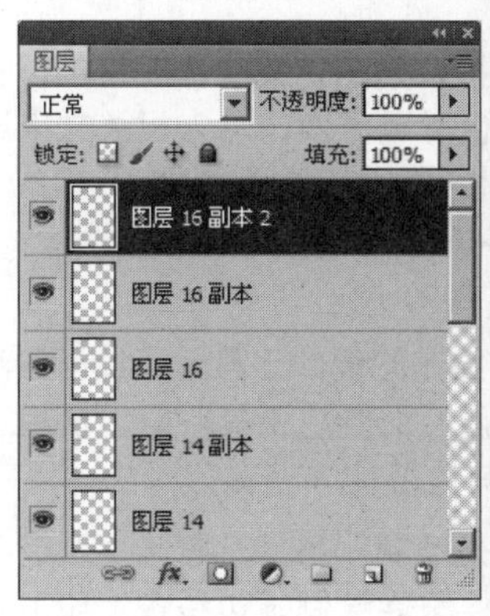

步骤20 按【Ctrl+O】组合键，打开本书附带光盘文件“素材2.png”，单击“套索工具”按钮，分别在图像上创建选区，使用“移动工具”分别将其拖曳到当前正在操作的文件窗口中，调整大小和位置，将其所在图层拖曳至星光图层的下方，创建的选区及图像效果如右图所示。

步骤21 打开本书附带的光盘文件“素材3.png”，使用“移动工具”将其拖曳到当前正在操作的文件窗口中，调整大小和位置。至此，整个画面制作完成，最终效果如右图所示。

知识拓展

本实例制作的是时尚手机海报效果图，在制作过程中，主要运用了“多边形套索工具”绘制出不同的多边形，再为其填充不同的色彩或图案，输入相关文字后，设置不同的文字属性，最终合成一幅完美的效果图。接下来主要讲解本实例涉及的相关知识点。

01 铅笔工具

在Photoshop CS5中，用于绘制图像的工具除了绘画工具之外，还有其他一些工具，例如“铅笔工具”、“颜色替换工具”、“混合器画笔工具”等。使用这些工具，也能够得到理想的绘画效果，这里主要讲解除绘画工具之外的其他工具。

“铅笔工具”是使用前景色来绘制线条的。它与“画笔工具”的区别是，“画笔工具”可以绘制柔边效果的线条，而“铅笔工具”只能绘制硬边线条。如下图所示为“铅笔工具”的选项栏，除“自动抹除”功能外，其他选项均与“画笔工具”中的选项相同。

自动抹除：选择该复选框后，拖动鼠标时，如果指针的中心在包含前景色的区域中，可将该区域涂抹成背景色；如果指针的中心在不包含前景色的区域中，则可将该区域涂抹成前景色。不同指针位置的效果如下图所示。

“铅笔工具”的主要用途：如果用“缩放工具”放大“铅笔工具”绘制的线条就会发现，线条边缘呈现清晰的锯齿。现在非常流行的像素画，主要是通过“铅笔工具”绘制的，并且需要出现锯齿，如下图所示。

02 裁剪工具

在对数码照片或者扫描的图片进行处理时，经常需要裁剪图像，以便删除多余的内容，使画面的构图更加完美。使用“裁剪工具”、“裁剪”命令和“裁切”命令都可以裁剪图像。

1. 透视裁剪

利用“裁剪工具”除了可以删除不需要的部分外，还可对图像进行透视裁剪，使其变为人们想要的效果。本实例将透视的大楼调整为直立的效果。

步骤01 选择菜单栏中的“文件>打开”命令或按【Ctrl+O】组合键，打开素材文件2-1-29.jpg。

步骤02 在工具箱中选择“裁剪工具”，在图像中拖出裁切框，使裁切框的4个角与四周重合，在其选项栏中选择“透视”复选框，如右图所示。

步骤03 由于选中“透视”复选框，此时裁切框的4个点就可以任意移动了。将裁切框的右上角点向左移动到与大楼最右侧直线大致平行的位置。再将裁切框的左上角点移动到与大楼最左侧线直线大致平行的位置，如右（左）图所示。

步骤04 按【Enter】键确认裁剪，此时便可以看到大楼直立了，如右（右）图所示。

> **提 示**
>
> 如果同时需要校正大楼的倾斜和地面的倾斜，则需要分两次来完成，不能在一次裁剪中同时设置水平和垂直透视，否则最终的裁剪效果会使图像的高宽比例严重失调。

2. 自动裁剪

步骤01 选择菜单栏中的“文件>打开”命令或按【Ctrl+O】组合键，打开素材文件2-1-30.jpg，如右图所示。

步骤02 选择“文件>自动>裁剪并修齐照片”命令，软件将自动对图像进行处理，然后在其各自的窗口中打开每个分离后的图像，效果如右图所示。

3. 校正倾斜图像

对倾斜的图像进行精确校正时，首先利用“标尺工具”测量其歪斜角度，再利用“裁剪工具”裁剪图片的多余部分。本实例以倾斜的房子为例来加以说明。

步骤01 选择菜单栏中的“文件>打开”命令或按【Ctrl+O】组合键，打开素材文件 2-1-31.jpg，如右图所示。

步骤02 选择工具箱的“标尺工具”，在照片中沿着倾斜的方位拖出一条度量线。量角的两边线越长，度量角度越准确。建筑物的横梁是水平的，所以就用“标尺工具”在图像中拖出一条线，如右图所示。

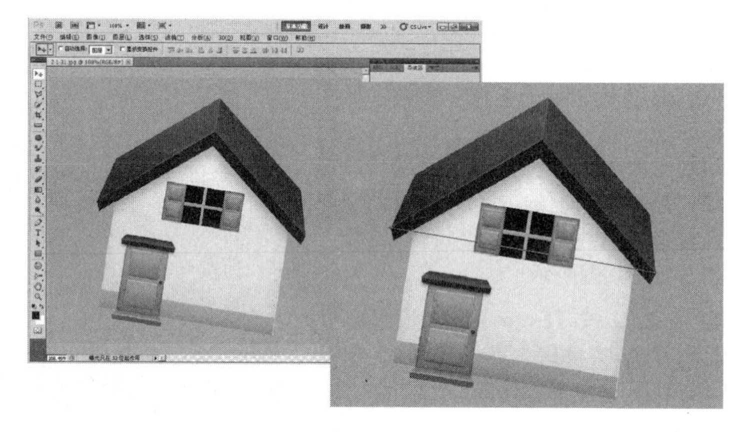

步骤03 选择菜单栏中的“图像>图像旋转>任意角度”命令，在弹出的“旋转画布”对话框中可以看到，已经根据测量好的数据自动显示了需要旋转的角度值，单击“确定”按钮即可，“旋转画布”对话框和旋转后的效果如右（左）图所示。

步骤04 在工具箱中选择“裁剪工具”，然后在图像窗口中拖动鼠标框选要保留的图像部分。释放鼠标时，裁切选框显示为有角手柄的定界框，如右（右）图所示。

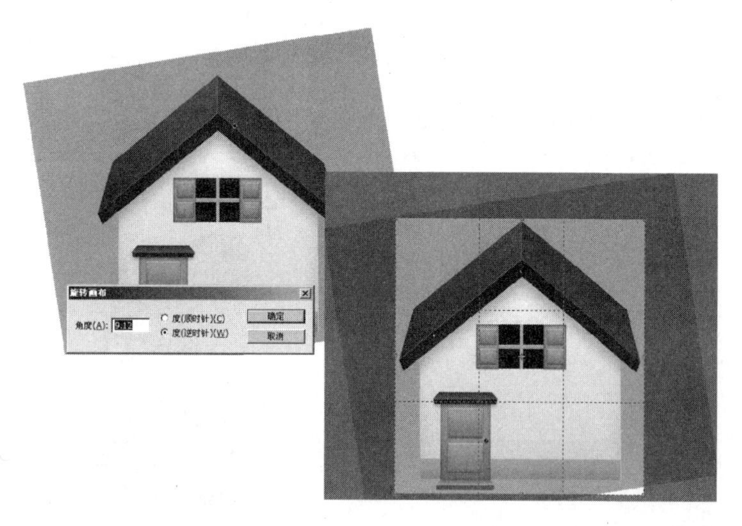

步骤05 按【Enter】键或在选框内双击，即可将多余的边缘部分裁剪掉，效果如右图所示。

03 "裁剪工具"选项栏

1. 没有设置裁切区域的选项栏

在工具箱中选择"裁剪工具"，将显示如下图所示的选项栏。在该选项栏中，可以设置裁切图像的大小、分辨率，还可以按照原图像比例裁剪图像。

❶"设置裁剪宽度"和"设置裁剪高度"：裁剪图像之前，如果输入宽度值和高度值，就可以按照这个数值裁剪图像，裁剪后的图像尺寸由输入的数值来决定，与裁剪区域的大小没有关系。例如，设置"宽度"选项为"10厘米"、"高度"选项为"15厘米"、"分辨率"选项为"100像素/英寸"，在进行裁剪时，虽然创建的裁剪区域大小不同，但裁剪后的图像尺寸和分辨率与设定的数值一致。

❷分辨率：设置图像的分辨率。如果在分辨率太小，会导致图像不清楚。

❸前面的图像：单击"前面的图像"按钮，则按照图像的原始比例进行裁切。

❹清除：单击"清除"按钮，可以删除裁剪宽度和高度的比例。

步骤01 选择"文件>打开"菜单命令或按【Ctrl+O】组合键，打开素材文件2-1-21.jpg，如右（左）图所示。选择"裁剪工具"，在选项栏中将"宽度"设置为"13厘米"，将"高度"设置为"9厘米"，拖动鼠标，图像上就会显示出宽度:高度为13:9的框。

打开图像，设置裁剪参数

创建裁剪选区

步骤02 现在将指针放在图像上，然后单击并拖动创建裁剪选区，如右（右）图所示。

步骤03 将指针放到边框内，双击或者按下【Enter】键，应用裁剪，效果如右图所示。

应用裁剪后的效果

> **提示**
>
> 在"宽度"、"高度"和"分辨率"选项中输入数值后，Photoshop CS5会将其保留下来。下次使用"裁剪工具"时，就会显示这些数值。

2. 设置了裁切区域的选项栏

在工具箱中选择“裁剪工具”，在图像上裁剪时的选项栏如下图所示。

❶ 裁切区域：如果图像具有图层，“裁剪区域”选项就会被激活，可以设置对裁切图像的处理方式。

- 删除：选择该单选按钮后，使用“裁剪工具”裁切的图像就会被删除。
- 隐藏：选择该单选按钮后，使用“裁剪工具”裁切的部分会被隐藏。而使用“移动工具”操作图层时，之前被裁切掉的部分就会全部显示出来。

❷ 裁剪参考线叠加：进行裁剪时，该选项可以决定是否显示参考线。在该选项的下拉列表中可以选择是否显示裁剪参考线。裁剪参考线可以帮助用户进行合理构图，使画面更具艺术性，更美观。

❸ “屏蔽”/“颜色”/“不透明度”：选择“屏蔽”复选框以后，被裁剪的区域就会被“颜色”选项内设置的颜色屏蔽（默认的颜色为黑色、不透明度为75%）；如果取消选择，则显示全部图像，可以单击“颜色”选项后的颜色块，在弹出的“拾色器”对话框中调整屏蔽颜色，还可以在“不透明度”选项内调整屏蔽颜色的不透明度。

❹ 透视：选择该复选框后，拖动边框上的点，可以调整裁切区域的形状，也可以使裁切具有透视感。

3. **“裁切”对话框**

- 透明像素：可以删除图像边缘的透明区域，留下包含非透明像素的最小图像。
- 左上角像素颜色：从图像中删除左上角像素颜色的区域。
- 右下角像素颜色：从图像中删除右下角像素颜色的区域。
- 裁切：该选项区域用来设置要修整的图像区域。

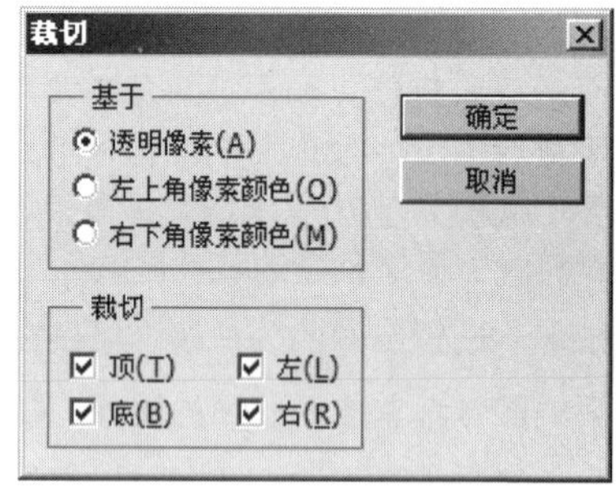

“裁切”对话框

5.2.2 房地产广告页的制作

本实例制作的是一幅房地产广告，主要用于在报纸、杂志上宣传。风格比较大气，大海、波涛尽显王者风范，能刺激人们的占有欲，达到很好的宣传效果。本实例的最终效果如右图所示。下面就来制作这幅房地产广告。

最终文件：Ch05\Complete\5-2-2.psd

步骤01 选择“文件>新建”命令或按【Ctrl+N】组合键，弹出“新建”对话框，设置参数，如下图所示，单击“确定”按钮。

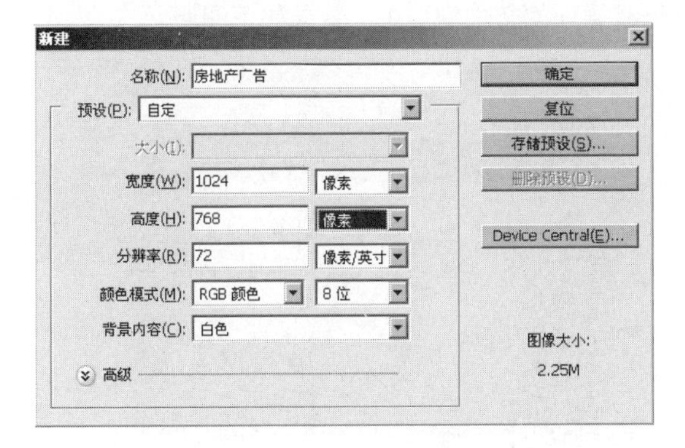

步骤02 选择“渐变工具”，单击选项栏上的色块，打开“渐变编辑器”窗口，参数设置如下图所示。

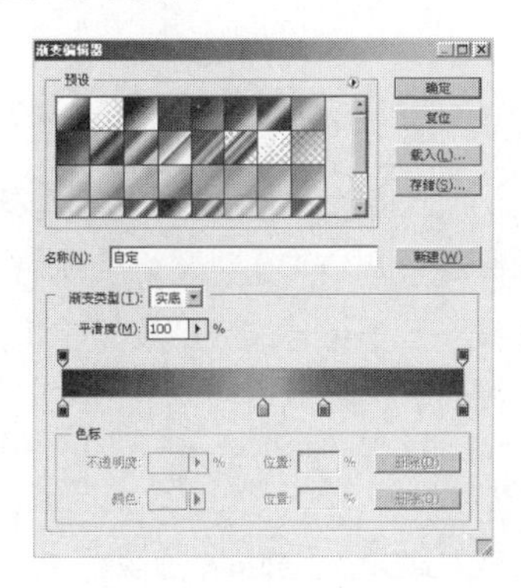

步骤03 单击选项栏上的“线性渐变”按钮，在“背景”图层中从下往上拖曳，绘制渐变，得到的图像效果如下图所示。

步骤04 选择“文件>打开”命令或按【Ctrl+O】组合键，打开本书附带的光盘文件“素材1.psd”，单击“移动工具”按钮，将打开的图像拖曳到当前正在操作的文件窗口中，效果如下图所示。

步骤05 将拖入的图层命名为“天空”，单击图层面板上的“添加图层蒙版”按钮，为“天空”图层添加蒙版，此时的图层面板如下图所示。

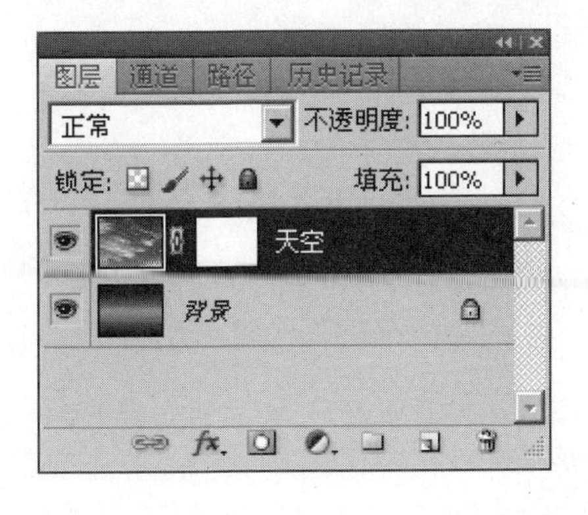

步骤06 将前景色设置为黑色，选中蒙版，单击“画笔工具”按钮，设置合适的画笔属性，在蒙版上进行涂抹，得到的图像效果如下图所示。

步骤07 将图层混合模式设置为“叠加”，调整图层的“不透明度”选项为35%，得到的图像效果如下图所示。

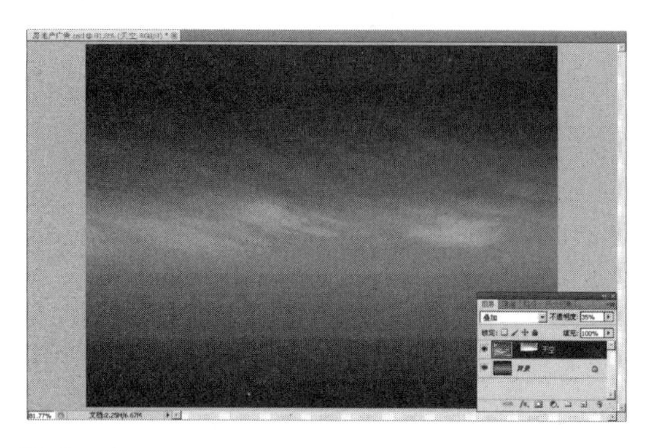

步骤08 选择“文件>打开”命令或按【Ctrl+O】组合键，打开本书附带光盘文件“素材2.psd”，单击“移动工具”按钮，将打开的图像拖曳到当前正在操作的文件窗口中，效果如下图所示。

步骤09 将拖入的图层命名为“大海”，单击图层面板上的“添加图层蒙版”按钮，为“大海”图层添加蒙版，如下图所示。

步骤10 前景色设置为黑色，选中蒙版，单击“画笔工具”按钮，设置合适的画笔属性，在蒙版上进行涂抹，得到的图像效果如下图所示。

步骤11 选中“大海”图层，单击图层面板上的“创建新的填充或调整图层”按钮，选择“通道混合器”命令，打开调整面板，参数设置及图层面板如下图所示。

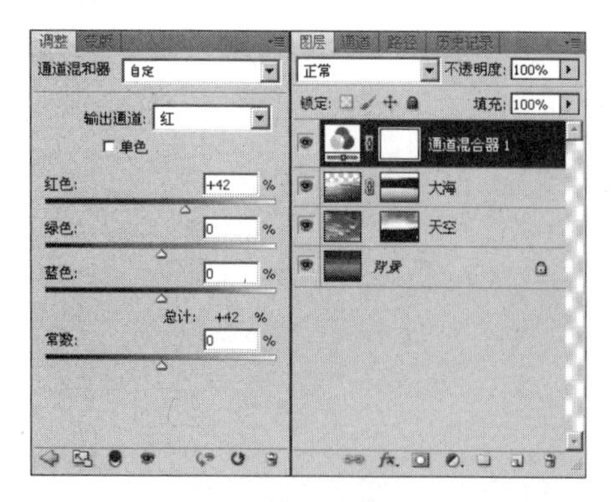

步骤12 选中调整图层，在图层右侧单击鼠标右键，选择“创建剪切蒙版”命令，得到的图像效果如下图所示。

步骤13 按【Shift+Ctrl+N】组合键新建“图层1”图层，将前景色设置为黑色，单击“画笔工具”按钮，设置合适的画笔属性，在图像窗口内进行涂抹，得到的图像效果如下图所示。

步骤14 在“图层1”图层的右侧单击鼠标右键，选择“创建剪切蒙版”命令，得到的图像效果如下图所示。

步骤15 选择“文件>打开”命令或按【Ctrl+O】组合键，打开本书附带光盘文件“素材3.psd”，单击“移动工具”按钮，将图像拖曳到当前正在操作的文件窗口中，效果如下图所示。

步骤16 将拖入的图层命名为“高楼”，单击“添加图层蒙版”按钮，为“高楼”图层添加蒙版，效果如下图所示。

步骤17 将前景色设置为黑色，选中蒙版，单击“画笔工具”按钮，设置合适的画笔属性，在蒙版上进行涂抹，得到的图像效果如下图所示。

步骤18 选中“高楼”图层，单击图层面板上的“创建新的填充或调整图层”按钮，选择“色相饱和度”命令，打开调整面板，参数设置及此时的图层面板如下图所示。

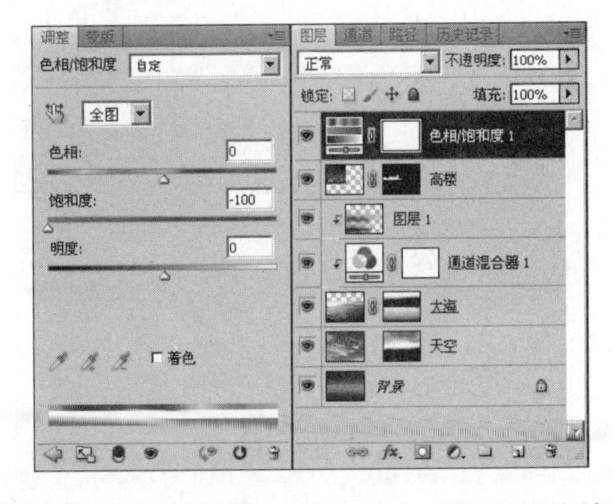

步骤19 选中调整图层，在图层右侧单击鼠标右键，选择“创建剪切蒙版”命令，得到的图像效果如下图所示。

步骤20 选中调整图层，单击“创建新的填充或调整图层”按钮，选择“通道混合器”命令，打开调整面板，参数设置及此时的图层面板如下图所示。

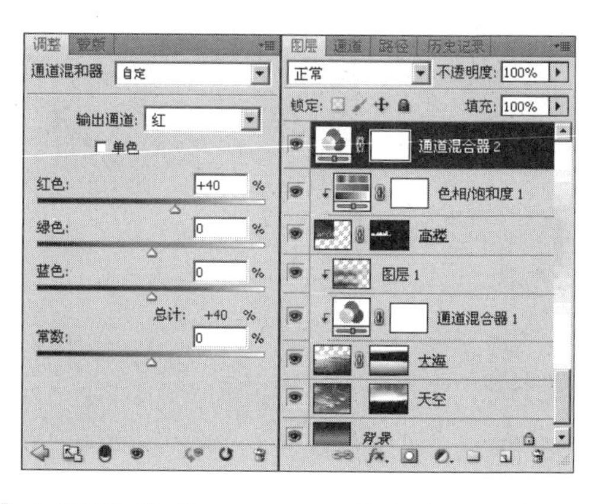

步骤21 选中调整图层，在图层右侧单击鼠标右键，选择“创建剪切蒙版”命令，得到的图像效果如下图所示。

步骤22 按【Shift+Ctrl+N】组合键新建“图层2”图层，将前景色设置为黑色，单击“画笔工具”按钮，设置合适的画笔属性，在图像窗口内进行涂抹，得到的图像效果如下图所示。

步骤23 在“图层2”图层的右侧单击鼠标右键，选择“创建剪切蒙版”命令，得到的图像效果如下图所示。

步骤24 按【Shift+Ctrl+N】组合键新建“图层3”图层，将前景色设置为黑色，单击“画笔工具”按钮，设置合适的画笔属性，在图像窗口内进行涂抹，得到的图像效果如下图所示。

步骤25 选择“文件>打开”命令或按【Ctrl+O】组合键，打开本书附带光盘文件“素材4.psd”，单击“移动工具”按钮，将图像拖曳到当前正在操作的文件窗口中，效果如下图所示。

步骤26 将拖入的图层命名为“杯子”，单击“创建新的填充或调整图层”按钮，选择“通道混合器”命令，打开调整面板，参数设置及此时的图层面板如下图所示。

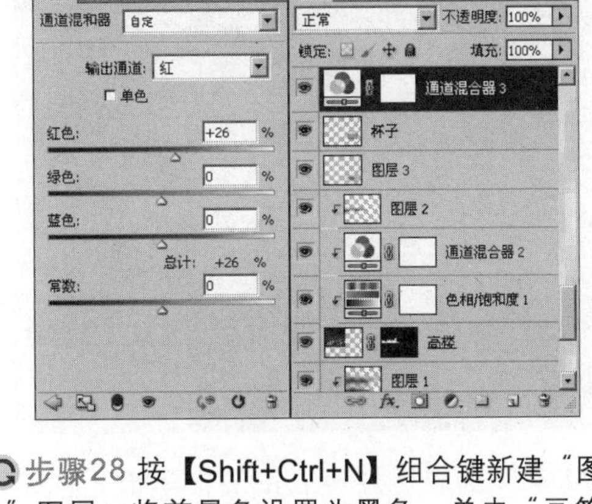

步骤27 选中调整图层，在图层右侧单击鼠标右键，选择“创建剪切蒙版”命令，得到的图像效果如下图所示。

步骤28 按【Shift+Ctrl+N】组合键新建“图层4”图层，将前景色设置为黑色，单击“画笔工具”按钮，设置合适的画笔属性，在图像窗口内进行涂抹，得到的图像效果如下图所示。

步骤29 在“图层4”图层右侧单击鼠标右键，选择“创建剪切蒙版‘命令，得到的图像效果如下图所示。

步骤30 选择“文件>打开”命令或按【Ctrl+O】组合键，打开本书附带光盘文件“素材5.psd”，单击“移动工具”按钮，将图像拖曳到当前正在操作的文件窗口中，效果如下图所示。

步骤31 将拖入的图层命名为“波涛”，单击“添加图层蒙版”按钮，为“波涛”图层添加蒙版，如下图所示。

步骤32 将前景色设置为黑色，选中蒙版，单击“画笔工具”按钮，设置合适的画笔属性，在蒙版上进行涂抹，得到的图像效果如下图所示。

步骤33 选中“波涛”图层，单击“创建新的填充或调整图层”按钮，选择“亮度/对比度”命令，打开调整面板，参数设置及此时的图层面板如下图所示。

步骤34 选中调整图层，在图层右侧单击鼠标右键，选择“创建剪切蒙版”命令，得到的图像效果如下图所示。

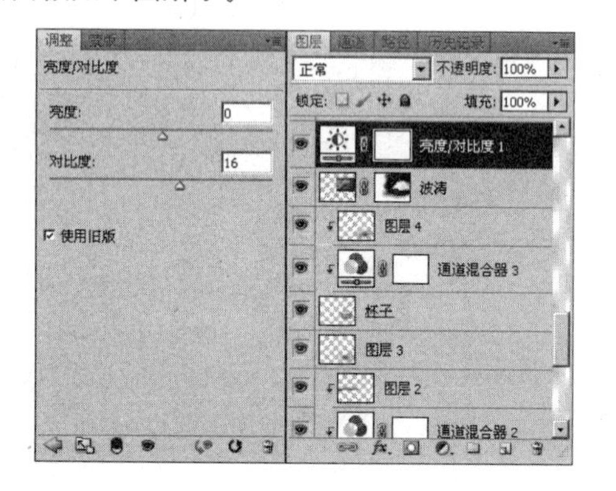

步骤35 选中调整图层，单击“创建新的填充或调整图层”按钮，选择“通道混合器”命令，打开调整面板，参数设置及此时的图层面板如下图所示。

步骤36 选中调整图层，在图层右侧单击鼠标右键，选择“创建剪切蒙版”命令，得到的图像效果如下图所示。

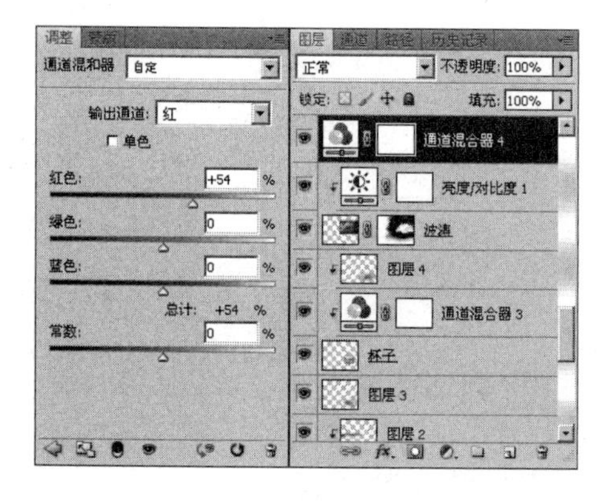

步骤37 按【Shift+Ctrl+N】组合键新建“图层5”图层，将前景色设置为黑色，单击“画笔工具”按钮，设置合适的画笔属性，在图像窗口内进行涂抹，得到的图像效果如下图所示。

步骤38 在“图层5”图层的右侧单击鼠标右键，选择“创建剪切蒙版”命令，得到的图像效果如下图所示。

步骤39 按【Ctrl】键单击“波涛”图层和它的两个调整图层，将其全部选中，然后拖曳到“创建新图层”按钮处，得到副本图层，如下图所示。

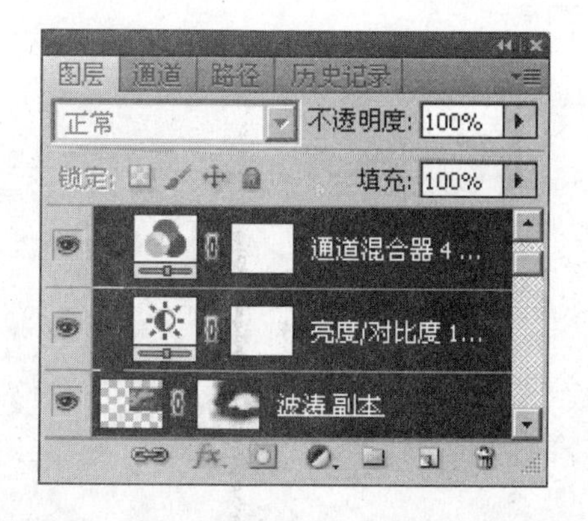

步骤40 选中“波涛副本”蒙版，单击鼠标右键，选择“删除图层蒙版”命令，选中“波涛副本”图层，按【Ctrl+T】组合键，调整其形状、大小并进行旋转，效果如下图所示。

步骤41 选中“波涛副本”图层，单击“添加图层蒙版”按钮，为其添加蒙版，将前景色设置为黑色，选中蒙版，单击“画笔工具”，设置合适的画笔属性，在蒙版上进行涂抹，得到的图像效果如下图所示。

步骤42 选中调整图层，单击“创建新的填充或调整图层”按钮，选择“通道混合器”命令，打开调整面板，参数设置及此时图层面板、图像效果如下图所示。

步骤43 将前景色设置为白色，选择“矩形工具”，在选项栏中单击“形状图层”按钮，在图像窗口内绘制矩形，效果如下图所示。

步骤44 将前景色设置为红色，选择“自定形状工具”，选择五角星，如下图所示。在选项栏中单击“形状图层”按钮，在图像窗口内绘制五角星。

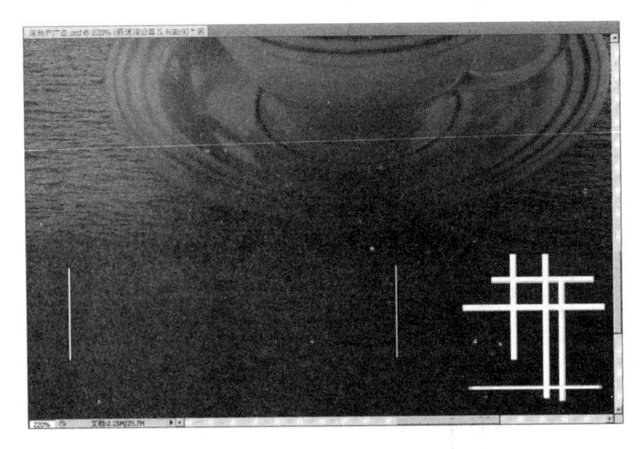

步骤45 分别选择“钢笔工具”和“椭圆工具”，在选项栏单击“形状图层”按钮，在图像窗口内绘制如下图所示的形状。

步骤46 选中形状图层，在其右侧单击鼠标右键，选择“栅格化图层”命令，分别选择“单行选框工具”和“单列选框工具”，选择不需要的部分，按【Delete】键删除选区内的图像，如下图所示。

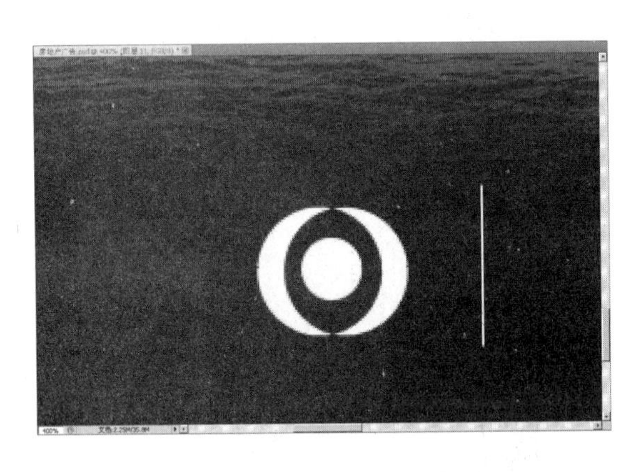

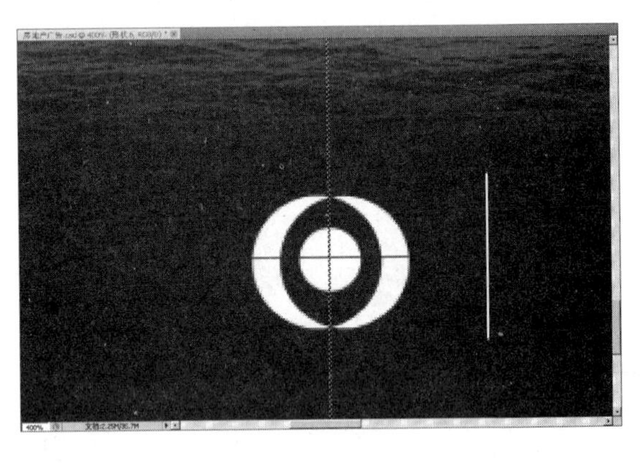

步骤47 将前景色设置为白色，选择“横排文字工具”，在选项栏中设置合适的字体和字号，在图像窗口内输入相应的文字，效果如下图所示。

步骤48 按【Ctrl+O】组合键，打开本书附带光盘文件“素材6.psd”，单击“移动工具”按钮，将图像拖曳到当前正在操作的文件窗口中，至此，房地产广告制作完成，最终效果如下图所示。

课程练习

1. 广告设计应该遵循哪些审美原则?
2. 简述广告的功能。
3. 在Photoshop CS5中，切换屏幕模式的快捷键是下列哪种?

A. Tab　　B. F　　C. Shift+F　　D. Shift+Tab

4. 如果要对文字图层添加滤镜效果，那么首先应当做什么?

A. 将文字图层和“背景”图层合并

B. 将文字图层栅格化

C. 确认文字层和其他图层没有链接

D. 用文字工具将文字变成选取状态，然后在滤镜菜单中选择一个滤镜命令

5. 如果前景色为红色，背景色为蓝色，直接按【D】键，然后按【X】键，则此时的前景色与背景色分别是什么颜色?

A. 前景色为蓝色，背景色为红色

B. 前景色为红色，背景色为蓝色

C. 前景色为白色，背景色为黑色

D. 前景色为黑色，背景色为白色

第6章
包装设计

教学目的：

了解产品包装设计的基础知识，掌握包装设计的构成要素。

教学重点：

（1）商品包装的基本要素

（2）外形要素的形式美法则

（3）文字要素的基本属性、价值和作用

6.1 包装设计概述

包装设计是对某一商品进行外包装的第一个程序，做好一种产品外包装的，关键取决于设计这个环节。下面来学习包装设计的知识。

包装是品牌理念、产品特性、消费心理的综合反映，会直接影响到消费者的购买欲。包装是建立产品与消费者亲和力的有力手段。在如今的发达经济中，包装与商品已融为一体。包装作为实现商品价值和使用价值的手段，在生产、流通、销售和消费领域中发挥着极其重要的作用，也是企业界必须关注的重要课题。包装的功能包括保护商品、传达商品信息、方便使用、方便运输、促进销售、提高产品附加值。包装作为一门综合性学科，具有商品和艺术相结合的双重性。

商品包装是指在流通过程中保护商品，方便运输，促进销售，按一定的技术、方法而采用的容器、材料及辅助物等的总体名称。也指为了上述目的而在采用容器、材料和辅助物的过程中施加一定技术、方法的操作活动。

商品包装的含义包括两方面：一方面是指盛装商品的容器，通常称为包装物，如箱、袋、筐、桶、瓶等；另一方面是指包扎商品的过程，如装箱、打包等。商品包装具有从属性和商品性两种特性。包装是其内装物的附属品。商品包装是附属于内装商品的特殊商品，具有价值和使用价值，同时又是实现内装商品价值和使用价值的重要手段。

6.2 产品包装设计的基本构成要素

包装设计即指选用合适的包装材料，运用巧妙的工艺手段，为商品的容器结构造型和包装的美化装饰进行设计。包装设计具有五大要素。

6.2.1 外形要素

外形要素就是商品包装表面的样式，包括展示面的大小、尺寸和形状。在日常生活中，人们所看到的形态有3种，即自然形态、人造形态和偶发形态。在研究产品的形态构成时，必须找到适用于任何性质的形态，即把共同的规律性的东西抽出来，称为抽象形态，如下图所示。

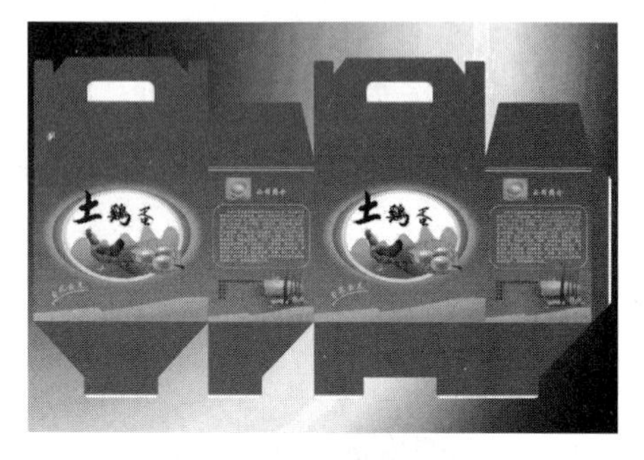

形态构成就是外形要素，或称为形态要素，就是以一定的方法、法则构成的各种千变万化的形态。形态是由点、线、面、体这几种要素构成的。包装的形态主要包括圆柱体类、长方体类、圆锥体类等各种形体及有关形体的组合，以及因不同切割构成的各种形态包装、形态构成。新颖性对消费者的视觉引导起着十分重要的作用，奇特的视觉形态能给消费者留下深刻的印象。包装设计者必须熟悉形态要素本身的特性及其表情，并以此作为表现形式美的素材。

在考虑包装设计的外形要素时，还必须从形式美法则的角度去认识。按照包装设计的形式美法则，结合产品自身功能的特点，将各种因素有机、自然地结合起来，以得到完美统一的设计形象。

包装外形要素的形式美法则主要从以下八个方面加以考虑。

（1）对称与均衡法则，代表包装设计如下（左）图所示。

（2）安定与轻巧法则，代表包装设计如下（右）图所示。

（3）对比与调和法则，代表包装设计如下（左）图所示。

（4）重复与呼应法则，代表包装设计如下（右）图所示。

（5）节奏与韵律法则，代表包装设计如下（左）图所示。

（6）比拟与联想法则，代表包装设计如下（右）图所示。

(7)比例与尺度法则，代表包装设计如下(左)图所示。

(8)统一与变化法则，代表包装设计如下(右)图所示。

构图是将商品包装用于展示面的商标、图形、色彩和文字组合排列在一起的一个完整的画面。这4个方面的组合构成了包装的整体效果。商品设计构图要求商标、图形、文字和色彩的运用正确、适当、美观，这种作品就可称为优秀的设计作品。

1. 商标设计

商标是一种符号，是企业、机构、商品和各项设施的象征形象。商标是一项工艺美术，它涉及政治、经济法制及艺术等各个领域。

商标的特点是由它的功能、形式决定的。它需要将丰富的内容以简洁、概括的形式在相对较小的空间里表现出来，同时需要观看者在较短的时间内理解其内在的含义。商标一般可分为文字商标、图形商标及文字、图形相结合的商标。成功的商标设计应该是创意、表现有机结合的产物。创意是根据设计要求，对某种理念进行综合、分析、归纳、概括，通过哲理的思考，化抽象为形象，将设计概念由抽象的评议表现逐步转化为具体的形象设计，代表商标设计如下图所示。

2. 图形设计

包装装潢的图形主要指产品的形象和其他辅助装饰形象等。图形作为设计的语言，就是要把形象的内在、外在的构成因素表现出来，以视觉形象的形式把信息传达给消费者。要达到此目的，图形设计的定位准确是非常关键的。定位的过程即熟悉产品全部内容的过程，其中对商品的性能、商标、品名的含义及同类产品的现状等诸多因素，都要加以熟悉和研究，代表图形设计如下图所示。

图形以其表现形式可分为实物图形和装饰图形。

（1）实物图形：采用绘画手法、摄影写真等来表现。

绘画是包装装潢设计的主要表现形式，根据包装整体构思的需要绘制画面，为商品服务。与摄影写真相比，它具有取舍、提炼和概括的特点。绘画手法直观性强，欣赏趣味浓，是宣传、美化、推销商品的一种手段。然而，商品包装的商业性决定了设计应突出表现商品的真实形象，从而给消费者直观的形象，所以用摄影表现真实、直观的视觉形象是包装装潢设计的最佳表现手法，如下图所示。

（2）装饰图形：分为具象和抽象两种表现手法。

具象设计师设计的既丰富多彩又高度凝缩了的形象，不仅是感知、记忆的结果，而且还是作家、艺术家的情感烙印。它综合了生活中的无数单一表象以后，又经过选择、取舍而形成的。具象的运动过程主要是激发、强化作家和艺术家的情感，并与情感相互作用的过程。使用具象的人物、风景、动物或植物的纹样作为包装的象征性图形可用来表现包装的内容物及属性。

抽象的手法多用于写意，采用抽象的点、线、面的几何形纹样、色块或肌理效果构成醒目的、简练的画面，具有形式感，这也是包装装潢的主要表现手法。通常，具象形态与抽象表现手法在包装装潢设计中并非孤立的，而是相互结合的。

内容和形式的辩证统一是图形设计中的普遍规律。在设计过程中，根据图形内容的需要，选择相应的图形表现技法，使图形设计达到形式和内容的统一，创造出反映时代精神、民族风貌的适用、经济、美观的装潢设计作品，这也是包装设计者的基本要求，如下图所示。

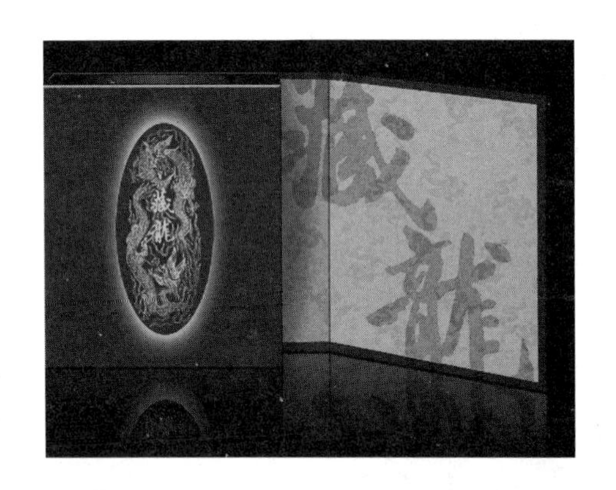

3. 色彩设计

色彩设计在包装设计中占据重要的位置。色彩是美化和突出产品的重要因素。包装色彩的运用是与整个画面设计的构思、构图紧密联系着的。包装色彩要求平面化、匀整化，这是对色彩的过滤、提炼的高度概括。它以人们的联想和色彩的习惯为依据，进行高度的夸张和变色是包装艺术的一种手段。同时，包装的色彩还受到工艺、材料、用途和销售地区等的限制。

包装装潢设计中的色彩要求醒目，对比强烈，有较强的吸引力和竞争力，以唤起消费者的购买欲望，促进销售。例如，食品类常用鲜明丰富的色调，以暖色为主，突出食品的新鲜、营养和味觉；医药类常用单纯的冷暖色调；化妆品类常用柔和的中间色调；小五金、机械工具类常用蓝、黑及其他沉着的色块，以表达结实、精密和耐用的特点；儿童玩具类常用鲜艳夺目的纯色和冷暖对比强烈的各种色块，以符合儿童的心理和爱好；体育用品类多采用鲜明、响亮的色块，给人活跃、运动的感觉。不同的商品有不同的特点与属性。设计者要研究消费者的习惯和爱好，以及国际、国内流行色的变化趋势，从而不断增强色彩的社会学和消费者心理学意识，代表色彩设计如下图所示。

4. **文字设计**

文字是人类文化的重要组成部分。无论是在媒体还是在各种商品包装中，文字和图片都是其两大构成要素。文字是传达思想、交流感情和信息，表达某一主题内容的符号。商品包装上的牌号、品名、说明文字、广告文字、生产厂家、公司或经销单位等反映了包装的本质内容。设计包装时必须把这些文字作为包装整体设计的一部分来统筹考虑。文字排列组合的好坏直接影响其版面的视觉传达效果。因此，文字设计是增强视觉传达效果，提高作品的诉求力，赋予设计效果的一种重要构成技术。

在包装装潢设计中，文字设计的要点包括文字内容简明、真实、生动、易读。字体设计应反映商品的性质、独特性，并具备良好的识别性和审美功能。文字的编排与包装的整体设计风格应和谐，代表文字设计如下图所示。

6.2.2 文字要素

文字是人类用来记录语言的符号系统。一般认为，文字是文明社会产生的标志。随着时代的发展，文字逐渐成为包装装潢画面的要素之一，装潢画面可以不用图形，却不可没有文字。文字是人类文化的结晶，是人与人之间沟通情感的符号。包装文字是传递商品信息，表达包装物内容的视觉语言。文字醒目、生动是抓住消费者视觉的重要手段，它往往起到画龙点睛的作用。

如果一个产品包装没有文字说明及美化，就不能称为一个完美的包装设计，甚至会让人觉得缺乏艺术感。如果一个产品包装只是一些相关文字的介绍，就会让人觉得很枯燥。如果设计师将文字制作成形式各异的漂亮形状，再配上合适的底色，反而会让人觉得是一则优雅而时尚的产品包装，这个就要根据具体产品性质来决定了，如下图所示。

基本属性：

（1）视觉属性：文字是简单的视觉图案，可以再现口语的声音，因而更加清晰，可以反复阅读，可以突破时间和空间的限制。

（2）约定属性：文字是人类约定创造的视觉形式，必要的时候可以重新约定，形成文字改革。

（3）系统属性：无论是语素文字、音节文字还是音素文字，都有自己严密的系统，因此不能望文生义。

主要功能：

文字的主要功能是在视觉传达中向大众传达作者的意图和各种信息。要达到这一目的，必须考虑文字的整体效果，给人以清晰的视觉印象，因此，设计中的文字应避免繁杂、零乱，使人易认、易懂。文字设计的根本目的是为了更好、更有效地传达作者的意图，表达设计的主题和构想意念。如下（左）图所示的文字清新而整齐，如下（右）图所示的文字整齐而富有旋律。

价值和作用：

人类用文字记录口语形成的书面语历史很短。系统的语言成为人和禽兽区分的重要工具，文字使人类进入有历史记录的文明社会。

文字口语受到时间和空间的限制，人类在书面语的基础上完整地传承人类的智慧和精神财富，从而使人类能够完善教育体系，提高自己的智慧，发展科学技术，进入文明社会。

设计原则：

信息传播是文字设计的一大功能，也是最基本的功能。文字设计最重要的一点在于要服从表述主题的要求，要与其内容吻合一致，不能相互脱离，更不能相互冲突，否则就破坏了文字的效果。尤其在商品广告的文字设计上，更应该注意任何一条标题、任何一个字体标志。商品品牌都是有其自身内涵的，将它正确无误地传达给消费者，是文字设计的目的，否则就失去了它的功能。抽象的笔画通过设计所形成的文字形式，往往具有明确的倾向，此时文字的形式感应与传达内容是一致的，如下图所示。

设计风格分类：

（1）商品名称、容量、批号、使用方法、生产日期等：

用于商品内容的说明作用、商品形象的表现作用，其要求是选择或设计适合表现设计内容的各种文字字体；处理好它们互相间的主次关系与秩序，如下图所示。

（2）主体文字：

有品牌名称、商品名称、广告语等，如下（左）图所示。

（3）说明文字：

使用方法、生产日期等，如下（右）图所示。

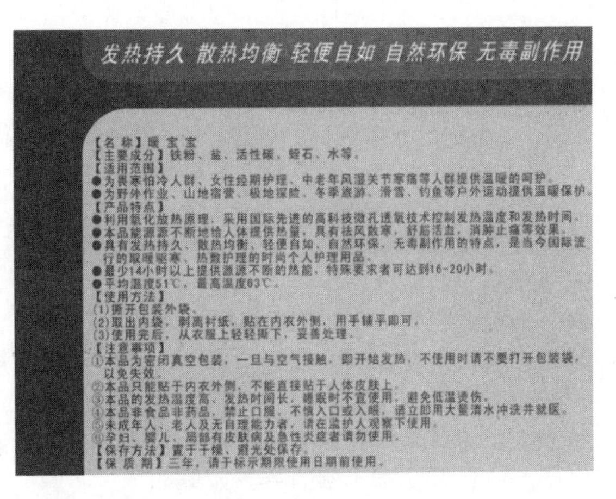

6.2.3　色彩要素

在现代社会中，人们几乎每时每刻都要与商品打交道。追求时尚、体验消费已成为一种文化，它包括人类生活的衣、食、用、行、赏各个方面，体现了人们对高品质生活的追求。当进入市场、超市时，各类琳琅满目的商品以优美的造型、鲜艳的色彩展示在人们面前，在花花绿绿的色彩映衬下，各类商品仿佛抢着与人们进行对话交流。当无暇审视，不能仔细享受那些独特造型和美妙色彩的商品时，人们更容易被那些具有强烈色彩的包装所吸引，这便是色彩的作用，因为颜色在现代商品包装上具有强烈的视觉感召力和表现力，如下图所示。

人们通过长期的生活体验，已经形成了根据颜色来判断和感受物品的能力。不同的颜色给人不同的视觉心理感受。它不仅会增强消费者的审美兴趣，更能激发消费者的判断力和购买力，丰富人们的想象力，真正让人们感到包装设计色彩的价值与力量所在。

6.3 产品包装设计实例解析

一个好的包装能够提高产品本身的价值与地位，如今的包装形式繁多，不同的产品有不同的包装，不管是包装外观的形状、颜色，还是材料，都与产品自身息息相关。本节主要讲解包装设计的实例。

6.3.1 音乐播放器的制作

追求时尚与潮流的音乐是很多年轻人喜欢的，当然一款新颖独特的电子产品包装无疑也是吸引人们眼球的一个重要因素。本实例讲解MP3的制作过程，主要使用“钢笔工具”、“画笔工具”、“渐变填充工具”来制作一个色彩清新亮丽、图片清晰的电子产品包装。本实例的最终效果如右图所示。

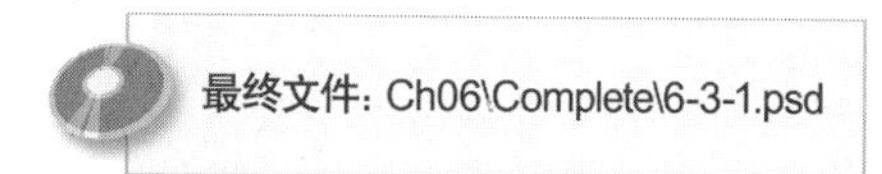

最终文件：Ch06\Complete\6-3-1.psd

步骤01 按【Ctrl+N】组合键，在弹出的“新建”对话框中设置相关参数，如下图所示。然后，单击“确定”按钮，新建一个空白文档。

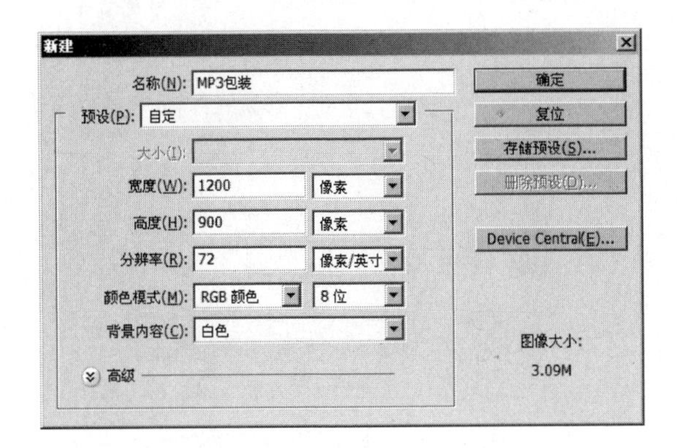

步骤02 设置前景色为R:247、G:138、B:156，单击“渐变工具”按钮，在选项栏中单击“点按可打开‘渐变’拾色器”按钮，从中选择“前景色到背景色渐变”选项，并将其设置为径向渐变，然后在图像窗口中拖曳，将背景设置为如下图所示的效果。

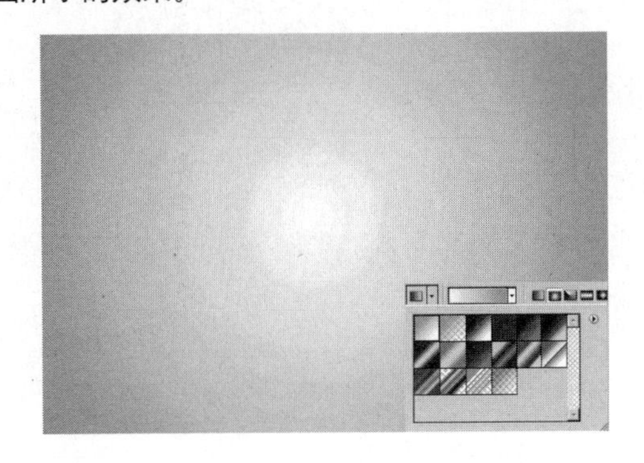

步骤03 单击图层面板下面的“创建新组”按钮，新建一个组，将其命名为“外框”，再单击“创建新图层”按钮，为“外框”组添加一个图层，将其命名为“侧面”，图层面板如下图所示。

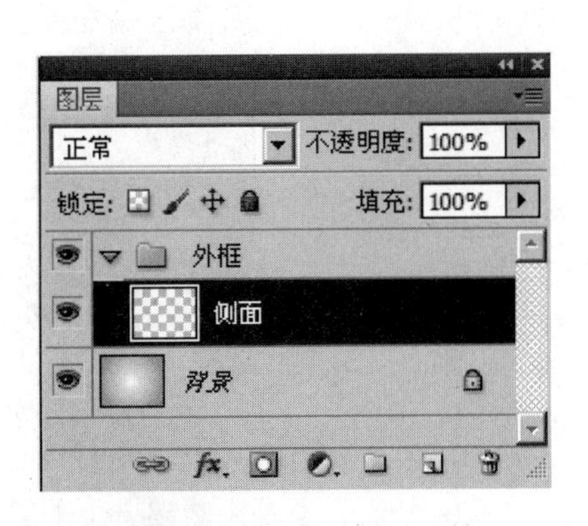

步骤04 单击“钢笔工具”按钮，在“侧面”图层中绘制盒子的侧面，然后单击路径面板下的“将路径作为选区载入”按钮，将路径转换为选区，绘制的路径及载入选区后的效果如下图所示。

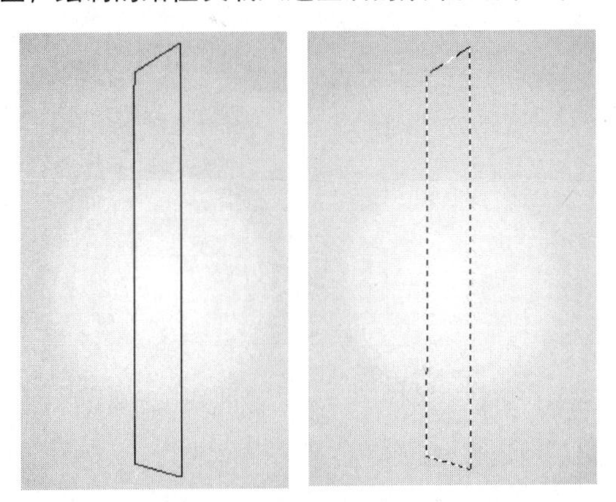

步骤05 将前景色设置为R:28、G:119、B:4，将背景色设置为R:127、G:233、B:79，然后单击“渐变工具”按钮，在选项栏中设置参数，并在选区中拖曳鼠标，将选区填充为如下图所示的颜色。

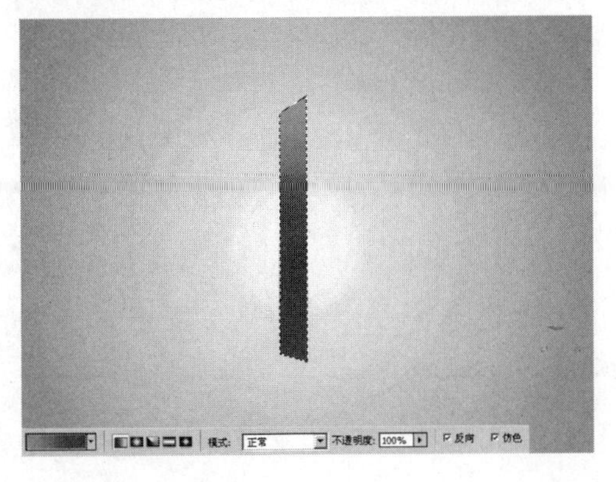

步骤06 选择菜单栏中的“编辑>描边”命令，在“描边”对话框中设置参数，单击“确定”按钮，为选区的描边，然后取消选区，参数设置及图像效果如下图所示。

步骤07 在"外框"组中创建一个新图层，并将其命名为"正面"，然后按照绘制侧面的方法绘制正面，为其添加颜色，并为其添加描边效果，效果如下图所示。

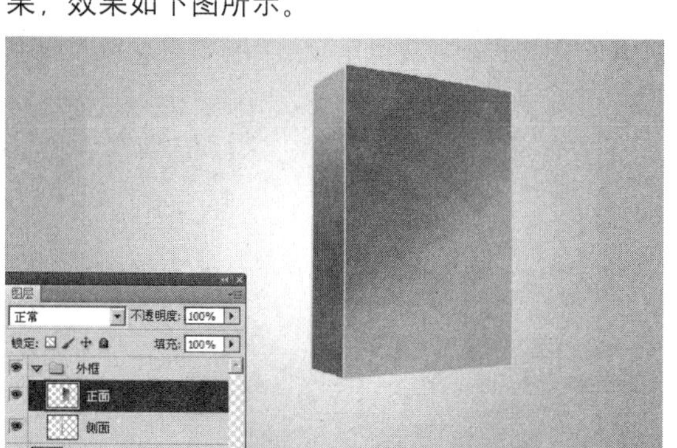

步骤08 在"外框"组中新建一个图层，命名为"正面底部"，此时的图层面板如下图所示。

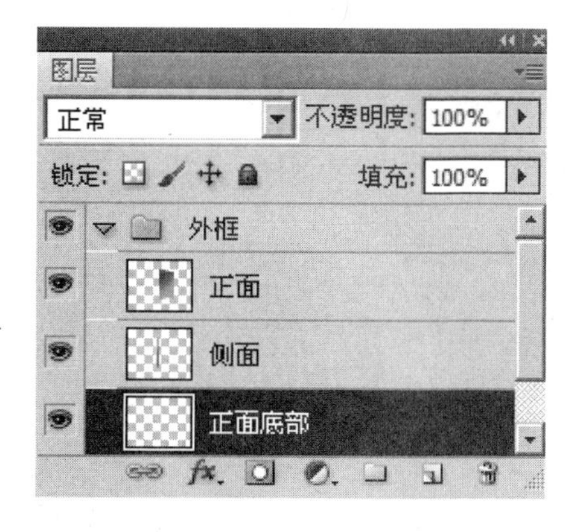

步骤09 在路径面板中单击"路径1"路径，将此路径拖曳至路径面板下面的"创建新路径"按钮上，然后释放鼠标，复制一个路径，此时的路径面板及效果如下图所示。

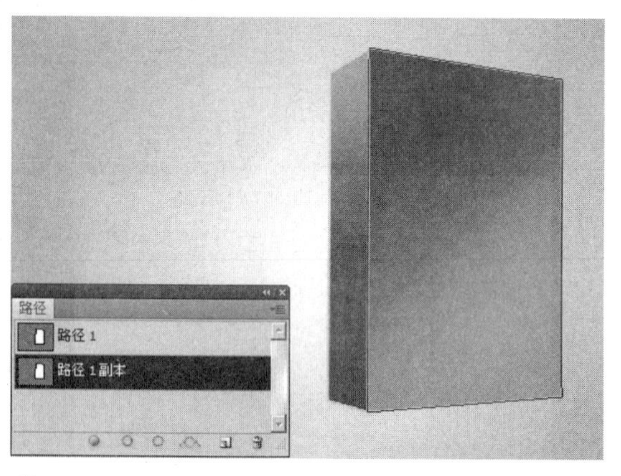

步骤10 按【Ctrl+T】组合键，显示路径的定界框，然后调整形状，定界框及调整后的形状如下图所示。按【Enter】键后，单击路径面板下的"将路径作为选择载入"按钮，将其转换为选区。

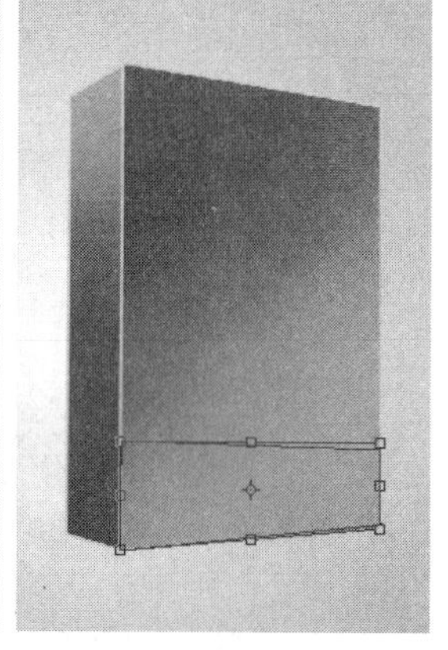

步骤11 设置前景色为白色，填充选区，再按两次【Ctrl+]】组合键，调整顺序，设置该图层的"不透明度"选项为80%，再取消选区，此时的图层面板及效果如下图所示。

步骤12 在"外框"图层中新建一个子图层，将其命名为"侧面底部"，按照同样的方法制作出侧面底部的白色区域，显示的定界框及调整后的形状如下图所示。

步骤13 单击选项栏中的“进行变换”按钮确认操作，然后按住【Ctrl】键单击该图层的缩览图，将其转换为选区，用白色填充此图层，并将“不透明度”选项设置为90%，然后取消选区，此时的图层面板及效果如下图所示。

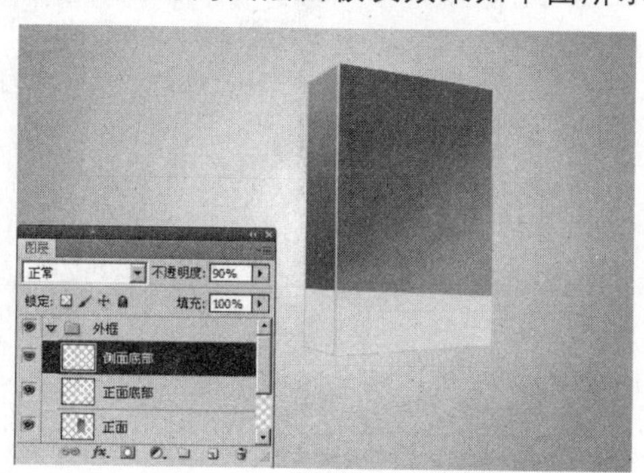

步骤14 单击图层面板下的“创建新组”按钮，新建一个组，并将其命名为“图案”，如下图所示。

步骤15 打开素材“卡通人物.psd”文件，将其拖曳到图像窗口中，然后将“图层1”图层拖动至“图案”组中，此时的图层面板及效果如下图所示。

步骤16 按【Ctrl+T】组合键显示出人物的定界框，按住【Shift】键等比例缩小图像，并将其移至图像窗口的合适位置，效果如下图所示。

步骤17 单击“多边形套索工具”按钮，在“图层1”图层中绘制选区，然后按【Shift+Ctrl+I】组合键将选区反选，再按【Delete】键将超出盒子外框的部分删除，创建的选区及删除多余部分的效果如下图所示。

步骤18 按住【Ctrl】键单击人物图层前面的缩略图，将人物载入选区，然后单击图层面板下面的fx.按钮，打开“图层样式”对话框，参数设置如下图所示，然后单击“确定”按钮。

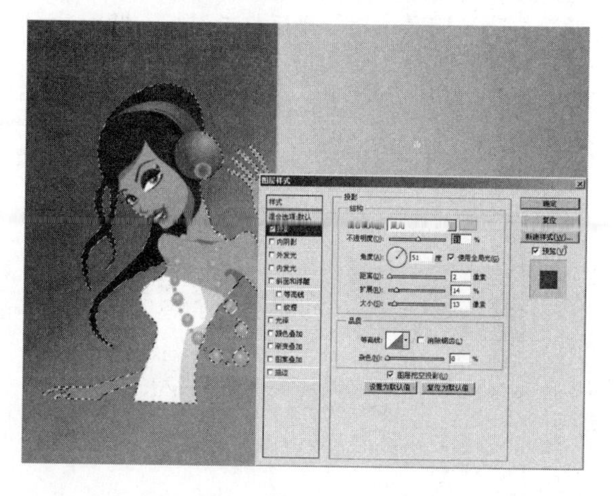

步骤19 按【Ctrl+D】组合键取消选区，打开素材“光线.psd”文件，将其拖曳到图像窗口中，然后按【Ctrl+U】组合键调整色相，调整色相前后的效果如下图所示。

步骤20 按【Ctrl+J】组合键复制该层，并调整其位置与大小，然后将光线图层及副本图层合并，此时的图层面板及图像效果如下图所示。

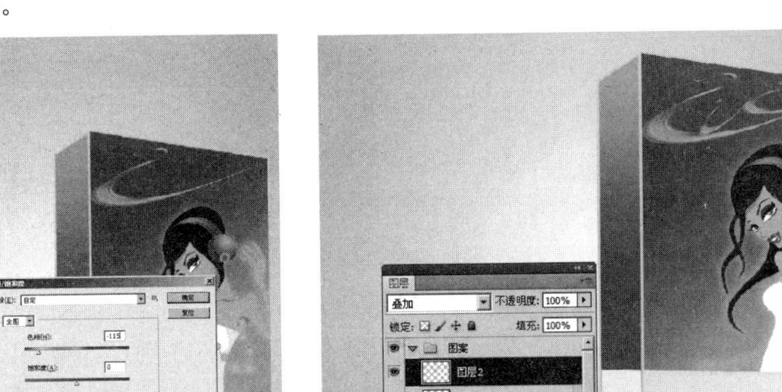

步骤21 打开素材MP3.psd文件，将其拖曳到图像窗口中，然后按【Ctrl+T】组合键，调整图像的大小及位置，并将其水平翻转，效果如下图所示。

步骤22 选择菜单栏中的“图层>图层样式>投影”命令，在弹出的“图层样式”对话框中设置的相关参数，然后单击“确定”按钮，参数设置及图像效果如下图所示。

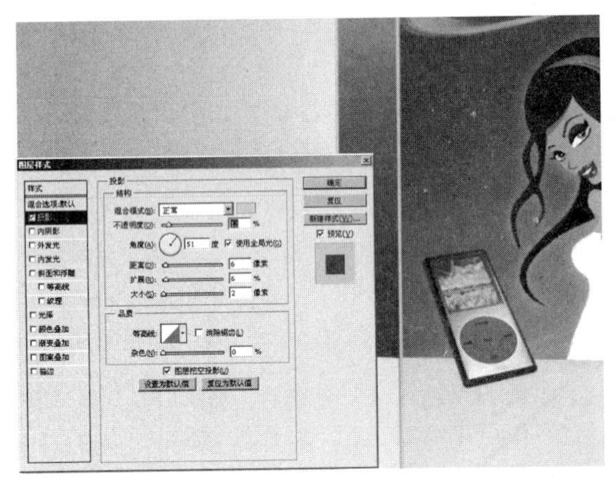

步骤23 按照同样的方法导入其他MP3素材，并且制作不同的效果，最后将其链接，此时的图层面板及图像效果如下图所示。

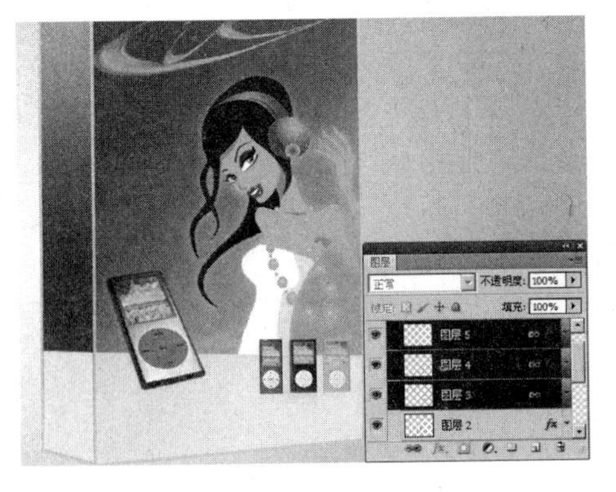

步骤24 打开素材“高楼.jpg”文件，按【Ctrl+A】组合键将其全部选中，如下图所示，然后选择菜单栏中的“编辑>拷贝”命令。

步骤25 切换到包装盒的图像窗口中，选择“外框”组中的“正面”图层，然后按【Ctrl】键并单击此图层的缩略图，将图像载入选区，此时的图层面板及效果如下图所示。

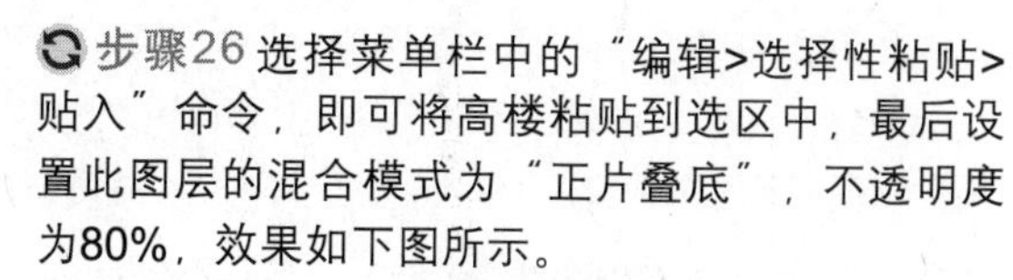

步骤26 选择菜单栏中的“编辑>选择性粘贴>贴入”命令，即可将高楼粘贴到选区中，最后设置此图层的混合模式为“正片叠底”，不透明度为80%，效果如下图所示。

步骤27 选择文字工具，在图像窗口中输入相关文字，然后在“图层样式”对话框中将其制作成如下图所示的效果。

步骤28 按照制作正面的方法制作外框侧面效果，然后为背景添加其他素材，最终效果如下图所示。至此，MP3的包装盒效果制作完成。

知识拓展

本例讲解了立体包装盒的制作过程，主要应用了钢笔工具绘制出立体外形，然后利用渐变工具为包装盒填充渐变效果，再为图形添加图层样式，使其表现出逼真的效果。接下来就讲解一下本例主要应用工具的相关知识点。

01 添加图层样式

如果要为图层添加样式，可以先选择这一图层，然后采用下面的任意一种方法打开“图层样式”对话框，从中进行参数设置。

1. 利用菜单命令打开“图层样式”对话框

选择“图层>图层样式”命令，在弹出的级联菜单中选择需要的命令，会弹出“图层样式”对话框。“图层样式”级联菜单及“图层样式”对话框如下图所示。

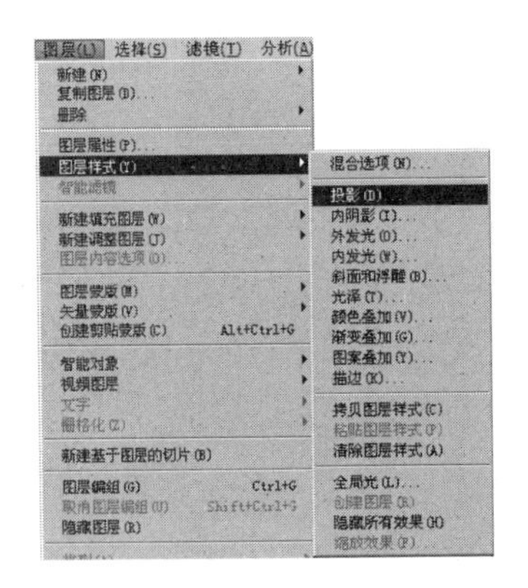

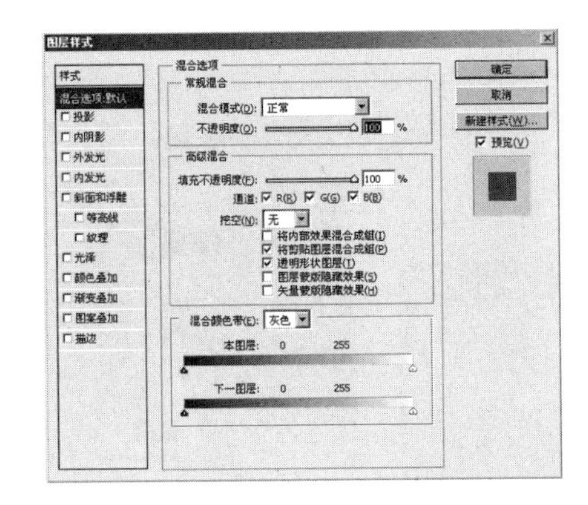

2. 单击“添加图层样式”按钮打开“图层样式”对话框

在图层面板中单击“添加图层样式”按钮 fx，在打开的菜单中选择一个效果命令，如右图所示。此时，可以打开“图层样式”对话框，进入相应效果的设置区域。

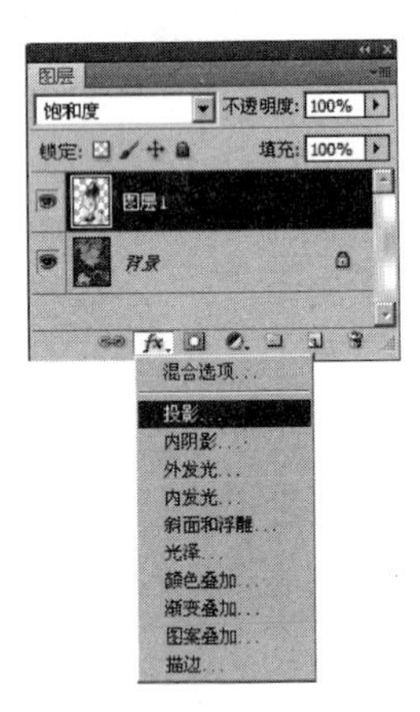

3. 通过双击打开“图层样式”对话框

双击要添加效果的图层，可以打开“图层样式”对话框，在对话框左侧选择要添加的复选框，即可切换到该效果的设置区域。如下图所示为通过双击打开“涂层样式”对话框及“投影”效果参数的设置。

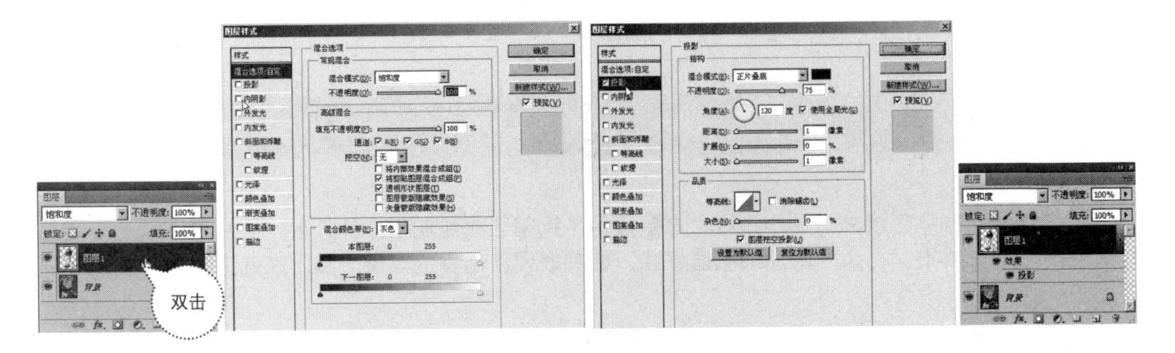

4. 添加图层的“描边”效果

“图层样式”对话框的左侧列出了10种效果，效果名称前面的复选框内有√标记的，表示在图层中添加了该效果。单击效果前面的√标记，则可以停用该效果，但保留效果参数。

“描边”效果可以使用颜色、渐变或图案对对象的轮廓描边，它对于硬边形状特别有用，如文字等。如下图所示为应用不同参数所表现出的不同效果。

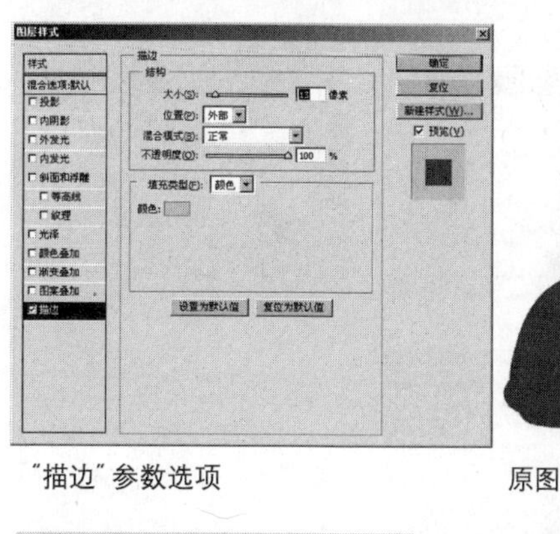
“描边”参数选项

原图

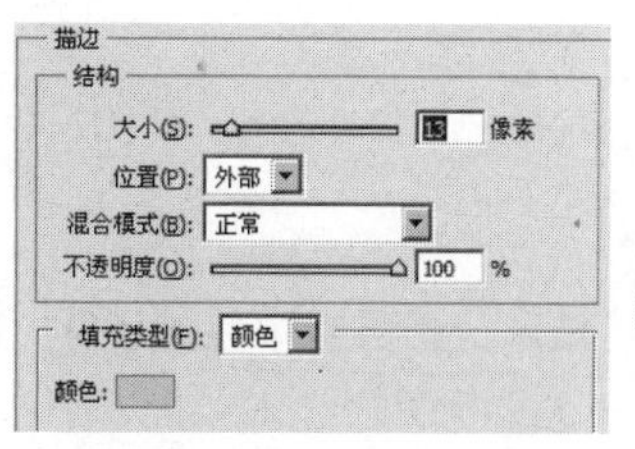

使用“颜色”填充类型描边

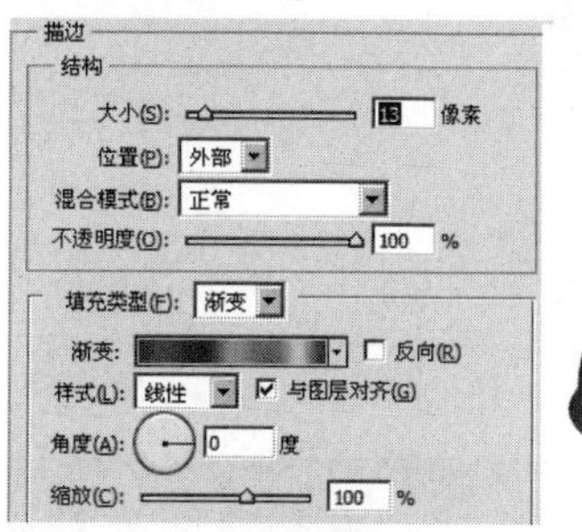

使用“渐变”填充类型描边

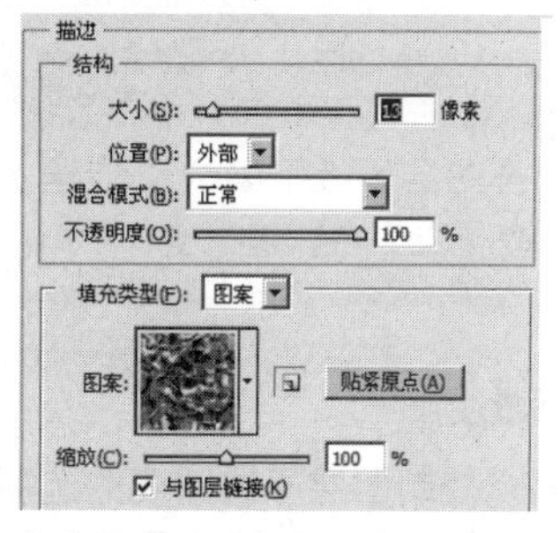

使用“图案”填充类型描边

02 图层的基本操作

1. 重命名图层

在图层数量较多的文件中，可以为一些重要的图层设置容易识别的名称或可以区别与其他图层的颜色，以便在操作过程中可以快速找到它们。

如果要修改一个图层的名称，可以在图层面板中双击该图层的名称，然后在显示的文本框中输入新名称即可，如右图所示。

2. 创建新组

图层组可以在图层面板中把相似图像捆绑为文件夹。利用图层组，可以轻松地控制图层组中包含的图层图像。对于包含在图层组中的图层，可以通过拖动鼠标将它拖出到图层组之外或者拖入到组内。

步骤01 在图层面板中选择“图层3”图层，然后单击面板按钮，选择“新建组”命令，如右图所示。

步骤02 弹出“新建组”对话框以后，将图层组的名称设置为“炫彩”，然后单击“确定”按钮，如右图所示。

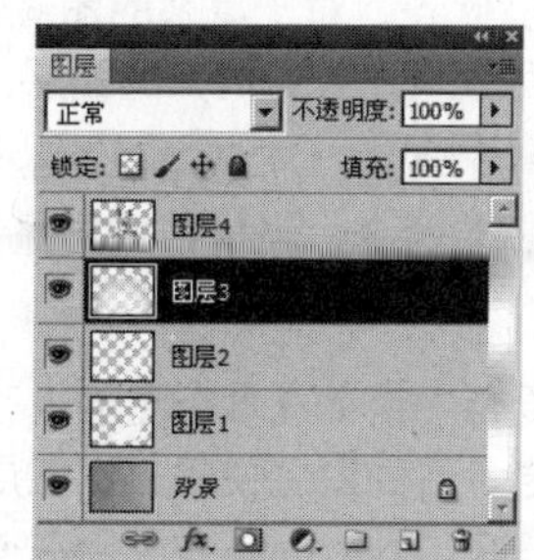

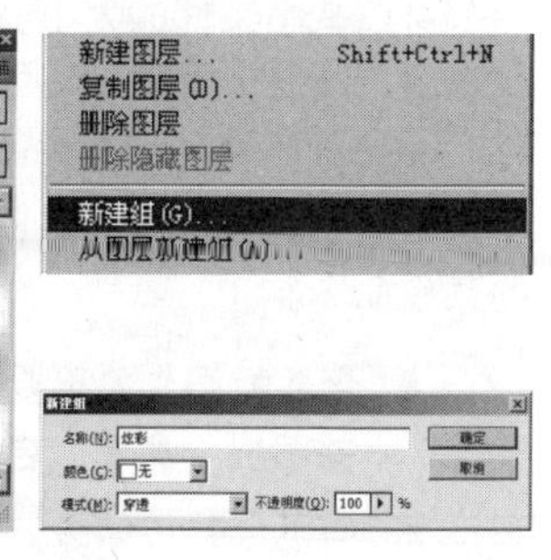

步骤03 此时，生成名为“炫彩”图层组，将“图层3”图层、“图层2”图层、“图层1”图层分别拖曳到“炫彩”文件夹中，如右图所示。

步骤04 此时，“炫彩”图层组中包含了3个图层，如右图所示。

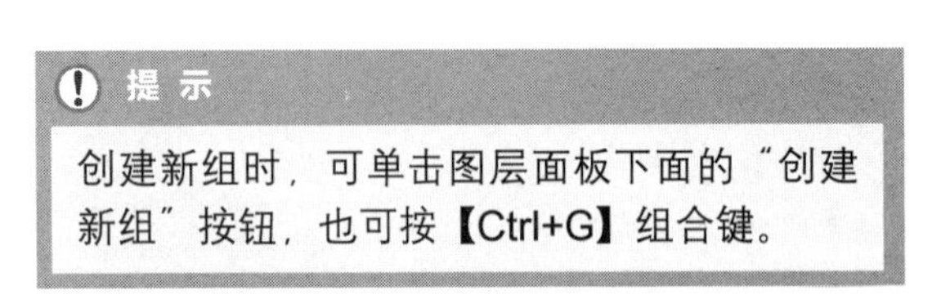
提 示

创建新组时，可单击图层面板下面的“创建新组”按钮，也可按【Ctrl+G】组合键。

3. 调整图层的不透明度

图层面板中有两个控制图层不透明度的选项，即“不透明度”选项和“填充”选项，如右图所示。在这两个选项中，100%代表完全不透明，0%代表完全透明。

其中，“不透明度”选项用于控制图层、图层组中绘制的像素和形状的不透明度。如果对图层应用了图层样式，则图层样式的不透明度也会受到影响。“填充”只影响图层中绘制的像素和形状的不透明度，不会影响图层样式的不透明度。

使用除“画笔工具”、“图章工具”、“橡皮擦工具”等绘画和修饰之外的其他工具时，按键盘上的数字键即可快速修改图层的不透明度。例如，按【5】键，不透明度会变为50%；按【55】，不透明度会变为55%；按【0】键，不透明度会变为100%。也可在图层面板中设置图层的“不透明度”选项来改变图层的不透明度。通过设置图层的不透明度，可以将图层中的图像变得透明。随着不透明度数值的增大或减小，图像的透明程度也会随之发生变化，从而制作出若隐若现的图像效果。

4. 图层的合并

图层、图层组和图层样式等都会占用计算机的内存和暂存盘，因此以上内容的数量越多，占用的系统资源也就越多，从而导致计算机的运行速度变慢。将相同属性的图层合并，或者将不用的图层删除都可以减小文件的大小。此外，对于复杂的图像文件，图层数量变少以后，既便于管理，又可以快速找到需要的图层。

向下合并(E)	Ctrl+E
合并可见图层	Shift+Ctrl+E
拼合图像(F)	

合并图层(E)	Ctrl+E
合并可见图层	Shift+Ctrl+E
拼合图像(F)	

如右图所示为菜单栏中“图层”下拉菜单中的命令。当当前图层不是最底层时显示上面的菜单命令，当当前图层是最底层时显示下面的菜单命令。

- 合并图层：如果要合并两个或多个图层，可以在图层面板中将图层选择，然后选择“图层>合并图层”命令，合并后的图层使用上面图层的名称。
- 向下合并：如果要将一个图层与它下面的图层合并，可以选择该图层，然后选择“图层>向下合并”命令，合并后的图层使用下面图层的名称。

- 合并可见图层：如果要合并所有可见的图层，可以选择“图层>合并可见图层”命令，它们会合并到“背景”图层中。
- 拼合图像：如果要将所有的图层都拼合到“背景”图层中，可以选择“图层>拼合图像”命令。如果有隐藏的图层，则会弹出一个提示，询问是否删除隐藏的图层。

03 选择性粘贴

复制或剪切图像以后，可以选择“编辑>选择性粘贴”级联菜单中的命令粘贴图像，级联菜单如右图所示。

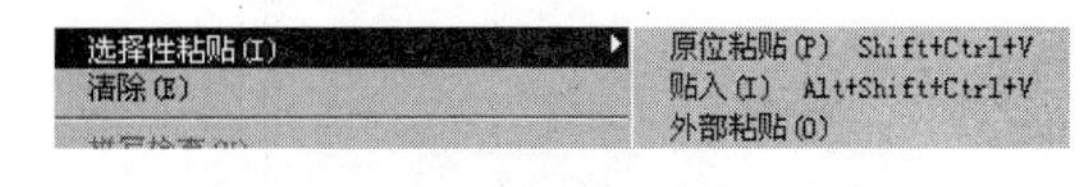

- 原位粘贴：选择该命令，可以将图像按照原位置粘贴到文档中。
- 贴入：如果在文档中创建了选区，选择该命令，可以将图像粘贴到选区内，并自动添加蒙版，将选区之外的图像隐藏。
- 外部粘贴：如果创建了选区，选择该命令，可以粘贴图像，并自动创建蒙版，将选中的图像隐藏。

6.3.2 食品包装设计

好的产品包装效果图能够提升产品的档次，如何设计出最完美的包装效果图是一个值得思考的问题，也就是说，应当对不同风格的产品构思出具体的模式。本实例将讲解如何设计食品的包装效果图，主要应用了Photoshop CS5中的“钢笔工具”与“渐变工具”来进行操作。本实例的最终效果如右图所示。

最终文件：Ch06\Complete\6-3-2.psd

步骤01 按【Ctrl+N】组合键，在弹出的“新建”对话框中设置相关参数，如下图所示。然后，单击“确定”按钮，即可新建一个空白文档。

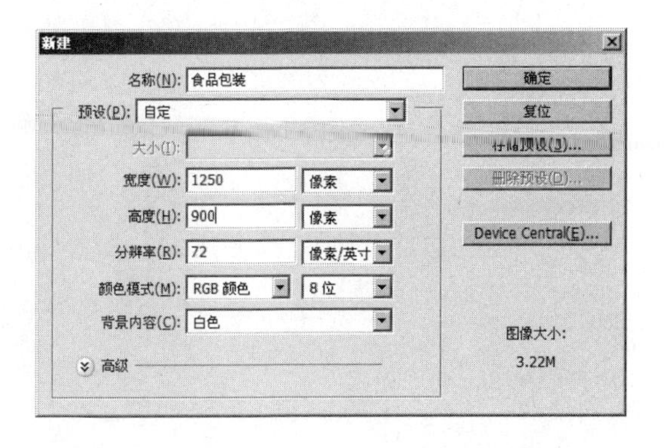

步骤02 设置前景色为R:75、G:174、B:53，单击“渐变工具”按钮，在选项栏中单击“点按可打开‘渐变’拾色器”按钮，从弹出的面板中选择“前景色到背景色渐变”选项，并将其设置为菱形渐变，然后在文档中拖曳，将文档背景设置为如下图所示的效果。

步骤03 单击图层面板下面的“创建新组”按钮，新建一个组，将其命名为“瓶子”，然后在此组中创建一个图层，如下图所示。

步骤04 单击工具栏中的“钢笔工具”，在文档中拖曳鼠标绘制瓶子的瓶盖，在路径面板中将此路径命名为“瓶盖”，然后单击路径面板下的“创建新路径”按钮，将新建路径命名为“瓶身”，并且绘制瓶子的外观，创建的瓶盖和瓶身效果如下图所示。

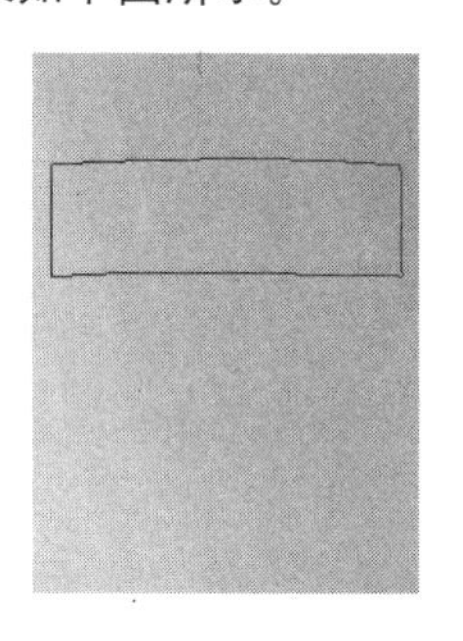

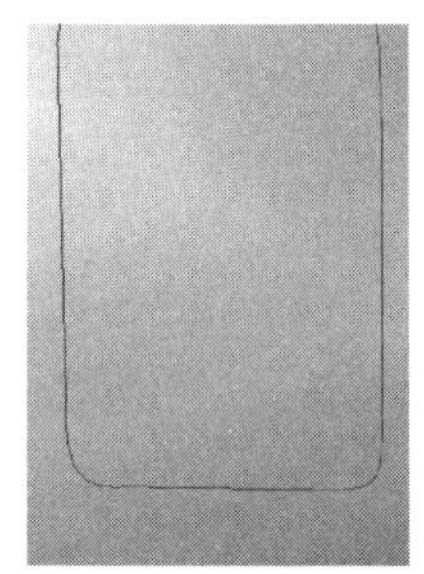

步骤05 将“瓶盖”路径选中，单击路径面板下的“将路径作为选区载入”按钮，即可将路径转换为选区，然后单击“渐变工具”按钮，在选项栏中单击“点按可编辑渐变”色块，打开“渐变编辑器”窗口，设置渐变如下图所示。

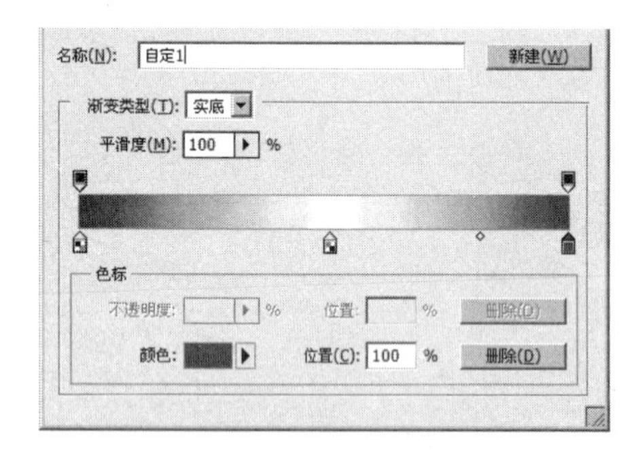

步骤06 单击“名称”右侧的“新建”按钮，新建一个渐变样式，单击“确定”按钮。然后选中“图层1”图层，用“渐变工具”在瓶盖选区内拖曳，为其填充渐变色，效果如下图所示，最后取消选区。

步骤07 将“瓶身”路径选中，单击路径面板下的“将路径作为选区载入”按钮，即可将路径转换为选区，然后单击“渐变工具”按钮，在选项栏中单击“点按可编辑渐变”色块，打开“渐变编辑器”窗口，添加渐变后的效果如下图所示。

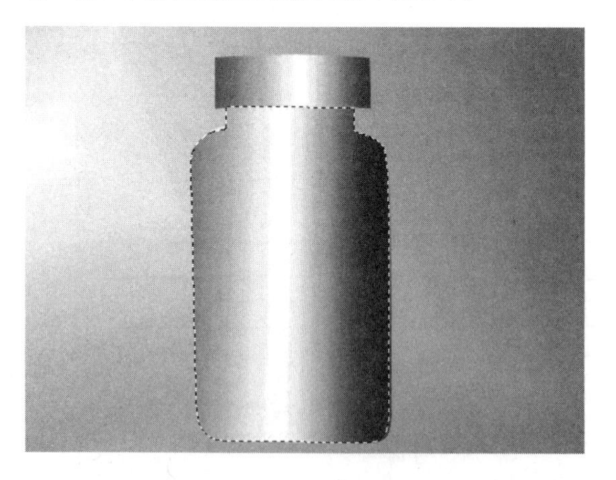

步骤08 将瓶子载入选区，选择菜单栏中的“编辑>描边”命令，打开“描边”对话框，设置参数，然后单击“确定”按钮，按【Ctrl+D】组合键取消选区，一个瓶子的外观制作完成，参数设置及图像效果如下图所示。

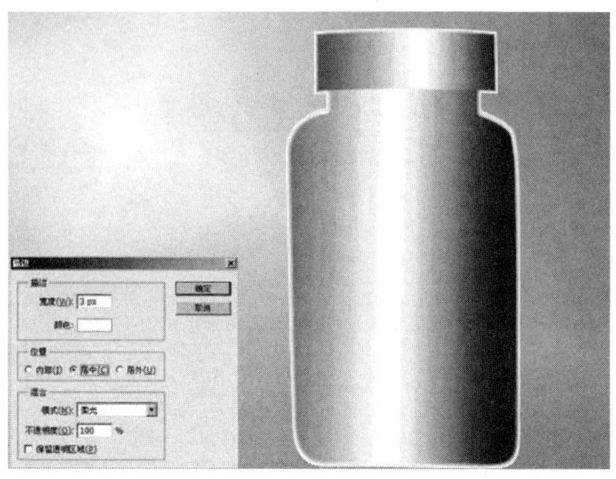

步骤09 下面将对食品瓶子的正面进行图案设计。新建一个组，命名为“图案”，再新建一个图层。单击“多边形套索工具”按钮，在“图层2”图层中创建选区，此时的涂层面板及创建的选区如下图所示。

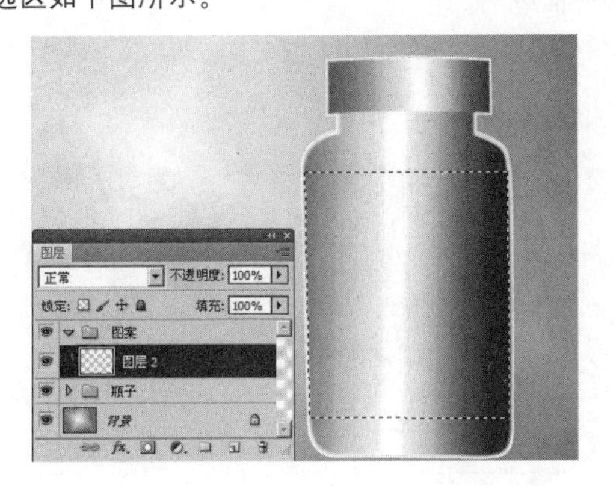

步骤10 设置前景色为橘色，然后单击“渐变工具”按钮，在选项栏中设置参数之后，在选区中拖曳，为其填充如下图所示的填充色。

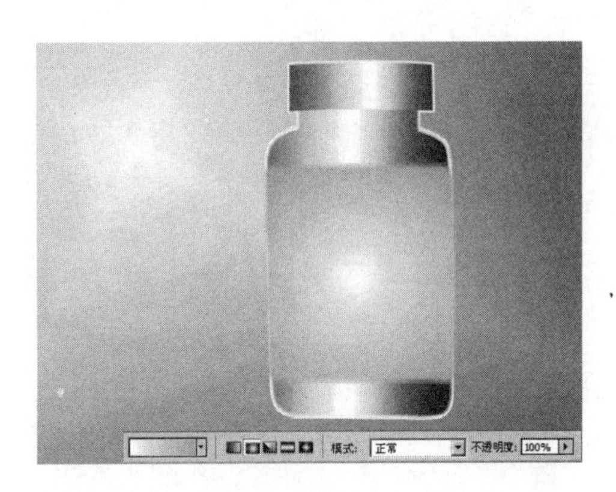

步骤11 单击“横排文字工具”按钮，在文档中输入“跳跳豆”字样，然后设置其字号与字体。选择菜单栏中的“图层>栅格化>文字”命令，将文字图层变为普通图层，再设置前景色为R:254、G:191、B:22，按住【Ctrl】键单击此图层的缩略图，将文字图形载入选区，用前景色来填充，效果如下图所示。

步骤12 单击图层面板中的“添加图层样式”按钮，在打开的“图层样式”对话框中设置文字图形的“描边”参数，再单击“确定”按钮，效果如下图所示。

步骤13 新建一个图层，将其命名为“高光”，利用“钢笔工具”绘制出文字的高光部分，将其转换为选区，如下图所示。

步骤14 设置前景色为“白色”，单击“渐变工具”按钮，在选项栏中选择“前景色到透明渐变”样式，并设置为线性渐变，在选区中通过拖曳绘制文字的高光部分，效果如下图所示。

步骤15 按照绘制高光的方法，制作文字的其他部分高光，效果如下图所示。

步骤16 将文字图形选中之后，选择菜单栏中的“选择>修改>扩展”命令，在“扩展选区”对话框中设置“扩展量”为“5像素”，参数设置及图像效果如下图所示。新建图层，命名为“文字的外描边”。

步骤17 使用“套索工具”将文字图形的镂空部分加选，然后设置前景色为R:95、G:5、B:1，然后按【Alt+Delete】组合键填充选区，再移动图层顺序，为镂空部分填充颜色的前后效果如下图所示。

步骤18 按【Ctrl+D】组合键取消选区，按照同样的方法制作其他文字，将其填充为蓝色，效果如下图所示。

步骤19 使用文字工具输入“100%”字样，在文字选项栏中将其设置为“扇形”，然后用咖啡色来填充字样，按照同样的方法制作其他艺术字，效果如下图所示。

步骤20 将“高光”图层选中，按【Shift】键单击“文字的外描边”图层，连续选中图层，然后将其链接，如下图所示。

步骤21 打开素材“卡通人.psd”文件，将其拖曳到文档中，然后按【Ctrl+T】组合键，按【Shift】键等比例缩小图像，效果如下图所示。

步骤22 新建一个图层，使用“钢笔工具”在图案边缘绘制路径，将其填充为白色，然后排列顺序，将其放置底层，效果如下图所示。

步骤23 新建一个图层，单击“椭圆选框工具”按钮，在文档中绘制一个椭圆形选区，将其填充为红色至白色的径向渐变，效果如下图所示。

步骤24 按照同样的方法绘制其他彩豆，并且将彩豆的图层链接，效果如下图所示。

步骤25 为包装条的正面添加其他元素，然后放置合适位置，效果如下图所示。

步骤26 按照同样的方法绘制其他瓶子，效果如下图所示。

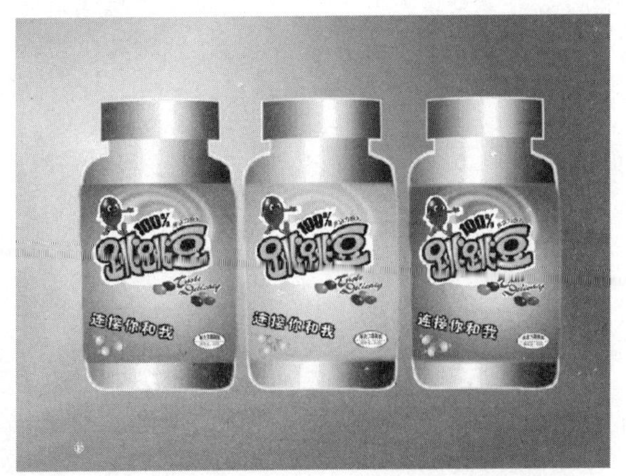

步骤27 使用“钢笔工具”绘制一个盒子的外形，将其填充为橘色，然后将“图案”组复制，等比例放大，并移至盒子的正面，效果如下图所示。

步骤28 打开素材“素材.psd”等文件，移至文档中，调整大小后修饰背景。至此，食品包装效果图制作完成，效果如下图所示。

知识拓展

本实例主要讲解了制作食品外包装的过程，在设计过程中主要应用了“钢笔工具”绘制路径、用渐变色填充路径及制作艺术字的操作方法，从而制作出活泼、可爱的包装效果。接下来讲解本实例主要所应用工具的相关知识点。

001 路径基础知识

1. 认识路径

路径是可以转换为选区或使用颜色填充和描边的轮廓，包括有起点和终点的开放式路径，以及没有起点和终点的闭合式路径。此外，路径也可以由多个相互独立的路径组件组成，这些路径组件成为子路径。如下图所示为开放式路径、闭合式路径及路径组。

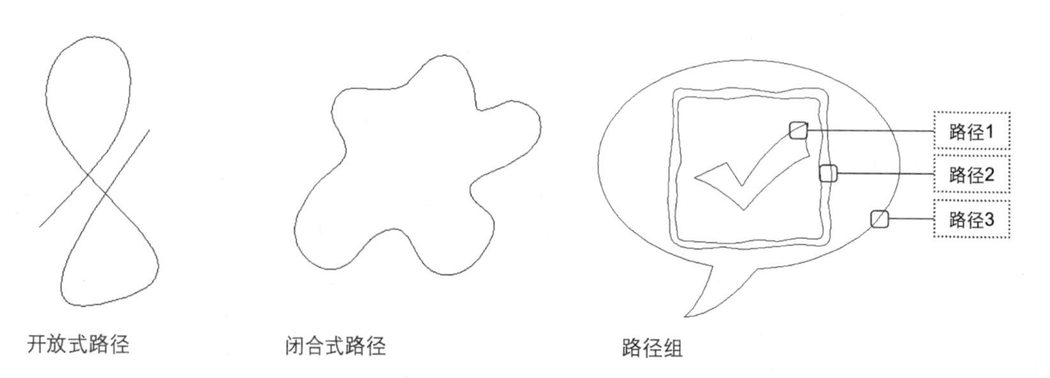

开放式路径　　闭合式路径　　路径组

2. 创建路径

单击路径面板中的“创建新路径”按钮，可以创建新路径层。如果要在新建路径时设置路径的名称，可以按住【Alt】键并单击“创建新路径”按钮，在打开的“新建路径”对话框中输入路径的名称，如下图所示。

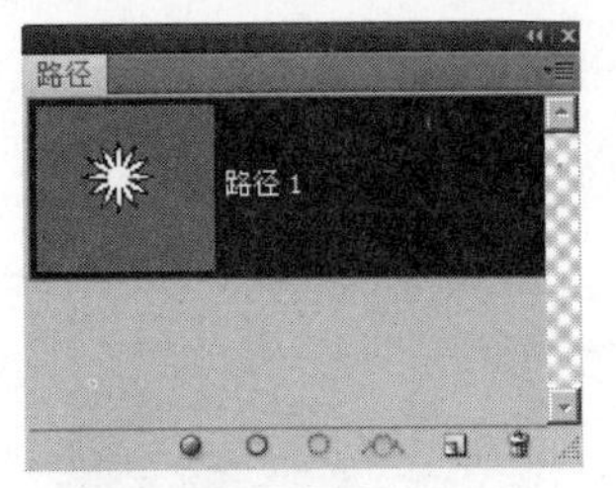

创建的路径

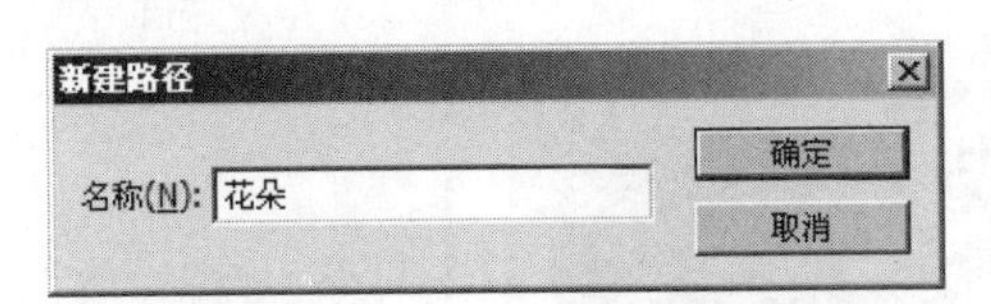

"新建路径"对话框

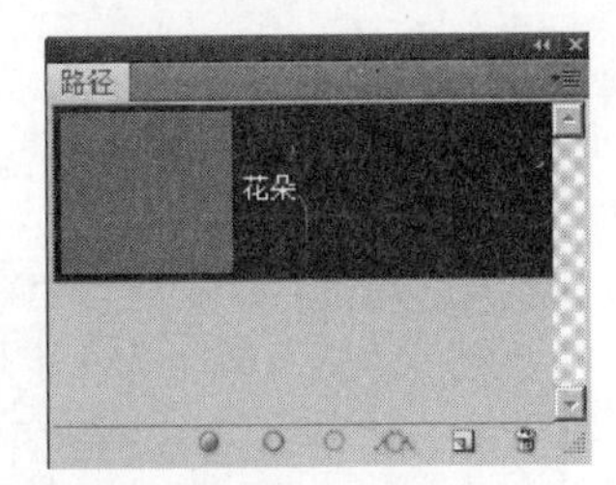

重新命名新路径

3. 存储路径

当创建了工作路径之后，如果要保存工作路径且不对其进行重命名，可以将其拖至面板底部的"创建新路径"按钮上。如果要存储并重命名，可以双击它的名称，在打开的"存储路径"对话框中为它设置一个新名称，如下图所示。

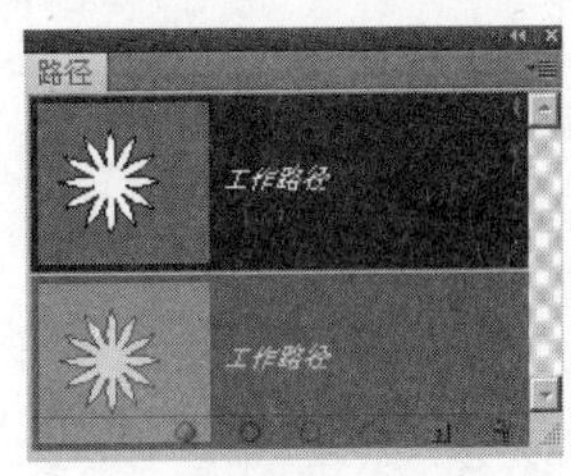

拖曳工作路径至上"创建新路径"按钮

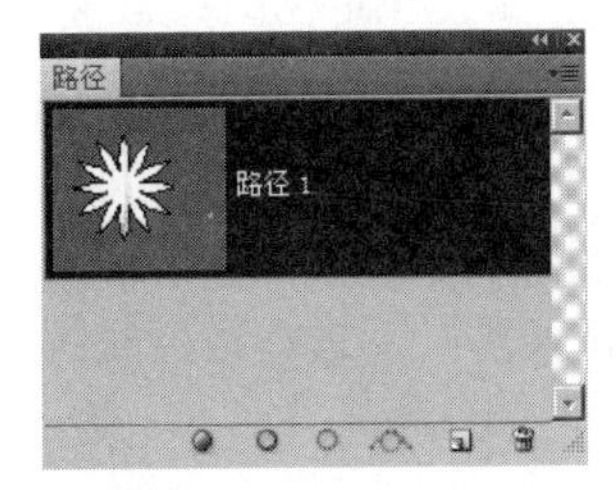

存储路径

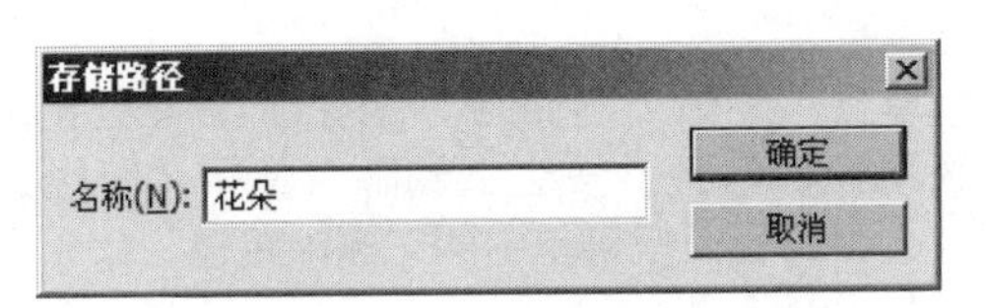

双击工作路径的名称，打开"存储路径"对话框

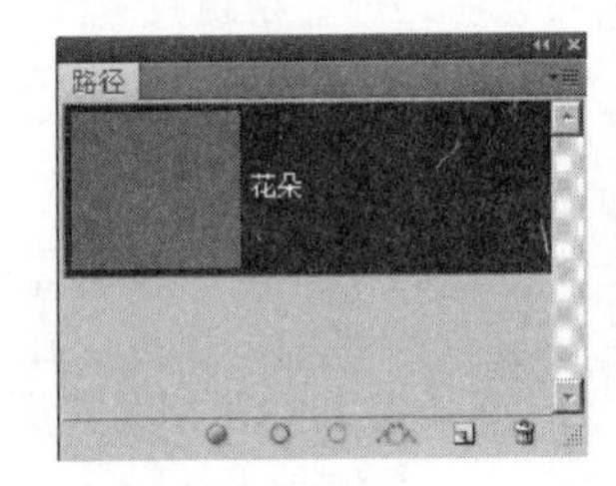

存储并重命名路径

4. 选择路径

单击路径面板中的路径即可选择该路径。在面板的空白处单击，可以取消选择路径，同时也会隐藏文档窗口中的路径。选择和隐藏工作路径时的效果及路径面板如下图所示。

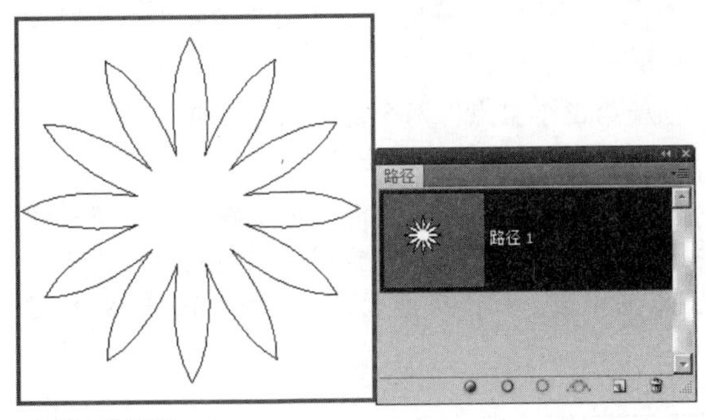

选择工作路径

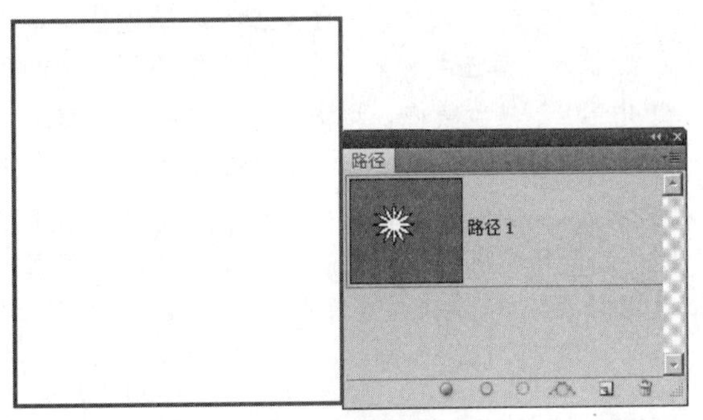

取消选择路径，同时隐藏了文档中的路径

5. 隐藏路径

单击路径面板中的路径后，画面中会始终显示该路径，即使使用其他工具进行图像处理也会显示路径。如果要保持路径的选择状态，但又不希望路径对操作造成干扰，可以按【Ctrl+H】组合键隐藏画面中的路径，再次按下该组合键可以重新显示路径，隐藏和显示路径的效果及路径面板如下图所示。

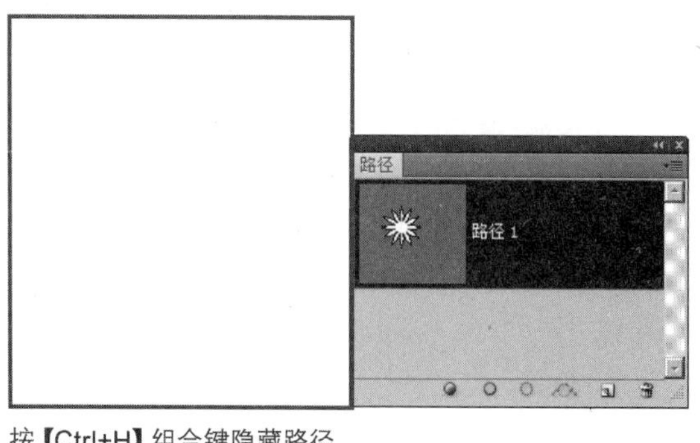

按【Ctrl+H】组合键隐藏路径

再次按【Ctrl+H】组合键显示路径

6. 复制路径

在路径面板中复制路径：在路径面板中将路径拖动到“创建新路径”按钮上，可以复制该路径。如果要复制并重命名路径，可以选择路径，然后选择面板菜单中的“复制路径”命令，在打开“复制路径”对话框中输入新路径的名称。

通过剪贴板复制：使用“路径选择工具”选择图像窗口中的路径，选择“编辑>拷贝”命令，可以将路径复制到剪贴板，再选择“编辑>粘贴”命令，可以粘贴路径。如果在其他图像中选择了“粘贴”命令，则可将路径粘贴到另一个图像中。

7. 删除路径

在路径面板中选择路径，单击“删除当前路径”按钮，在弹出的询问框中单击“是”按钮即可将其删除，也可以直接将路径拖动到该按钮上删除。使用“路径选择工具”选择路径时按【Delete】键也可以将其删除。选择路径面板菜单中的“删除路径”命令也可将路径删除。

02 利用“钢笔工具”绘制路径

“钢笔工具”是Photoshop CS5中最为强大的绘图工具，它主要有两种用途：一种是绘制矢量图形，另一种是用于选取对象。作为选取工具使用时，“钢笔工具”绘制的轮廓光滑、准确，将路径转换为选区就可以准确地选择对象。本部分主要讲解利用“钢笔工具”绘制直线路径。

步骤01 选择“钢笔工具”，在选项栏中单击“路径”按钮，将指针移至图像画面中（指针变为状），单击可创建一个锚点，如下图所示的第一幅图。

步骤02 释放鼠标，将指针移至下一处位置单击，创建第二个锚点，两个锚点会连接成一条由角点定义的直线路径，在其他区域单击可继续绘制直线路径，如下图所示的第二幅画。

步骤03 如果要闭合路径，可以将指针放在路径的起点，当指针变为状时，如下图所示的第三幅图，此时单击即可闭合路径，如下图所示的第四幅图。如果要结束一段开放式路径的绘制，可以按住【Ctrl】键（转换为“直接选择”工具）在文档的空白处单击，单击其他工具按钮或者按【Esc】键也可以结束路径的绘制。

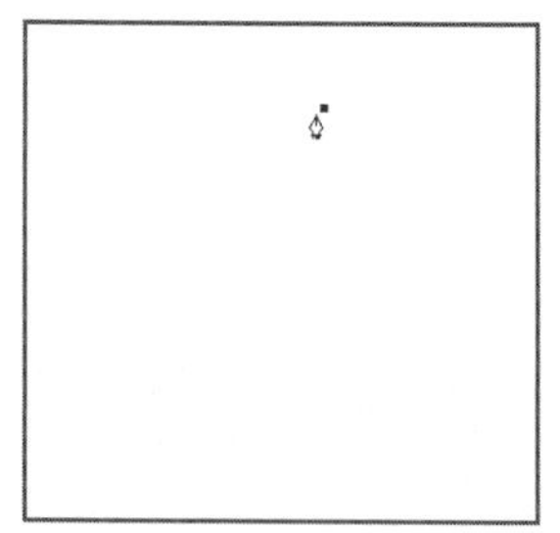
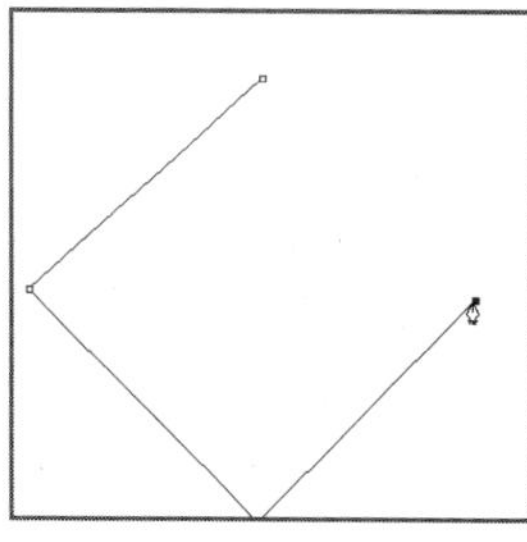
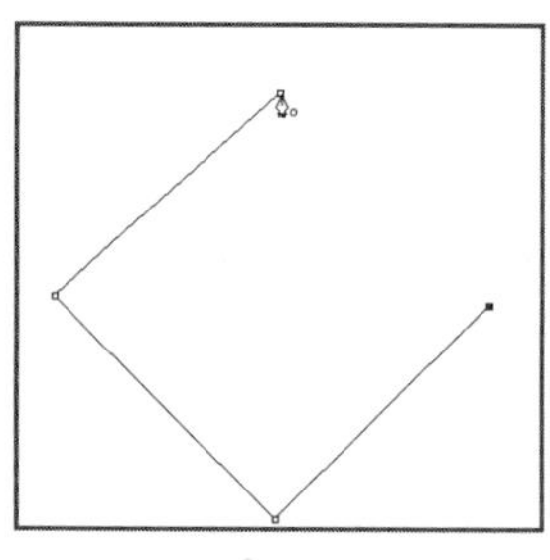
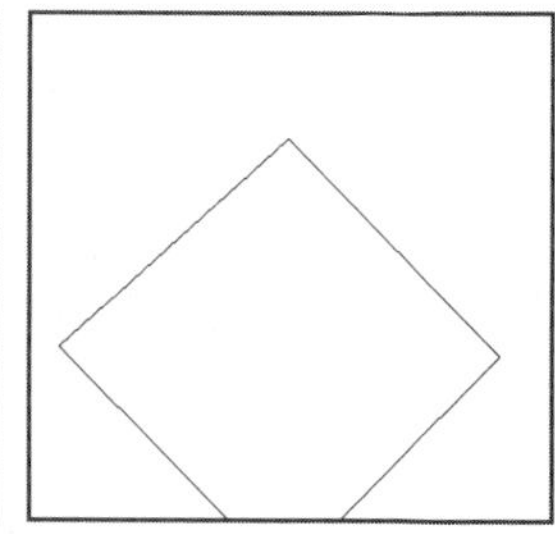

03 选区的编辑操作

创建选区以后，往往要对其进行更加深入的编辑，才能使选区符合要求。“选择”菜单包含用于编辑选择的各种命令，下面就来介绍怎样使用这些命令。

如果改变选区的轮廓形态，可选择“修改”级联菜单中的命令，在弹出的对话框中更改即可，“修改”级联菜单中的命令如右图所示。

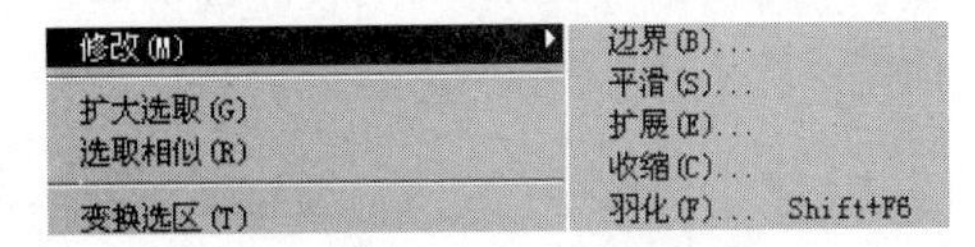

1. “选择＞修改＞边界”命令

可以将选区的边界向内部和外部扩展，扩展后的边界与原来的边界形成新的选区，原图与选择该命令后的效果如下图所示。

原图

选择“边界”命令后的效果

2. “选择＞修改＞平滑”命令

可以对选区边缘进行平滑处理，选择该命令后的效果如下图所示。

选择“平滑”命令后的效果

3. “选择＞修改＞扩展”命令

可以扩展选区范围，选择该命令后的效果如下图所示。

选择“扩展”命令后的效果

4. “选择＞修改＞收缩”命令

可以缩小选区，选择该命令后的效果如下图所示。

选择“收缩”命令后的效果

5. “选择 > 修改 > 羽化”命令

可以将选取的轮廓制作得更加柔和。通过建立选区和选区周围像素之间的转换边界来模糊边缘，这种模糊方式将丢失选区边缘的一些细节，原图及效果如右图所示。

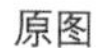

原图　　选择“羽化”命令后的效果

04 文字的编辑操作

“变形文字”对话框用于设置变形选项，包括文字的变形样式和变形程度，“变形文字”对话框及“样式”下拉列表如下图所示。

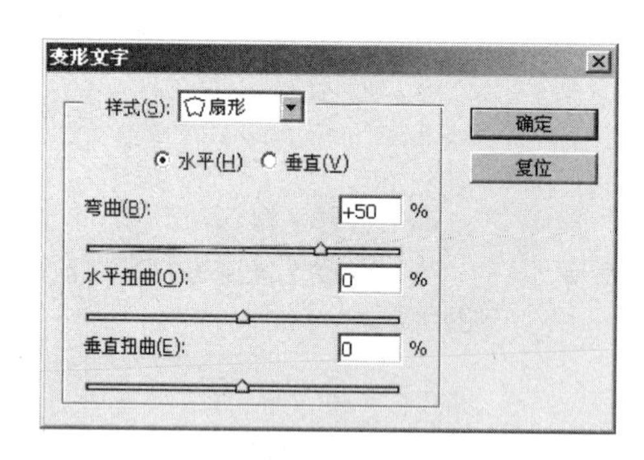

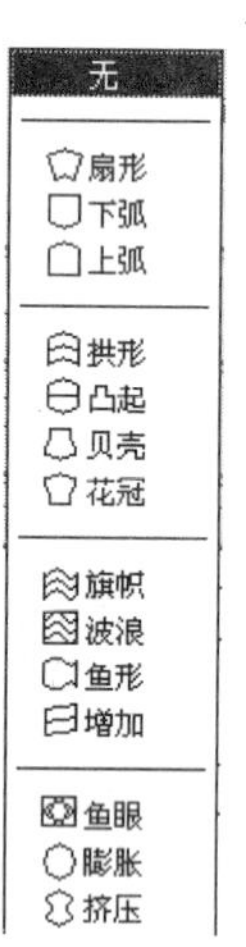

样式：在该选项的下拉列表中有15种变形样式，如下图所示分别为各种样式的变形效果。

无　　扇形　　下弧　　上弧

拱形　　凸起　　贝壳　　花冠

旗帜

波浪

鱼形

增加

鱼眼

膨胀

挤压

扭转

05 链接图层

如果要同时处理多个图层中的内容，例如同时移动，可以将这些图层链接在一起。在图层面板中选择两个或多个图层，单击“链接图层”按钮 或者选择“图层>链接图层”命令，即可将它们链接。如果要取消链接，可以选择一个链接图层，然后单击 按钮，如右图所示。

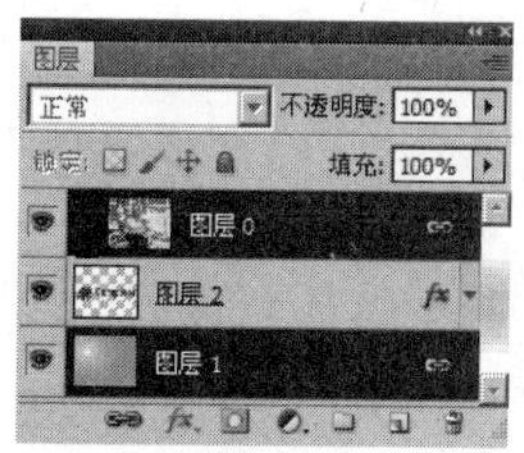
选中链接的图层

将图层的链接取消

6.3.3 平面包装效果图设计

本实例讲解平面展开包装效果图的制作方法。本实例的最终效果如右图效果。

最终文件：Ch06\Complete\6-3-3.psd

步骤01 按【Ctrl+N】组合键，弹出“新建”对话框，具体设置如下图所示。设置完毕后，单击“确定”按钮。

步骤02 单击图层面板上的“创建新图层”按钮，新建“图层1”图层，选择工具箱中的“矩形选框工具”，在文档内绘制如下图所示的矩形选区。

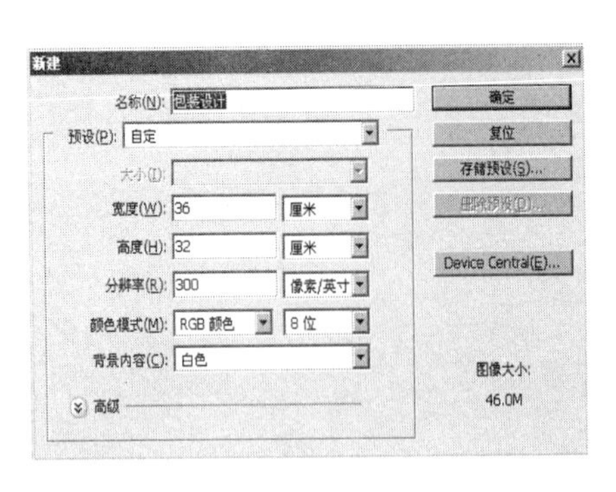

步骤03 将前景色设置为R:224、G:236、B:184，按【Alt+Delete】组合键填充前景色，按【Ctrl+D】组合键取消选区，效果如下图所示。

步骤04 单击图层面板上的“创建新图层”按钮，新建“图层2”图层，选择工具箱中的“多边形套索”工具，在文档内创建如下图所示的选区。

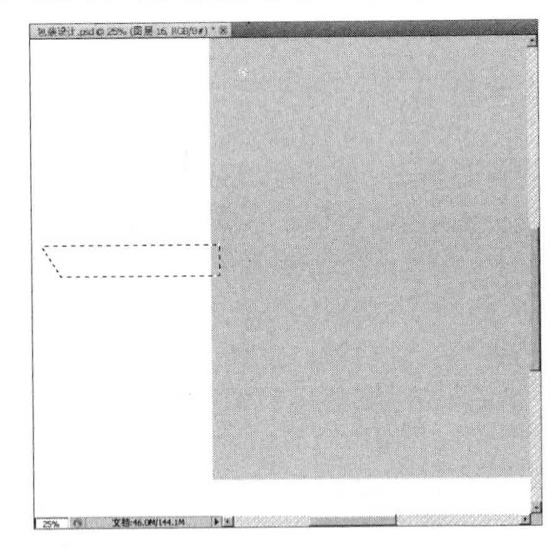

步骤05 将前景色设置为R:238、G:243、B:200，按【Alt+Delete】组合键填充选区，按【Ctrl+D】组合键取消选区，得到的图像效果如下图所示。

步骤06 将“图层2”图层拖曳至图层面板上的“创建新图层”按钮，得到“图层2副本”图层，选择“编辑>变换>水平翻转”命令，并将其移动到合适位置，效果如下图所示。

步骤07 单击图层面板上的“创建新图层”按钮，新建“图层3”图层，选择工具箱中的“多边形套索工具”，在文档内创建如下图所示的选区。

步骤08 将前景色设置为R:224、G:236、B:184，按【Alt+Delete】组合键填充选区，按【Ctrl+D】组合键取消选区，效果如下图所示。

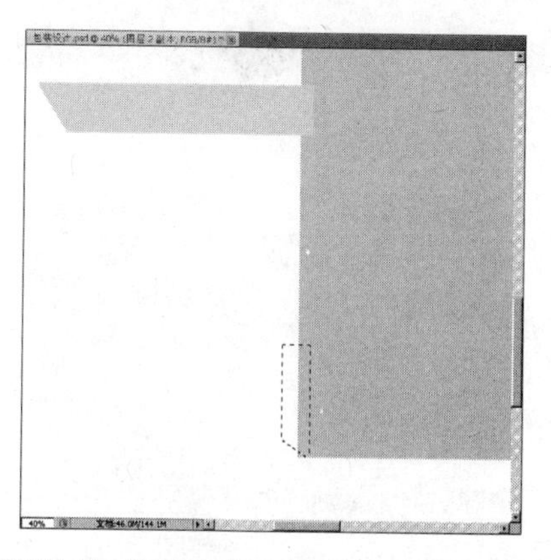

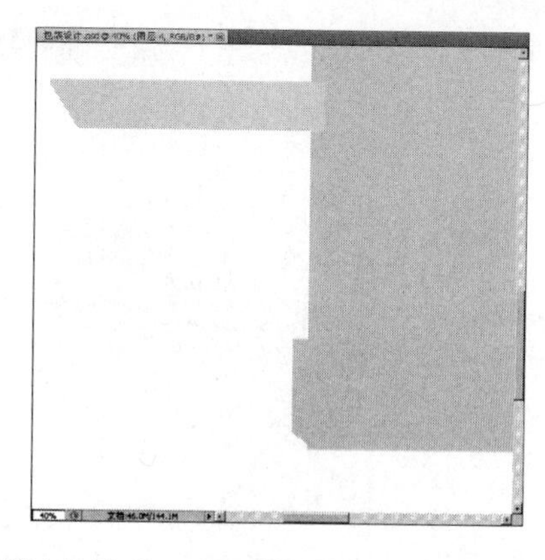

步骤09 将“图层3”图层拖曳至图层面板上的“创建新图层”按钮处，得到“图层3副本”图层，选择“编辑>变换>水平翻转”命令，并将其移动到合适位置，效果如下图所示。

步骤10 单击图层面板上的“创建新图层”按钮，新建“图层4”图层，选择工具箱中的“多边形套索”工具，在文档内创建如下图所示的选区。

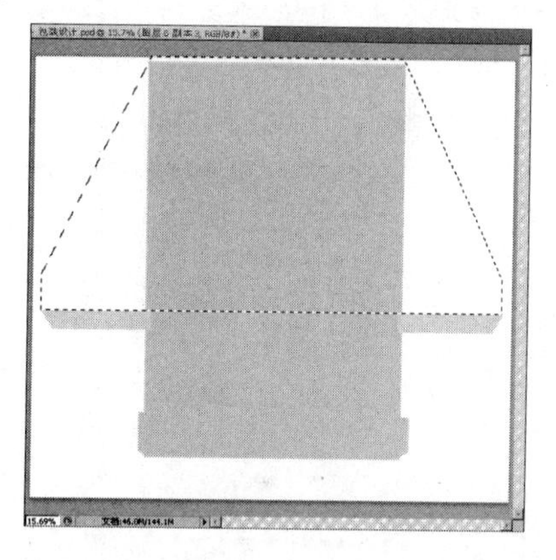

步骤11 将前景色设置为R:239、G:243、B:200，按【Alt+Delete】组合键填充选区，按【Ctrl+D】组合键取消选区，得到的图像效果如下图所示。

步骤12 选择菜单栏中“文件>打开”命令，打开本书附带光盘中的素材“背景.psd”文件，将其拖入到工作区内，并移动到合适位置，效果如下图所示。

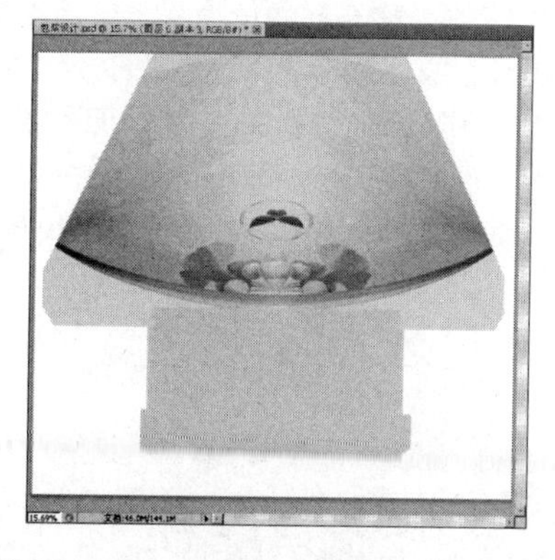

步骤13 将前景色设置为白色，选择“横排文字工具”，设置合适的文字字体及大小，在图像窗口中输入文字，得到的效果如下图所示。

步骤14 选择“图层>栅格化>文字”命令，将文字图层栅格化。按【Ctrl】键单击文字图层缩览图，选择“编辑>描边”命令，设置参数，然后单击“确定”按钮并取消选区，参数设置及得到的图像效果如下图所示。

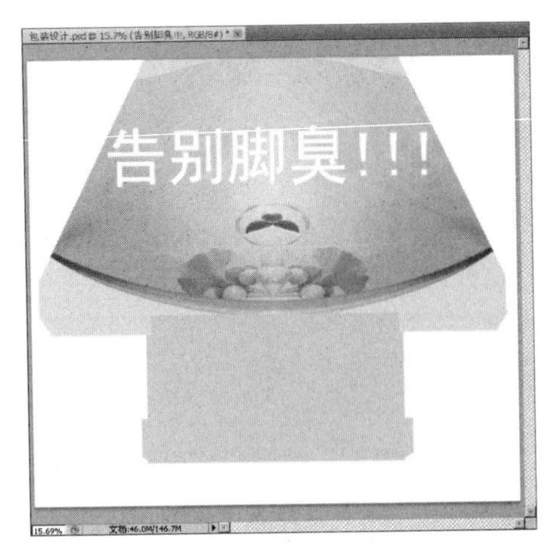

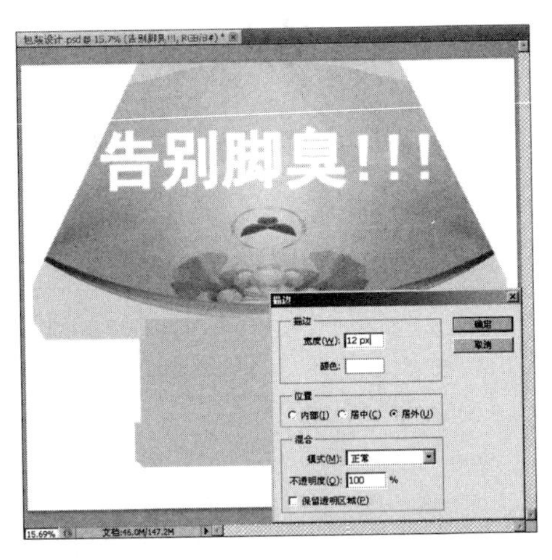

步骤15 将上述图层命名为“文字”，按【Ctrl+T】组合键调出自由变换框，按【Alt】键拖动变换框各角点，变换图像，按【Enter】键确认变换，得到的图像效果如下图所示。

步骤16 将文字图层复制，得到文字副本图层，按【Ctrl】键单击图层缩览图，选择“编辑>描边”命令，在“描边”对话框中设置参数，然后单击“确定”按钮，并取消选区，参数设置及图像效果如下图所示。

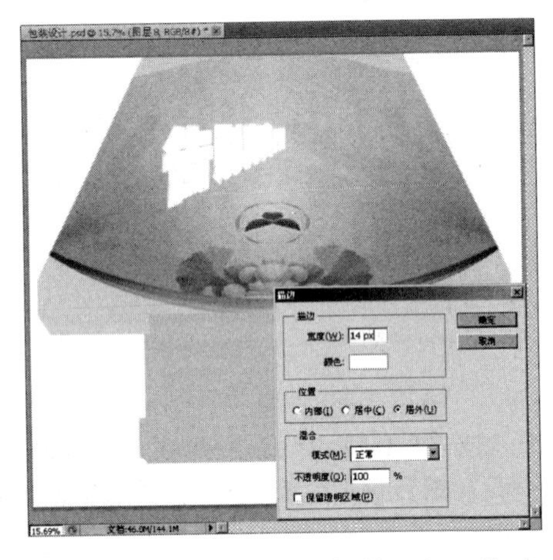

步骤17 按住【Ctrl】键单击文字副本图层缩览图，其载入选区，将前景色设置为R:37、G:32、B:99，按【Alt+Delete】组合键填充选区，然后取消选区，调整其位置，效果如下图所示。

步骤18 选择菜单栏中“文件>打开”命令，打开本书附带光盘中的素材“背景.psd”文件，将其拖入到文档内，并移动到合适位置，效果如下图所示。

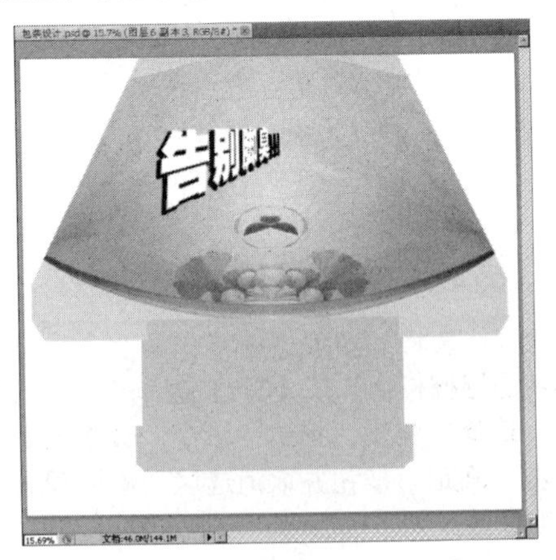

步骤19 单击图层面板上的“添加图层样式”按钮，在弹出的菜单中选择“外发光”命令，在弹出的“图层样式”对话框中设置参数，具体参数设置如下图所示。

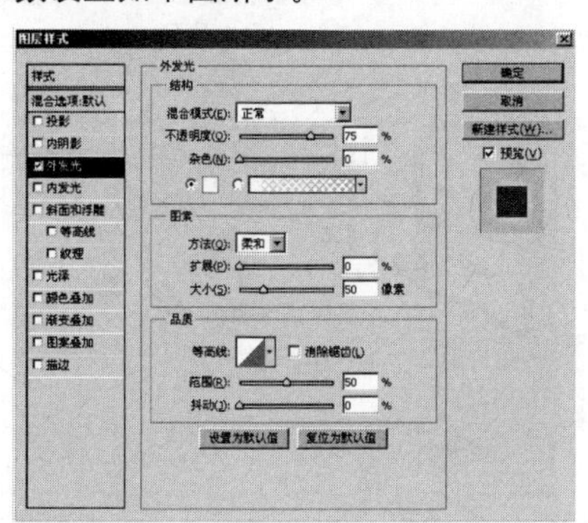

步骤20 设置完毕后，单击“确定”按钮，得到的图像效果如下图所示。

步骤21 选择“圆角矩形工具”，在其选项栏中单击“路径”按钮，将半径设为60px，在文档内创建路径，效果如下图所示。

步骤22 选择“画笔工具”，设置画笔大小为8px，将前景色设置为R:32、G:35、B:21，切换到路径面板，单击路径面板上的“用画笔描边路径”按钮，描边路径，得到的图像效果如下图所示。

步骤23 将前景色设置为黑色，选择“横排文字工具”，设置合适的文字字体及大小，在图像中输入文字，得到的图像效果如下图所示。

步骤24 单击图层面板上的“创建新图层”按钮，新建图层，选择工具箱中的“矩形选框工具”，在文档内绘制矩形选区，按【Shift+F6】组合键，打开“羽化选区”对话框，将“羽化半径”设置为“10像素”，得到如下图所示的选区。

步骤25 将前景色设置为白色，按【Alt+Delete】组合键填充选区，按【Ctrl+D】组合键取消选区，图像效果如下图所示。

步骤26 按【Ctrl+O】组合键，打开本书附带光盘中的素材“鞋袜.psd”文件，将其拖入到文档内，并移动到合适位置，效果如下图所示。

步骤27 单击图层面板上的“创建新图层”按钮，新建图层，选择“椭圆选框工具”，按住【Shift】键，在文档内绘制如下图所示的正圆。

步骤28 将前景色设置为R:123、G:175、B:222，按【Alt+Delete】组合键填充选区，得到的图像效果如下图所示。

步骤29 选择“选择>变换选区”命令，缩小正圆，将前景色设置为R:236、G:218、B:214，按【Alt+Delete】组合键填充选区，得到的图像效果如下图所示。

步骤30 选择“选择>变换选区”命令，缩小正圆，将前景色设置为R:0、G:90、B:170，按【Alt+Delete】组合键填充前景色，按【Ctrl+D】组合键取消选择，效果如下图所示。

步骤31 将前景色设置为白色，选择“横排文字工具” T，设置合适的文字字体及大小，在图像中输入文字，得到的图像效果如下图所示。

步骤32 将前景色设置为R:243、G:111、B:33，选择“横排文字工具” T，设置合适的文字字体及大小，在图像中输入文字，效果如下图所示。

步骤33 选择“图层>栅格化>文字”命令，将文字图层栅格化。按【Ctrl】键单击文字图层缩览图，将其载入选区。选择“编辑描边”命令，弹出“描边”对话框，设置相关参数，然后单击“确定”按钮，取消选区，参数设置及图像效果如下图所示。

步骤34 选择菜单栏中“文件>打开”命令，打开本书附带光盘中的素材“足益.psd”文件，将其拖入到文档内，并移动到合适位置，效果如下图所示。

步骤35 单击图层面板上的“添加图层样式”按钮 fx，在弹出的菜单中选择“投影”命令，弹出“图层样式”对话框，参数设置如下图所示。

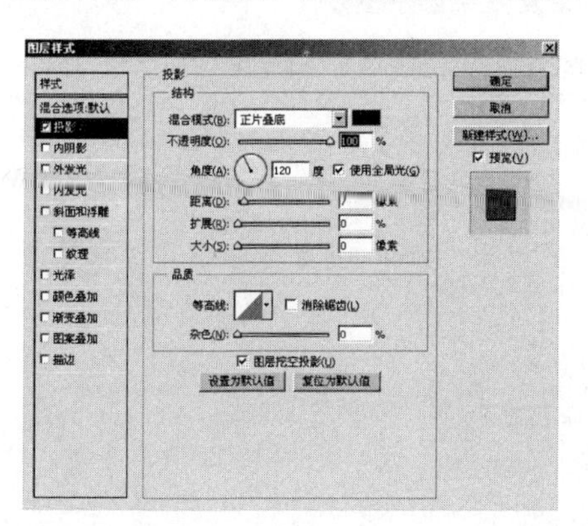

步骤36 设置完毕后不关闭对话框，继续选择“斜面和浮雕”复选框，参数设置如下图所示。

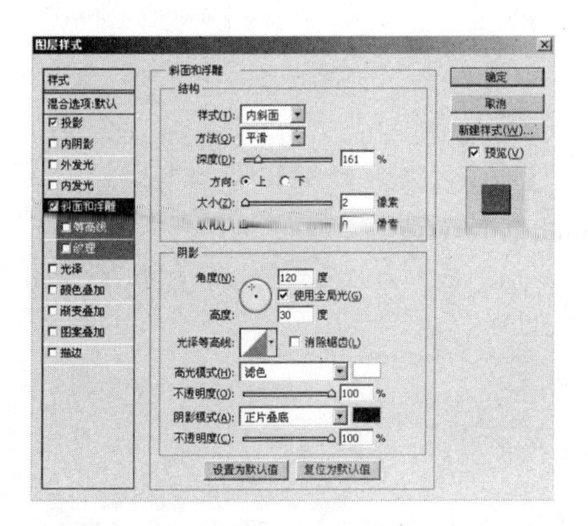

步骤37 设置完毕后，单击“确定”按钮，应用所有样式后，得到的图像效果如下图所示。

步骤39 将前景色设置为R:224、G:236、B:184，按【Alt+Delete】组合键填充选区，按【Ctrl+D】组合键取消选区，得到的图像效果如下图所示。

步骤41 选择“横排文字工具”T和“直排文字工具”，设置合适的文字字体及大小，在图像中输入文字，并填充颜色，图像效果如下图所示。

步骤38 单击图层面板上的“创建新图层”按钮，新建图层，选择工具箱中的“矩形选框工具”，在文档内绘制如下图所示的矩形。

步骤40 选择菜单栏中的“文件>打开”命令或按【Ctrl+O】组合键，打开本书附带光盘中的素材“底部背景.psd”文件，将其拖入到文档内，并移动到合适位置，如下图所示。

步骤42 选中底部文字图层，单击图层面板上的“添加图层样式”按钮，在弹出的菜单中选择“描边”命令，弹出“图层样式”对话框，参数设置及效果如下图所示。

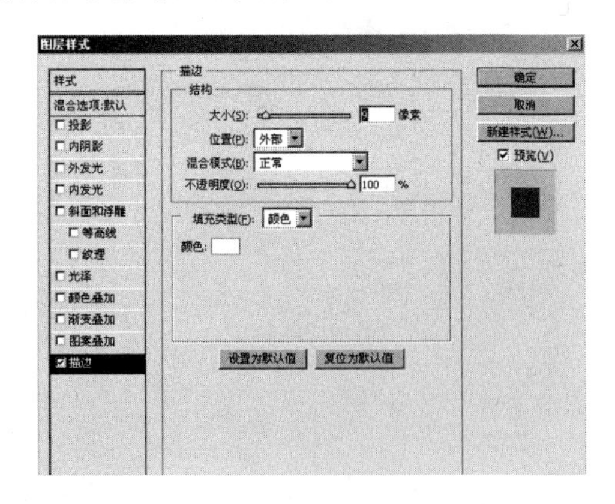

步骤43 设置完毕后，单击“确定”按钮，得到的图像效果如下图所示。

步骤44 分别选中其他两个文字图层，单击图层面板上“添加图层样式”按钮fx.，在弹出的菜单中选择“描边”命令，弹出“图层样式”对话框，参数设置如下图所示。

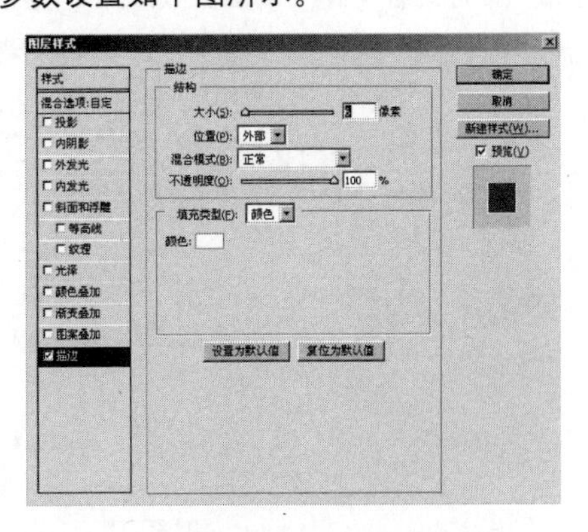

步骤45 设置完毕后，单击“确定”按钮，得到的图像效果如下图所示。

步骤46 单击图层面板上的“创建新图层”按钮，新建图层，将其命名为“压裁”，选择“钢笔工具”，在文档内创建的路径，效果如下图所示。

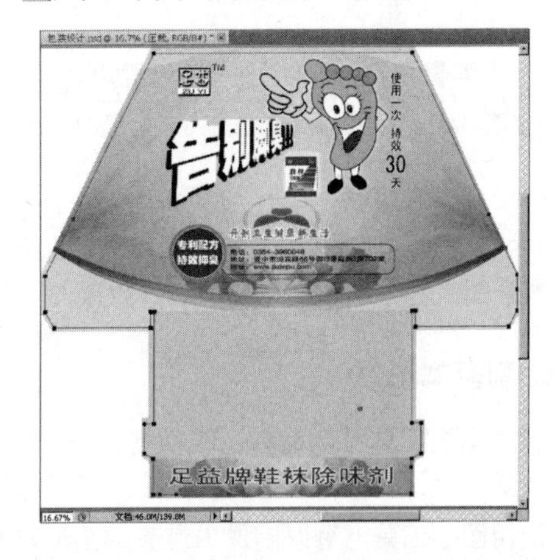

步骤47 选择“画笔工具”，设置画笔大小为10px，将前景色设置为R:236、G:0、B:140，切换到路径面板，单击路径面板上的用“画笔描边路径”按钮，描边路径，图像效果如下图所示。

步骤48 单击图层面板上的“创建新图层”按钮，新建图层，将其命名为“线”，选择“钢笔工具”，在文档内创建的路径如下图所示。

步骤49 选择“画笔工具”，设置画笔大小为8px，将前景色设置为R:0、G:174、B:239，切换到路径面板，单击路径面板上的“用画笔描边路径”按钮，描边路径，得到的图像效果如下图所示。

步骤50 到此，包装案例就绘制完成了，最终效果如下图所示。

知识拓展

本实例主要讲解了制作商品外包装平面展示效果图的过程，在设计过程中主要应用了形状工具绘制规则的图形，然后用“水平翻转”命令制作出对称的另一半图形，再利用提供的素材制作出精美的平面展开图，这也是印刷之前的最终效果图。接下来讲解本实例主要涉及的相关知识点。

01 绘制基本形状

利用图形工具可以简单、轻松地制作出各种形态的图像，另外还可以组合不同形态的图像，从而制作出复杂的图形及任意的形状。接下来将学习图像的制作方法。

使用图形工具，可以制作出漂亮的图形对象，并且制作出的图像对象不受分辨率的影响。

为了方便用户绘制不同样式的图形形状，Photoshop CS5提供了一些基本的图形绘制工具。利用图形工具可以在图像窗口中绘制直线、矩形、椭圆、多边形和其他自定义形状。

用户在绘制形状后，还可根据需要对形状进行编辑。形状的编辑方法与路径的编辑方法完全相同。例如，可增加和删除形状的锚点，移动锚点位置，对锚点的控制柄进行调整，对形状进行缩放、旋转、扭曲、透视、倾斜变形，以及水平、垂直翻转等。

默认情况下，用户使用图形工具绘制图形时，形状图层的内容均以当前前景色填充（未应用任务样式）。形状图层实际上相当于带图层蒙版的调整图层，形状则位于蒙版中。因此想要更改形状的填充内容，只需要更改图层内容就可以了。选择“图层>新建填充图层”级联菜单中的“纯色”、“渐变”、“图案”命令，可为形状图层更改相应的内容。

如右图所示为用于制作矩形或者圆角矩形，以及各种形状的图形工具。	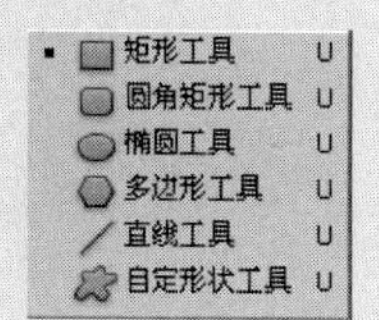	矩形工具：快捷键为【U】 圆角矩形工具：快捷键为【U】 椭圆工具：快捷键为【U】 多边形工具：快捷键为【U】 直线工具：快捷键为【U】 自定形状工具：快捷键为【U】

1. 矩形工具

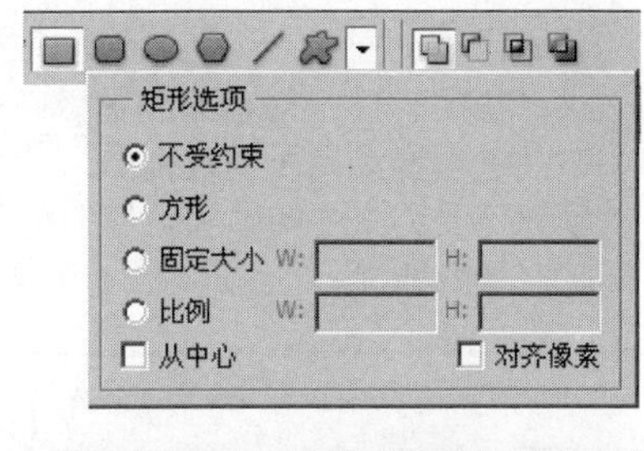

"矩形工具"用来绘制矩形和正方形。选择该工具后，单击并拖动鼠标可以创建矩形；按住【Shift】键拖动则可以创建正方形；按住【Alt】键拖动会以单击点为中心向外创建矩形；按住【Shift+Alt】组合键会以单击点为中心向外创建正方形。单击选项栏中的"几何选项"按钮，打开一个下拉面板，如右图所示，在面板中可以设置矩形的创建方法。

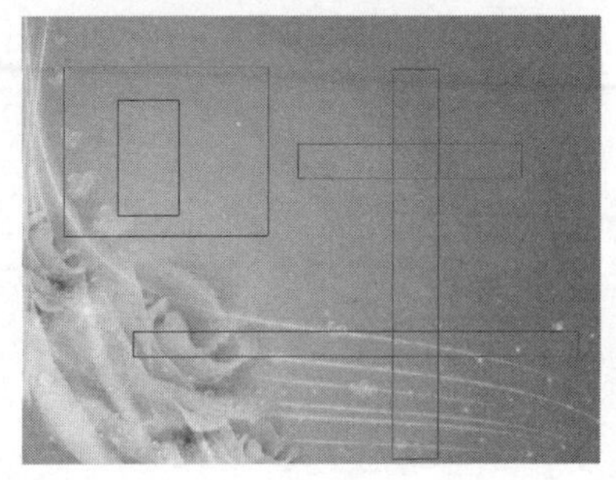

- 不受约束：可通过拖动鼠标创建任意大小的矩形和正方形，如右图所示。
- 方形：拖动鼠标时只能创建任意大小的正方形，如下图所示的第一幅图。
- 固定大小：选择该单选按钮并在它右侧的文本框中输入数值（W为宽度，H为高度），单击鼠标左键时，只能创建预设大小的矩形。如下图所示的第二幅图为宽度3厘米，高度5厘米的矩形。
- 比例：选择该单击按钮并在它右侧的文本框中输入数值（W为宽度，H为高度），拖动鼠标时，无论创建多大的矩形，矩形的宽度和高度都保持预设的比例。如下图所示的第三幅图，矩形的比例为W:H=1:2。
- 从中心：以任何方式创建矩形时，鼠标在画面中的单击点即为矩形的中心，拖动鼠标时矩形将由中向外扩散。

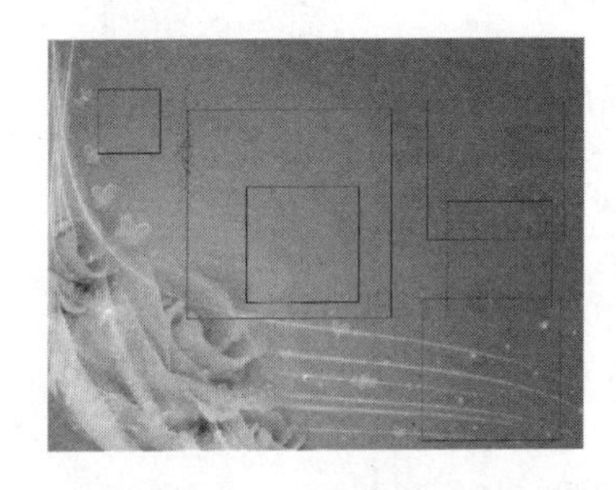
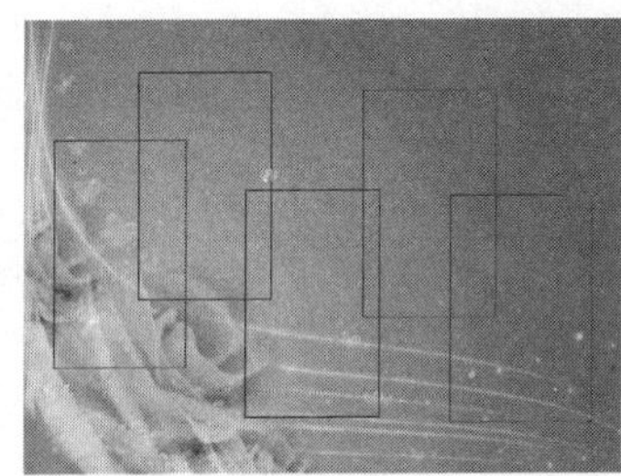
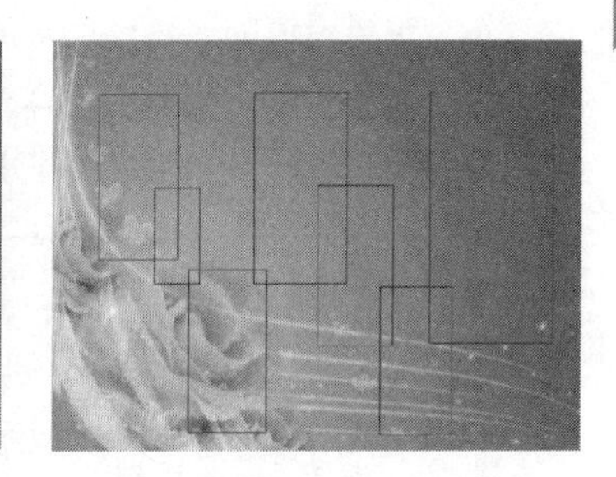

- 对齐像素：选择该复选框时，矩形的边缘与像素的边缘重合，图形的边缘不会出现锯齿；取消选择该复选框时，矩形边缘会出现模糊的像素。

2. 圆角矩形工具

"圆角矩形工具"用来创建圆角矩形。它的使用方法及选项栏都与"矩形工具"形同，只是多了一个"半径"选项。"半径"选项用来设置圆角半径，该值越达，圆角越广。如下图所示为"圆角矩形工具"选项栏及不同半径的圆角矩形。

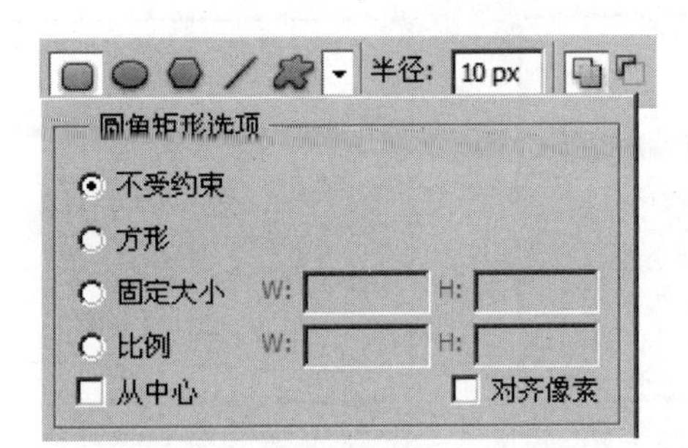

半径为10像素的圆角矩形

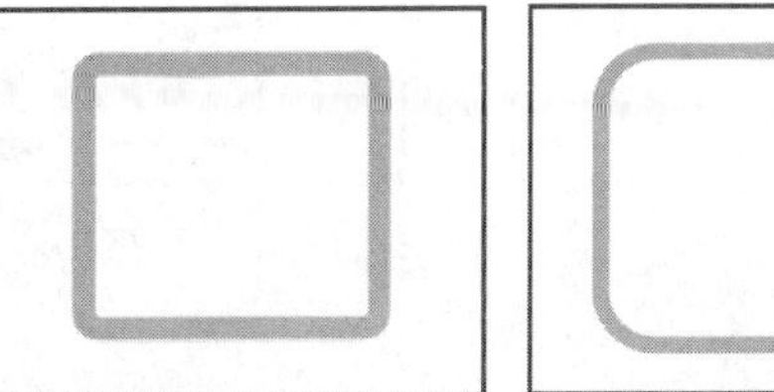
半径为50像素的圆角矩形

3. 椭圆工具

“椭圆工具”用来创建椭圆形和圆形。选择该工具后，单击并拖动鼠标可以创建椭圆形，按住【Shift】键拖动则可创建圆形。“椭圆工具”的选项栏及创建方法与“矩形工具”基本相同。读者可以创建不受约束的椭圆和圆形，也可以创建固定大小、固定比例的圆形。如下图所示为绘制的正圆及不同形状的椭圆。

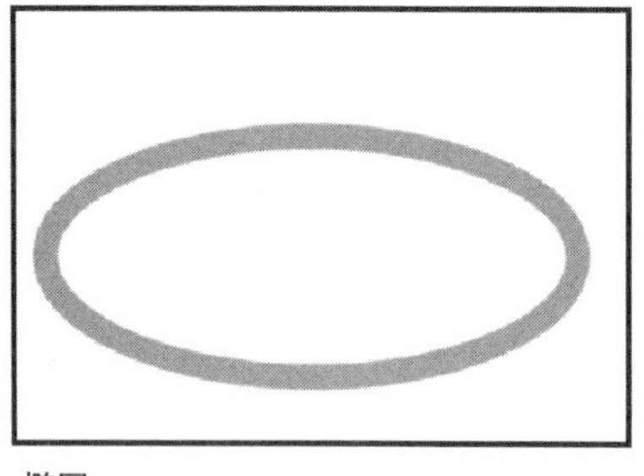

椭圆

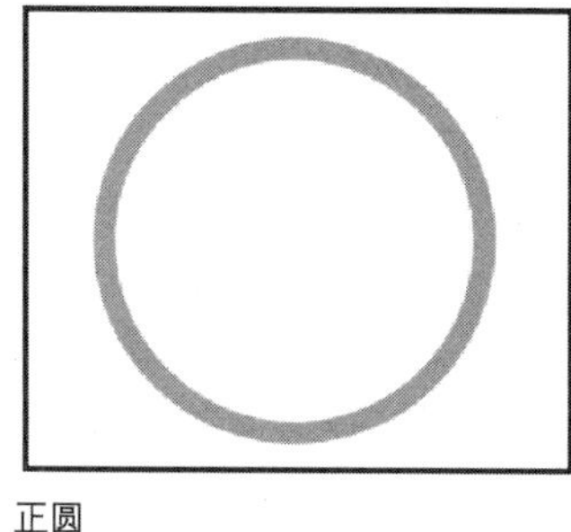

正圆

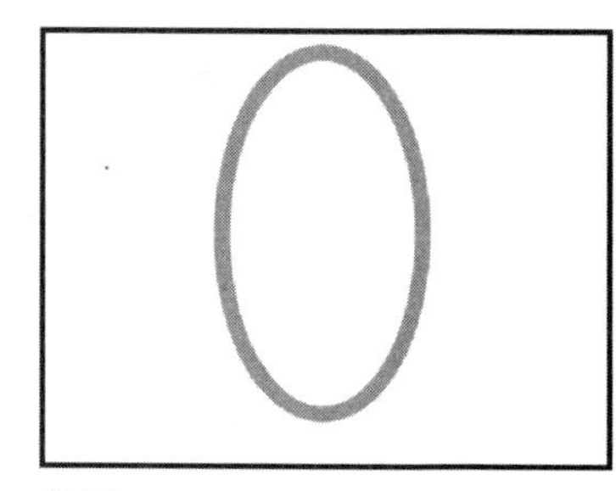

椭圆

4. 多边形工具

“多边形工具”用来创建多边形和星形。选择该工具后，首先需要在选项栏中设置多边形或星形的边数，其范围为3~100。单击选项栏中的“几何选项”按钮，可打开一个下拉面板，在面板中可以设置多边形的选项，如右图所示。

- 半径：设置多边形或星形的半径长度。单击并拖动鼠标，将创建指定半径值的多边形或星形。
- 平滑拐角：创建具有平滑拐角的多边形和星形。如下图所示为多边形和星形，以及具有平滑拐角的多边形和星形。

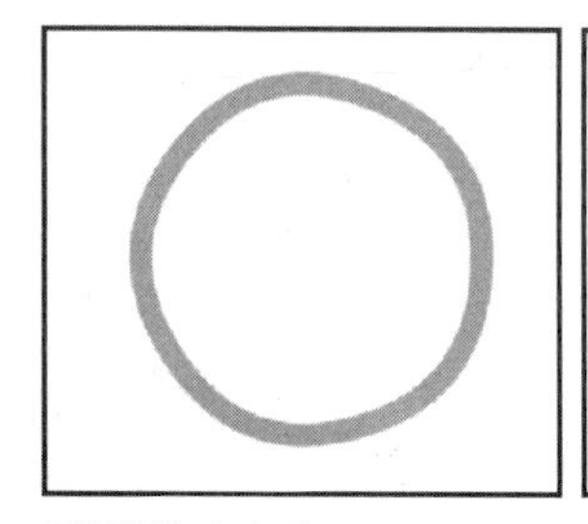

平滑拐角多边形

平滑拐角星形

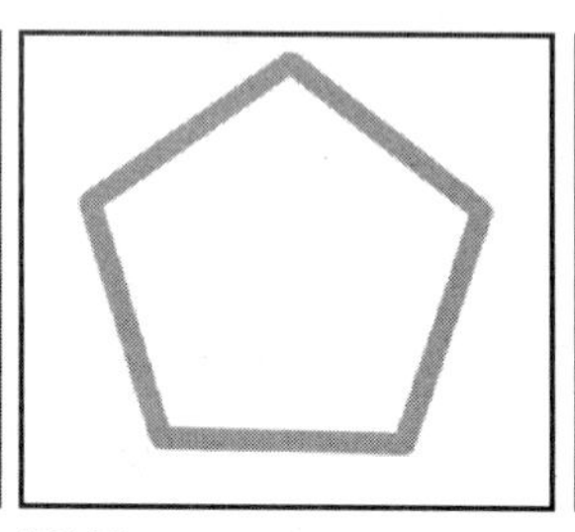

多边形

星形

- 星形：选择该复选框可以创建星形。在“缩进边依据”选项中可以设置星形边缘向中心缩进的数量，该值越大，缩进量越大，如下图所示的前两幅图。选择“平滑缩进”复选框，可以使星形的边平滑地向中心缩进，如下图所示的第三幅图。

缩进边依据：50%

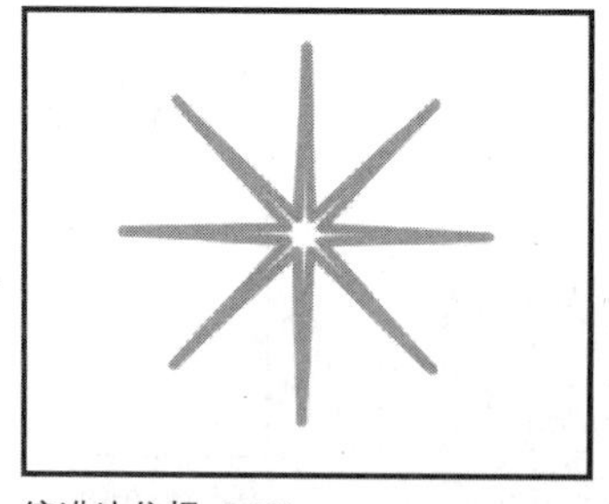

缩进边依据：90%

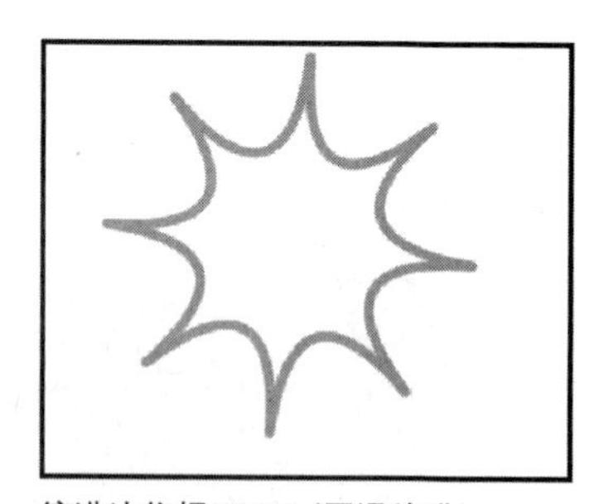

缩进边依据：90%（平滑缩进）

5. 直线工具

“直线工具”用来创建直线和带有箭头的线段。选择该工具后，单击并拖动鼠标可以创建直线或线段，按住【Shift】键可创建水平、垂直或以45°角为增量的直线。它的选项栏中包含了设置直线粗细的选项。此外，下拉面板中还包含了设置箭头的选项，如右图所示。

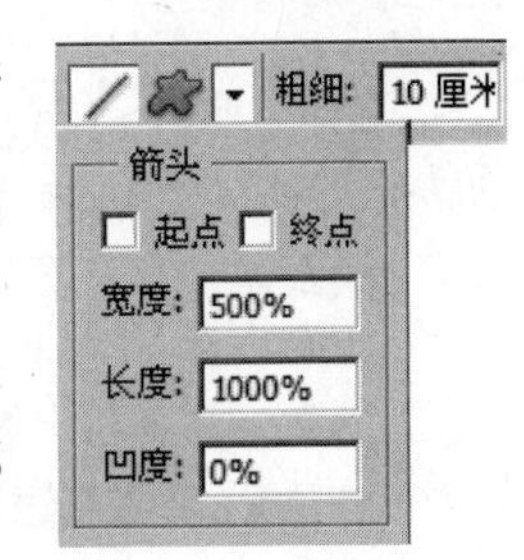

- “起点”/“终点”：选择“起点”复选框，可在直线的起点添加箭头；选择“终点”复选框，可在直线的终点添加箭头；两个复选框都选择，则起点和终点都会添加箭头，如下图所示。

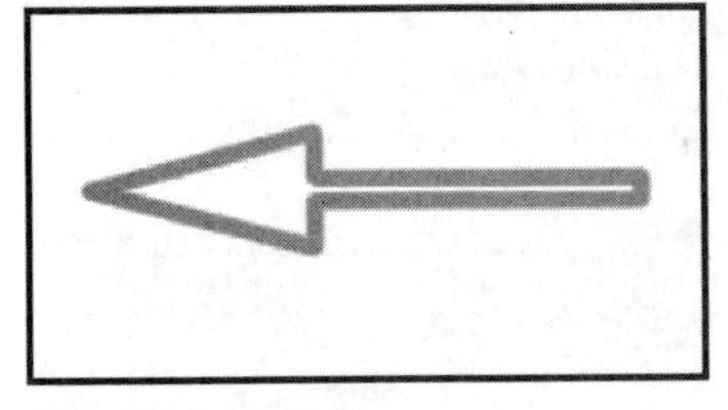
选择“起点”复选框

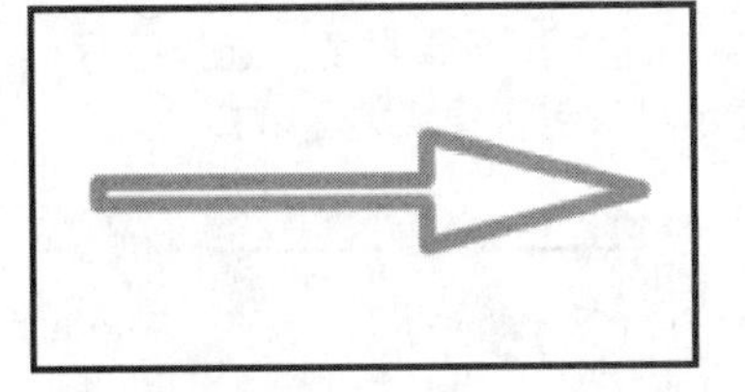
选择“终点”复选框

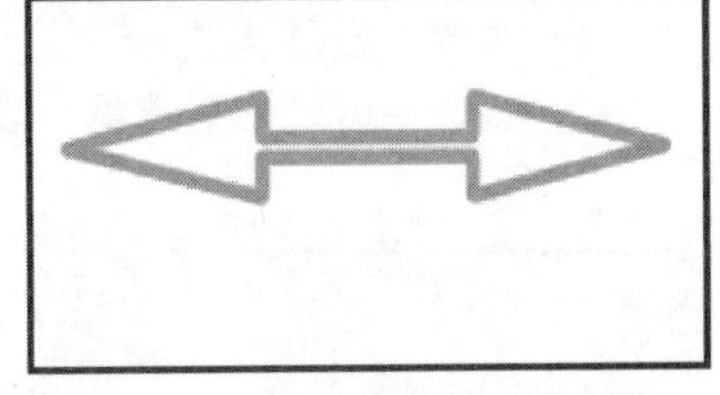
选择“起点”复选框和“终点”复选框

- 宽度：用来设置箭头宽度与直线宽度的百分比，范围为10%~1000%。
- 长度：用来设置箭头的长度与直线的宽度的百分比，范围为10%~5000%。如下图所示分别为用不同长度百分比和不同宽度百分比创建的带有箭头的直线。

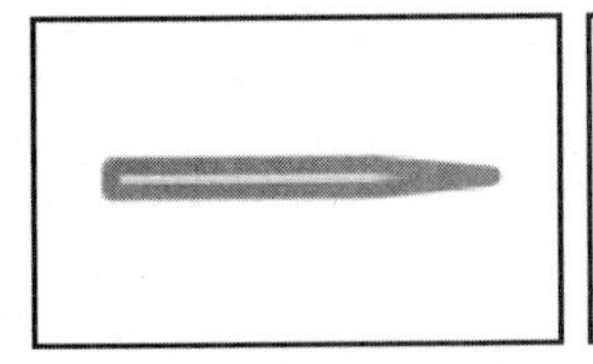
宽度：100% 长度：500%

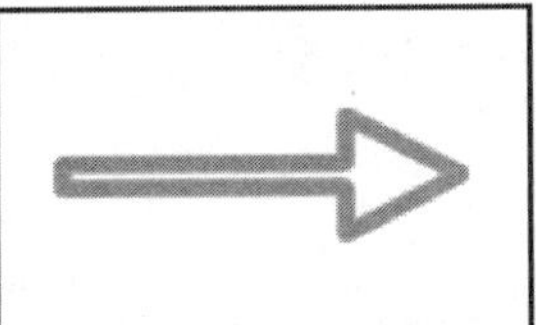
宽度：500% 长度：500%

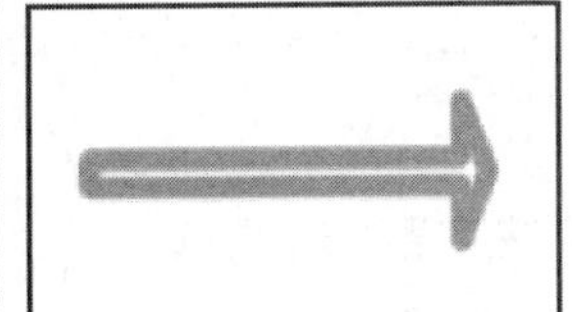
宽度：500% 长度：100%

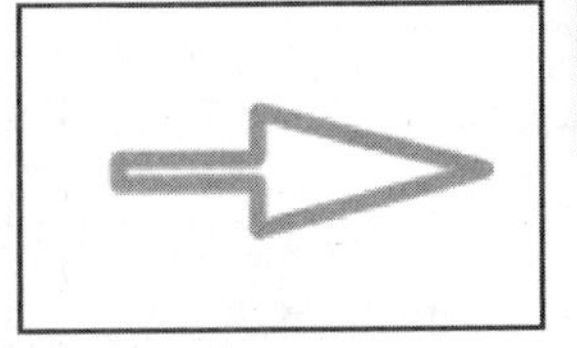
宽度：500% 长度：1000%

- 凹度：用来设置箭头的凹陷程度，其范围为-50%~50%。该值为0%时，箭头尾部平齐；该值大于0%时，向内凹陷；该值小于0%时，向外凸出。如下图所示为不同凹度值时的箭头。

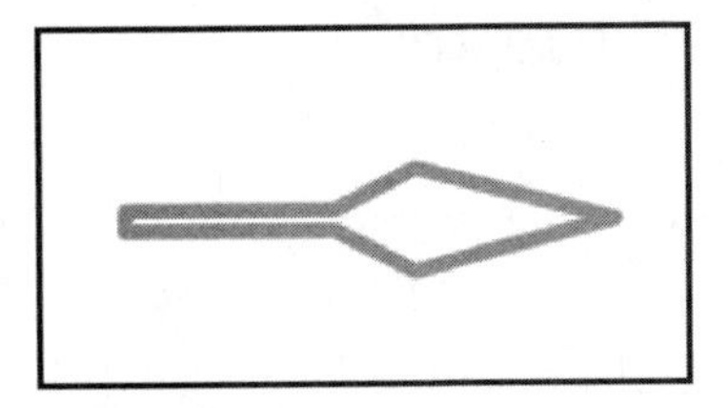
凹度：-50%

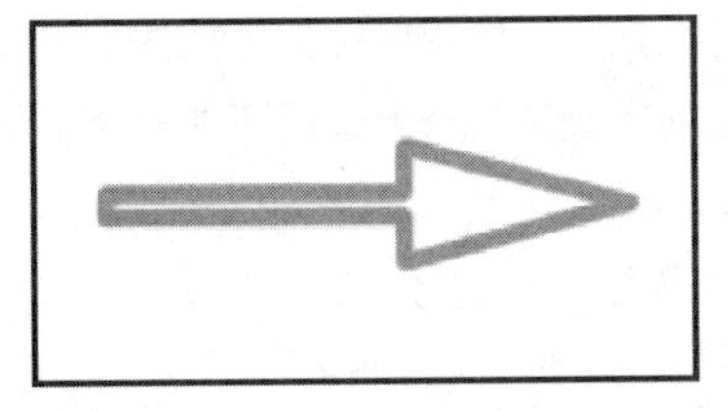
凹度：0%

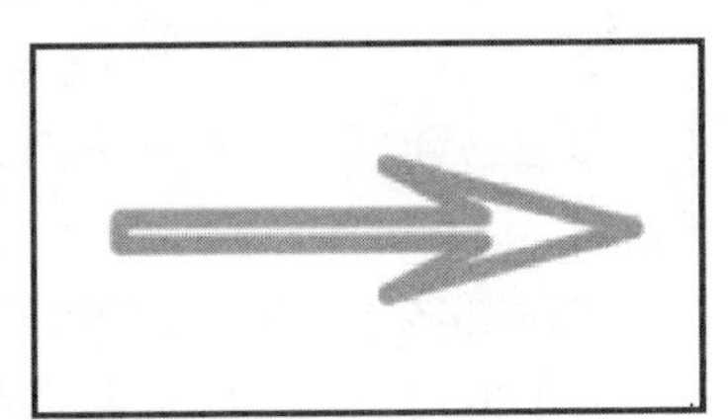
凹度：50%

6. 自定形状工具

使用“自定形状工具”可以创建Photoshop CS5预设的形状、自定义的形状或者外部提供的形状，其选项栏如右图所示。选择该工具以后，需要单击选项栏中的“点按可打开‘自定形状’拾色器”按钮，在打开的形状下拉面板中选择一种形状，然后单击并拖动鼠标即可创建该图形。如果要保持形状的比例，可以按住【Shift】键绘制图形。如果要使用其他方法创建图形，可在“自定形状选项”下拉面板中设置。

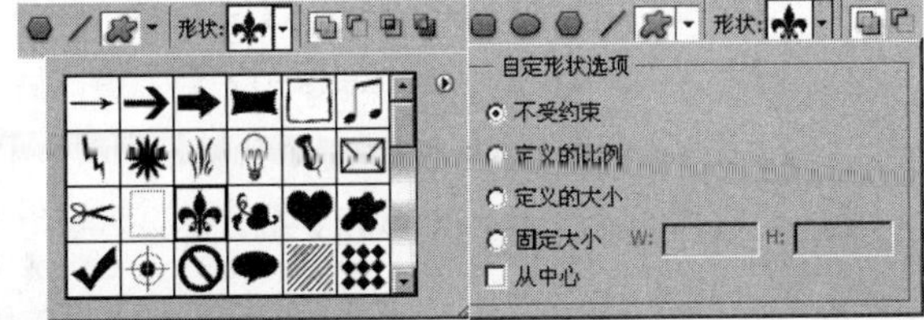

02 编辑>描边

选择“编辑>描边”命令，可打开“描边”对话框，如右图所示。

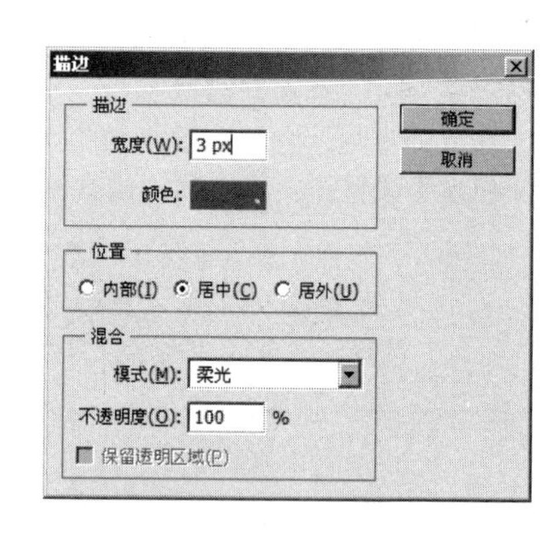

- 描边：在“宽度”选项中可以设置描边宽度；单击“颜色”选项右侧的颜色块，可以在打开的“选取描边颜色”对话框中设置描边颜色。
- 位置：设置描边相对于选区的位置，包括“内部”、“居中”和“居外”3个选项，不同选项的效果如下图所示。
- 混合：设置描边颜色的混合模式和不透明度。选择“保留透明区域”复选框，表示只对包含像素的区域描边。

内部

居中

居外

课程练习

1. 成功的包装设计应该遵循哪6个要点?

2. 简述商品包装的基本要素。

3. 下面有关“修补工具”的使用描述正确的是哪项?

A. “修补工具”和“修复画笔工具”在修补图像的同时都可以保留原图像的纹理、亮度、层次等信息

B. “修补工具”和“修复画笔工具”在使用时都要先按住【Alt】键来确定取样点

C. 在使用“修补工具”操作之前所确定的修补选区不能有羽化值

D. “修补工具”只能在同一个图像上使用

4. 在下列色彩模式中哪种色彩模式的色域最广?

A. Lab　　B. RGB　　C. CMYK　　D. 索引颜色

5. 不管图层面板上的“锁定透明像素”按钮是否被选中，按什么键能够用背景色进行填充，按什么键能够用前景色进行填充?

A. 前者为【Ctrl+Alt+Backspace】组合键，后者为【Shift+Ctrl+Backspace】组合键

B. 前者为【Shift+Ctrl+Backspace】组合键，后者为【Shift+Alt+Backspace】组合键

C. 前者为【Ctrl+Backspace】组合键，后者为【Alt+Backspace】组合键

D. 前者为【Shift+Backspace】组合键，后者为【Shift+Alt+Backspace】组合键

第7章 印前设计

教学目的：

了解印前作业的定义与专业术语，以及图像输出的分辨率。能正确选择图像色彩模式与色彩校正，熟悉打样与出片环节。

教学重点：

（1）印前设计工作的要点

（2）校稿的注意事项

（3）印前设计的工作流程

（4）图像的存储格式与打印设置

7.1 印前作业的相关知识

印前设计是根据内容、性质、图文总量、读者对象进行设计的。印前设计是对印前的数据化、规范化、标准化进行设计与管理，是稳定控制和提高印前质量的关键。随着计算机技术和网络技术的不断发展，印前技术也发生了巨大的变化。网络化程度的不断提高、网络化的出版技术、按需印刷技术、网络数据库技术等的出现和发展促进了传统印刷业的革新。本节主要讲解印刷之前的相关知识。

随着数字化媒体的发展、计算机应用的日益广泛，无论是出版、交通还是其他行业，都离不开计算机的操控。印刷品也与计算机有着密不可分的关系，尤其是印刷之前的设计等前期工作。随处可见的包装袋、书籍、广告之类的宣传品，都需要人们精心地利用计算机来设计印刷品的样式、颜色等内容，然后才可以印刷出成品，这对人们的生活和科技的发展起到重大作用。

7.1.1 印前作业

印前作业是指印刷工艺的前期工作，包括排版、拼版、分色、扫描等工作。工作的关键主要在于印前作业中对所用到软件的熟练掌握，以及对印刷工艺基本工作流程的熟练程度和对图形、图像处理的能力等。

文字是用来记录和传达语言的书写符号，在国内的印刷行业，字体主要有汉字、外文字、民族字等几种。字号是区分文字大小的一种衡量标准，国际上通用的是点制，在国内则是以号制为主，点制为辅。

在排版的过程中，应该根据印刷版面要求进行版面设计，如栏与栏之间的距离、页码及页码的摆放位置，以及页眉、页脚的位置及大小等。在进行文字排版时，还要注意一些禁排规定。如下图所示为不同的版式。

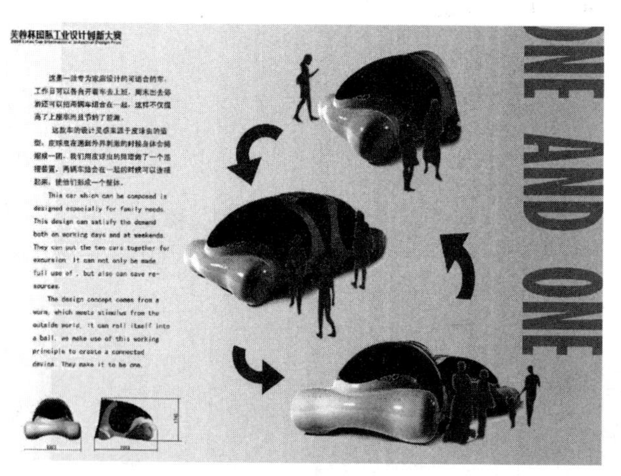

Nova regra para grampos deve vir menos rígida

Lula põe slogan em carro oficial e oposição reage

'A corrupção corrói por dentro e faz ruir o regime'

O motor assusta.
O preço acalma.

'Vivemos a mais democrática das Constituições'

7.1.2 印刷的专业术语

- 露白/漏白：由于印刷时没有套准而在色块拼接的地方露出一条没有油墨的白线。
- 出血：纸质印刷品所谓的“出血”，是指超出版心部分的印刷，在Adobe Photoshop中设计的时候，可以直接加出血。出血并不都是3mm，不同印刷品应分别对待。如下（左）图所示为出血线。
- 全出血：因图像超出纸张四边的部分。由于几乎没有印刷机可以在纸张边缘进行印刷，必须将四边裁切掉。

印刷中的出血是指加大产品外尺寸的图案，在裁切位加一些图案的延伸，专门为各生产工序在其工艺公差范围内使用，以避免裁切后的成品露白边或裁到内容。在制作时分为设计尺寸和成品尺寸，设计尺寸总是比成品尺寸大，大出来的边是要在印刷后裁切掉，这个要印出来并裁切掉的部分就称为印刷出血。

- 版心：是排版过程中统一确定的文图所在的区域，上下左右都会留白，但是在纸质印刷品中，有时为了取得较好的视觉效果，会把文字或图片（大部分是图片）超出版心范围，覆盖到页面边缘，称为“出血图”。如下（右）图所示，红框内的部分为版心。

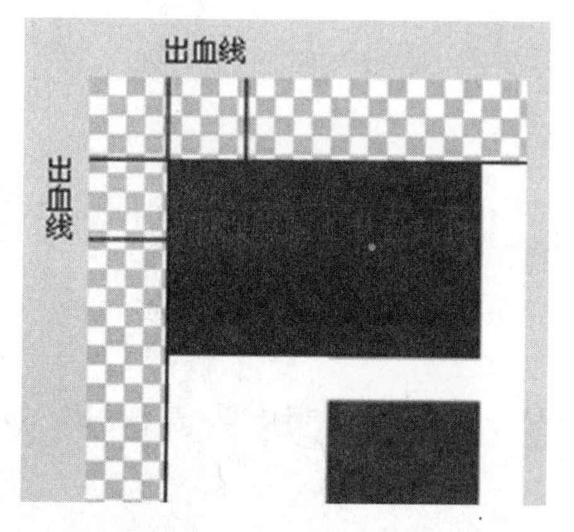

- 咬口：是指印刷机械在传送纸张的时候，纸张被印刷机械送纸装置所夹住的那部分位置。此处是印刷油墨无法着色的部分，一般控制在7～15mm之间。所以，计算实际印刷面积时，必须去除咬口部分的非印刷面积。
- 装订：一般分骑马订、平订、锁线胶订、无线胶订。常见的杂志类都采用骑马订，如下（左）图所示；线装书类、铁丝装类属于平订，如下（右）图所示；锁线胶订常用于大型画册，装订速度慢；无线胶订常用于高档小型画册，过厚的书在多次翻折后易脱胶。

将一张白纸左右一翻是自翻，前后一翻是大翻，也叫滚翻。

- 拼版：在工作中经常遇到的是16K、8K等正规开数的印刷品，特别是包装盒、小卡片等，其常常是不合开的，这时候就需要在拼版的时候尽可能把成品放在合适的纸张开度范围内，以节约成本。
- 分色：将原稿颜色分解为青色、品红、黄色和黑色4种原色。
- 打样：将出品中心分色后进行打样，以检验色调能否良好再现，打样校正无误后交付印刷中心制版和印刷。

7.2 印前设计的工作流程

进行印前设计或计算机设计的一般的工作流程主要有以下几个基本过程：

（1）明确设计及印刷要求，接受客户资料；

（2）设计，包括输入文字、图像、创意、拼版；

（3）出黑白或彩色校稿，让客户修改；

（4）按校稿修改；

（5）再次出校稿，让客户修改，直到定稿；

（6）让客户签字后出菲林；

（7）印前打样；

（8）送交印刷打样，让客户看是否有问题，如无问题，让客户签字，此时印前设计全部工作即将完成。如果打样中有问题，还需修改，重新输出菲林。

印刷品的最终形成需要经历3个步骤。

第一步：按企业要求进行计算计设计。

第二步：在计算机设计的基础上进行数字化调整，包括颜色、清晰度、裁剪边距、折缝等各个方面的调整，最终制成印刷机器认可的版式。

第三步：将成型制版送入印刷机印刷。

数码印前设计学习的是前两个步骤的工作技能，内容包括以下几个方面：

（1）工业标准的平面设计与排版软件，如InDesign；

（2）学习印刷品的制作流程和印前程序控制；

（3）应用多媒体软件进行文字格式编排、页面排版、色彩调配等；

（4）将计算机设计作品数码化。

7.3 印前设计的工作要点

在对印刷品进行设计的时候，设计师需要根据印刷品的具体要求来合理设计，在印前设计工作中需要注意以下几个方面。

（1）图形色彩模式必须是CMYK或灰度模式。如下（左）图所示为CMYK色彩模式。

（2）在彩色图中，如果需要大面积的纯黑色底，建议使用K:100、C:30，用这种黑色印刷出来比一色黑要亮，同时，兰版的存在可以弥补黑版印刷不实的漏洞。如果在整图上有暖色图案并且边缘有羽化效果，或有暖色调透明等，这时的数值就需要根据实际主要暖色调来进行调整，如K:100、M:60、Y:70，此时的图案过渡部分会非常舒服，效果不像K:100时那样呆板。如下（右）图所示为黑色过渡模式。

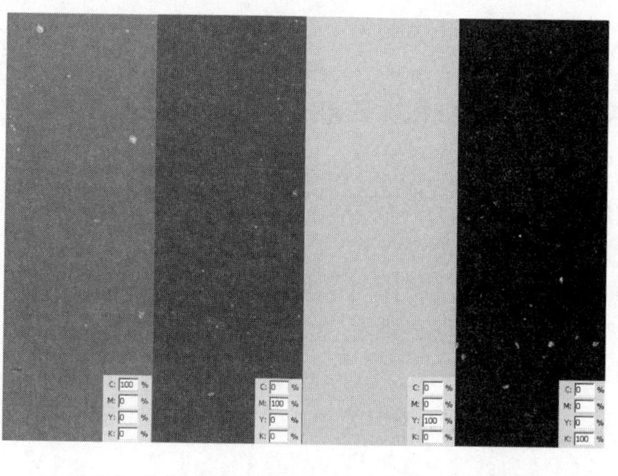

（3）在为杂色图案上的反白字或反白色细线选择字体（或线的磅数）的时候，一般不使用仿宋、细圆等过细的字体，尽量使用黑体、隶书等线条明显的字体，以免套版不准时出现文字或线条看不清的情况。如下（左）图所示为带有图案的文字，如下（右）所示为带有花纹的字母。

（4）制作打孔的东西时，尽量不要设计外边框，因为如果版位稍有偏差，就会出现一边大一边小的情况。如下图所示分别为制作的打孔台历及打孔包装盒。

（5）对报纸稿、胶纸印刷设计时应注意，由于新闻纸和胶纸都很容易吸墨，所以在制作的时候，要相应地降低色度。比如设计报纸稿时，需要看到30的灰度，而在制作的时候就把灰度定到24左右，这样在有些灰的新闻纸上印时，实际效果相当于30的灰度。（双）胶纸比新闻纸白些，色度可以比正常铜版印刷低些，比报纸稿高些。

7.4 校稿的注意事项

印刷稿的印前设计制作完成之后，需要对完稿进行仔细查看，以保证印刷中不会出现错误，以下是一些需要注意的事项。

（1）版面上的文字距离裁切边缘必须大于 3mm，以免裁切时被切到。文字不要使用系统字，若使用会造成笔画交错处有白色节点，黑色文字不要选用套印填色。

（2）不能以计算机屏幕或打印机列印的颜色来要求印刷色，制作时必须参照CMYK色谱的百分数来决定。同时应注意，不同厂家生产的CMYK色谱受采用的纸张、油墨种类、印刷压力等因素的影响，同一色块会存在差异。

（3）同一文档在不同次印刷时，色彩都会有差异，色差度在10%内为正常（因墨量控制每次都会不同所致）。

（4）色块的配色应尽量避免使用深色或满版色的组合，否则裁切时容易产生背印的情况。名片印刷的量较少，正反面有相同大面积色块的地方，很难保证一致或毫无墨点。

（5）底纹或底图颜色不要低于10%，以避免印刷成品时无法呈现。

（6）所有导入或自绘的图形，其线框粗细不可小于0.1mm，否则印刷品会出现断线或无法呈现的状况，线框不可设置为随影像缩放，否则印刷输出时会形成不规则的线。

7.5 分辨率

分辨率就是屏幕图像的精密度，是指显示器所能显示的像素多少。由于屏幕上的点、线和面都是由像素组成的，显示器可显示的像素越多，画面就越精细，同样的屏幕区域内能显示的信息也越多，所以分辨率是非常重要的性能指标之一。读者可以把整个图像想象成一个大型的棋盘，而分辨率的表示方式就是所有经线和纬线交叉点的数目。Photoshop CS5中的分辨率可以影响图片的清晰度及图片的大小。

分辨率简介：

以分辨率为1024×768的屏幕来说，即每一条水平线上包含1024个像素点，共有768条线，即扫描列数为1024列，行数为768行。分辨率不仅与显示尺寸有关，还受显像管点距、视频带宽等因素的影响。其中，它和刷新频率的关系较密切，严格地说，只有当刷新频率为“无闪烁刷新频率”时，显示器能达到的最高分辨率，才称为这个显示器的最高分辨率。如下图所示，图像分辨率分别为72像素/英寸和300像素/英寸。

分辨率解析：

高分辨率是保证彩色显示器清晰度的重要前提。显示器的点距是高分辨率的基础之一，大屏幕彩色显示器的点距一般为0.28、0.26、0.25。另一方面，高分辨率是指显示器在水平和垂直显示方面能够达到的最大像素点，一般有320×240、640×480、1024×768、1280×1024等几种，好的大屏幕彩色显示器通常能够达到1600×1280的分辨率。较高的分辨率不仅意味着较高的清晰度，也意味着在同样的显示区域内能够显示更多的内容。例如，在640×480分辨率下只能显示一页的内容，在1600×1280分辨率下则能够显示两页。如下图所示为不同分辨率的显示情况。

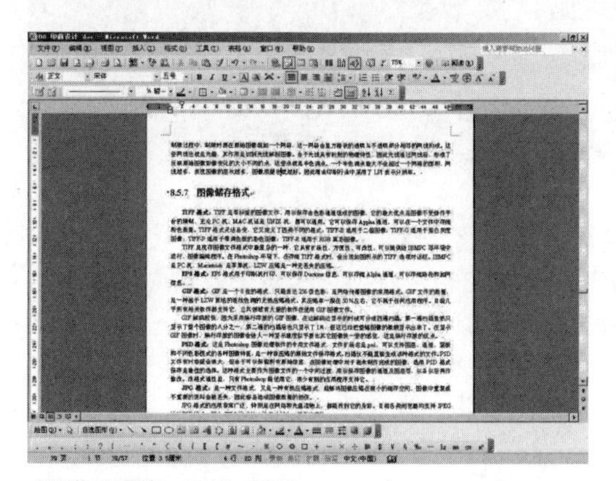

（屏幕分辨率：1024×768）

（屏幕分辨率：1440×900）

分辨率是用于度量位图图像内数据量多少的一个参数，通常表示成每英寸像素和每英寸点。其包含的数据越多，图形文件的长度就越大，就能表现更丰富的细节。更大的文件需要耗用更多的计算机资源，例如更多的内存，更大的硬盘空间等。另一方面，如果图像分辨率较低，就会显得相当粗糙，特别是把图像放大为较大的尺寸时。所以，在图片创建期间，必须根据图像最终的用途决定分辨率。这里的技巧是，首先保证图像包含足够多的数据，以便能满足最终输出的需要，同时也要适量地尽量少地占用一些计算机资源。

7.6 图像的输出与打印

当所有的设计工作都已经完成，需要将作品打印出来供自己和他人欣赏时，还需要对所输出的版面和相关的参数进行调整，以确保更好地打印作品，从而更准确地表达设计意图。

7.6.1 图像的存储格式

TIFF格式：TIFF是带标签的图像文件格式，用以保存由色彩通道组成的图像。它的最大优点是图像不受操作平台的限制，无论PC、MAC还是UNIX，都可以通用。它可以保存Alpha通道，可以在一个文件中存储分色数据。TIFF格式灵活易变，它又定义了4类不同的格式：TIFF-B适用于二值图像；TIFF-G适用于黑白灰度图像；TIFF-P适用于带调色板的彩色图像；TIFF-R适用于RGB真彩图像。如下（左）图所示为TIFF格式的图像。

TIFF格式是现存图像文件格式中最复杂的一种，它具有扩展性、方便性、可改性。在Photoshop中，在存储TIFF格式时，会弹出“TIFF 选项”对话框。IBMPC是PC，Maclntosh 是苹果机，LZW压缩是一种无丢失的压缩。

EPS格式：此格式用于印刷机打印，可以保存Duotone信息，存储Alpha通道，还可以存储路径和加网信息。如下（右）图所示为EPS格式的图像。

GIF格式：GIF是一种8位的格式，只能表达256级色彩，是网络传播图像的常用格式。GIF格式是一种基于LZW算法的连续色调的无损压缩格式。其压缩率一般在50%左右，它不属于任何应用程序。GIF解码较快，因为采用隔行存放的GIF图像，在边解码边显示的时候可进行4遍扫描。第一遍扫描虽然只显示了整个图像的1/8，第二遍扫描后也只显示1/4，但已经把整幅图像的概貌显示出来了。在显示GIF图像时，隔行存放的图像会给人一种显示速度要比其他图像快一些的感觉。如下图所示为GIF格式的图像。

PSD格式：这是Photoshop图像处理软件的专用文件格式，文件扩展名是.psd，可以支持图层、通道、蒙版和不同色彩模式的各种图像，是一种非压缩的原始文件保存格式。扫描仪不能直接生成该种格式的文件。有时PSD文件的容量会很大，由于该格式可以保留所有原始信息，在图像处理中对于尚未制作完成的图像，选用PSD格式保存是最佳的选择。这种格式主要作为图像文件的一个中间过渡，用以保存图像的通道及图层等，以备以后进行修改。该格式的通性差，只有Photoshop能使用，很少有别的应用程序能支持它。如下（左）图所示为PSD格式的图像。

JPEG格式：是一种文件格式，又是一种有损压缩格式，能够将图像压缩在很小的储存空间，图像中重复或不重要的资料会丢失，因此容易造成图像数据的丢失。如下（右）图所示为JPEG格式的图像。

JPEG格式的应用非常广泛，特别是在网络和光盘读物上。目前，各类浏览器均支持JPEG这种图像格式，因为JPEG格式的文件尺寸较小，下载速度快。

BMP格式：它是Windows操作系统中的标准图像文件格式，能够被多种Windows应用程序所支持。随着Windows操作系统的流行与丰富的Windows应用程序的开发，BMP位图格式理所当然地被广泛应用。这种格式的特点是包含的图像信息较丰富，几乎不进行压缩，但由此导致了它与生俱生来的缺点——占用磁盘空间过大。所以，目前BMP在单机上比较流行。如下图所示为BMP格式的图像。

7.6.2　图像分辨率的选择

喷绘的图像往往是很大的，所以大的画面不能用印刷分辨率。喷绘的图像分辨率没有标准要求，下面集中了不同尺寸所使用的分辨率，以供参考。

现在的喷绘机多以11.25ppi、22.5ppi、45ppi进行输出时的图像，合理使用图像分辨率可以加快做图速度。

对于写真，一般情况下使用72ppi就可以，如果图像过大，可以适当降低分辨率。

7.6.3　色彩模式的选择

喷绘统一使用CMYK模式，禁止使用RGB模式。现在的喷绘机都是四色喷绘，它的颜色与印刷色截然不同。当然在做图的时候要按照印刷标准，印刷时，喷绘公司会调整画面颜色，使印刷颜色和小样接近。

写真可以使用CMYK模式，也可以使用RGB模式。注意，在RGB模式中，正红色的值用CMYK定义，即M=100，Y=100。

7.6.4 色彩校正

为了取得满意的打印效果，在打印之前，用户还应该使用Photoshop强大的色彩校正功能进行处理。

Photoshop的色彩校正是进行打印的重要步骤之一。在进行图像处理时，RGB色彩模式可以提供的24位的色彩范围，即真彩色显示，效果清晰锐丽。但是，如果将RGB模式用于打印，就不是最佳的选择了，因为RGB模式所提供的有些色彩已经超出了打印的范围，因此在打印一幅真彩色的图像时，就必然会损失一部分，这主要因为打印所用的是CMYK模式。

CMYK模式所定义的色彩要比RGB模式定义的色彩少很多，因此打印时系统会自动将RGB模式转换为CMYK模式，这样就难免损失一部分颜色，出现打印后失真的现象。为了取得最佳的打印效果，用户可以在打印图像之前，将RGB转换为CMYK模式，即打印模式。Photoshop为用户提供了最便捷的色彩校正命令。

色域是指颜色系统可以显示或打印的颜色范围。可在RGB模式中显示的颜色，在CMYK模式中可能会超出色域，从而无法打印。

选择“视图 > 色域警告”命令，图像中无法打印的部分会呈灰色显示。选择“视图 > 校样颜色”命令，图像色彩会自动校正为打印颜色，图像的模式也由RGB模式转换为CMYK模式。选择“文件 > 打印”命令，打开“打印”对话框，如右图所示。选择“色彩管理”选项，校样设置会显示为“工作中的CMYK”。

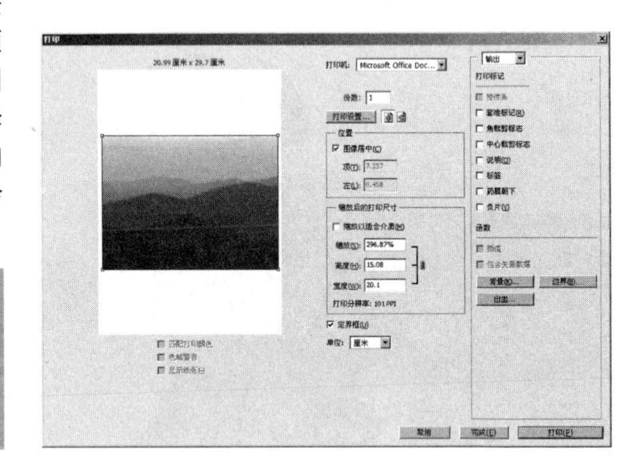

> **提 示**
>
> 用户在进行图像创作时，可以先在RGB模式下将图像设计完成，在输出时再转换为CMYK模式。滤镜中的大多数命令不支持CMYK模式。

7.6.5 打样和出片

出片是印刷制版的主流方式，要在打样之前完成。打样是在印刷前制作的样章，主要为印刷厂提供追样参考。

打样：分为传统打样和数码打样两种，都是为了在印刷前小批量地制作样章，传统打样可以供印刷厂追样参考，并且和印刷的工艺质量基本一致，但是必须出片才能制版打样，所需时间较长，一般超过5个小时，油墨需要晾干；数码打样一般可以追样，颜色和印刷有一定的差距，但差距不是很大，仅是更亮一些而已。因为具有不用出胶片、成本低和速度非常快等优点，受到对色彩要求不高的客户追捧，但需要注意其与喷墨打印还是具有色彩管理上的本质区别的。

出片又称为输出菲林片，是印刷制版的主流方式，将计算机中的图文文件按照印刷的四色法进行分色（分成C、M、Y、K 这4色）后，通过激光曝光的方式，精密地曝光在胶片上用于印刷。

7.6.6 图像的打印

1. 设置打印参数

要进行打印，可以选择“文件 > 打印”命令，弹出“打印”对话框，在其中可以进行对打印机、份数、位置、缩放、纵横向打印等参数进行设置，如下图所示。

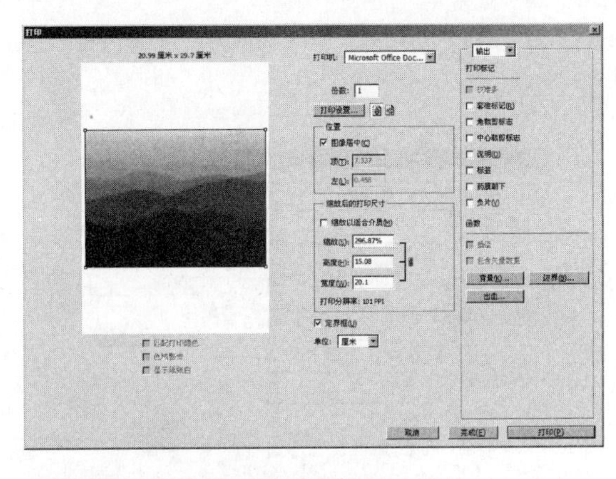

2. 打印图像

打印中最为直观简单的操作就是“打印一份”命令，可选择“文件 > 打印一份”命令打印，也可按【Shift+Ctrl+Alt+P】组合键进行打印。

3. 打印指定的图像

打印指定的图像时，有时图像的大小和需要打印的尺寸有差别，需要用户进行设置。

选择“文件 > 打印”命令，弹出“打印”对话框。

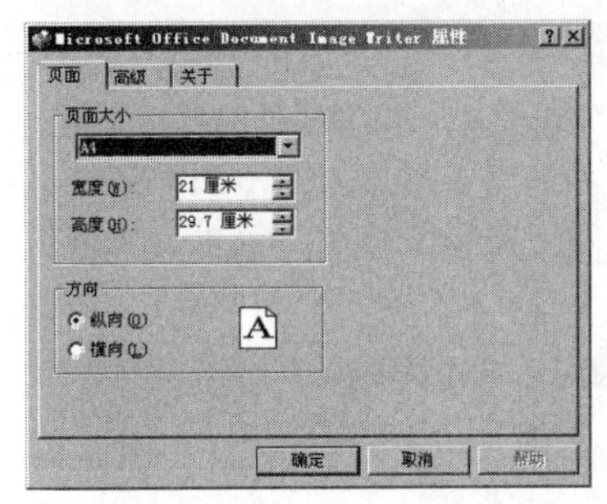

单击“打印设置”按钮，弹出文档属性对话框，用户可以进行相应的设置，如右图所示。

7.7 印前设计实例解析

当设计师将效果设计好之后，就可以进行最后的环节了——印刷，印前设计环节是一个非常重要的环节，对效果的风格、种类、形式等都会有不同的要求。本节主要讲解印前设计过程的具体操作方法。

7.7.1 公益广告的制作

如今的大街小巷，公益广告随处可见。本实例主要讲解了制作公益广告的过程。本实例的最终效果如右图所示。

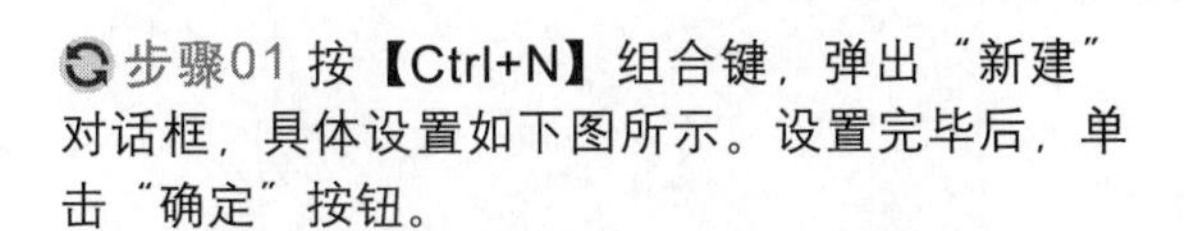

最终文件：Ch08\Complete\7-7-1.psd

步骤01 按【Ctrl+N】组合键，弹出“新建”对话框，具体设置如下图所示。设置完毕后，单击“确定”按钮。

步骤02 选中“背景”图层，将前景色设置为R:192、G:220、B:243，按【Alt+Delete】组合键填充前景色，得到的图像效果如下图所示。

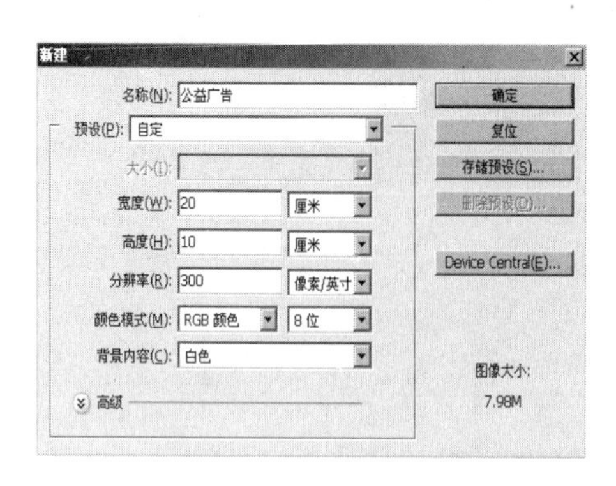

步骤03 选择菜单栏中“文件>打开”命令，打开本书附带光盘中的素材“天空.psd”文件，将其拖入到文档内，并移动到合适位置，效果如下图所示。

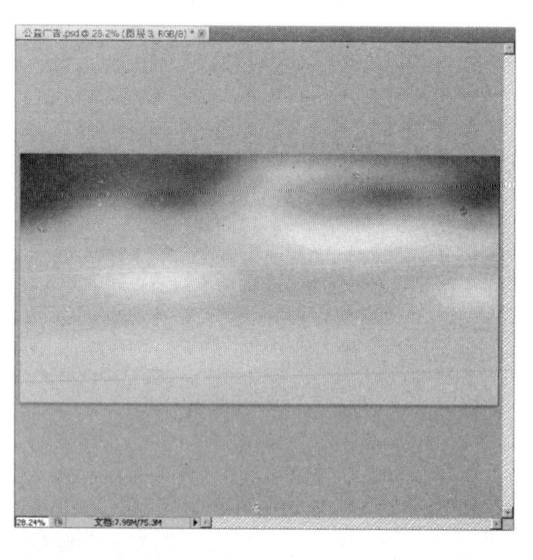

步骤04 单击图层面板上的“创建新图层”按钮，新建“图层2”图层，选择工具箱中的“多边形套索工具”，在文档内创建如下图所示的选区。

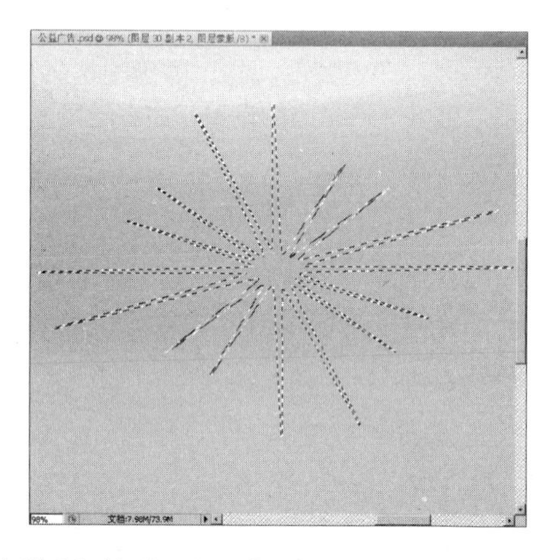

步骤05 将前景色设置为白色，按【Alt+Delete】组合键填充前景色，得到的图像效果如下图所示。

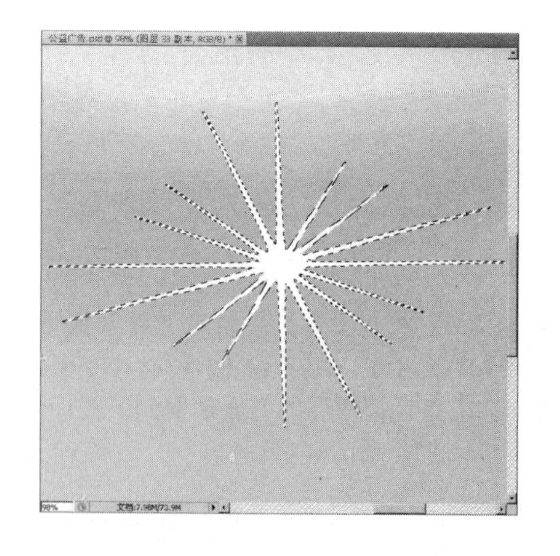

步骤06 按【Ctrl+D】组合键取消选区，将图层的“不透明度”选项设置为55%，得到的图像效果如下图所示。

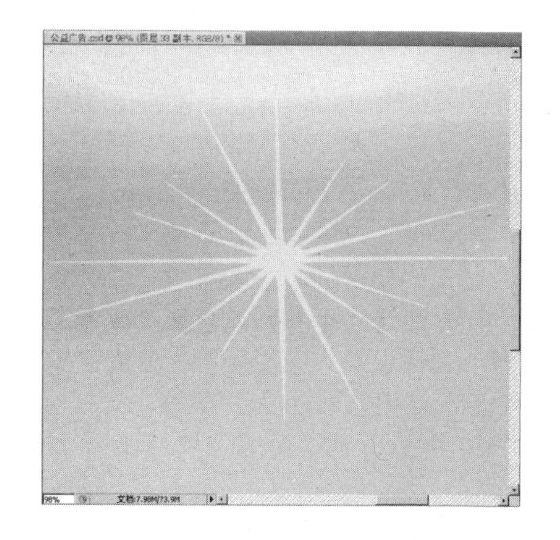

步骤07 按【Ctrl】键单击“图层2”图层前面的缩览图，将“图层2”图层载入选区，选择“选择>修改>扩展”命令，打开“扩展选区”对话框，设置参数，设置完毕后，按【Enter】键确认操作，参数设置即图像效果如下图所示。

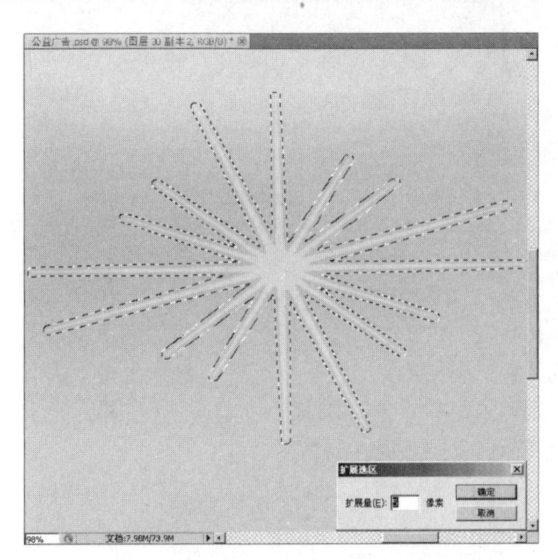

步骤08 按【Shift+F6】组合键，打开“羽化选区”对话框，设置参数，设置完毕后，按【Enter】键确认操作，参数设置及图像效果如下图所示。

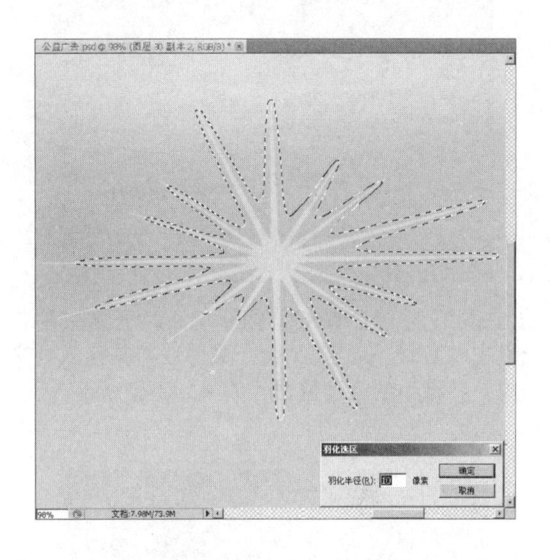

步骤09 单击图层面板上的“创建新图层”按钮，新建“图层3”图层，将前景色设置为白色，按【Alt+Delete】组合键填充前景色，得到的图像效果如下图所示。按【Ctrl+D】组合键取消选区。

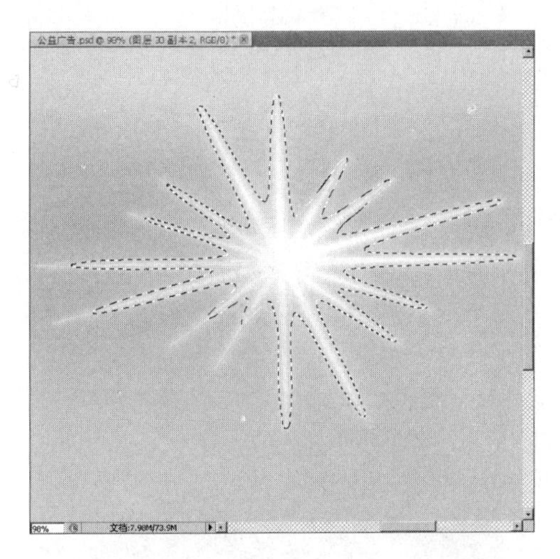

步骤10 选择菜单栏中的“文件>打开”命令或按【Ctrl+O】组合键，打开本书附带光盘中的素材“云.psd”文件，将其拖入到文档内，并移动到合适位置，效果如下图所示。

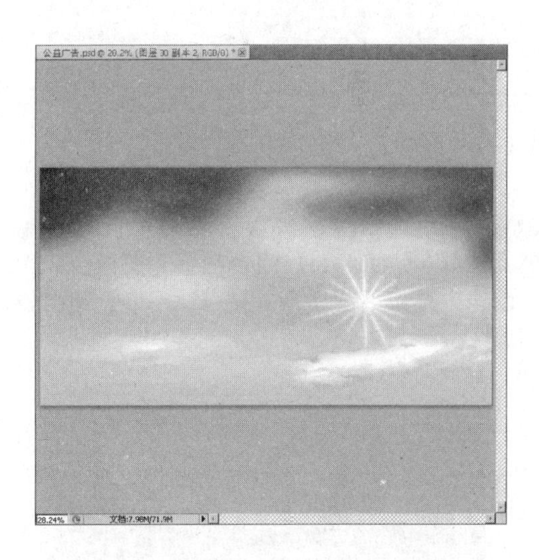

步骤11 单击图层面板上的“添加图层蒙版”按钮，为图层添加蒙版，选择“套索工具”，在其选项栏中单击“添加到选区”按钮，在文档内创建如下图所示的选区。

步骤12 选中图层蒙版，将前景色设置为黑色，按【Alt+Delete】组合键填充前景色，得到的图像效果如下图所示。按【Ctrl+D】组合键取消选区。

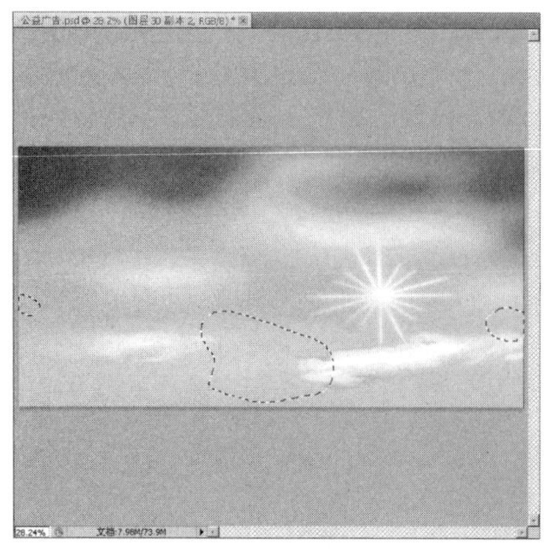

步骤13 按【Ctrl+O】组合键，打开本书附带光盘中的素材“天空2.psd”文件，将其拖入到文档内，并移动到合适位置，效果如下图所示。

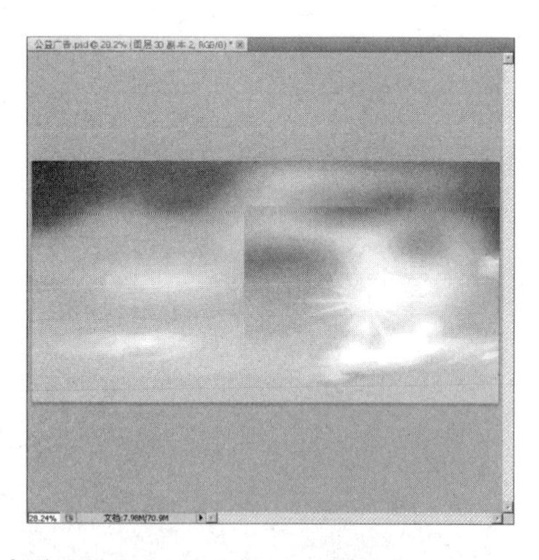

步骤15 选中图层蒙版，将前景色设置为黑色，按【Alt+Delete】组合键填充前景色，得到的图像效果如下图所示。按【Ctrl+D】组合键取消选区。

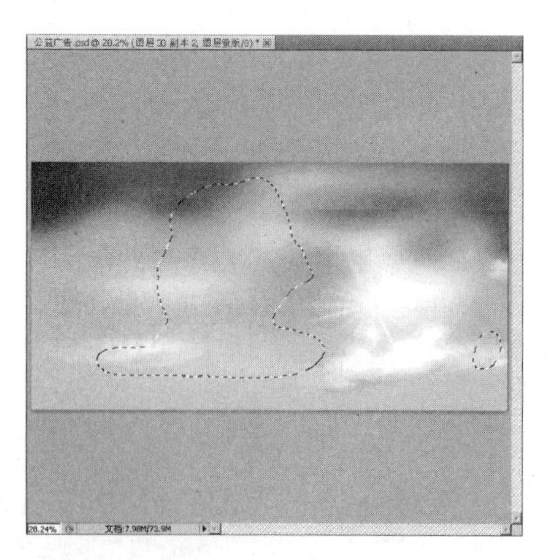

步骤14 单击图层面板上的“添加图层蒙版”按钮，为图层添加蒙版，选择“套索工具”，在其选项栏中单击“添加到选区”按钮，在文档内创建如下图所示的选区。

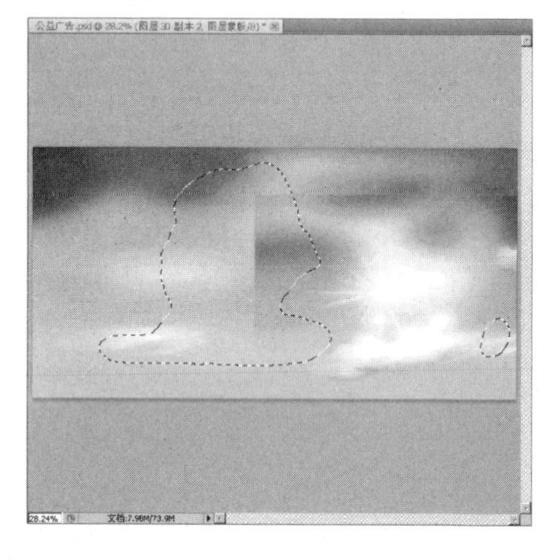

步骤16 选择菜单栏中的“文件>打开”命令，打开本书附带光盘中的素材“气球.psd”文件，将其拖入到文档内，并移动到合适位置，效果如下图所示。

步骤17 单击图层面板上的“创建新图层”按钮，新建图层，选择“钢笔工具” ，在文档内创建路径，效果如下图所示。

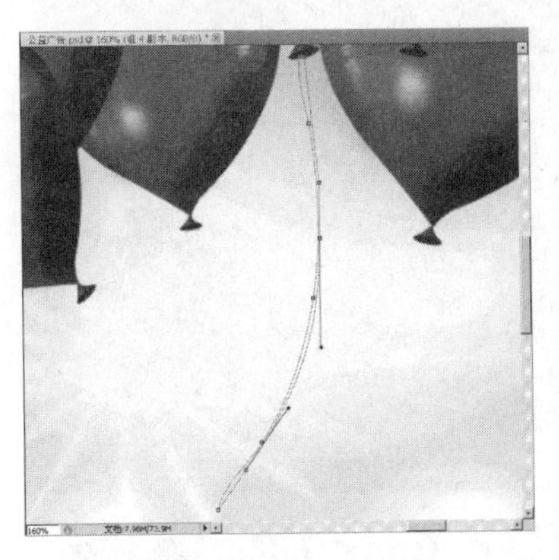

步骤18 切换到路径面板，单击路径面板上的“将路径作为选区载入”按钮 ，载入选区，将前景色设置为R:203、G:44、B:96，按【Alt+Delete】组合键填充前景色，效果如下图所示。

步骤19 按【Ctrl+D】组合键取消选区，用同样的方法重复操作上述步骤，为其他气球绘制绑线效果，得到的图像效果如下图所示。

步骤20 选择“横排文字工具” ，设置相关参数，在文档内输入相应的文字，按【Ctrl+T】组合键对其进行旋转，并填充颜色，使用“橡皮擦工具” 将不需要的部分擦除，效果如下图所示。

步骤21 将前景色设置为R:229、G:0、B:105，选择“横排文字工具” ，设置合适的文字字体及大小，在文档内输入相应的文字，得到的图像效果如下图所示。

步骤22 按住【Ctrl】键单击所有文字图层，将其全部选中，按【Ctrl+E】组合键合并图层，按【Ctrl】键单击合并后的图层缩览图，将其载入选区，效果如下图所示。

步骤23 切换到路径面板，单击路径面板上的“从选区生成工作路径”按钮，将选区转换为路径，得到的图像效果如下图所示。

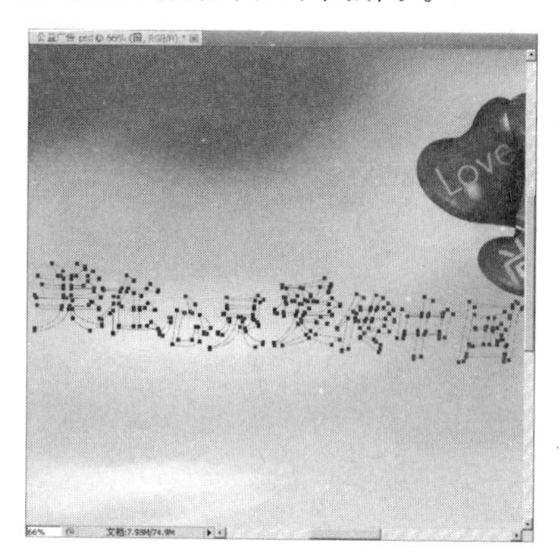

步骤24 使用“直接选择工具”和“钢笔工具”绘制新路径并调整文字路径的形状，得到的图像效果如下图所示。

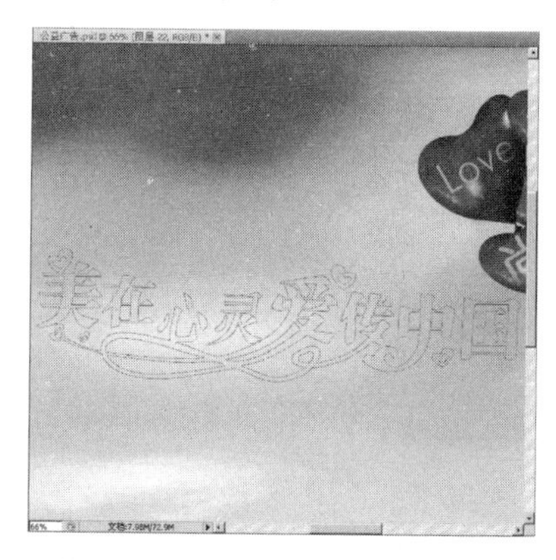

步骤25 新建一个图层，切换到路径面板，单击路径面板上的“将路径作为选区载入”按钮将其载入选区，将前景色设置为R:229、G:0、B:105，按【Alt+Delete】组合键填充前景色，得到的图像效果如下图所示。

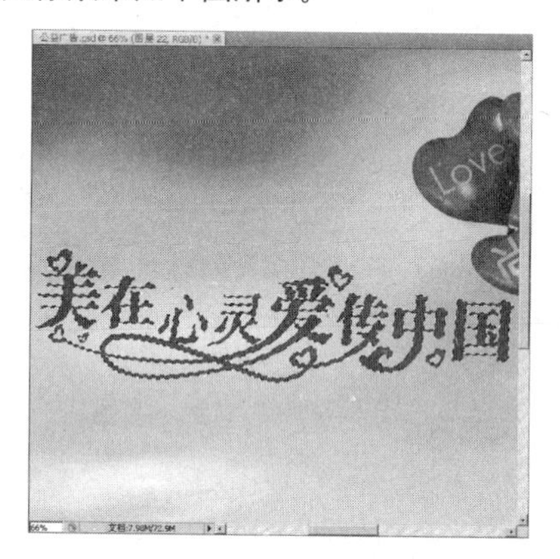

步骤26 按【Ctrl+D】组合键取消选区，单击图层面板上的“添加图层样式”按钮，在弹出的菜单中选择“外发光”命令，弹出“图层样式”对话框，具体参数设置如下图所示。

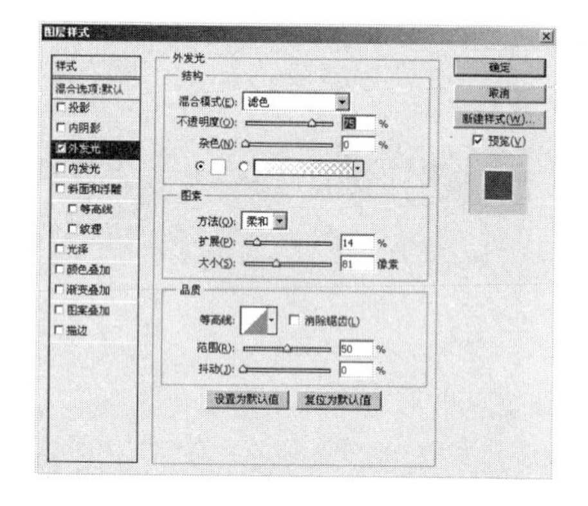

步骤27 设置完毕后，单击“确定”按钮，得到的图像效果如下图所示。

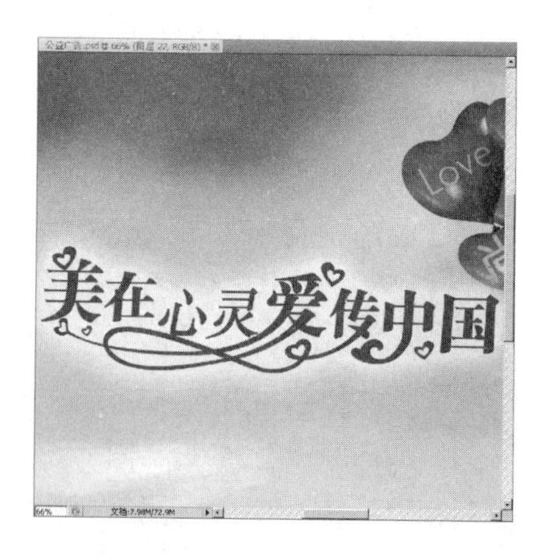

步骤28 选择菜单栏中的“文件＞打开”命令，打开本书附带光盘中的素材“人物.psd”文件，将其拖入到文档内，并移动到合适位置，效果如下图所示。

步骤29 选择工具箱中的“魔术棒工具”，在选项栏上将“容差”设置为15，取消选择“连续”复选框，在拖入的图像上单击白色区域，得到如下图所示的选区。

步骤30 按住【Ctrl】键，单击“背景”图层和“图层1”图层，将其全部选中，按【Ctrl+E】组合键合并图层，将合并后的图层复制，得到“背景副本”图层，单击图层面板上的“添加图层蒙版”按钮，为其添加蒙版，图层面板如下图所示。

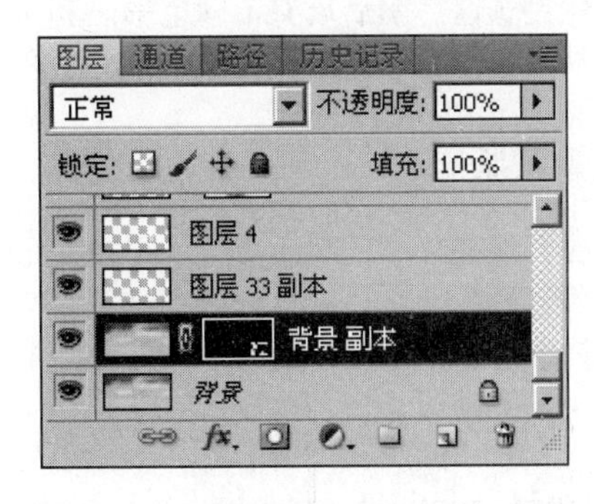

步骤31 双击“背景”图层右边的按钮，弹出“新建图层”对话框，按【Enter】键将“背景”图层转换为“图层0”图层，按住【Ctrl】键单击图层前面的缩览图，将其载入选区，效果如下图所示。

步骤32 选中“图层0”图层，按【Delete】键删除选区内的图像，将拖入图层的混合模式设置为“正片叠底”，得到的图像效果如下图所示。

步骤33 将前景色设置为黑色，选中“背景副本”图层的图层蒙版，选择“画笔工具”，在文档内涂抹，对人物细节进行调整，得到的图像效果如下图所示。

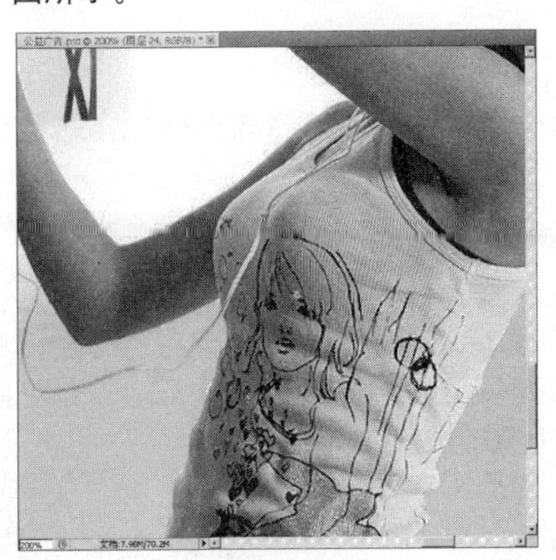

步骤34 到此，公益广告案例就完成了，最终效果如下图所示。

知识拓展

本实例是讲解了制作公益广告的过程，主要运用了矢量蒙版来改变图层的显示区域，利用“套索工具”绘制选区，然后填充不同色彩。利用文字工具输入相关的文字，将其转换为路径，再调整文字形状，从而制作出带有艺术字的宣传效果图。接下来讲解本实例所涉及的知识点。

01 矢量蒙版

矢量蒙版是由“钢笔工具”、“自定形状工具”等矢量工具创建的蒙版（图层蒙版和剪贴蒙版都是基于像素的蒙版），它与分辨率无关，常用来制作LOGO、按钮或其他Web设计元素。无论图像自身的分辨率是多少，只要使用了蒙版，就可以得到平滑的轮廓。

提 示

(1) 选择“图层>矢量蒙版>显示全部”命令，可以创建一个显示全部图像内容的矢量蒙版；选择“图层>矢量蒙版>隐藏全部”命令，可以创建隐藏全部图像的矢量蒙版。

(2) 选择矢量蒙版，选择“图层>矢量蒙版>删除”命令，或者将矢量蒙版拖动到“删除图层”按钮上，即可删除矢量蒙版。

1. 变换矢量蒙版

单击图层面板中的矢量蒙版缩览图，即可选择蒙版，选择“编辑>变换路径”级联菜单中的命令，即可对矢量蒙版进行各种变换操作。矢量蒙版与分辨率无关，因此在进行变换和变形操作时，不会产生锯齿。如下图所示为创建了蒙版的图层面板及“变换路径”级联菜单。

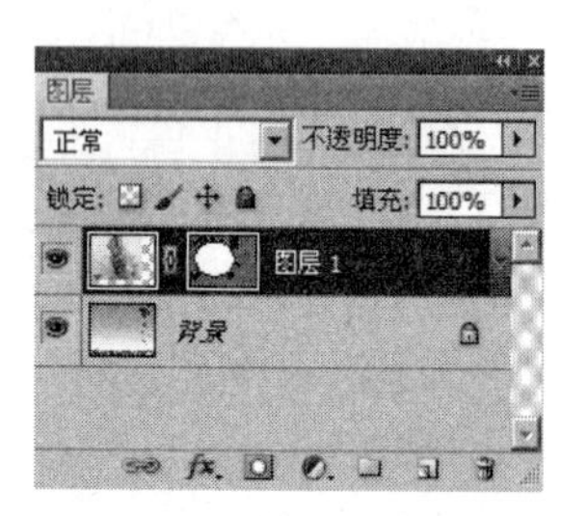

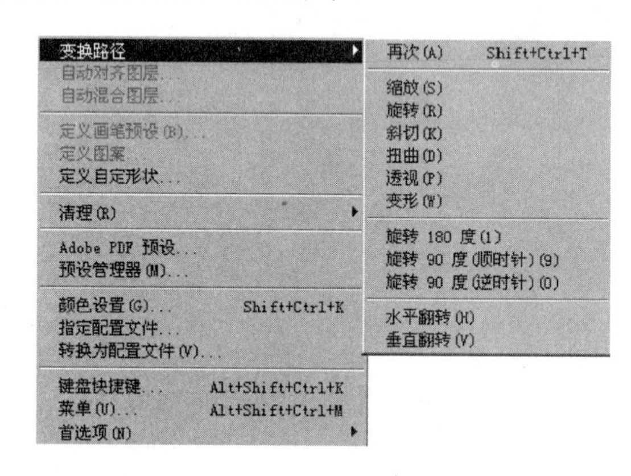

2. 将矢量蒙版转换为图层蒙版

选择矢量蒙版所在的图层，选择“图层>栅格化>矢量蒙版”命令，可将其栅格化，转换为图层蒙版。

02 将文字创建为工作路径

选择一个文字图层，选择“图层>文字>创建工作路径”命令，可基于文字创建工作路径，原文字属性保持不变。为了观察路径，隐藏了文字图层，生成的工作路径可以应用填充和描边，也可以通过调整锚点得到变形文字。如下图所示为原因、生成的文字路径和变形的文字路径。

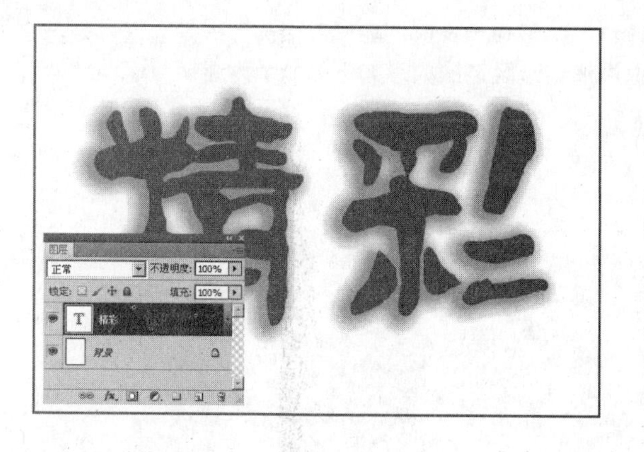

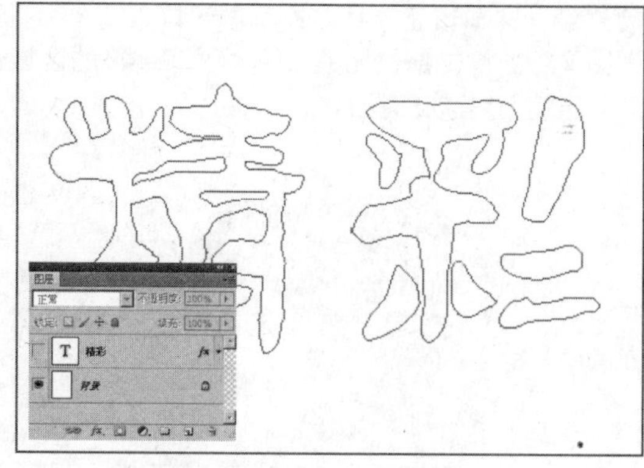

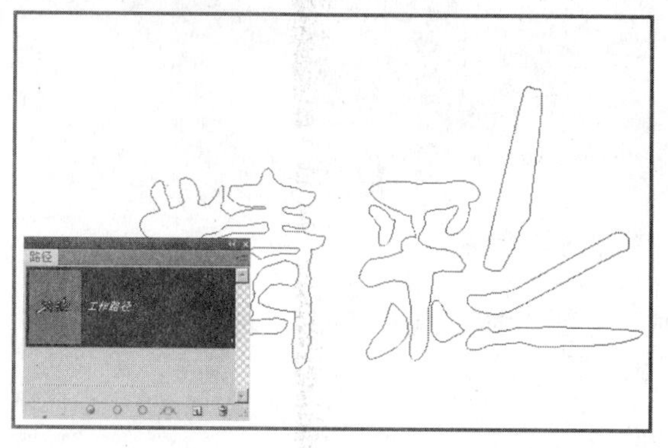

03 “魔棒工具”选项栏

在工具箱中选择“魔棒工具”，将显示如下图所示的选项栏。在该选项栏中，可以设置选区的大小、形态及样式。

❶容差：通过指定数值来指定选区的颜色范围。其取值范围0～255，该值越大，选取范围就越广。不同“容差”值的效果如下图所示。

“容差”值：100

“容差”值：200

❷连续：选择该复选框，以单击部位为基准，将连接的区域作为选区。如果取消选择该复选框，则与图像上的单击部位无关，可将没有连接的区域也添加到选区范围内。如下图所示为选择与取消选择“连续”复选框时的效果。

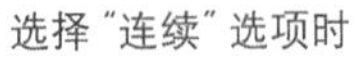

选择“连续”选项时

取消选择“连续”复选框

❸对所有图层取样：如果一个文件由若干个图层组成，利用“魔棒工具”可对所有图层取样。如下图所示为原因、选择和取消选择“对所有图层取样”复选框时的效果。

图像由卡通图片、文字和红色背景组成

选择“对所有图层取样”复选框时，利用“魔棒工具”单击卡通图层时，卡通图像和文字部分了被指定为选区

取消选择“对所有图层取样”复选框时，利用“魔棒工具”单击卡通图层时，只有卡通图层被指定为选区

04 外发光

“外发光”图层可以沿图层内容的边缘向外创建发光效果。如下图所示为“图层样式”对话框、为原图及效果图。

原图

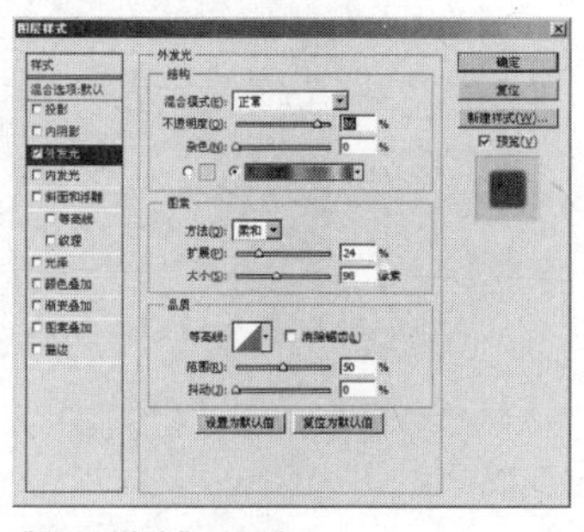
“图层样式”对话框

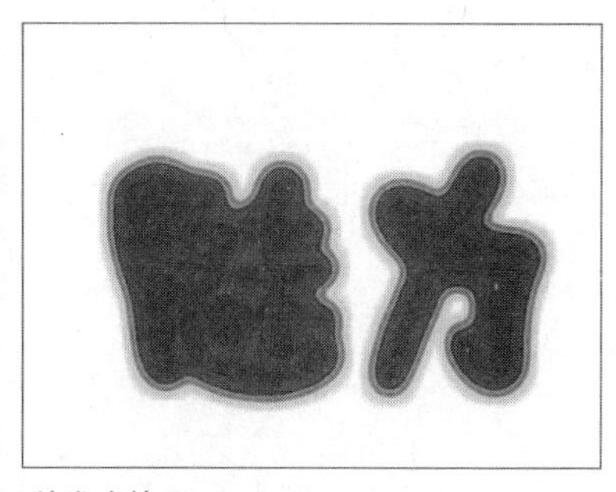
外发光效果

- “混合模式”/“不透明度”：“混合模式”用来设置发光效果与下面图层的混合方式；“不透明度”用来设置发光效果的不透明度，该值越小，发光效果越弱。
- 杂色：可以在发光效果中添加随机杂色，使光晕呈现颗粒感。
- 发光颜色：“杂色”选项下面的颜色块和颜色条用来设置发光颜色。如果要创建单色发光，可单击左侧的颜色块，在打开的“拾色器”中设置发光颜色；如果要创建渐变发光，可单击右侧的渐变条，在打开的“渐变编辑器”窗口中设置渐变颜色。如下图所示为单色发光效果和渐变发光效果。

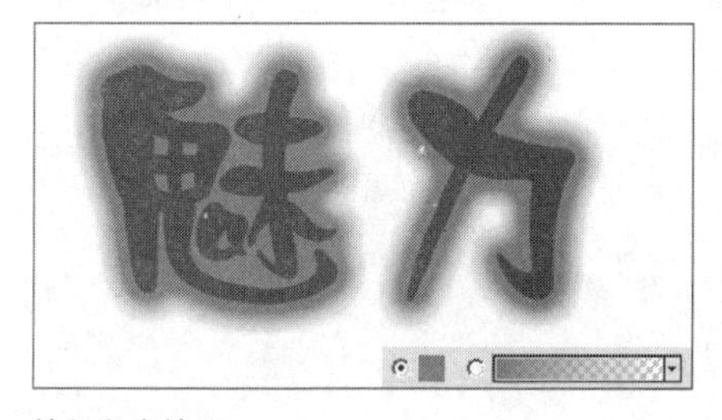
单色发光效果

渐变发光效果

- 方法：用来设置发光的方法，以控制发光的准确程度。选择“柔和”选项，可以对发光应用模糊，得到柔和的边缘；选择“精确”选项，则可得到精确的边缘。如下图所示为不同选项的不同效果。

“扩展”/“大小”：“扩展”用来设置发光范围的大小；“大小”用来设置光晕范围的大小。如下图所示为不同“扩展”和“大小”时的效果。

7.7.2 时尚女性海报的制作

海报也是广告宣传的一种形式。本实例主要制作了具有鲜明色彩的时尚女性海报，从色调、设计风格、图案等方面来说，都很适合以女性为主题。接下来讲解制作该海报的过程。本实例制作的最终效果如右图所示。

最终文件：Ch08\Complete\7-7-2.psd

步骤01 按【Ctrl+N】组合键，弹出“新建”对话框，具体设置如下图所示。设置完毕后，单击“确定”按钮。

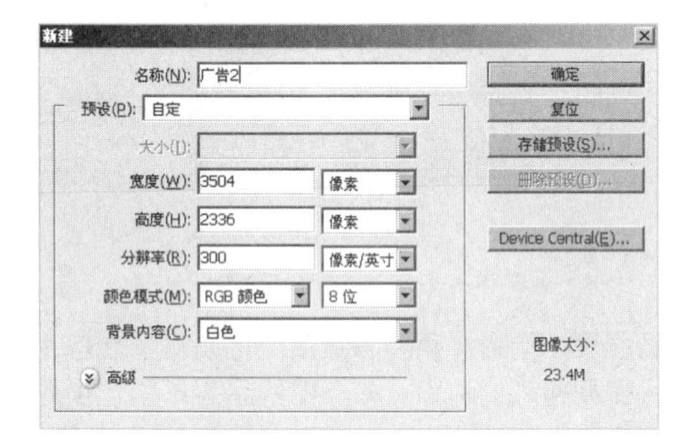

步骤02 选择“背景”图层，将前景色设置为R:150、G:0、B:0，将背景色设置为R:243、G:255、B:242，选择工具箱中的“渐变工具”，单击“点按可编辑渐变”色块，在弹出的“渐变编辑器”窗口中设置“前景色到背景色渐变”类型，在文档中从上至下拖动鼠标，得到的图像效果如下图所示。

步骤03 按【Shift+Ctrl+N】组合键新建一层，命名为“渐变”，选择工具箱中的“渐变工具”，单击“点按可编辑渐变”色块，打开“渐变编辑器”窗口，参数设置如下图所示。

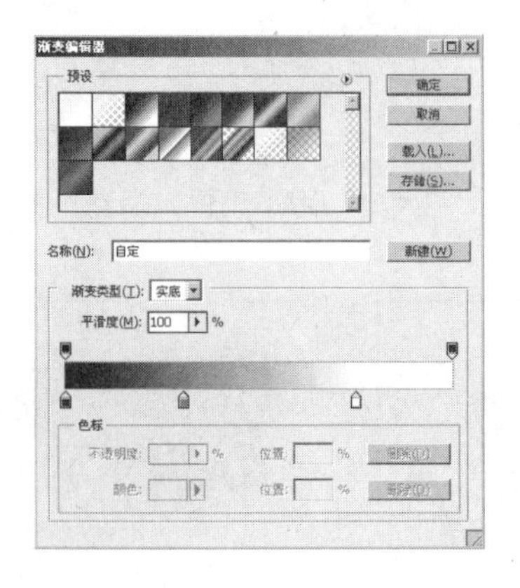

步骤04 设置完成后按【Enter】键确认，在选项栏上单击“线性渐变”按钮，在文档中从左上至右下拖动鼠标，得到的图像效果如下图所示。

步骤05 选择“椭圆工具”，在文档内拖出椭圆选区，并将其移动到合适位置，效果如下图所示。

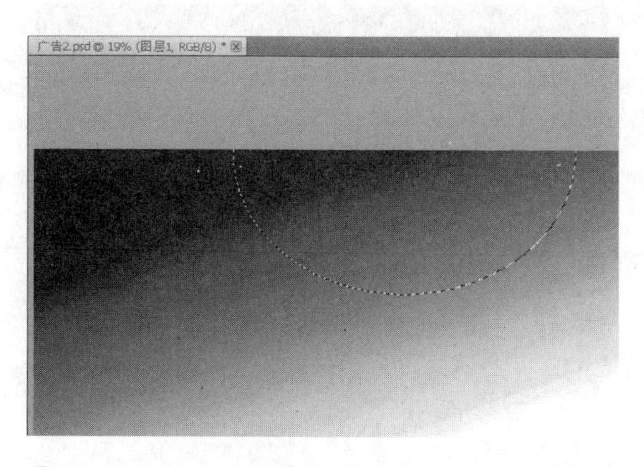

步骤06 按【Shift+F6】组合键，打开“羽化选区”对话框，设置参数，设置完成后按【Enter】键确认，参数设置及图像效果如下图所示。

步骤07 选择工具箱中的“渐变工具”，单击“点按可编辑渐变”色块，打开“渐变编辑器”窗口，参数设置如下图所示。

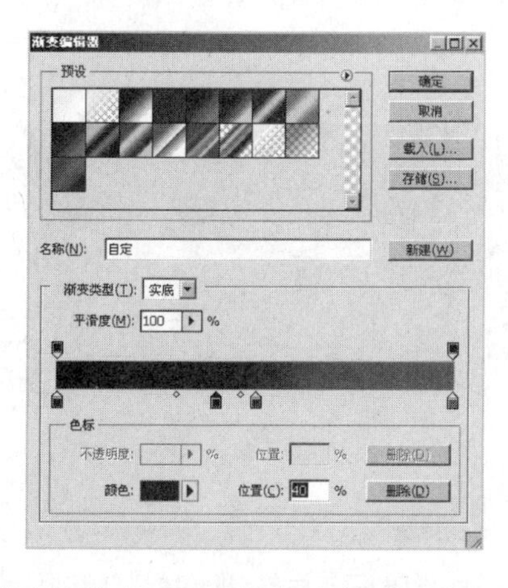

步骤08 设置完成后按【Enter】键确认，在选项栏上单击“径向渐变”按钮，在选区中从左上至右下拖动鼠标，得到的图像效果如下图所示。

步骤09 按【Ctrl+D】组合键取消选区。选择“多边形套索”工具，在文档内绘制多边形，得到如下图所示的选区。

步骤10 按【Shift+F6】组合键，打开“羽化选区”对话框，参数设置，设置完成后，按【Enter】键确认，图像效果如下图所示。

步骤11 选择工具箱中的“渐变工具”，单击“点按可编辑渐变”色块，打开“渐变编辑器”窗口，参数设置如下图所示。

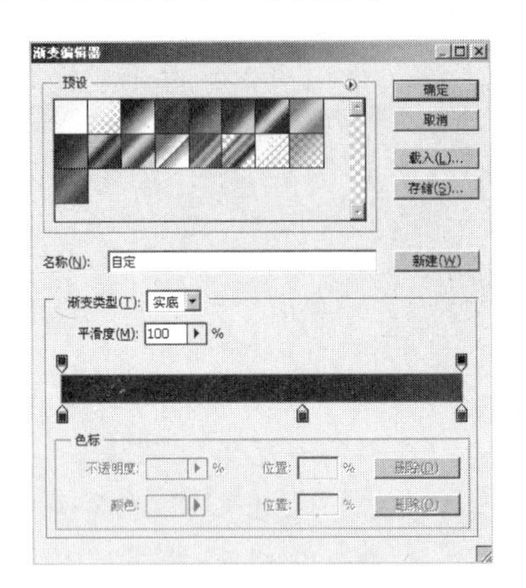

步骤12 设置完成后按【Enter】键确认，在选项栏上单击“线性渐变”按钮，在图像窗口中从左上至右下拖动鼠标，得到的图像效果如下图所示。按【Ctrl+D】组合键取消选区。

步骤13 单击图层面板上的“添加图层蒙版”按钮，为“渐变”图层添加蒙版，选择“渐变工具”，单击“点按可编辑渐变”色块，在弹出的“渐变编辑器”窗口中设置“黑白渐变”类型，在蒙版中从左下至右上拖动鼠标，得到的图像效果如下图所示。

步骤14 选择菜单栏中“文件>打开”命令或按【Ctrl+O】组合键，打开本书附带光盘中的素材“喷绘.psd”文件，将其拖入到文档内，并移动到合适位置，效果如下图所示。

步骤15 单击图层面板上的“添加图层蒙版”按钮，为拖入的图层添加蒙版，选择“渐变工具”，打开“渐变编辑器”窗口，参数设置如下图所示。

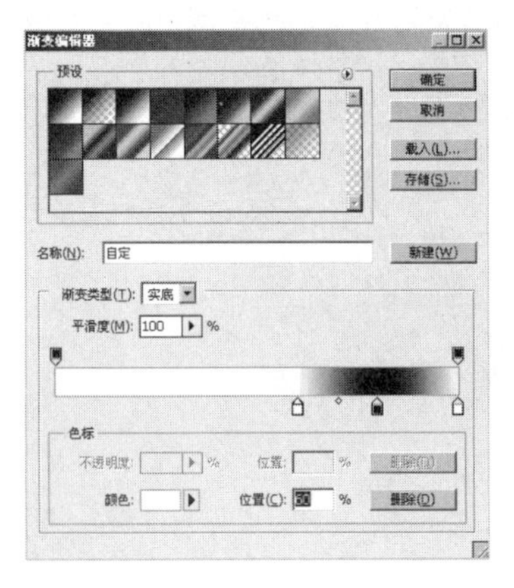

步骤16 设置完成后按【Enter】键确认，在选项栏上单击“线性渐变”按钮，在蒙版中从上至下拖动鼠标，得到的图像效果如下图所示。

步骤17 将前景色设置为白色，选择“直排文字工具”，设置合适的文字字体及大小，在图像中输入相应的文字，得到的图像效果如下图所示。

步骤18 选择菜单栏中“文件>打开”命令，打开本书附带光盘中的素材“树木.psd”文件，将其拖入到文档内，并移动到合适位置，效果如下图所示。

步骤19 将前景色设置为白色，选择“横排文字工具” T，设置合适的文字字体及大小，在图像中输入文字，得到的图像效果如下图所示。

步骤20 选中文字图层，将图层的“不透明度”选项设置为41%，得到的图像效果如下图所示。

步骤21 按【Ctrl+O】组合键，打开本书附带光盘中的素材“星星.psd”文件，将其拖入到文档内，并移动到合适位置，效果如下图所示。

步骤22 选中星星图层，将图层的混合模式设置为“滤色”，得到的图像效果如下图所示。

步骤23 将前景色设置为白色，单击“画笔工具”，选择合适的笔刷，调整直径和硬度，在文档内进行绘制，将图层的“不透明度”选项设置为72%，得到的图像效果如下图所示。

步骤24 继续使用“画笔工具”，选择合适的笔刷，调整直径和硬度，在文档内进行绘制，将图层的“不透明度”选项设置为98%，得到的图像效果如下图所示。

步骤25 选择工具箱中的“画笔工具”，选择合适的笔刷，调整直径和硬度，在文档内进行绘制，将图层的“不透明度”选项设置为63%，得到的图像效果如下图所示。

步骤27 将前景色设置为白色，选择“横排文字工具”，设置合适的文字字体及大小，在文档内输入相应的文字，得到的图像效果如下图所示。

步骤29 切换到路径面板，单击路径面板上的“从选区生成工作路径”按钮，将选区转换为路径，得到的图像效果如下图所示。

步骤26 按【Ctrl+O】组合键，打开本书附带光盘中的素材“人物2.psd”文件，将其拖入到文档内，并移动到合适位置，效果如下图所示。

步骤28 按住【Ctrl】键，单击“时尚女性”所在的所有文字图层，将其全部选中，按【Ctrl+E】组合键合并图层，按【Ctrl】键单击合并后的图层缩览图，将其载入选区，效果如下图所示。

步骤30 使用“直接选择工具”和“钢笔工具”绘制新路径并调整文字路径的形状，得到的图像效果如下图所示。

步骤31 新建一个图层，切换到路径面板，单击路径面板上的“将路径作为选区载入”按钮，将其载入选区，效果如下图所示。

步骤33 设置完成后按【Enter】键确认，在选项栏上单击“线性渐变”按钮，在选区中从上至下拖动鼠标，得到的图像效果如下图所示。

步骤35 设置完毕后不关闭对话框，继续选择“外发光”复选框，参数设置如下图所示。

步骤32 选择工具箱中的“渐变工具”，单击“点按可编辑渐变”色块，打开“渐变编辑器”窗口，参数设置如下图所示。

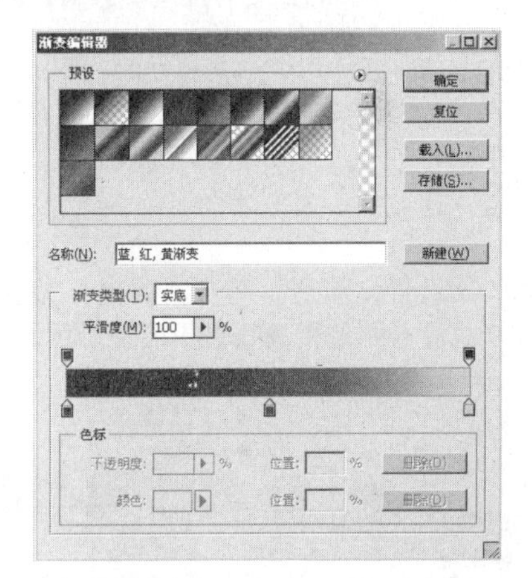

步骤34 按【Ctrl+D】组合键取消选区。单击图层面板上的“添加图层样式”按钮，在弹出的菜单中选择“投影”命令，弹出“图层样式”对话框，参数设置如下图所示。

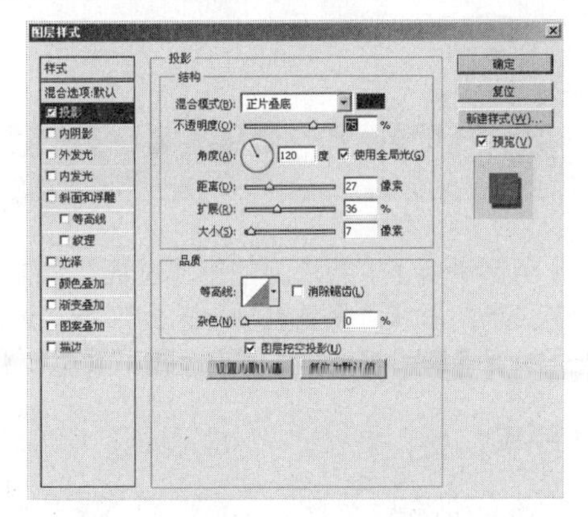

步骤36 设置完毕后不关闭对话框，继续选择“斜面和浮雕”复选框，参数设置如下图所示。

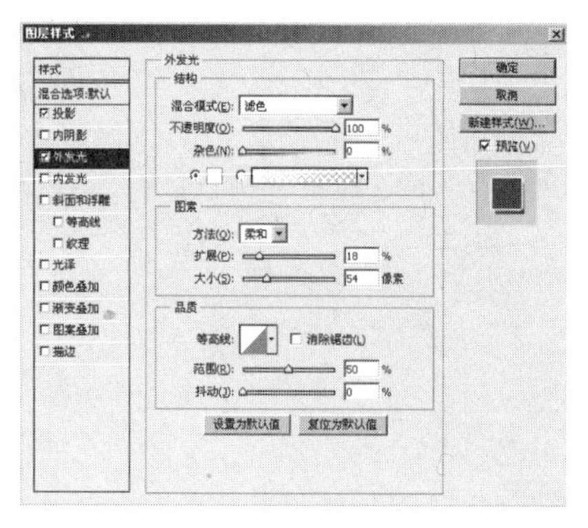

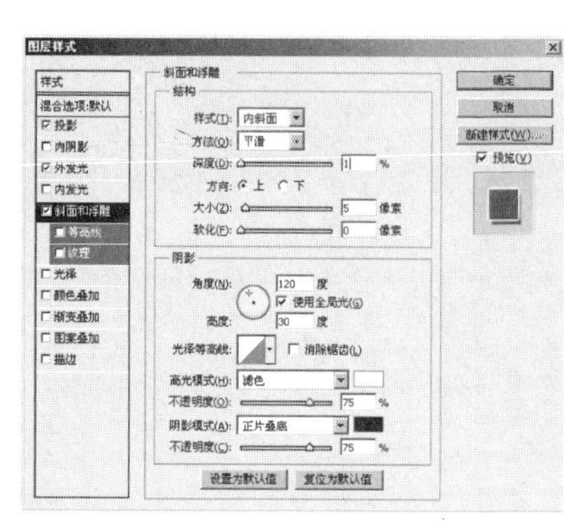

步骤37 继续选择“颜色叠加”复选框，设置“颜色叠加”颜色的色值为R:255、G:0、B:0，其他参数设置如下图所示。

步骤38 继续选择“图案叠加”复选框，选择图案，具体参数设置如下图所示。

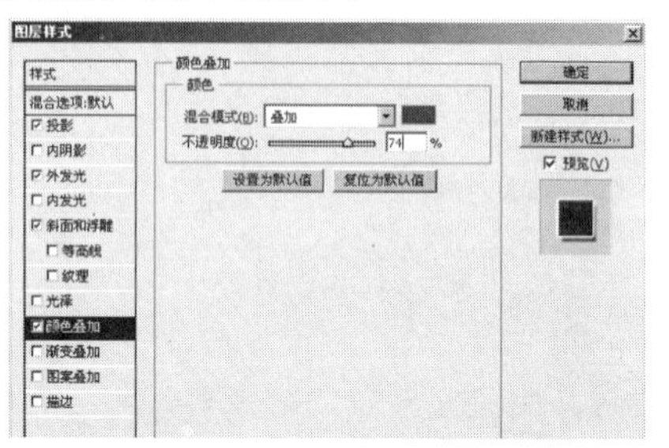

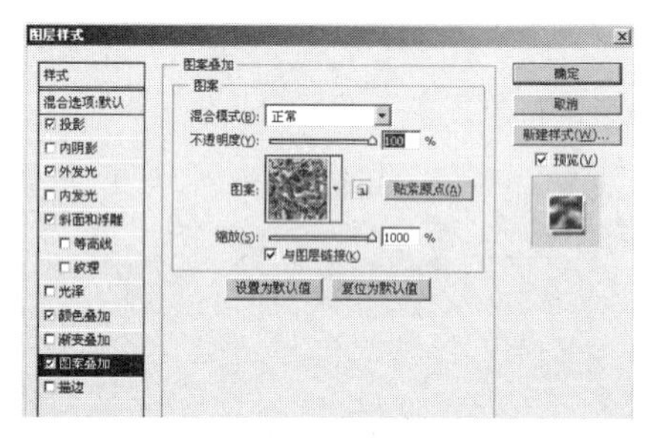

步骤39 设置完毕后，单击“确定”按钮，应用所有样式后得到的图像效果如下图所示。

步骤40 到此，广告案例就绘制完成了，最终效果如下图所示。

知识拓展

本实例讲解了时尚海报的制作过程，主要是制作艺术文字方面。首先将文字转换为工作路径，然后改变文字的形状，使其呈现出艺术形态，最后通过“图层样式”对话框为其填充不同的效果，使其与炫丽的背景搭配起来非常协调。接下来主要介绍本实例所涉及的知识点。

图层样式

1. 斜面和浮雕

“斜面和浮雕”效果可以对图层添加高光与阴影的各种组合，使图层内容呈现立体的浮雕效果。如下图所示为原图及添加了“斜面和浮雕”效果的图像。

原图

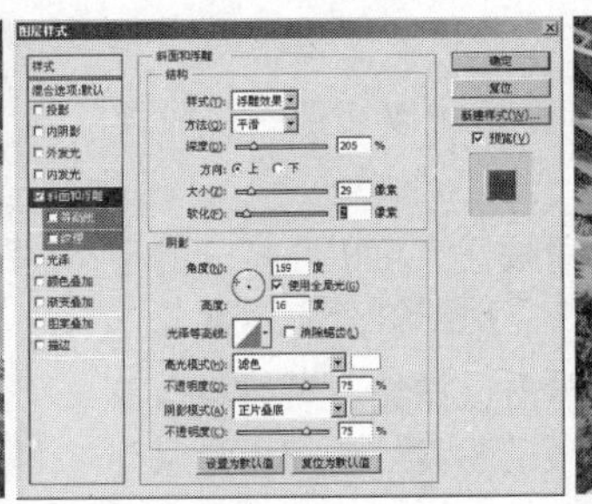
"图层样式"对话框

添加了"斜面和浮雕"效果的图像

- 样式：在该选项下拉列表中可以选择斜面和浮雕的样式。选择"外斜面"选项，可在图层的外侧边缘创建斜面；选择"内斜面"选项，可在图层的内侧边缘创建斜面；选择"浮雕效果"选项，可模拟使图层相对于下层图层呈现浮雕效果；选择"枕状浮雕"选项，可模拟图层边缘压入下层图层中产生的效果；选择"描边浮雕"选项，可将浮雕应用于图层中具有描边效果的边界。
- 方法：用来选择一种创建浮雕的方法。选择"平滑"选项，能够稍微模糊杂边的边缘，它可用于所有类型的杂边，不论其边缘是柔和还是清晰，该技术不保留大尺寸的细节特征；"雕刻清晰"选项使用距离测量技术，主要用于消除锯齿形状（如文字）的硬边杂边，它保留细节特征的能力优于"平滑"技术；"雕刻柔和"选项使用经过修改的距离测量技术，虽然不如"雕刻清晰"选项精确，但对较大范围的杂边很有用，它保留特征的能力优于"平滑"选项。
- 深度：用来设置浮雕斜面的应用深度。该值越高，浮雕的立体感越强。
- 方向：定位光源角度后，可通过该选项设置高光和阴影的位置。例如，将光源角度设置为90°后，选择"上"单选按钮，高光位于上面；选择"下"单选按钮，高光位于下面。
- 大小：用来设置斜面和浮雕中的阴影面积大小。
- 软化：用来设置斜面和浮雕的柔和程度。该值越高，效果越柔和。
- "角度"/"高度"："角度"选项用来设置光源的照射角度，"高度"选项用来设置光源的高度。如果需要调整这两个参数，可以在相应的文本框中输入数值，也可以拖动圆形图标内的指针来进行操作。如果选择"使用全局光"复选框，则所有浮雕样式的光照角度可以保持一致。
- 光泽等高线：可以选择一个等高线样式，从而为斜面和浮雕表面添加光泽，创建具有光泽感的金属外观浮雕效果。
- 消除锯齿：可以消除由于设置了光泽等高线而产生的锯齿。
- 高光模式：用来设置高光的混合模式。
- 阴影模式：用来设置阴影的混合模式。

2. 设置等高线

选择对话框左侧的"等高线"复选框，可以切换到"等高线"设置区域，使用"等高线"可以勾画在浮雕处理中被遮住的起伏、凹陷和凸起。如下图所示为"等高线"的设置区域及设置了不同等高线参数的图像效果。

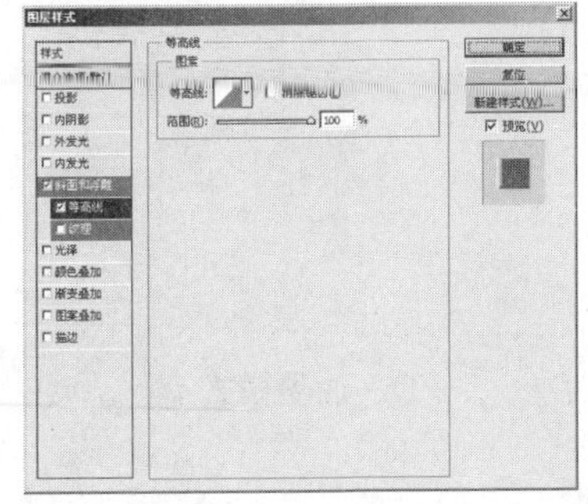

3. 设置纹理

选择对话框左侧的“纹理”复选框，可以切换到“纹理”设置区域，如右图所示。

- 图案：单击图案右侧的下三角按钮，可以在打开的下拉面板中选择一个图案，将其应用到斜面和浮雕上。
- 从当前图案创建新的预设：单击该按钮，可以将当前设置的图案创建为一个新的预设图案，新图案会保存在“图案”下拉面板中。
- 缩放：拖动滑块或输入数值可以调整图案的大小。
- 深度：用来设置图案的纹理应用程度。
- 反相：选择该复选框，可以翻转图案纹理的凹凸方向。
- 与图层链接：选择该复选框，可以将图案链接到图层，此时，对图层进行变换操作时，图案也会一同变换。当该复选框处于选择状态时，单击“贴紧原点”按钮，可以将图案的原点与文档的原点对齐。如果取消选择该复选框，则单击“贴紧原点”按钮时，则图案原点在图层左上角。

4. 颜色叠加

“颜色叠加”效果可以在图层上叠加指定的颜色，设置颜色的混合模式和不透明度，可以控制叠加效果。“颜色叠加”效果的设置区域如下（左）图所示。

5. 图案叠加

“图案叠加”效果可以在图层上叠加指定的图案，并且可以缩放图案，设置图案的不透明度和混合模式。“图案叠加”效果的设置区域如下（右）图所示。

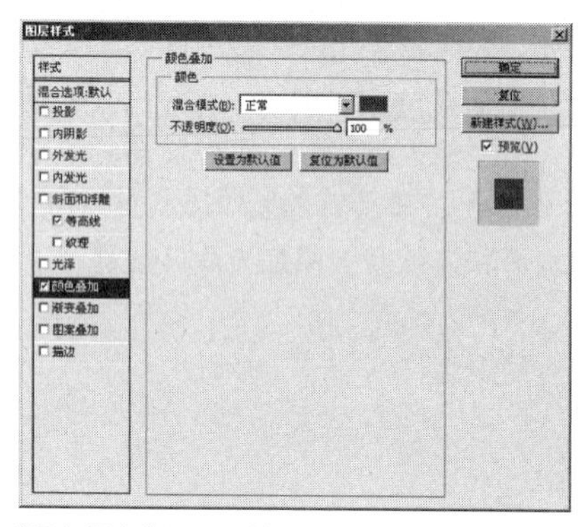

“颜色叠加”设置区域

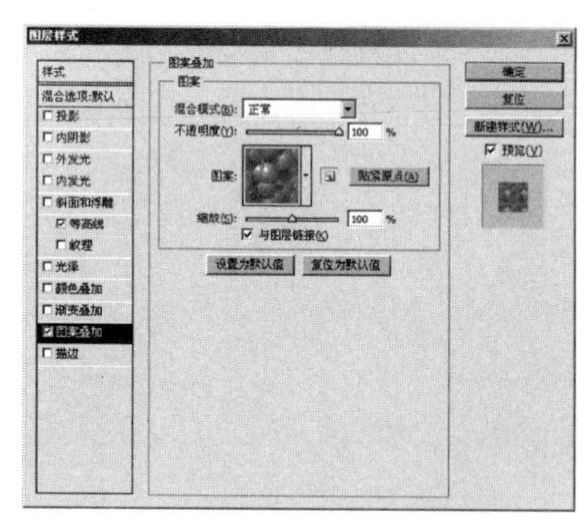

“图案叠加”设置区域

课程练习

1. 简述印前设计工作的要点。
2. 简述印前设计的工作流程。
3. 简述版式设计的原则。
4. 简述矢量图与位图的区别。
5. RGB颜色模式是一种光色屏幕颜色模式，请问是否适合印刷？
6. CMYK颜色模式是一种（　）。

A. 屏幕显示模式　　B. 光色显示模式　　C. 印刷模式　　D. 油墨模式

第8章
综合实例解析

教学目的：

掌握多种Photoshop广告数字合成技术，掌握通道技术，深入掌握Photoshop软件的各类工具、滤镜和图层的用法，熟练掌握广告平面设计的高级技巧。

教学重点：

（1）复杂的通道抠像技术

（2）滤镜及合成技术

（3）质感及样式设计

（4）范围的选择与图像的合成技术

（5）艺术字体设计

（6）图层与色彩的编辑

（7）图像的基础编辑与蒙版的综合运用

8.1 使用通道抠取毛发的技巧

在图像处理过程中，经常会接触到使用通道面板将细小的毛发抠出来，然后可将抠出来的完整图像与其他图像结合，最终制作出完美的效果图。在本实例中将使用Photoshop CS5的各种工具对动物的毛发进行通道处理，制作一个非常招人喜爱的效果图，如右图所示。

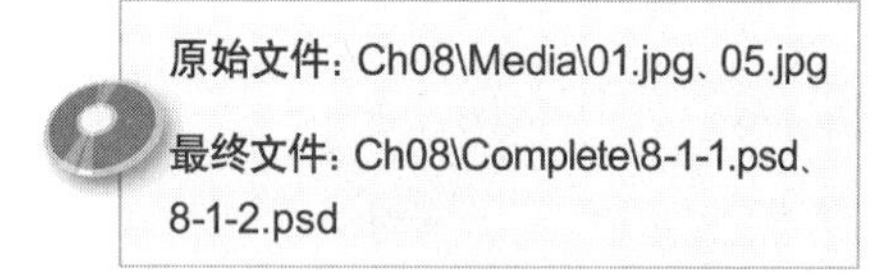

原始文件：Ch08\Media\01.jpg、05.jpg

最终文件：Ch08\Complete\8-1-1.psd、8-1-2.psd

1. 背景的制作

步骤01 打开附带光盘中的01.jpg文件，如下图所示。

步骤02 在通道面板中单击“创建新通道”按钮，新建一个通道，此时的通道面板如下图所示。

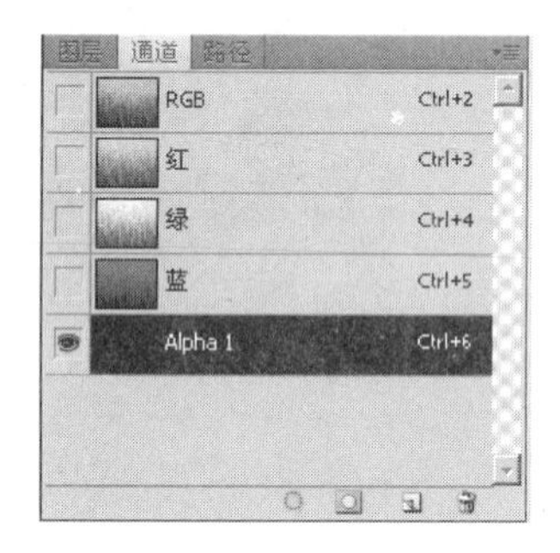

步骤03 在工具栏中选择“渐变工具”按钮，单击选项栏中的“点按可编辑渐变”色块，打开“渐变编辑器”窗口，如下图所示。选择“黑，白渐变”类型。

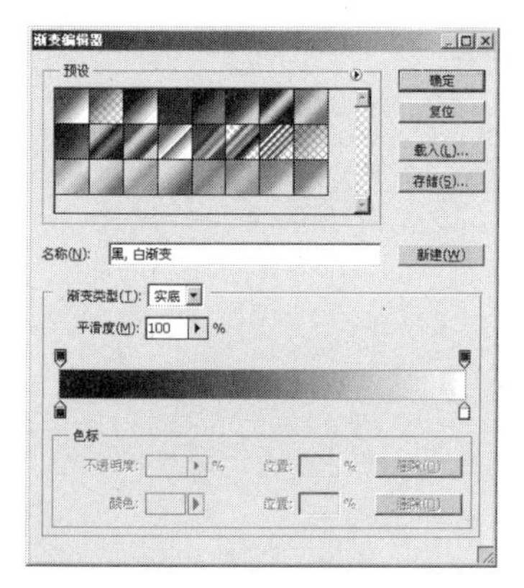

步骤04 在新建的Alpha 1通道中绘制一个从黑色到白色过渡的渐变，效果如下图所示。

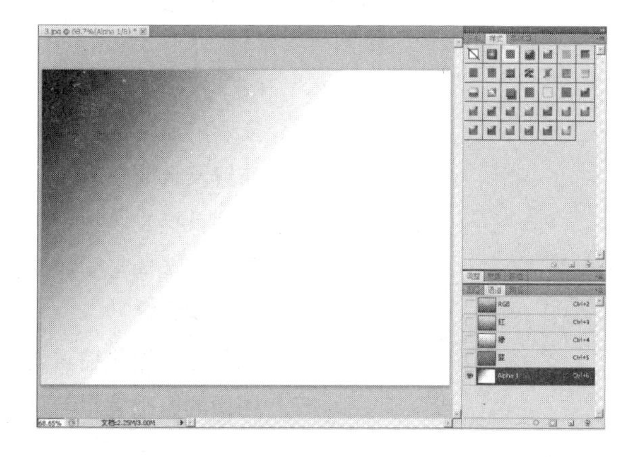

步骤05 按【Ctrl】键的同时单击Alpha 1通道，将通道转换为选区。按【Shift+Ctrl+I】组合键反选选区，如下图所示。然后，选择RGB通道。

步骤06 切换到图层面板，双击“背景”图层，将“背景”图层转换为普通图层。按两次【Delete】键，此时，一部分图像已经被删除，效果如下图所示。

步骤07 按【Ctrl+D】组合键取消选区。单击图层面板中的按钮，新建一个图层。为此图层填充白色，并在图层面板中将此图层拖放到“图层0”的下方，此时的图层面板如下图所示。

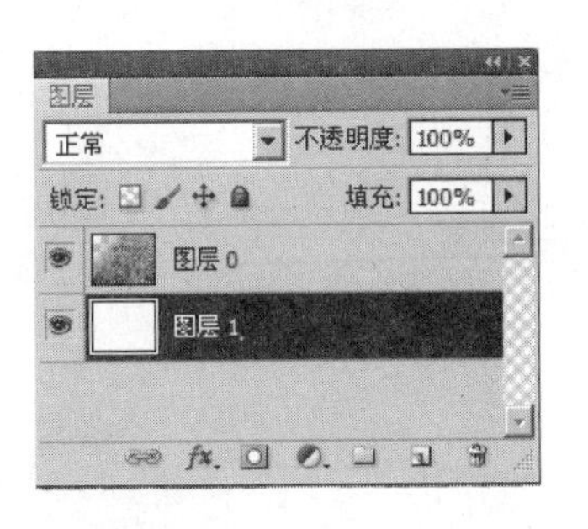

步骤08 选中“图层0”图层，选择“滤镜>纹理>马赛克拼贴”命令，设置参数如下图所示。然后单击“确定”按钮，完成底纹的制作。

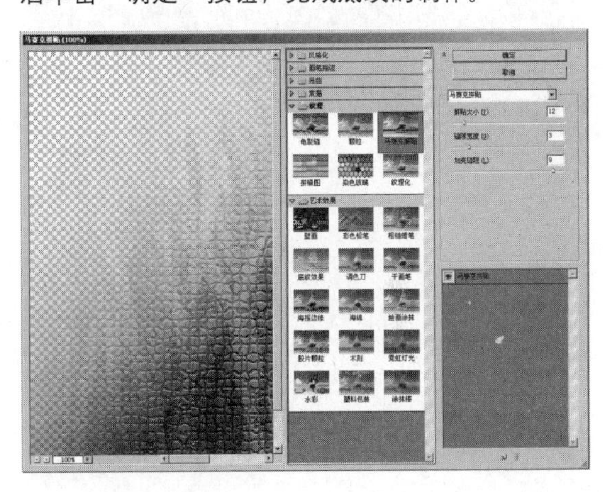

2. 猫咪的抠图处理

步骤01 打开本书附带光盘中的 05.jpg文件，这是两个小猫的照片，如下图所示。

步骤02 进入通道面板，将“蓝”通道拖动到按钮上，复制出一个“蓝副本”通道，此时的通道面板如下图所示。

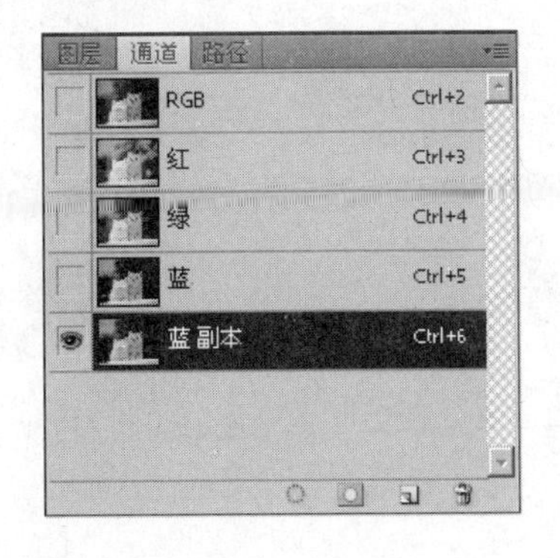

步骤03 单击工具栏的“多边形套索工具”按钮，框选小猫的身体，效果如下图所示。

步骤05 设置选项栏中的“羽化”选项为5px，框选绒毛区域，效果如下图所示。

步骤07 单击“确定”按钮。选择“图像>调整>亮度\对比度”命令，设置参数，将背景色彻底与小猫的绒毛通道拉开距离，参数设置及图像效果如下图所示。

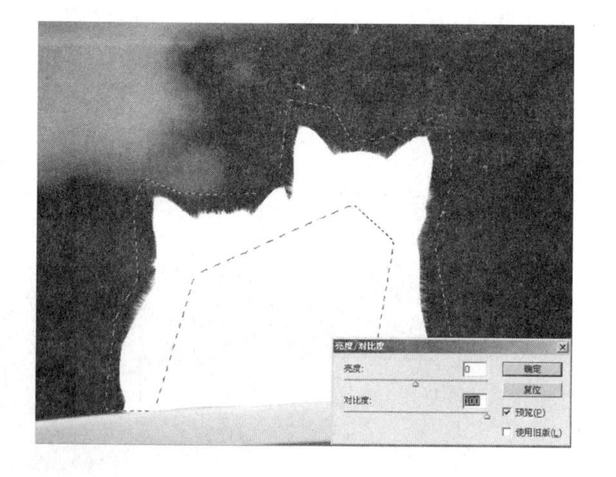

步骤04 设置前景色为白色，按【Shift+F5】组合键，打开“填充”对话框，将选区填充为白色，效果如下图所示。

步骤06 按【Ctrl+L】组合键，打开“色阶”对话框，设置参数如下图所示，将绒毛和背景进行色区隔离（强化绒毛和背景的颜色差别）。

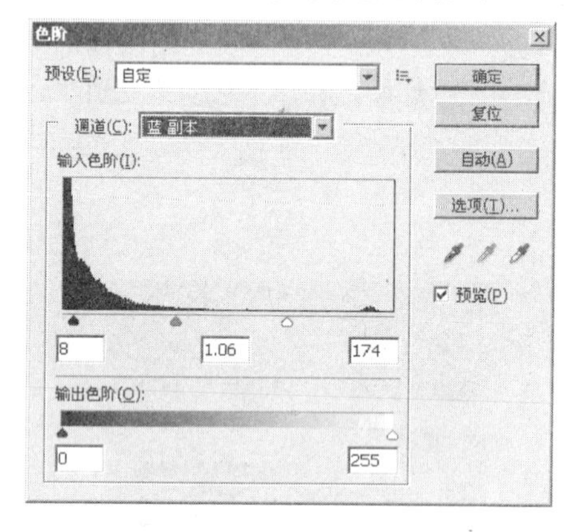

步骤08 单击“确定”按钮，完成对“亮度/对比度”对话框操作。单击工具箱的“减淡工具”按钮，在选项栏中设置画笔大小为30px，如下图所示。

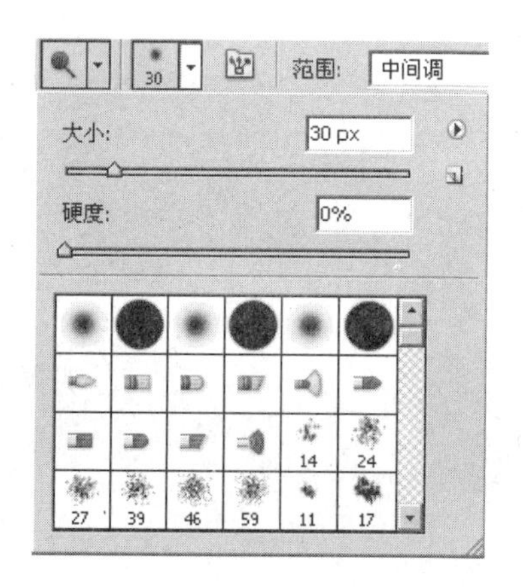

步骤09 在猫咪的绒毛和身体区域进行涂抹，使它们之间的过渡色更加平滑（因为刚才使用的“多边形套索工具”的羽化值为0，导致了身体边缘和绒毛的通道色有些脱节），效果如下图所示。

步骤10 按【Ctrl】键的同时单击Alpha1通道，将其载入选区，效果如下图所示。

步骤11 单击RGB通道，将选区中的区域复制并粘贴到3.jpg文件中，将猫以外的部分删除，并调整猫的位置，效果如下图所示。

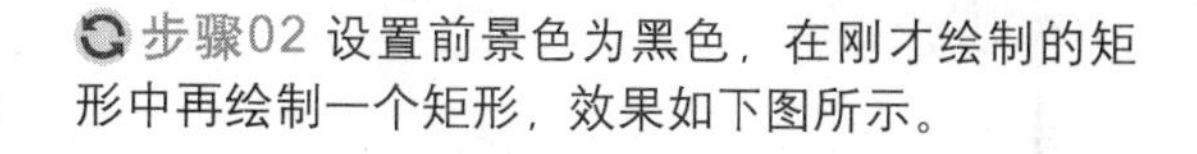

提 示

在步骤09的操作过程中，如果感觉使用“减淡工具”提亮边缘有些幅度过小，可以将选项栏的“曝光度”设置为100%，再进行绘制。

3. 胶片的绘制

步骤01 在工具箱中单击“矩形工具”按钮，在选项栏中单击“填充像素”按钮，设置前景色为灰色，绘制一个矩形，效果如下图所示。

步骤02 设置前景色为黑色，在刚才绘制的矩形中再绘制一个矩形，效果如下图所示。

步骤03 在工具栏箱中单击“圆角矩形工具”按钮，在选项栏单击“路径”按钮，绘制圆角矩形。将此矩形复制一排，如下图所示。进入“路径”面板，按【Ctrl】键的同时单击路径图层，将路径转换为选区。

步骤05 在本书配套光盘目录中打开保存的一些图片文件，将它们缩小后分别放置在胶片中间，此时整个胶片效果就完成了，如下图所示。

步骤07 打开本书配套光盘中的“猫咪.psd”文件，打开一个女孩图片（可以是任意图片），将该图像拖动到“猫咪.psd”文件中，使拖动进来的图像在所有图层的最上层即可，效果如下图所示。

步骤04 进入图层面板，选择灰色的形状层，单击鼠标右键，选择“栅格化矢量蒙版”命令。按【Delete】键删除选区中的选项，这样就制作好了胶片的方孔效果，如下图所示。

步骤06 将胶片和照片合并图层后，将其倾斜。然后复制出一个新层，设置混合模式为“明度”，效果如下图所示。

步骤08 如果需要更换文字，选择文字工具后单击文字区域，即可对文字进行删除和添加新的内容，效果如下图所示。

这个例子主要介绍了如何利用形状和镂空素材进行搭配，介绍的是种构图的理念。只要将配色和形状图像进行不同的组合，就可以延伸出多种漂亮的图像，如下图所示是一些类似的效果和猫咪原始图像。

类似效果图

原始图像

知识拓展

本实例讲解了如何利用通道将毛发密集的小猫图像抠出来，然后更换背景，并与其他图像合成不同的效果。接下来主要介绍本实例涉及的相关知识点。

01 通道的分类

通道是Photoshop CS5的高级功能，它与图像内容、色彩和选区有关。Photoshop CS5提供了3种类型的通道；颜色通道、Alpha通道和专色通道。下面来介绍这几种通道的特征和主要用途。

1. 颜色通道

颜色通道就像是摄影胶片，它们记录了图像内容和颜色信息。图像的颜色模式不同，颜色通道的数量也不相同。RGB图像包含红、绿、蓝和一个用于编辑图像内容的复合通道；CMYK图像包含青色、洋红、黄色、黑色和一个复合通道；Lab图像包含明度、a、b和一个复合通道。如下图所示为不同颜色模式的图像通道。位图、灰度、双色调和索引颜色的图像只有一个通道。

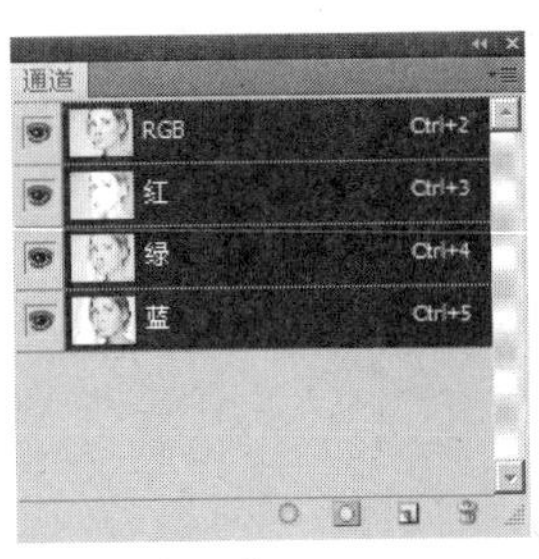

RGB图像通道

CMYK图像通道

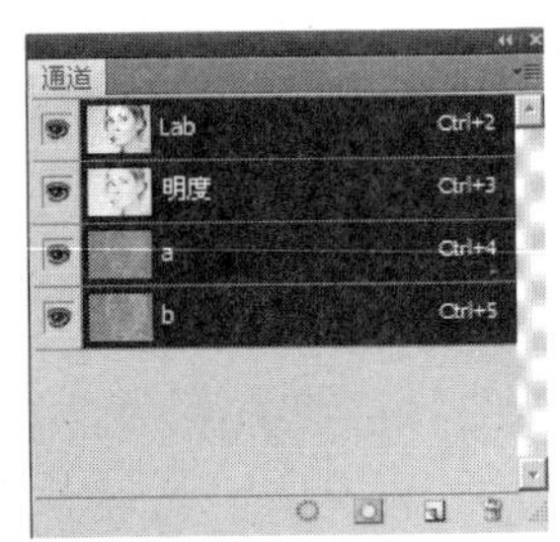

Lab图像通道

2. Alpha通道

Alpha通道有3种用途：一是用于保存选区；二是可将选区存储为灰度图像，这样读者就能够用“画笔工具”、“加深工具”、“减淡工具”及各种滤镜通过编辑Alpha通道来修改选区；三是读者可以从Alpha通道中载入选区。

在Alpha通道中，白色代表了可以被选择的区域；黑色代表了不能被选择的区域；灰色代表了可以被部分选择的区域（即羽化区域）。用白色涂抹Alpha通道可以扩大选区范围；用黑色涂抹则可以收缩选区；用灰色涂抹可以增加羽化范围。如右图所示，在Alpha通道制作一个呈现灰度阶梯的选区效果，可从中选取所需的图像部分。

原图

在Alpha通道中制作灰度阶梯的选区效果

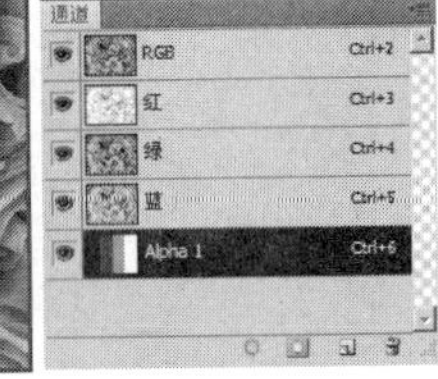

3. 专色通道

专色通道用来存储印刷用的专色。专色是特殊的预混油墨，如烫金色油墨、荧光油墨等，它们用于替代或补充普通的印刷色油墨。通常情况下，专色通道都是以专色名称来命名的。

02 通道面板

通道面板可以创建、保存和管理通道。当读者打开一个图像时，Photoshop CS5会自动创建该图像的颜色信息通道。如下图所示分别为图像、通道面板和面板菜单。

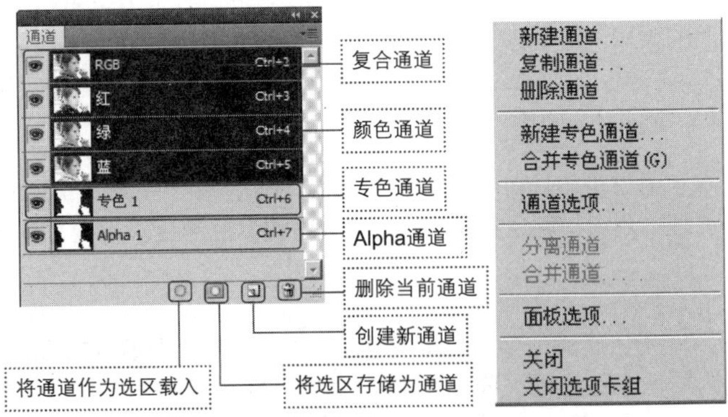

- 复合通道：面板中最上面的是复合通道，在复合通道中可以同时预览和编辑所有的颜色通道。
- 颜色通道：用来记录颜色信息的通道。
- 专色通道：用来保存专色油墨的通道。
- Alpha通道：用来保存选区的通道。
- 将通道作为选区载入◌：单击该按钮，可以将所选通道载入选区。
- 将选区存储为通道◙：单击该按钮，可以将图像中的选区保存在通道内。
- 创建新通道◲：单击该按钮，可以创建Alpha通道。
- 删除当前通道🗑：单击该按钮，可删除当前选择的通道，但复合通道不能删除。

03 通道的管理与编辑

单击通道面板中的一个通道即可选择该通道，文档窗口中会显示所选通道的灰度图像。按住【Shift】键单击其他通道，可以选择多个通道，此时文档窗口中会显示所选颜色通道的复合信息。通道名称的左侧为通道内容的缩览图，在编辑通道时缩览图会自动更新，如下图所示的第一、二幅画。

单击RGB复合通道，可以选中其他颜色通道，如下图所示的第三幅图。此时，可同时预览和编辑所有颜色通道。

04 通过快捷键选择通道

同时按住【Ctrl】键和数字键可以快速选择通道。例如，如果图像为RGB模式，按【Ctrl+3】组合键可选择“红”通道；按【Ctrl+4】组合键可以选择“绿”通道；按【Ctrl+5】组合键可以选择“蓝”通道；按【Ctrl+6】组合键可以选择Alpha通道；如果要选择RGB复合通道，可以按【Ctrl+2】组合键。

05 Alpha通道与选区的互相转换

1. 将选区保存到Alpha通道中

如果在文档窗口中创建了选区，单击◙按钮可将选区保存到Alpha通道中，如下（左）图所示。

2. 载入Alpha通道中的选区

在通道面板中选择需要载入选区的Alpha通道，单击“将通道作为选区载入”按钮，可以载入通道中的选区，如下（右）图所示。此外，按住【Ctrl】键单击Alpha通道也可以载入选区，这样操作的好处是不必来回切换通道。

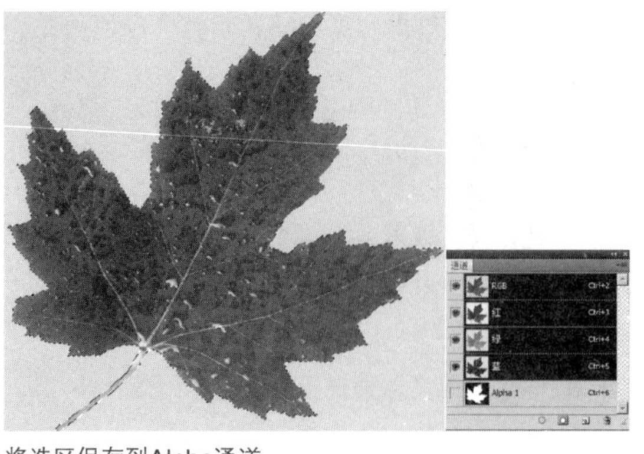

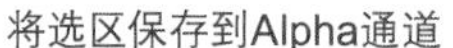

将选区保存到Alpha通道

将Alpha通道载入选区

06 重命名、复制与删除通道

1. 重命名通道

双击通道面板中的通道名称，在显示的文本输入框中可以为它输入新的名称，如下（左）图所示。复合通道和颜色通道不能重命名。

2. 复制和删除通道

将一个通道拖动到通道面板中的“创建新通道”按钮上，可以复制该通道。在通道面板中选择需要删除的通道，单击“删除当前通道”按钮，可将其删除，也可以直接将通道拖动到该按钮上进行删除。

复合通道不能被复制，也不能被删除。颜色通道可以被复制，如果被删除了，图像就会自动转换为多通道模式。如下（中）图所示为复制“绿”通道后的效果，如下（右）图所示为删除通道后的通道面板。

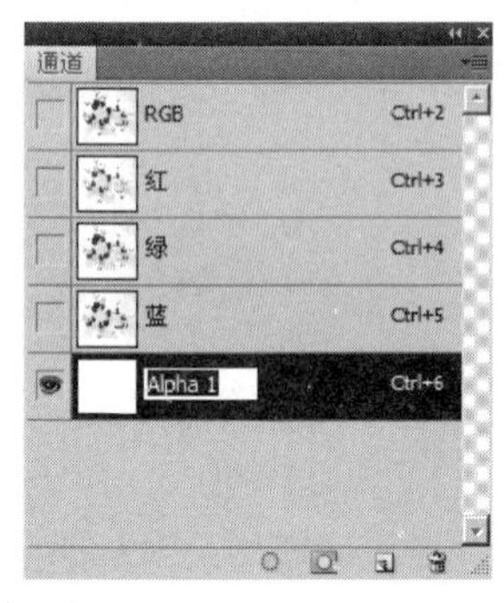

重命名通道

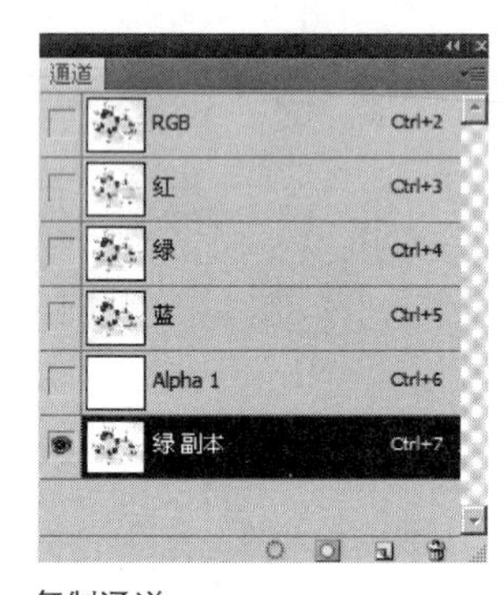

复制通道

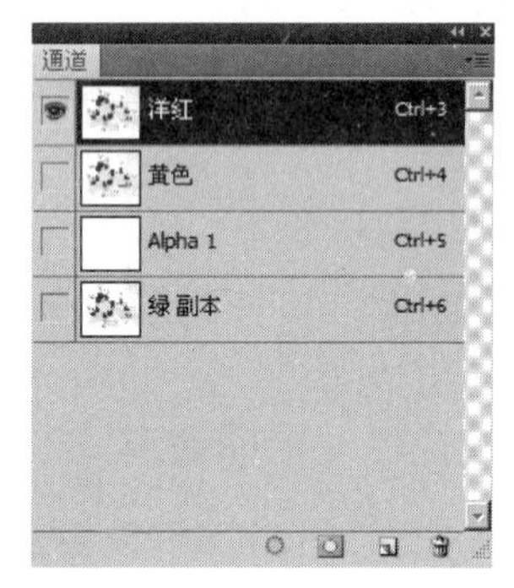

删除通道

提 示

通道的隐藏与图层的隐藏方法相同。单击通道缩略图前面的“指示通道可见性”按钮，可将显示的通道隐藏，再次单击即可显示该通道。

07 同时显示Alpha通道和图像

编辑Alpha通道时，文档窗口中只显示通道中图像，这使得进行的某些操作不够准确，如描绘图像边缘时会因看不到彩色图像而不够准确。遇到这种问题时，可使复合通道显示，Photoshop会显示图像并以一种颜色替代Alpha通道的灰度图像，这种效果就类似于在快速蒙版状态下编辑选区一样，如下图所示。

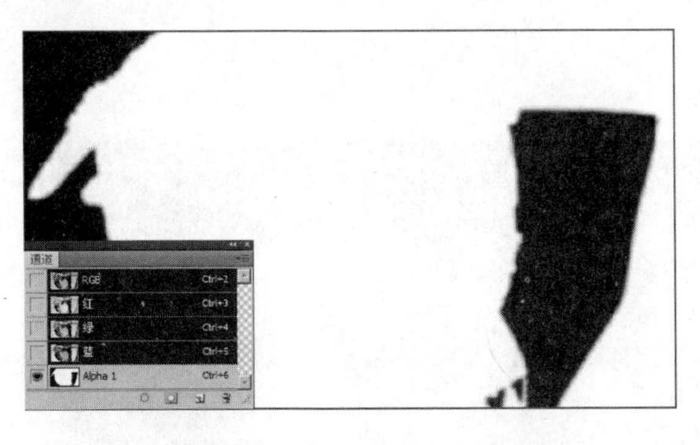

08 通道与抠图

抠图是指将一个图像的部分内容准确地取出来，即与背景分离。在图像处理中，抠图是非常重要的工作，抠选的图像是否准确、彻底是影响图像合成效果的关键。

通道是非常强大的抠图工具，读者可以通过它将选区存储为灰度图像，再使用各种绘画工具、选择工具和滤镜来编辑通道，从而抠出精确的图像。由于可以使用许多重要的功能编辑通道，在通道中对选区进行操作时，就要求操作者具备融汇贯通的能力。

如下图所示的第一幅图为一只小狗的图像，它的毛发比较复杂。在抠取毛发选区时，用到了“通道混合器”、“画笔工具”和混合模式等功能。如下图所示的第二幅图为在通道中抠取的选区，如下图所是的第三幅图为抠出的图像，如下图所示的第四幅图为添加背景后的效果。

原图

通道中的小狗选区（白色）

图像中的小狗选区

添加背景后的效果

8.2 电影海报：金色嘣嘣球的制作

本实例将制作一组金色嘣嘣球的手绘图像，效果如右图所示。本实例除了手工绘制立体感很强的球体之外，还用到了各种图层混合工具和绘制路径的方法，这对于操作都是非常有用的技巧。

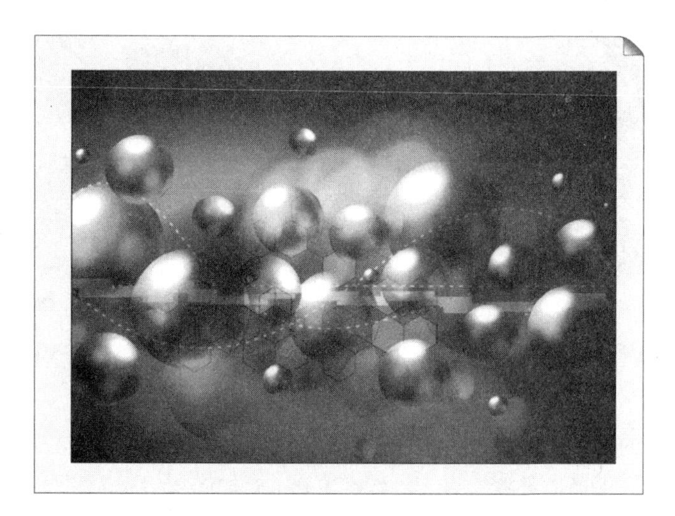

原始文件：Ch08\Media\02.jpg

最终文件：Ch08\Complete\8-2-1.psd

1. 背景的制作

步骤01 打开本书配套光盘中的02.jpg文件，如下图所示。这是一幅绿色照片变形图像，本实例将用它处理成模糊的背景。

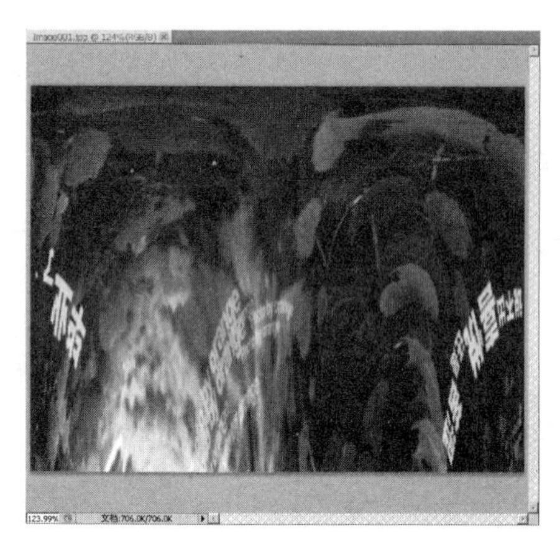

步骤02 选择“滤镜>像素化>晶格化”命令，为背景素材应用“晶格化”滤镜，在弹出的对话框中设置参数，如下图所示。

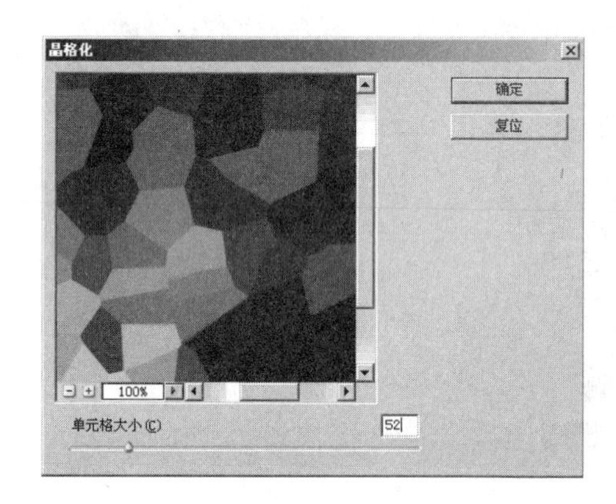

步骤03 单击“确定”按钮，得到的晶格化效果如下图所示。

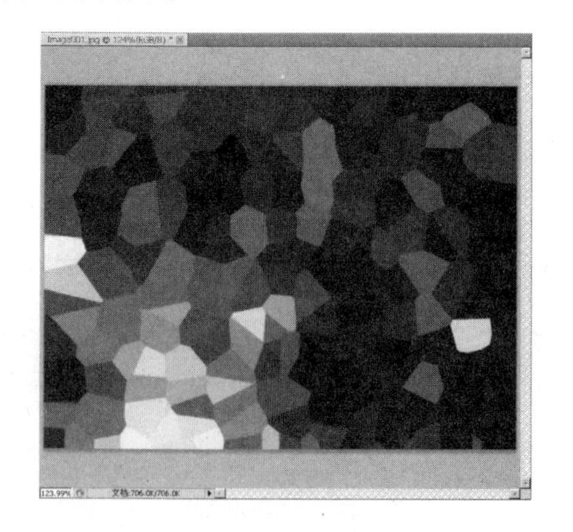

步骤04 选择“滤镜>模糊>镜头模糊”命令，在打开的对话框中设置参数，如下图所示。

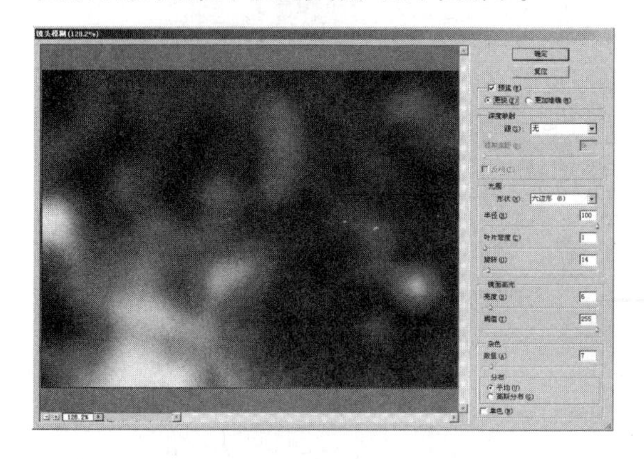

步骤05 单击"确定"按钮，退出参数设置。为了得到更加模糊的效果，选择"滤镜>模糊>动感模糊"命令，设置参数如下图所示。

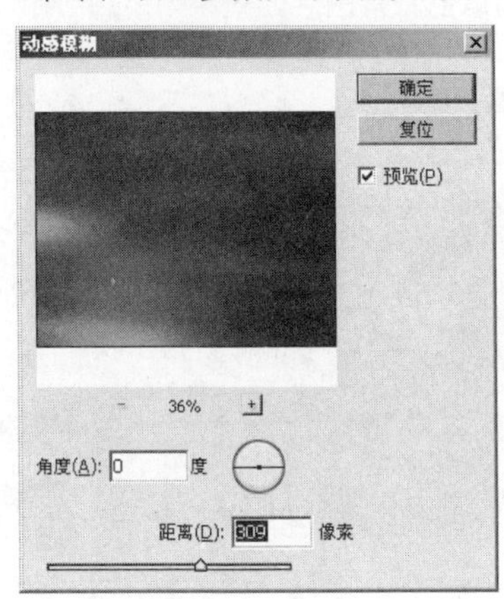

步骤06 单击"确定"按钮，得到的效果如下图所示，这是一个感觉有光线透过的背景图像。

步骤07 选择"窗口>画笔"命令，在画笔面板中将画笔硬度设置得较柔和，参数设置如下图所示。

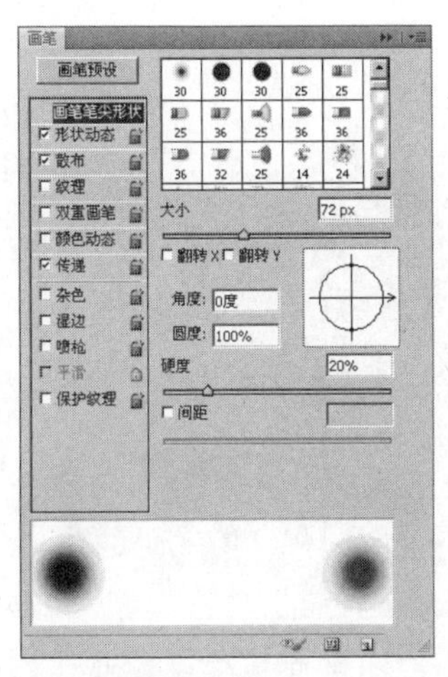

步骤08 单击图层面板中的按钮，新建一个图层。设置前景色为橘红色，在图层上随意绘制一些橘红色，效果如下图所示。

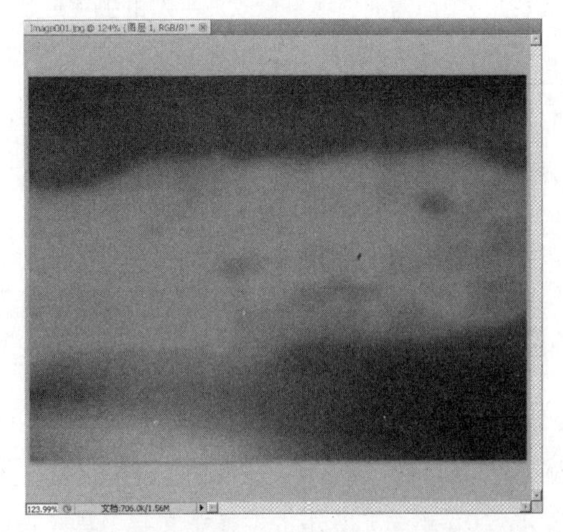

步骤09 在图层面板中设置混合模式为"叠加"，和绿色背景的混合效果如下图所示。

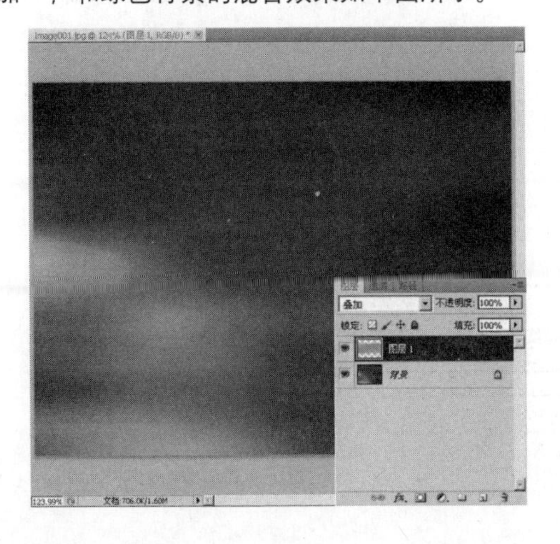

步骤10 单击工具箱中的"多边形工具"按钮，在选项栏中设置"边"选项为6，如下图所示。

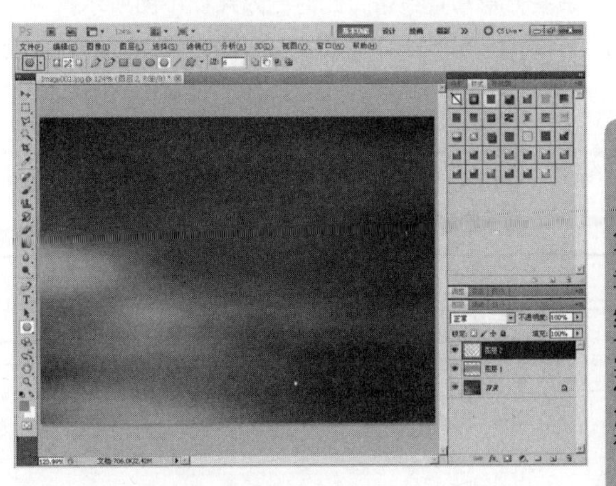

第8章 综合实例解析

2. 绘制多边形元素

步骤01 单击图层面板的按钮，新建一个图层。在新建的图层上绘制一些六边形，对这些六边形进行描边和填充，效果如下图所示。

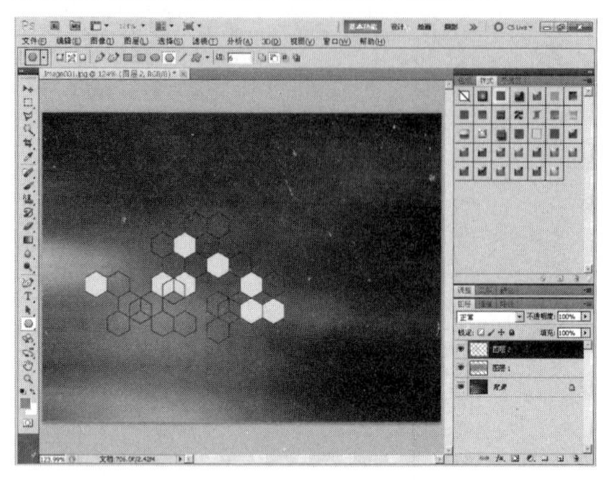

步骤02 在图层面板中设置混合模式为“柔光”，和绿色背景的混合效果如下图所示。

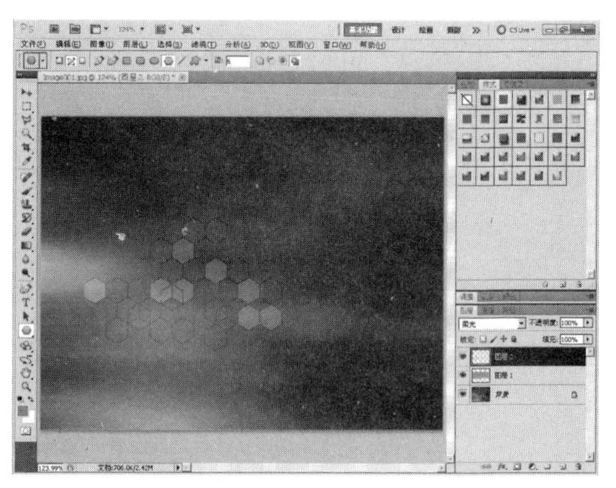

步骤03 新建一个图层，单击“钢笔工具”按钮，绘制的线条如下图所示。这是没有修改过的线条，下面需要将线条修改成平滑的弧线形状。

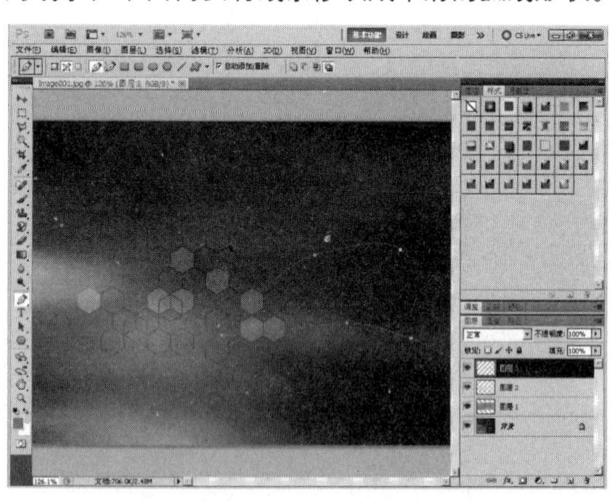

步骤04 单击工具箱中的“直接选择工具”按钮，拖动控制柄，将曲线调整为圆滑的弧线，效果如下图所示。

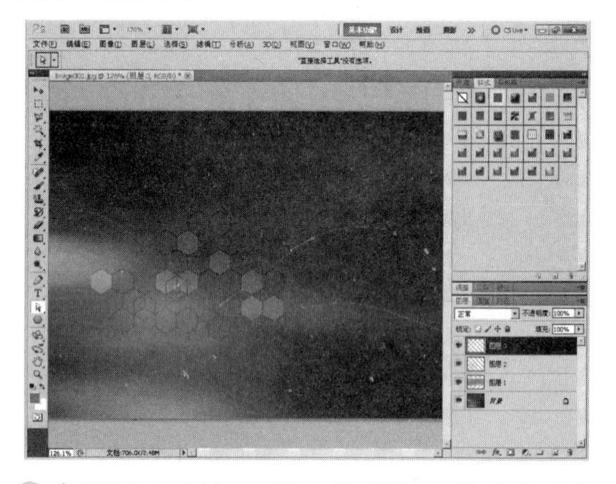

步骤05 单击工具箱的“横排文字工具”按钮T，在线段上单击，输入一些“-”字符，此时可以看到字符随着路经显示出来。最后在曲线上点缀些方形和直线条，此时的效果如下图所示。

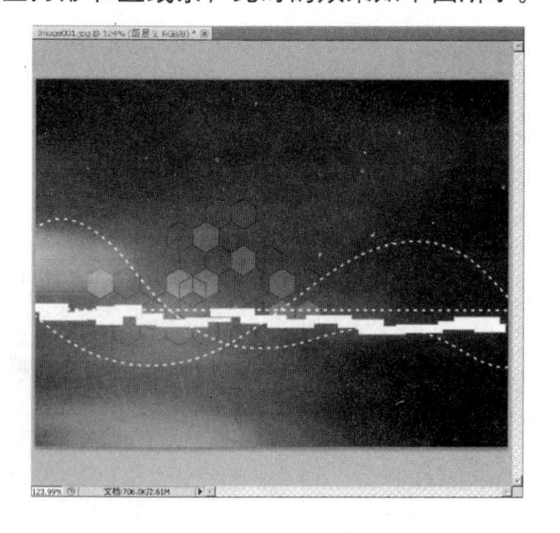

步骤06 在图层面板中设置混合模式为“叠加”，和背景的混合效果如下图所示。

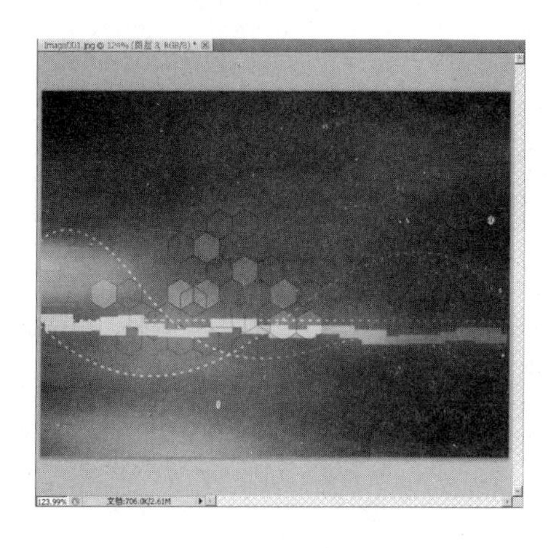

步骤07 新建一个图层，单击工具箱中的“椭圆选框工具”按钮，按【Shift】键的同时拖动鼠标，绘制一个正圆，如下图所示。

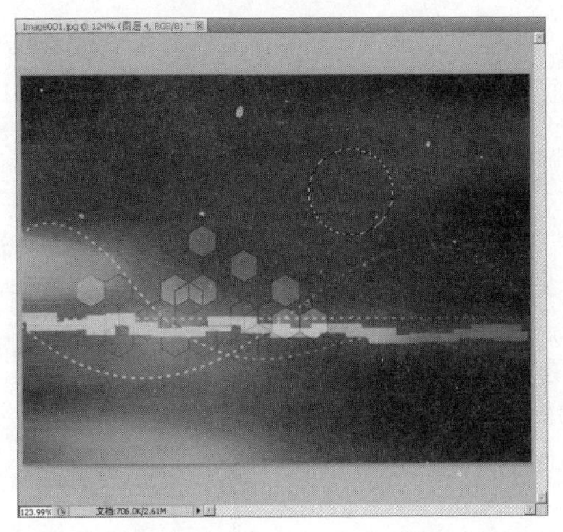

步骤08 单击工具箱中的“渐变工具”按钮，单击选项栏中的“点按可编辑渐变”色块，打开“渐变编辑器”窗口，设置的渐变如下图所示。

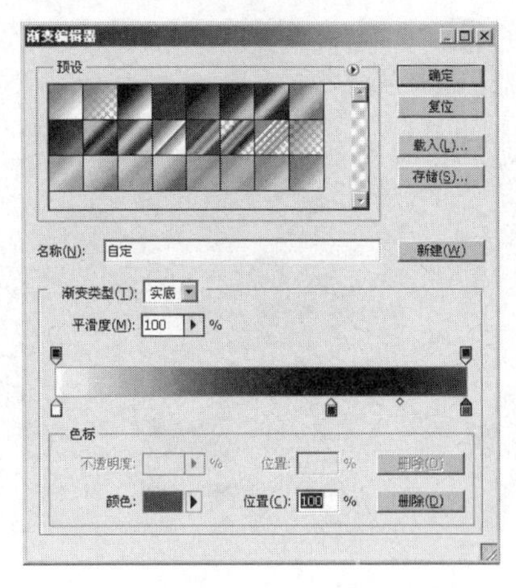

步骤09 单击选项栏中的“径向渐变”按钮，从正圆形选区的左上角拖动鼠标，如下图所示。

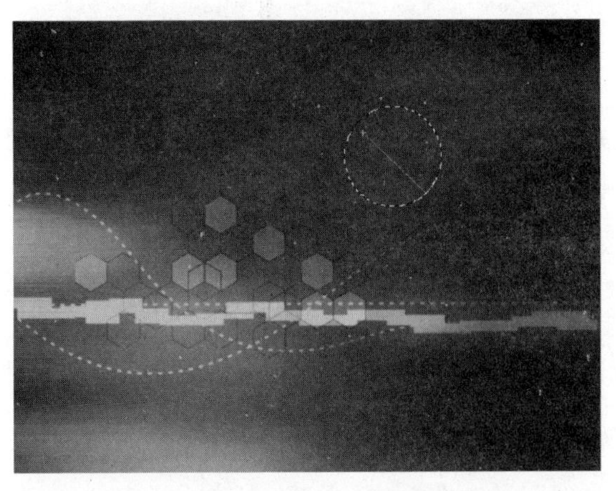

步骤10 此时，得到了一个立体球体，如下图所示。

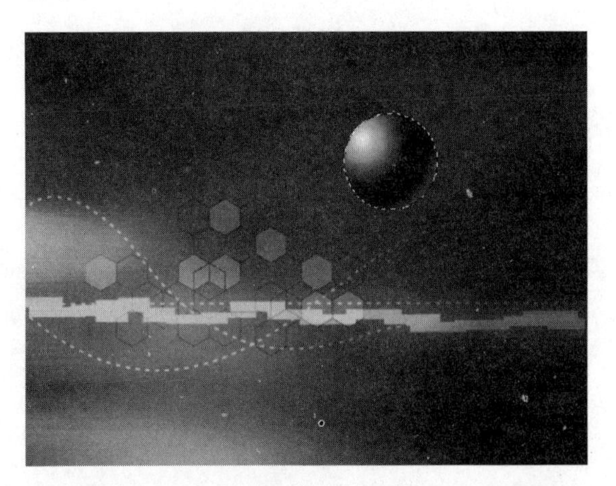

步骤11 单击工具箱中的“椭圆选框工具”按钮，设置“羽化”为10，按【Alt】键的同时减选球体区域，留下反射区域，效果如下图所示。

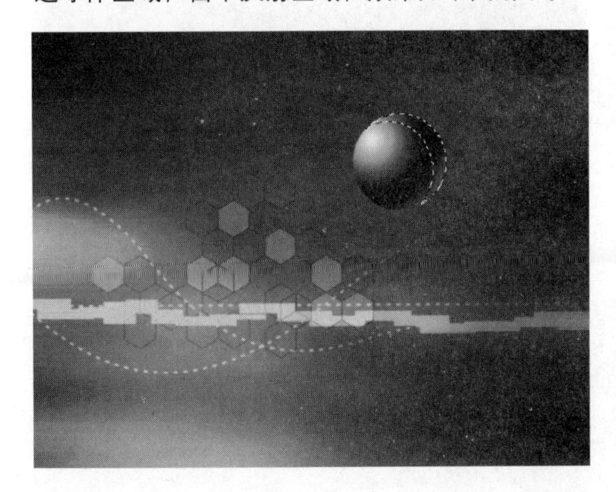

步骤12 单击工具箱中的“减淡工具”按钮，手工涂抹选择区域，将其减淡，效果如下图所示（提亮背光反射区域选区的亮度）。

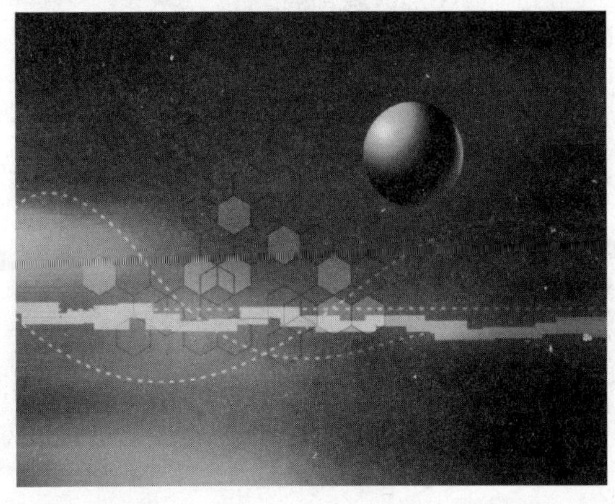

步骤13 用类似的方法为球体上的反射区域绘制反射高光，效果如下图所示。

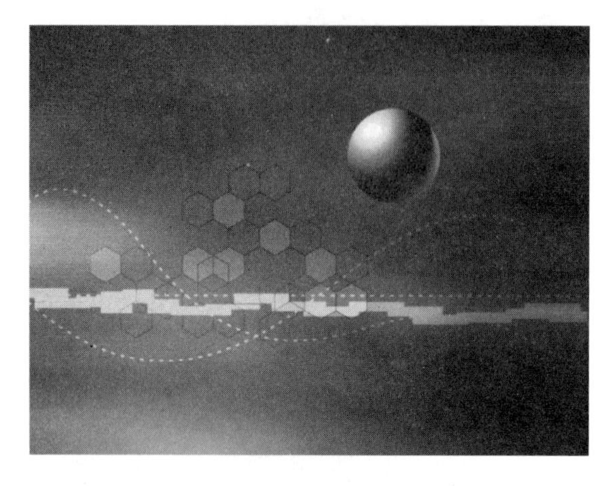

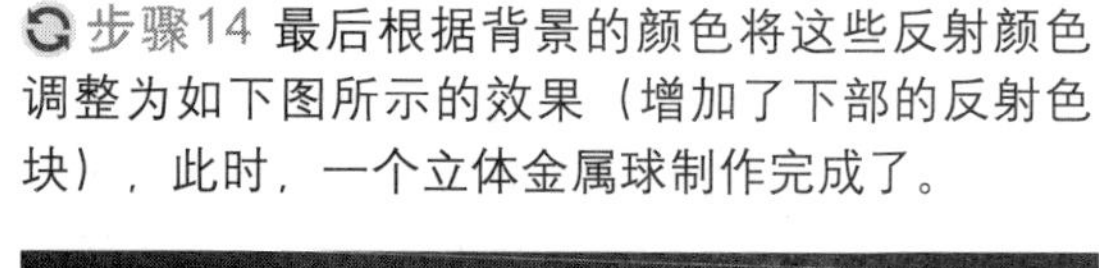

步骤14 最后根据背景的颜色将这些反射颜色调整为如下图所示的效果（增加了下部的反射色块），此时，一个立体金属球制作完成了。

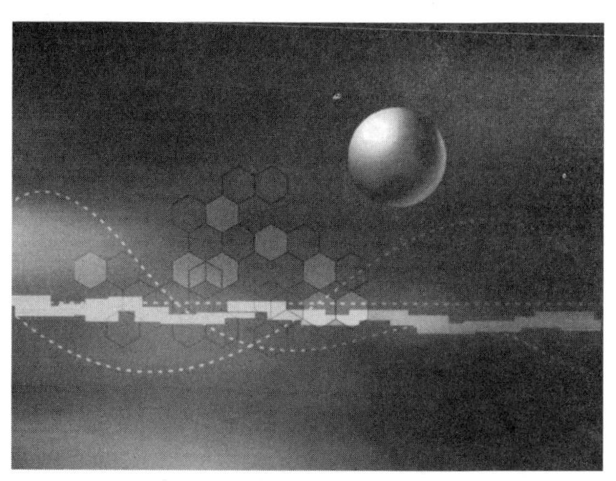

步骤15 复制球体，并将这些球体图层进行合并，效果如下图所示。

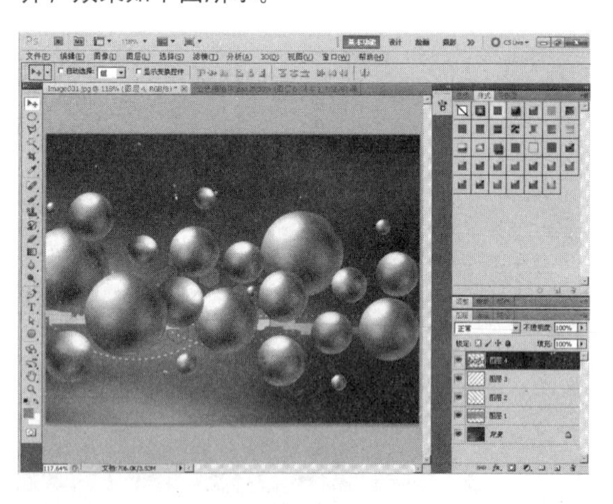

步骤16 设置混合模式为“柔光”，参数设置及效果如下图所示。

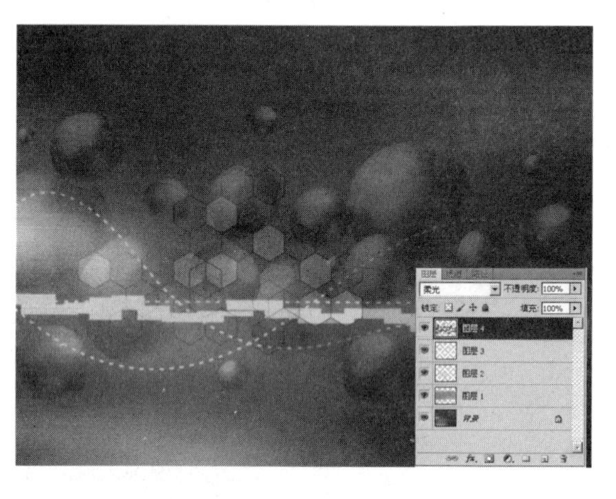

步骤17 使用相同的方法继续复制并缩放球体，效果如下图所示。

步骤18 将这些球体图层合并后，设置混合模式为“叠加”，效果如下图所示。

3. 使用模板

步骤01 在本书配套光盘中打开“金色嘣嘣球.psd”文件，也可以将任意照片或其他图片与模板进行合成，效果如下图所示。

步骤02 将照片中的人物选择并移动到“金色嘣嘣球.psd”文件的金属球中间图层，即可得到一个奇妙的混合效果，效果如下图所示。

通过这个实例，读者主要学习了金属高光和反射效果的制作方法。如下图所示是两种类似的模版效果。

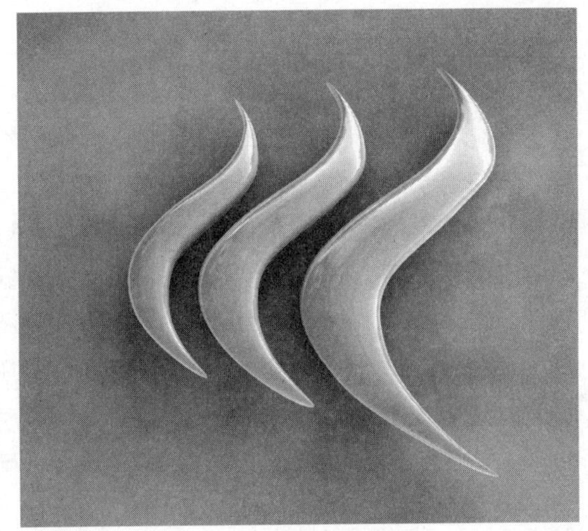

知识拓展

本实例主要讲解了制作金色蹦蹦球的过程，主要通过应用滤镜制作出了神奇的效果。接下来主要讲解本实例涉及的知识点。

01 滤镜菜单

滤镜是Photoshop CS5中最具吸引力的功能之一，它就是一个魔术师，可以把普通的图像变为非凡的视觉艺术作品。滤镜不仅可以制作各种特效，还能模拟素描、油画、水彩等绘画效果。在这部分将详细讲解各种滤镜的特点与使用方法。

滤镜是经过专门设计，用于制作图像特殊效果的工具，就好像许多特制的眼镜，戴上它们后会看到很多特定效果的图像。如下图所示为“滤镜”下拉菜单。本部分为大家推荐几种经典滤镜效果制作。

当对图片进行独特的效果设置时，经常会用到滤镜命令，以下就是“滤镜”菜单中能制作独特效果的滤镜命令。

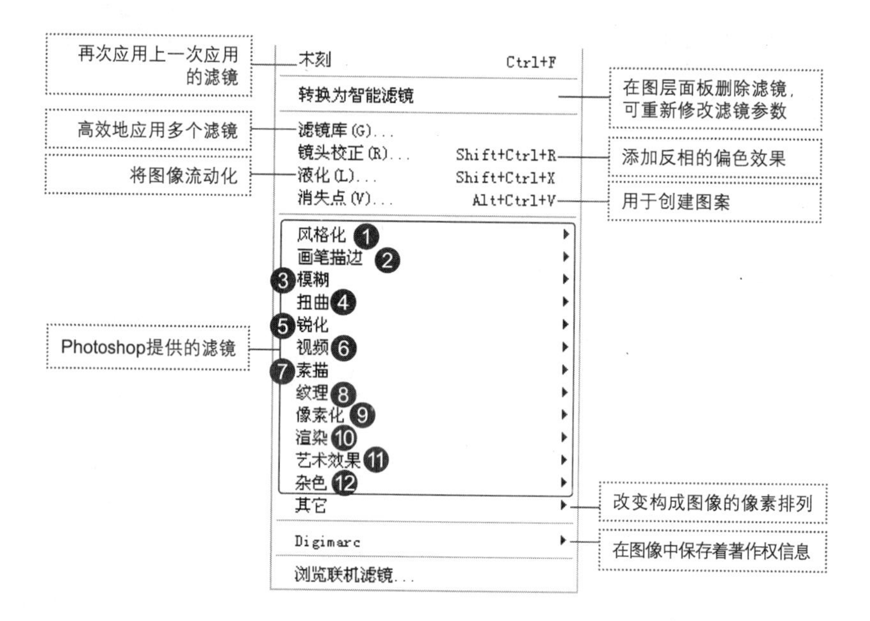

❶ 风格化：在图像上应用质感或亮度，在样式上产生变化。

❷ 画笔描边：应用画笔表现绘画效果。

❸ 模糊：将像素设置为模糊状态，可以在图像上表现速度感或晃动的效果。

❹ 扭曲：移动构成图像的像素，进行变形、扩展或缩小，可以将原图像变形为各种形态。

❺ 锐化：将模糊的图像制作为清晰的效果，提高主像素的颜色对比值，使画面更加明亮、细腻。

❻ 视频：“视频”子菜单包含“逐行”滤镜和“NTSC 颜色”滤镜。

❼ 素描：使用钢笔或者木炭等将图像制作成草图一样的效果。

❽ 纹理：为图像赋予质感，除了基本材质外，用户还可以直接制作并保存材质，然后在图像上应用滤镜效果。

❾ 像素化：使图像的像素变形，可以在图像上显示网点或者表现出铜版画的效果。

❿ 渲染：在图像上制作云彩形态，或者制作照明或镜头光晕效果等各种特殊效果。

⓫ 艺术效果：可以制作设置绘画效果。

⓬ 杂色：在图像上制作杂点，可以设置或者删除由于扫描而产生的杂点。

02 什么是滤镜

滤镜原本是一种摄影器材，如右图所示。摄影师将它们安装在照相机前面,从而改变照片的拍摄方式，可以影响色彩或者产生特殊的拍摄效果。如下（左）图所示为使用普通镜头拍摄的照片。如下（右）图所示为加装了柔光镜以后拍摄的照片，类似于使用Photoshop中的模糊滤镜处理后的效果。

Photoshop滤镜是一种插件模块，它们能够操纵图像中的像素。位图（如照片等）是由像素构成的，每一个像素都有自己的位置和颜色值，滤镜就是通过改变像素的位置或颜色来生成各种特殊效果的。如下图所示分别为原图、“塑料包装”滤镜处理后的图像。

03 滤镜的种类和主要用途

滤镜分为内置滤镜和外挂滤镜两大类。内置滤镜是Photoshop自身提供的各种滤镜，外挂滤镜则是其他厂商开发的滤镜，需要安装在Photoshop中才能使用。

Photoshop的所有滤镜都在“滤镜”菜单中，其中“滤镜库”、“镜头校正”、“液化”和“消失点”是特殊滤镜，被单独列出，而其他滤镜都依据其主要功能放置在不同类别的滤镜组中。如果安装了外挂滤镜，则它们会出现在“滤镜”菜单底部。

Photoshop的内置滤镜主要有两种用途。第一种用于创建具体的图像特效，例如，可以生成水彩画、素描、图章、纹理、波纹等特效。此类滤镜的数量最多，且绝大多数在“风格化”、“画笔描边”、“扭曲”、“素描”、“纹理”、“像素画”、“渲染”、“艺术效果”等滤镜组中，除“扭曲”及其他少数滤镜外，基本上都是通过“滤镜库”来管理应用的。第二种主要用于编辑图像，如减少图像杂色、提高清晰度等，这些滤镜在“模糊”、“锐化”、“杂色”等滤镜组中。此外，“液化”、“消失点”、“镜头校正”也属于此类滤镜。这3种滤镜比较特殊，它们的功能强大，并且有自己的工具和独特的操作方法，更像是独立的软件。

04 滤镜的使用规则

使用滤镜时，应注意以下规则。

（1）使用滤镜处理图层中的图像时，需要选择该图层，并且图层必须是可见的。

（2）如果创建了选区，滤镜只处理选区内的图像；没有创建选区，则处理当前图层中的全部图像。如下图所示为创建了选区及没有创建选取时应用滤镜的效果。

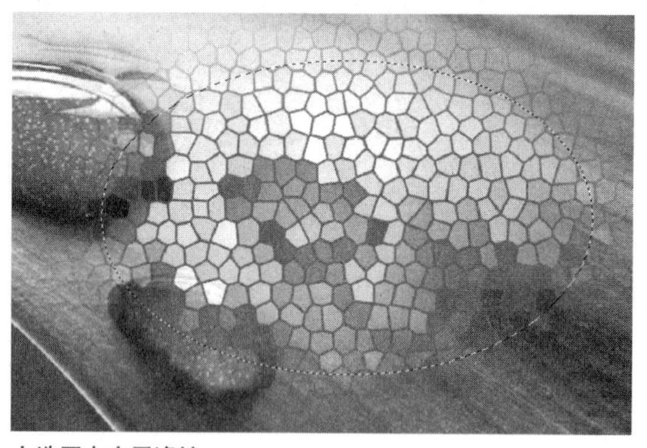

在选区内应用滤镜

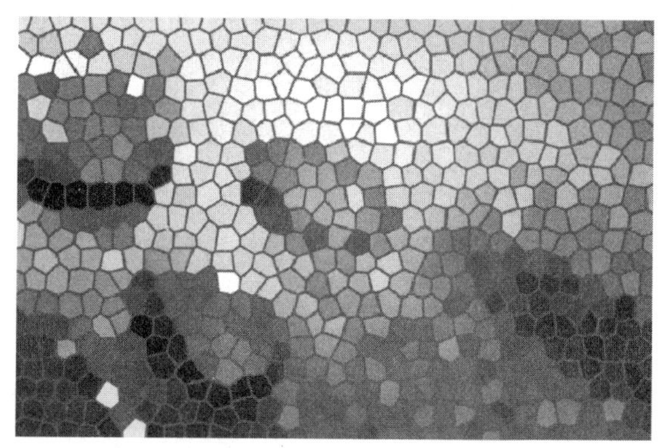

在整个图像上使用滤镜

（3）滤镜的处理是以像素为单位进行计算的，因此，使用相同的参数处理不同分辨率的图像，其效果也会不同。

（4）滤镜可以处理图层蒙版、快速蒙版和通道。

（5）只用“云彩”滤镜可以应用在没有像素的区域，其他滤镜都必须应用在包含像素的区域，否则不能使用，但外挂滤镜除外。

05 滤镜的使用与图像色彩模式之间的关系

如果“滤镜”菜单中的某些滤镜命令显示为灰色，就表示它们不能使用。通常情况下，这是由于图像模式造成的。RGB模式的图像可以应用全部滤镜，一部分滤镜不能用于CMYK模式的图像，索引和位图模式的图像则不能使用任何滤镜。如果要对位图、索引或CMYK模式的图像应用滤镜，可以先选择“图像>模式>RGB颜色”命令，将它们转换为RGB模式，再用滤镜处理。

06 滤镜的使用技巧

使用滤镜时，要注意以下技巧。

（1）当应用完一个滤镜命令后，“滤镜”菜单的第一行便会出现该滤镜的名称，如右图所示。选择该滤镜或按【Ctrl+F】组合键，可以快速应用这一滤镜。如果要对该滤镜的参数进行调整，可以按【Alt+Ctrl+F】组合键，在打开的滤镜对话框中重新设置参数。

滤镜(T) 分析(A) 3D(D) 视图(V)
染色玻璃 Ctrl+F
转换为智能滤镜

（2）在任意滤镜对话框中按住【Alt】键，“取消”按钮都会变成“复位”按钮，单击“复位”按钮可以将参数恢复到初始状态。

（3）在应用滤镜的过程中，如果要终止处理，可以按【Esc】键。

（4）应使用滤镜时，通常会打开滤镜库或相应的对话框，在预览框中可以预览滤镜效果，单击+或-按钮可以放大或缩小显示比例。单击并拖动预览框内的图像，可以移动图像。如下图所示为在相应的对话框中设置参数。

（5）应使用滤镜处理图像后，选择“编辑>渐隐”命令，可以修改滤镜效果的混合模式和不透明度。“渐隐”命令必须是在进行了编辑操作后立即执行，如果中间又进行了其他操作，则无法执行该命令，如下图所示。

应用“蒙尘与划痕”滤镜后的效果

修改图像混合模式和不透明度后的效果

07 查看滤镜信息

“帮助>关于增效工具”级联菜单中包含了Photoshop所有增效工具的目录，选择任意一个，就会显示其详细信息，如滤镜版本、制作者、所有者等。如右图所示为“滤镜库”的相关信息。

08 提高滤镜性能

Photoshop中的一部分滤镜在使用时会占用大量的内存，如“光照效果”滤镜、“木刻”滤镜、“染色玻璃”滤镜等，特别是编辑高分辨率的图像时，Photoshop的处理速度会很慢。

如果遇到这种情况，可以先在一小部分图像上试着应用滤镜，找到合适的设置后，再将滤镜应用于整个图像。也可以在使用滤镜之前选择“编辑>清理”命令释放内存。还可以退出其他应用程序，从而为Photoshop提供更多的可用内存。

09 相关滤镜效果

1. 晶格化

“晶格化”滤镜可以使图像中相近的像素集中到多边形色块中，产生类似结晶的颗粒效果，使像素形成多边形纯色。“单元格大小”选项可以设置多边形的大小，该选项的范围为3～999。“晶格化”对话框及效果如右图所示。

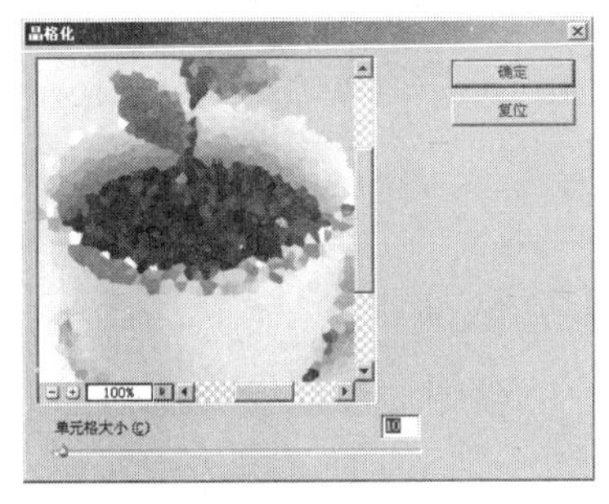

2. 动感模糊

可以在特定方向上设置模糊效果，一般用于表现速度感。“动感模糊”对话框及效果如右图所示。

- 角度：输入角度值，可以设置模糊的方向值。
- 距离：通过设置距离值设置图像的残像长度，距离值越大，图像的残像长度越长，速度感的效果就会越强。

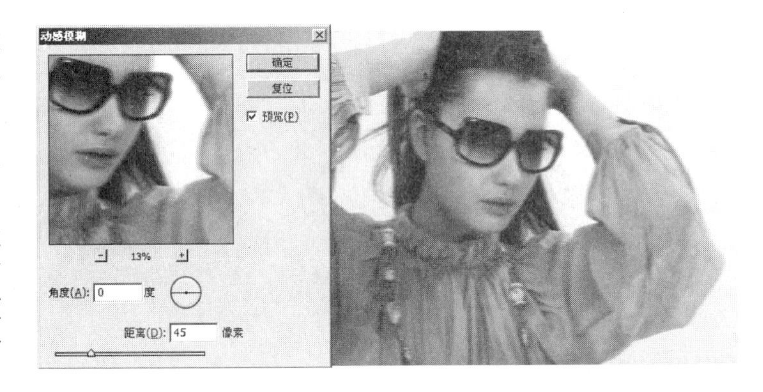

3. 镜头模糊

模拟照相机镜头产生的模糊效果，另外还可以在设置模糊程度和杂点。“镜头模糊”滤镜对话框及效果如下图所示。

- 深度映射：拖动滑块可以调整模糊的程度。
- 光圈：模拟类似虹膜的模糊效果。
- 镜面高光：调整光的反射量。
- 杂色：在图像上设置杂点。

10 智能滤镜与普通滤镜的区别

在Photoshop中，普通的滤镜是通过修改像素来生成效果的。左图为一个图像文件，右图为使用“喷色描边”滤镜处理后的效果。从“图层”面板中可以看到，“背景”图层的像素被修改了，如果将图像保存并关闭，就无法恢复为原来的效果。

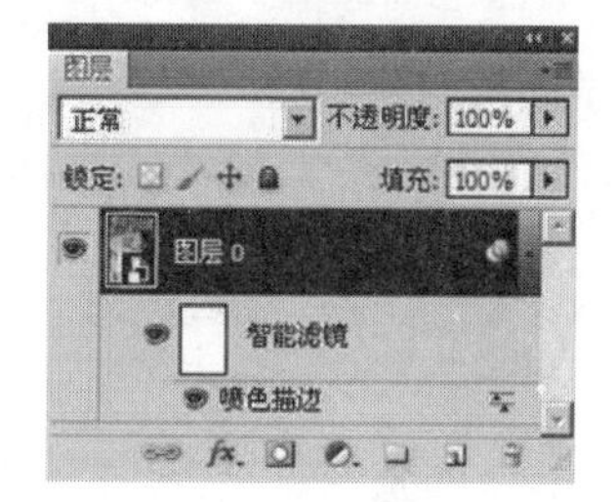

除“液化”和“消失点”之外，任何滤镜都可以作为智能滤镜应用，这其中也包括支持智能滤镜的外挂滤镜。此外，“图像>调整”菜单中的“应用/高光和“变化”命令也可以作为智能滤镜来应用。

智能滤镜则是一种非破坏性的滤镜，它将滤镜效果应用与智能对象上，不会修改图像的原始数据。如图所示为智能滤镜的处理结果，我们可以看到，它与普通“喷色描边”滤镜的效果完全相同。

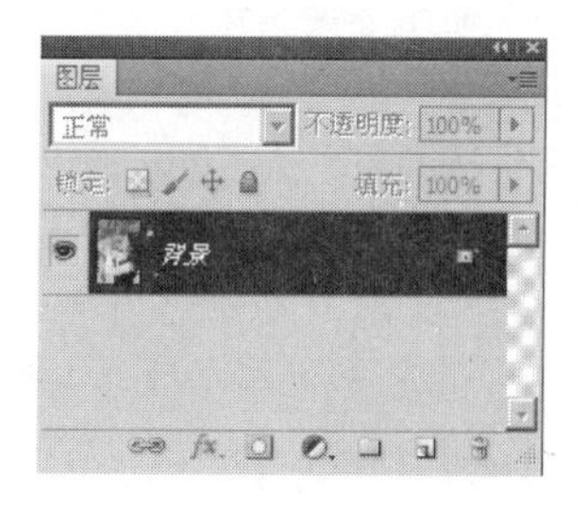

11 选择路径

使用“直接选择工具”单击锚点，即可选择该锚点，选中的锚点为实心方块，未选中的锚点为空心方块。单击某路径段，可以选择该路径段。如右图所示为选择锚点和选择路径段时的效果。

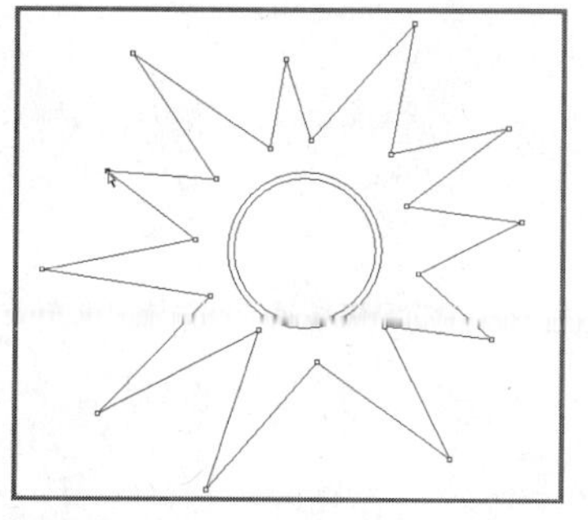

选择锚点

选择路径段

12 图层的混合模式

图层的混合模式可以将两个图层的色彩值紧密结合在一起，从而制作出大量的效果。混合模式在Photoshop中的应用非常广泛，大多数绘画工具或编辑调整工具都可以使用混合模式，所以正确、灵活地使用各种混合模式可以为图像效果锦上添花。

图层的混合模式确定了该图层中的像素如何与下层图层的像素进行混合。使用混合模式可以创建各种特殊效果。默认情况下，图层的混合模式是“正常”，当组选取其他混合模式时，可以有效地更改图像各个组成部分的合成顺序。

在图层面板中设置混合模式的方法如下。在图层面板中的混合模式下拉列表中选择一个选项，也可以选择“图层 > 图层样式”命令，然后从“混合模式”下拉菜单中选择一个选项。如右图所示为图层面板中的混合模式列表。

❶ 正常：该模式是默认模式，不产生任何效果。

❷ 溶解：编辑或绘制每个像素，使其成为结果色。使用该模式后的结果色由基色或混合色的像素随机替换。

❸ 变暗：查看每个通道中的颜色信息，并选择基色或混合色中较暗的颜色作为结果色。将替换比混合色亮的像素，而比混合色暗的像素保持不变。

❹ 正片叠底：查看每个通道中的颜色信息，并将基色与混合色进行复合。结果色总是较暗的颜色。任何颜色与黑色复合产生黑色。任何颜色与白色复合保持不变。

❶ 正常
❷ 溶解

❸ 变暗
❹ 正片叠底
❺ 颜色加深
❻ 线性加深
❼ 深色

❽ 变亮
❾ 滤色
❿ 颜色减淡
⓫ 线性减淡（添加）
⓬ 浅色

⓭ 叠加
⓮ 柔光
⓯ 强光
⓰ 亮光
⓱ 线性光
⓲ 点光
⓳ 实色混合

⓴ 差值
㉑ 排除
㉒ 减去
㉓ 划分

㉔ 色相
㉕ 饱和度
㉖ 颜色
㉗ 明度

图层混合模式列表

如下图所示为使用“正常”模式、“溶解”模式、“变暗”模式、“正片叠底”模式的效果。

“正常”模式

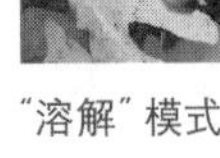

“溶解”模式

“变暗”模式

“正片叠底”模式

❺ 颜色加深：查看每个通道中的颜色信息，并通过增加对比度使基色变暗以反映混合色。与白色混合后不产生变化。

❻ 线性加深：查看每个通道中的颜色信息，并通过减小亮度使基色变暗以反映混合色。与白色混合后不产生变化。

❼ 深色：比较混合色和基色所有通道值的总和，并显示值较小的颜色。“深色”不会生成第三种颜色（可以通过“变暗”混合获得），因为它将从基色和混合色中选取最小的通道值来创建结果色。

❽ 变亮：查看每个通道中的颜色信息，并选择基色或混合色中较亮的颜色作为结果色。比混合色暗的像素被替换，比混合色亮的像素保持不变。

如下图所示为使用“颜色加深”模式、“线性加深”模式、“深色”模式、“变亮”模式的效果。

“颜色加深”模式

“线性加深”模式

“深色”模式

“变亮”模式

❾ 滤色：查看每个通道的颜色信息，并将混合色的互补色与基色进行复合。结果色总是较亮的颜色。用黑色过滤时颜色保持不变。用白色过滤将产生白色。此效果类似于多个摄影幻灯片在彼此之上投影。

❿ 颜色减淡：查看每个通道中的颜色信息，并通过减小对比度使基色变亮以反映混合色。与黑色混合则不发生变化。

⓫ 线性减淡（添加）：与“线性加深”模式的效果相反。通过增加亮度来减淡颜色，亮化效果比“滤色”模式和“颜色减淡”模式都强烈。

⓬ 浅色：比较混合色和基色所有通道值的总和，并显示值较大的颜色。“浅色”不会生成第三种颜色（可以通过“变亮”混合获得），因为它将从基色和混合色中选取最大的通道值来创建结果色。

如下图所示为使用“滤色”模式、“颜色减淡”模式、“线性减淡（添加）”模式、“浅色”模式的效果。

“滤色”模式

“颜色”减淡模式

“线性”减淡（添加）模式

“浅色”模式

⑬ 叠加：对颜色进行复合或过滤，具体取决于基色。图案或颜色在现有像素上叠加，同时保留基色的明暗对比。不替换基色，基色与混合色相混以反映原色的亮度或暗度。

⑭ 柔光：使颜色变暗或变亮，具体取决于混合色。此效果与发散的聚光灯照在图像上的效果相似。如果混合色（光源）比50%灰色亮，则图像变亮，就像被减淡了一样。如果混合色（光源）比50%灰色暗，则图像变暗，就像被加深了一样。使用纯黑或纯白色绘画，会产生明显变暗或变亮的区域，但不会出现纯黑或纯白色。

⑮ 强光：对颜色进行复合或过滤，具体取决于混合色。此效果与耀眼的聚光灯照在图像上的效果相似。如果混合色（光源）比50%灰色亮，则图像变亮，就像过滤后的效果，这对于向图像添加高光非常有用。如果混合色（光源）比50%灰色暗，则图像变暗，就像正片叠底后的效果，这对于向图像添加阴影非常有用。使用纯黑或纯白色绘画会出现纯黑或纯白色。

⑯ 亮光：通过增加或减小对比度来加深或减淡颜色，具体取决于混合色。如果混合色（光源）比50%灰色亮，则通过减小对比度使图像变亮。如果混合色比50%灰色暗，则通过增加对比度使图像变暗。

如下图所示为使用“叠加”模式、“柔光”模式、“强光”模式、“亮光”模式的效果。

“叠加”模式

“柔光”模式

“强光”模式

“亮光”模式

⑰ 线性光：通过减小或增加亮度来加深或减淡颜色，具体取决于混合色。如果混合色比50%灰色亮，则通过增加亮度使图像变亮。如果混合色比50%灰色暗，则通过减小亮度使图像变暗。

⑱ 点光：根据混合色替换颜色。如果混合色（光源）比50%灰色亮，则替换比混合色暗的像素，而不改变比混合色亮的像素。如果混合色比50%灰色暗，则替换比混合色亮的像素，而比混合色暗的像素保持不变。该模式对于向图像添加特殊效果非常有用。

⑲ 实色混合：如果当前图层中的像素比50%灰色亮，会使底层图像变亮；如果当前图层中的像素比50%灰色暗，则会使底层图像变暗。该模式通常会使图像产生色调分离效果。

⑳ 差值：查看每个通道中的颜色信息，并从基色中减去混合色，或从混合色中减去基色，具体取决于哪一种颜色的亮度值更大。与白色混合将反转基色值，与黑色混合则不发生变化。

㉑ 排除：用基色的明亮度和饱和度，以及混合色的色相创建结果色。

㉒ 减去：从目标通道中的相应像素上减去源通道中的像素值。

㉓ 划分：查看每个通道中的颜色信息，从基色中分割混合色。

㉔ 色相：将当前图层的色相应用到底层图像的亮度和饱和度中，可以改变底层图像的色相，但不会影响其亮度和饱和度，对于黑色、白色、灰色区域，该模式不起作用。

如下图所示分别为使用“叠加”模式、“柔光”模式、“强光”模式、“亮光”模式、“排除”模式、“减去”模式、“划分”模式、“色相”模式的效果。

“线性光”模式

“点光”模式

“实色混合”模式

“差值”模式

“排除”模式

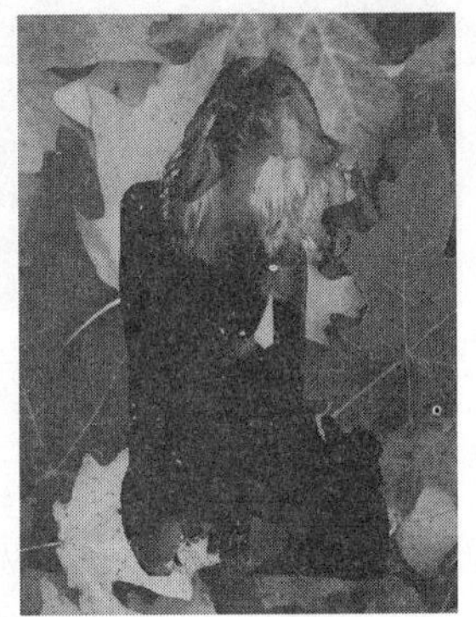

“减去”模式

“划分”模式

“色相”模式

㉕ 饱和度：用基色的明亮度和色相，以及混合色的饱和度创建结果色。在灰色的区域上使用此模式，不会发生任何变化。

㉖ 颜色：用基色的明亮度，以及混合色的色相和饱和度创建结果色。这样可以保留图像中的灰阶，并且对于给单色图像上色和给彩色图像着色都会非常有用。

㉗ 明度：用基色的色相和饱和度，以及混合色的明亮度创建结果色。此模式与“颜色”模式相反的效果。将当前图层的亮度应用于底层图像的颜色中时，可改变底层图像的亮度，但不会对其色相与饱和度产生影响。

如下图所示为使用“饱和度”模式、“颜色”模式、“明度”模式的效果。

“饱和度”模式

“颜色”模式

“明度”模式

8.3 个性水晶框的制作

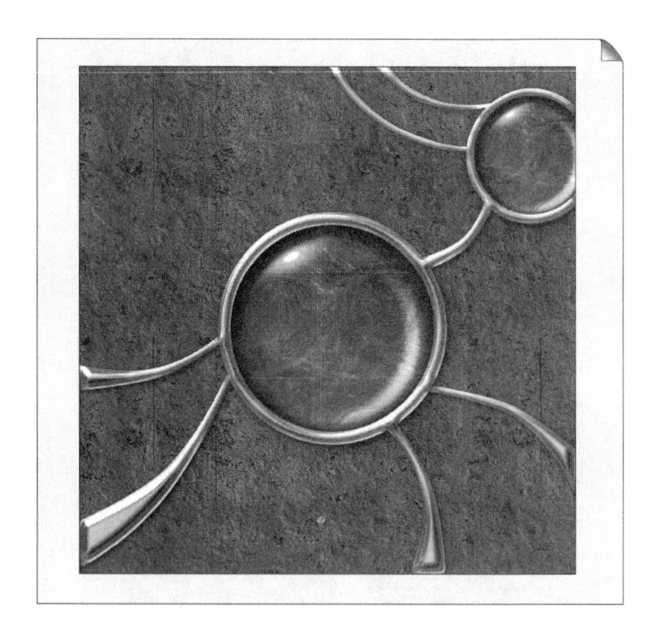

随着经济的发展，人们的生活日益丰富，除了在物质上得到满足外，还需要追求精神上的享受。在日常生活中，人们常常喜欢将自己的照片用镜框镶起来，这样可以保护自己所喜欢的图像，如果放到固定位置，也是一样非常不错的纪念品，起到一定的修饰作用。本实例将讲解如何制作个性水晶框。本实例的最终效果如右图所示。

原始文件：Ch08\Media\03.jpg、水晶背景.jpg

最终文件：Ch08\Complete\8-3-1.psd、8-3-2.psd

1. 背景的制作

步骤01 打开本书附带光盘中的03.jpg文件。在工具箱中选择“椭圆选框工具”，按【Shift】键的同时在图像窗口中拖动，即可绘制一个正圆形，效果如下图所示。

步骤02 在工具箱中单击“渐变工具”按钮，单击选项栏中的“点按可编辑渐变”色块，打开“渐变编辑器”窗口，从中设置渐变为黑色到绛红色，如下图所示。

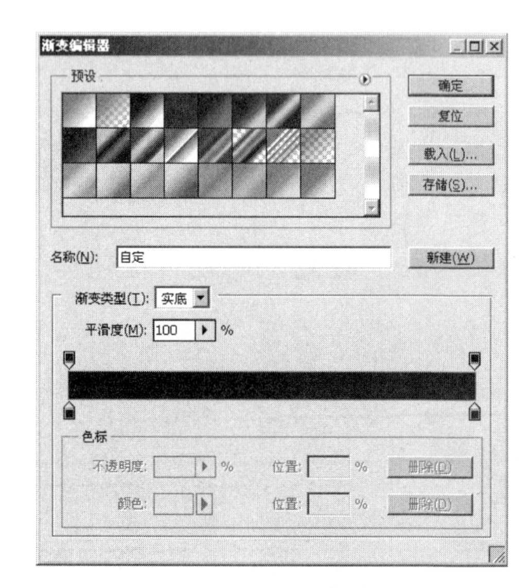

步骤03 新建一个图层，在新图层中拖动鼠标，为选区添加渐变色，然后为该图层添加阴影，效果如下图所示。

步骤04 打开本书配套光盘中的“水晶背景.jpg”文件，这是一个底纹图像。将该图像拖动到back.jpg图像窗口中的渐变色图层上方，如下图所示。

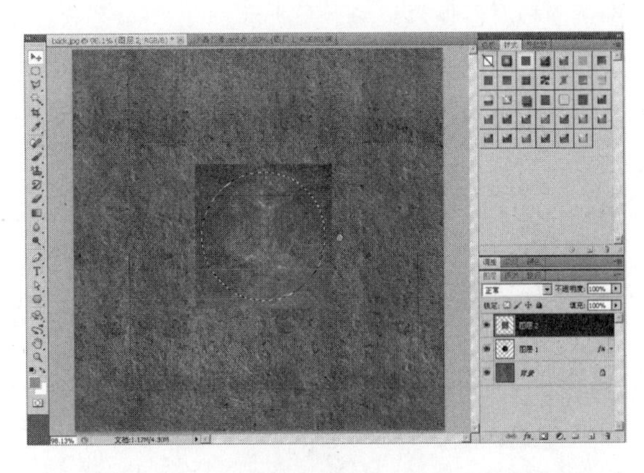

步骤05 底纹以圆形选区为参考，将多余的区域删除。选择“选择>修改>羽化”命令，在弹出的“羽化选区”对话框中设置参数为“15像素”，如下图所示。

步骤06 按【Shift+Ctrl+I】组合键反选按钮区域，按【Delete】键删除底纹边缘，效果如下图所示。

步骤07 新建一个图层，绘制一个高光区域（绘制方法是，填充一个白色的椭圆选区，然后将其旋转），效果如下图所示。

步骤08 重新复制一个高光区域，用“高斯模糊”滤镜将其模糊成高光周围的褪晕效果，如下图所示。

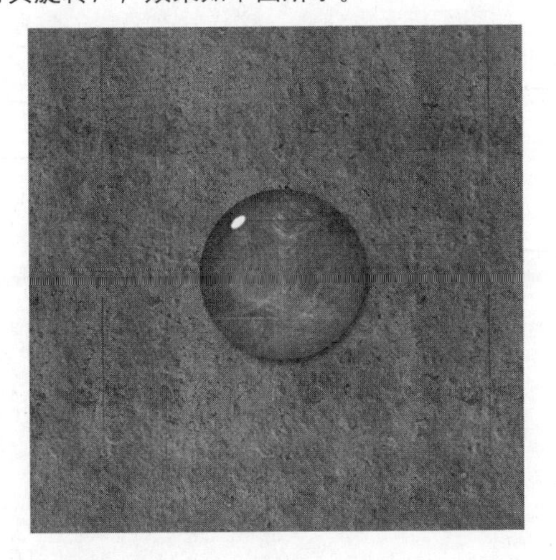

步骤09 将褪晕层复制出4个图层副本，此时的图层面板及图像效果如下图所示。

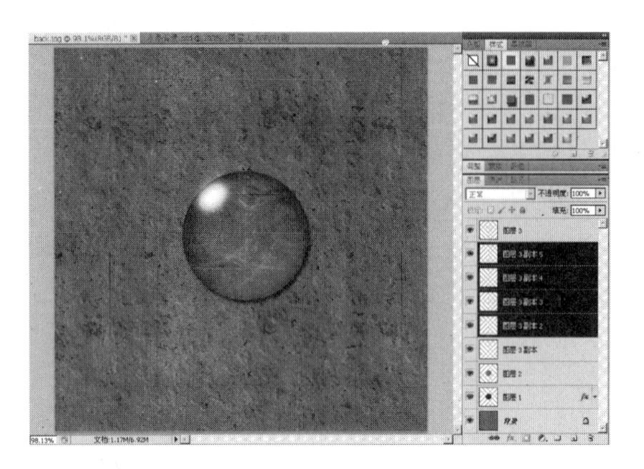

步骤10 将这4个副本图层合并。按【Ctrl】键的同时单击正圆形渐变图层，得到圆形的选区，此时的图层面板如下图所示。

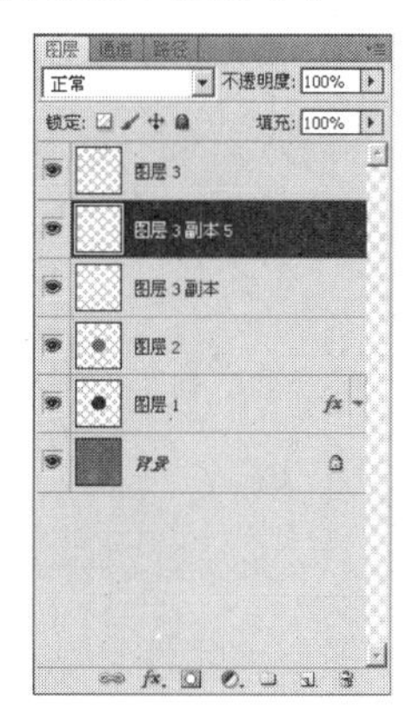

步骤11 选择"滤镜>扭曲>球面化"命令，在弹出的对话框中设置参数，如下图所示。

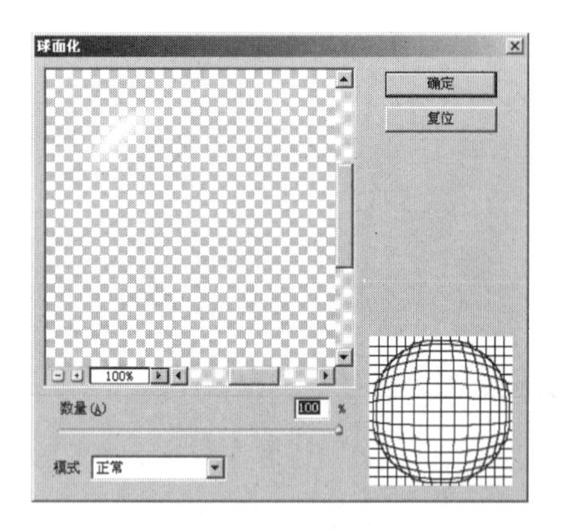

步骤12 此时，褪晕会沿着球形选区的边缘变形，效果如下图所示。

2. 制作水晶体折射的焦散效果

步骤01 将第一个制作的褪晕复制出一个副本，然后选择"滤镜>扭曲>极坐标"命令，在弹出的对话框中设置参数，如下图所示。

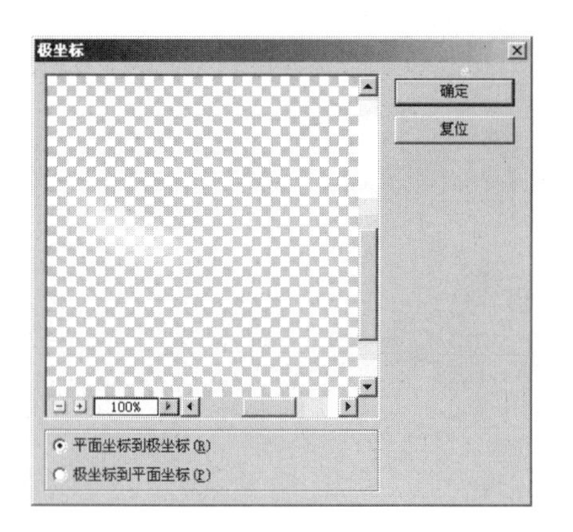

步骤02 单击"确定"按钮，褪晕被"极坐标"滤镜挤压到了球的边缘，形成了一条弧线。将该图层的混合模式设置为"叠加"后，将其旋转到如下图所示的位置，这样就在高光的位置上产生了一个光斑折射出来的焦散效果。

步骤03 此时的焦散效果还不够明显，将该图层连续复制出两个，焦散效果及图层面板如下图所示。

步骤04 现在这个水晶体制作完成了，效果如下图所示，但它有很多图层，非常不方便。为了方便使用，下面需要将它们成组。

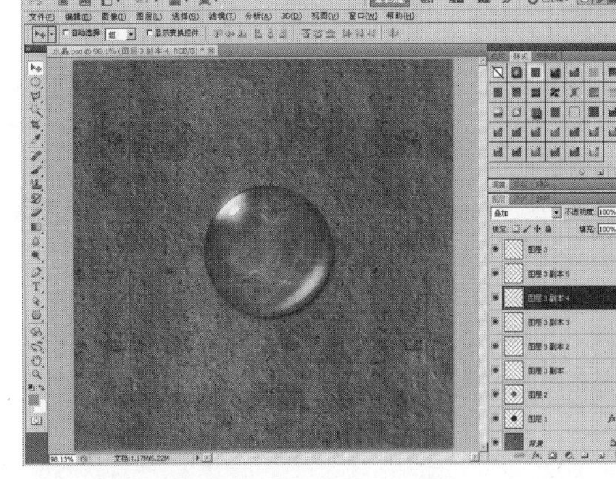

步骤05 将水晶体的所有图层选中，然后在图层面板的菜单面板中选择“从图层新建组”命令，打开“从图层新建组”对话框，如下图所示。

步骤06 输入名称后单击“确定”按钮，即可得到一个成组的序列，读者可以单独设置它的“不透明度”等选项，如下图所示。

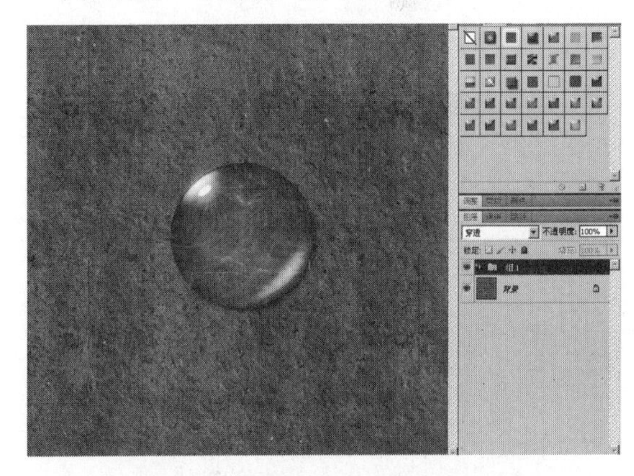

步骤07 按住【Ctrl】键的同时单击正圆形渐变图层，得到圆形选区。单击“路径”面板中的按钮，将圆形选区转换为路径，单击工具箱的“椭圆工具”按钮，按【Shift】键绘制一个正圆形，绘制的正圆如下图所示。

步骤08 按【Ctrl】键将其移动到如下图所示的位置（与刚才得到的路径圆点对齐）。按【A】键选择“直接选择工具”，按【Shift】键加选一个圆形路径，将两个路径同时选中。

步骤09 在选项栏中单击“交叉形状区域”按钮，单击 组合 按钮，将两个形状组合为一体。在工具箱中单击“钢笔工具”按钮，绘制如下图所示的路径。

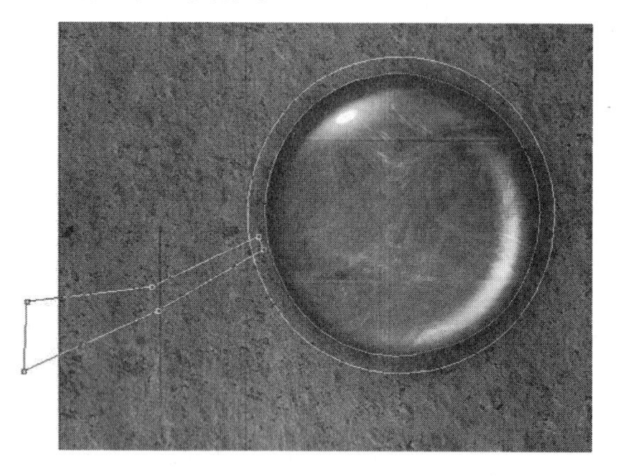

步骤10 按【Ctrl】键可拖动某一节点，按【Alt】键可调整节点的弧度，调整形状后的效果如下图所示。

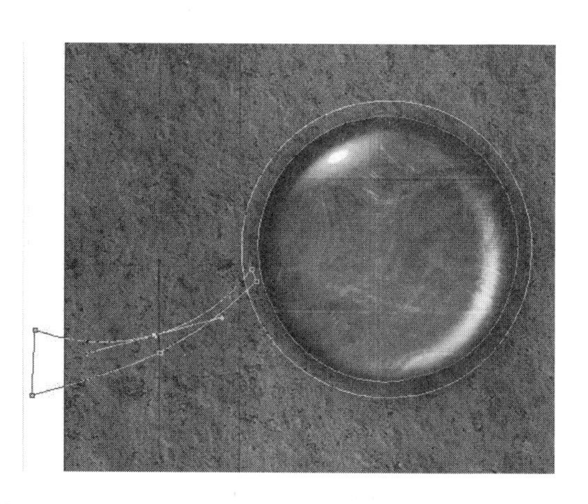

步骤11 选择所有形状，在选项栏中单击“从形状区域减去”按钮，单击 组合 按钮，将两个形状组合为一体。继续绘制路径，最后完成的路径如下图所示。

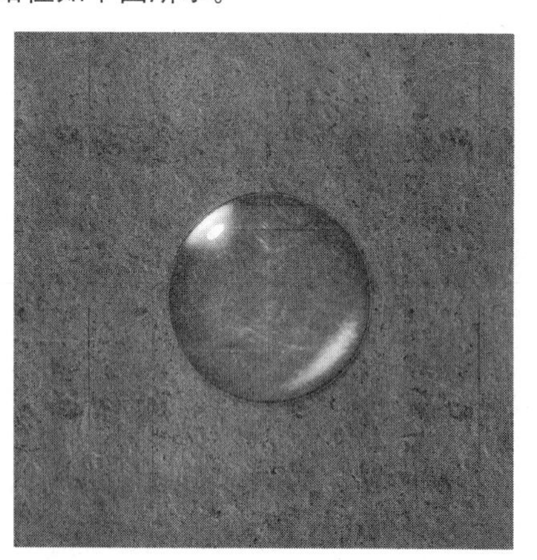

步骤12 按【Ctrl】键的同时单击路径，将其载入选区。新建一个图层，按【Shift+F5】组合键对选区进行实色填充，效果如下图所示。

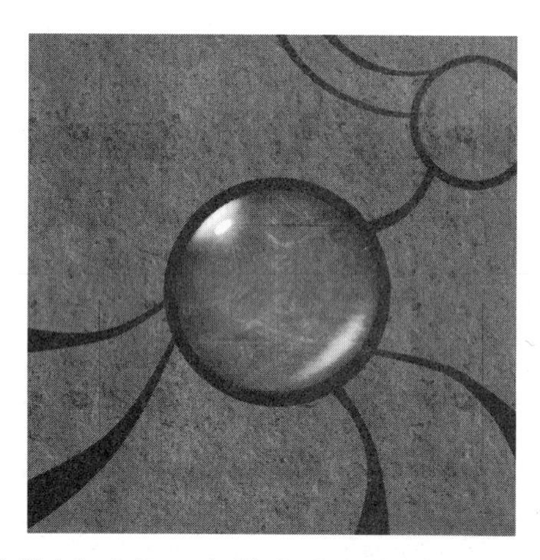

步骤13 选择“图层>图层样式>混合模式”命令，在弹出的对话框中设置参数，如下图所示。

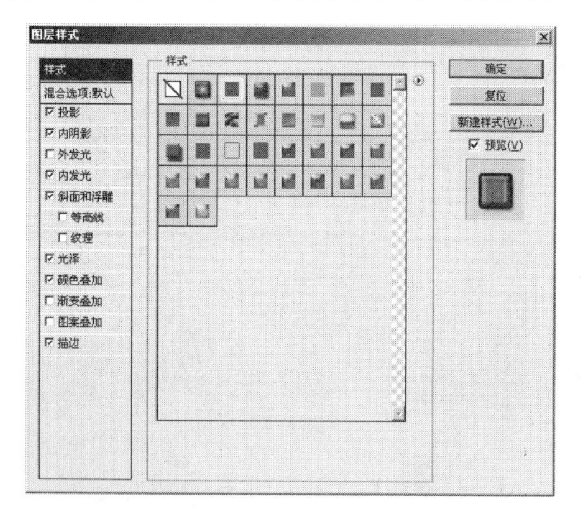

步骤14 选择一个样式后，单击“确定”按钮，便可得到一个金属边框，效果如下图所示。

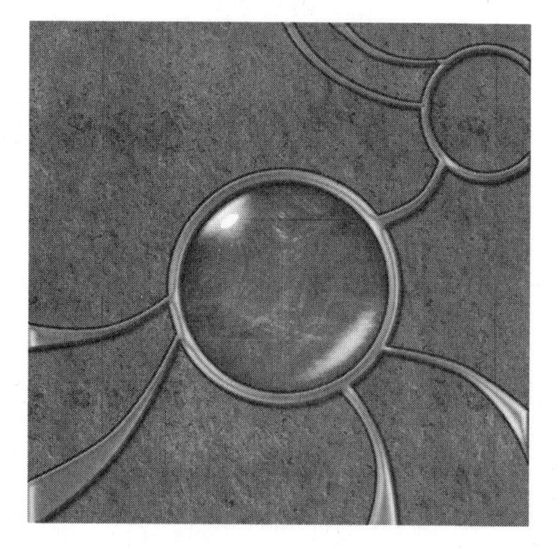

步骤15 复制一个水晶体的序列并将其缩小（这就是刚才序列成组的方便之处），效果如下图所示。

步骤16 将其镶嵌到文档右上角的圆形金属框中，效果如下图所示。

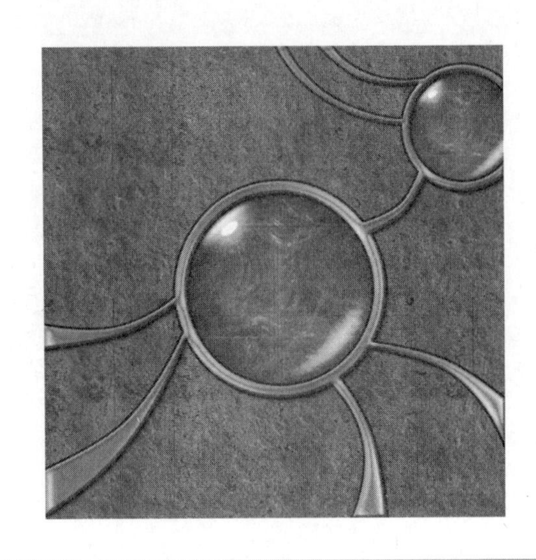

3. 使用模板

步骤01 打开本书配套光盘中的"水晶.psd"文件，如下图所示。

步骤02 制作一个任意形状的金属边框，效果如下图所示。

通过本实例，读者主要学习了利用选区控制扭曲范围和叠加图层混合模式产生焦散的方法，还学习了如何控制形状来制作具有特殊效果的金属边框。如下图所示为与实例类似的效果。

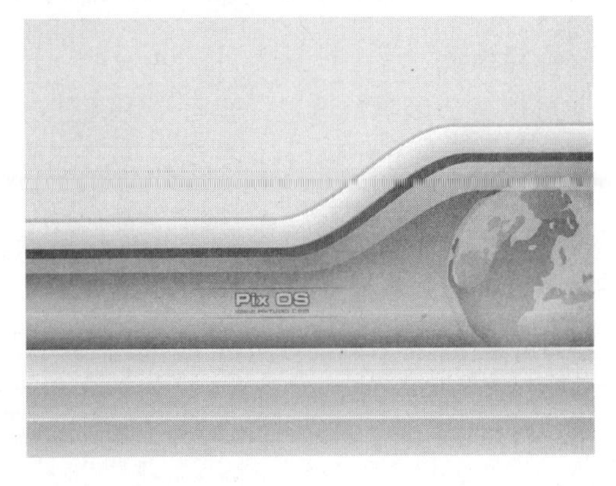

知识拓展

本实例通过使用Photoshop的“渐变工具”、扭曲工具制作一个常用的水晶网页界面效果，接下来讲解本例中的知识点。

01 复制图层

1. 通过“通过拷贝的图层”命令复制图层

如果在图像中创建了选区，选择“图层>新建>通过拷贝的图层”命令或按【Ctrl+J】组合键，可以将选区中的图像复制到一个新的图层中，原图层内容保持不变；如果没有创建选区，选择该命令可以快速复制当前图层。

2. 在面板中复制图层

在图层面板中，将需要复制的图层拖动到“创建新图层”按钮上，即可复制该图层。

3. 通过命令复制图层

选择一个图层，选择“图层>复制图层”命令，打开“复制图层”对话框，输入图层名称并设置选项，单击“确定”按钮即可复制该图层。

- 为：可输入图层名称。
- 文档：在下拉列表中选择其他打开的文档，可以将图层复制到该文档中。如果选择“新建”选项，则可以设置文档的名称，将图层内容创建为一个新文件。

02 滤镜

1. 极坐标

以坐标轴为基准扭曲图像，“极坐标”对话框及效果如右图所示。

- 平面坐标到极坐标：以图像的中心为基准集中图像。
- 极坐标到平面坐标：展开外部轮廓，扭曲图像。

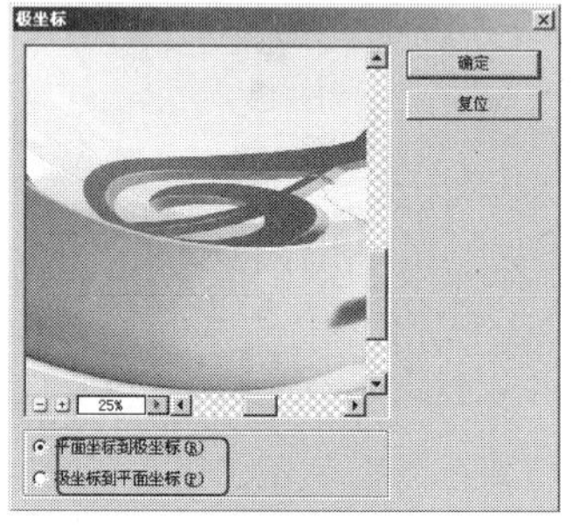

2. 球面化

可以将选区折成球形，也可以扭曲图像及伸展图像，以适合选中的曲线，从而使对象具有 3D 效果。“球面化”对话框及图像效果如右图所示。

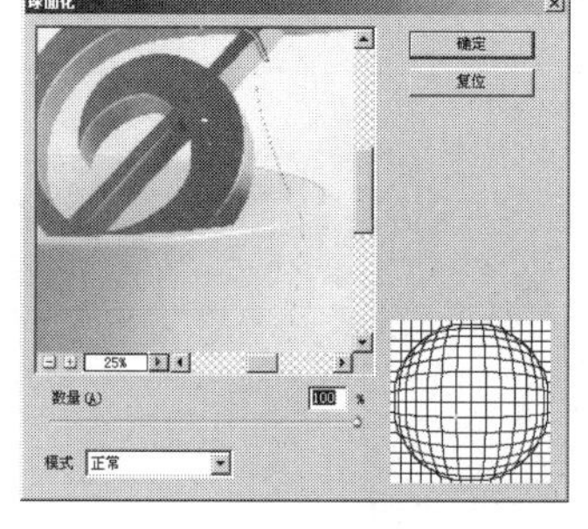

8.4　酷炫文字的制作

本实例将使用Photoshop的“云彩”、“强化的边缘”、“光照效果”等滤镜制作出一幅石头的纹理图像。通过对选区进行羽化，使石头的边缘变得柔和，并使用“高斯模糊”滤镜对石头的边缘进行适当的模糊处理，从而使石头与背景图像融合在一起。

本节的制作重点是石头和文字的制作。通过对文字添加图层样式，使文字和石头融为一体，产生石头上的刻字效果。最后为石头匹配一幅色彩神秘的背景，以完成图像的制作。本实例的最终效果如右图所示。

最终文件：Ch08\Complete\8-4-1.psd

1. 新建文件

步骤01 打开Photoshop软件，选择“文件>新建”命令或按【Ctrl+N】组合键，在弹出的“新建”对话框中设置文件的属性，如右（左）图所示。

步骤02 单击“确定”按钮，此时软件中会出现一个新的文件窗口，如右（右）图所示。

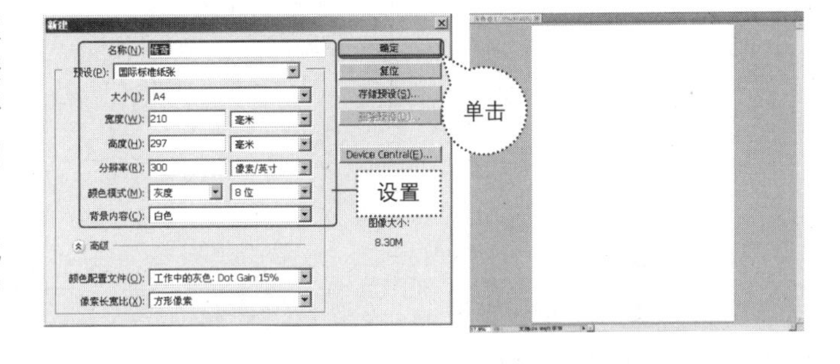

2. 制作石头纹理

步骤01 确认系统的前景色和背景色为默认的黑色、白色后，选择“滤镜>渲染>云彩”命令，为“背景”图层添加“云彩”滤镜，效果如右图所示。按【D】键可以恢复默认的前景色和背景色。

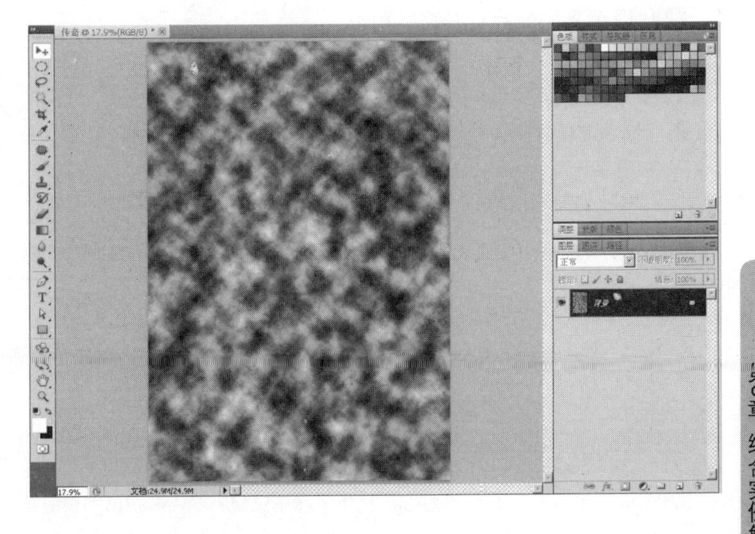

步骤02 选择“滤镜>画笔描边>强化的边缘”命令，为“背景”图层添加“强化的边缘”滤镜。在“强化的边缘”对话框中分别设置“边缘宽度”、“边缘亮度”、平滑度”的参数值，使图案产生清晰的边缘效果。如右（左）图所示。

步骤03 单击“确定”按钮，效果如右（右）图所示。

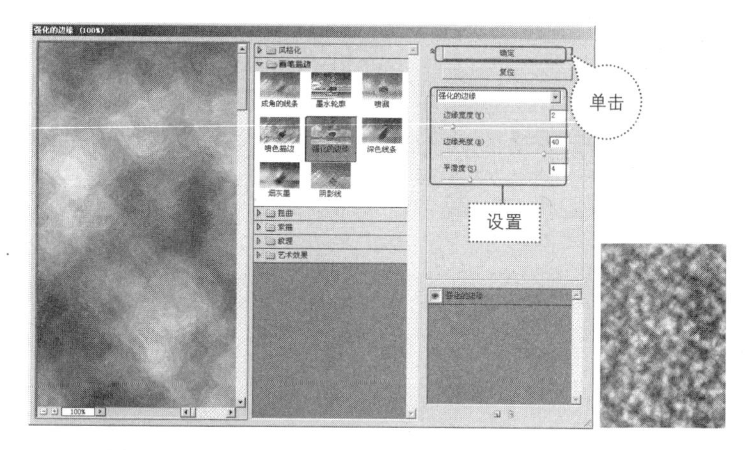

步骤04 选择“滤镜>渲染>光照效果”命令，为“背景”图层添加“光照效果”滤镜。“光照效果”对话框的左侧为图像预览区域，拖动预览区域中的控制点，将光照方向定位在左上角，在“纹理通道”下拉列表中选择“红”选项，参数设置及图像效果如右图所示。

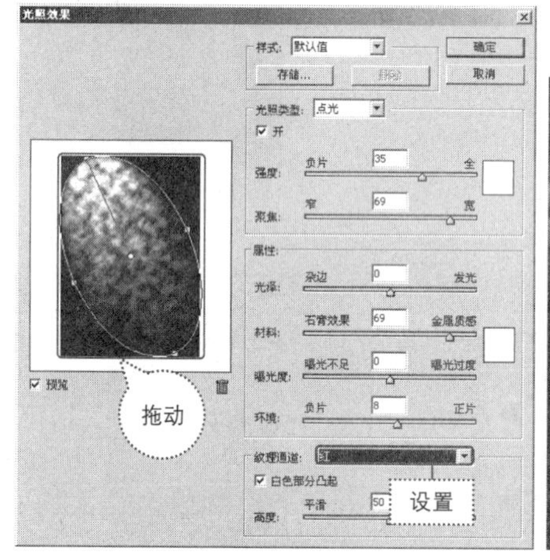

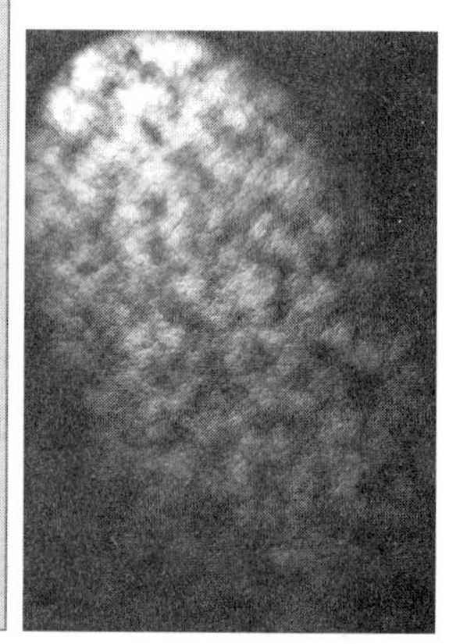

3. 制作石头的外形

步骤01 选择工具箱中的“套索工具”，在选项栏中设置“羽化”参数为5px。在图像窗口上绘制出一块石头的形状，如右（左）图所示。

步骤02 按【Ctrl+J】组合键，复制选区内的图像。此时，图层面板中生成了一个新的“图层1”图层，如右（右）图所示。

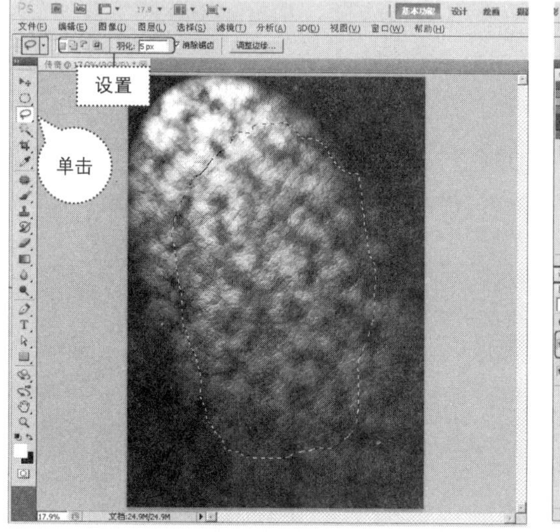

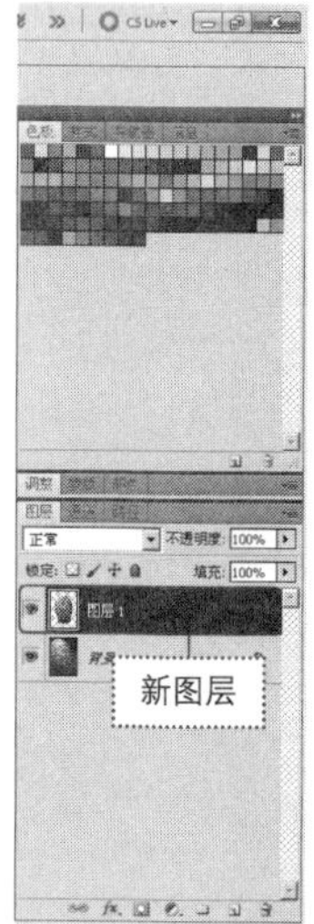

提示

读者可以在图层面板中的“图层1”图层上单击鼠标右键，在弹出的快捷菜单中选择“图层属性”命令，弹出“图层属性”对话框，在“名称”选项中为“图层1”重命名。

4. 编辑背景

步骤01 在图层面板中选择“背景”图层，使用“渐变工具” 在“背景”图层上填充线性渐变，使背景从上到下产生从灰到黑的渐变，如右（左、中）图所示。

步骤02 选择“石头”图层，按【Ctrl+T】组合键，显示自由变换框，将石头进行适当地旋转和缩放，如右（右）图所示。最后，按【Enter】键确认操作。

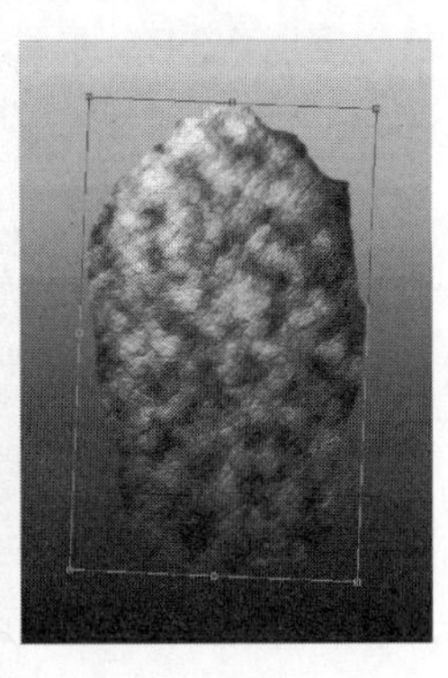

5. 表现石头的质感

步骤01 在图层面板中选中“石头”图层，按【Ctrl+J】组合键复制图层，新建“石头副本”图层。

步骤02 选择“滤镜>艺术效果>水彩”命令，在弹出的对话框中设置“水彩”参数。单击“确定”按钮，即可完成设置，参数设置及图像效果如右图所示。

步骤03 在图层面板中设置“石头副本”图层的混合模式为“明度”，“不透明度”为50%，参数设置及石头效果如右图所示。

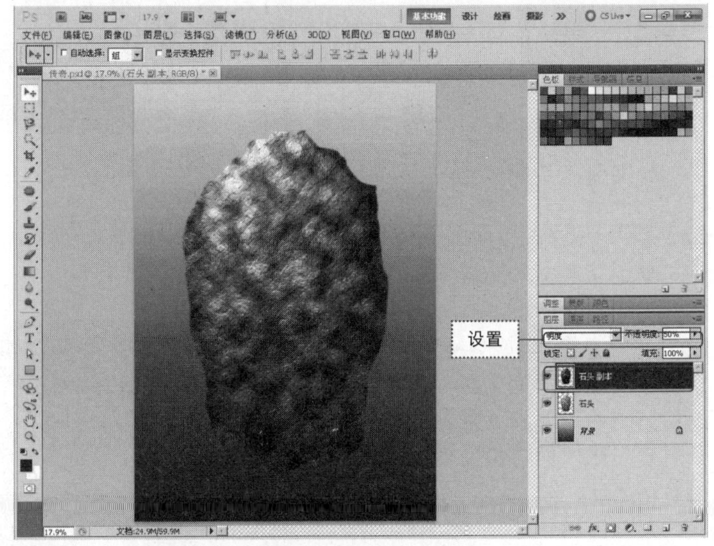

提 示

在选区存在的情况下，按【Ctrl+J】组合键可以将选区内的图像复制到新的图层中；若没有选区，则复制当前图层，产生一个图层副本。

步骤04 在图层面板中选中“石头”图层。选择“加深工具”，在选项栏中设置画笔大小为200px，“范围”为“高光”，“曝光度”为20%，然后在石头的下方和边缘区域进行涂抹，使边缘区域的色调产生加深的效果，参数设置及图像效果如右图所示。

步骤05 选择“减淡工具”，在选项栏中设置画笔大小为900px，将“范围”设置为“中间调”，“曝光度”为20%。单击石头的正面区域，对正面区域的中间调图像进行减淡处理，参数设置及图像效果如右图所示。

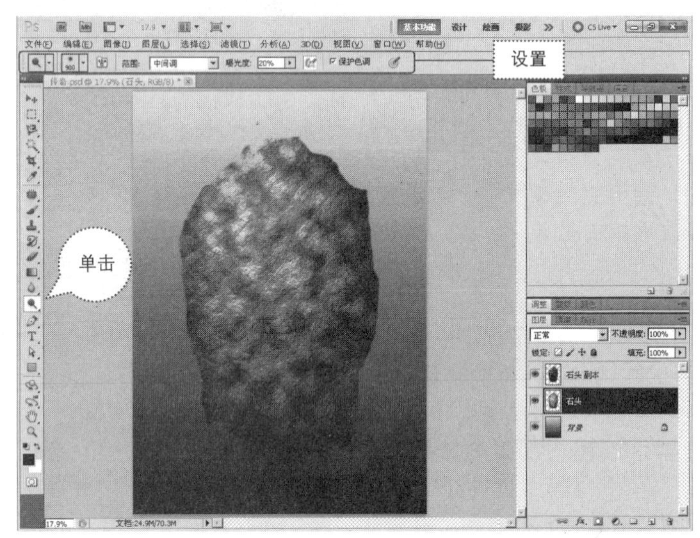

6. 处理石头的边缘

步骤01 选择“石头副本”图层，按【Ctrl+E】组合键，将其与“石头”图层合并。

步骤02 按住【Ctrl】键单击“石头”图层的缩览图，将其载入选区。选择“选择>变换选区”命令，显示选区的自由变换框，效果如右图所示。

步骤03 按【Shift+Ctrl+Alt】组合键拖动变换框的一角，进行透视变换，使自由变换框呈梯形，再调整选区的高度，如右（右）图所示。按【Enter】键确认操作。

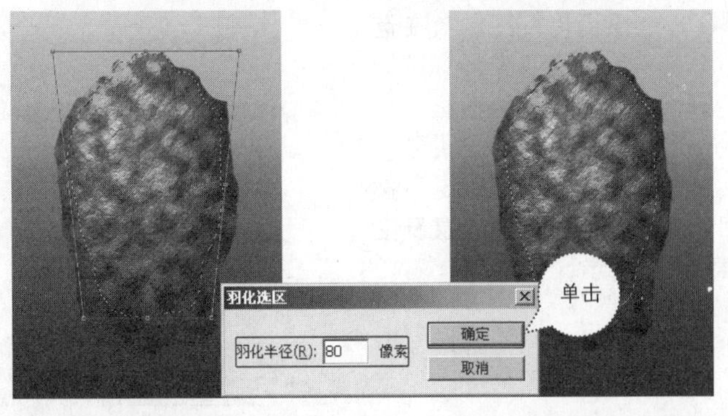

步骤04 选择"选择>修改>羽化"命令，在弹出的"羽化选区"对话框中设置"羽化半径"为80像素，然后单击"确定"按钮，参数设置及图像效果如右（中、右）所示。

步骤05 羽化后，选区的棱角变得光滑了。按【Shift+Ctrl+I】组合键进行反选。选择"滤镜>模糊>高斯模糊"命令，设置参数。按【Ctrl+D】组合键取消选区。经过模糊处理的石头边缘变得柔和了，表面也带有一定的虚实变化，参数设置及图像效果如右图所示。

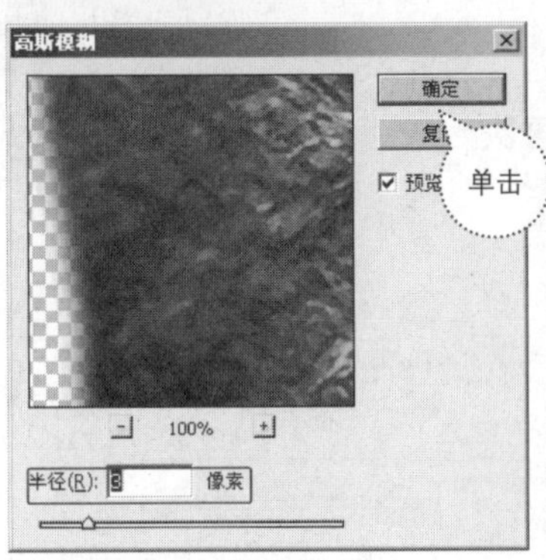

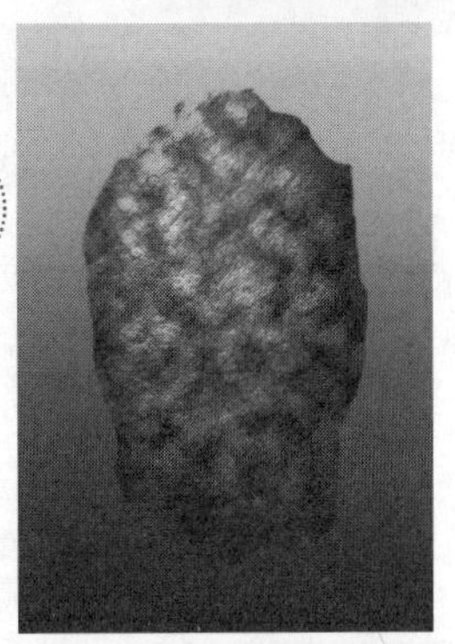

步骤06 在图层面板中双击"石头"图层，打开"图层样式"对话框，选择"内发光"复选框，设置混合模式为"柔光"，设置发光颜色为黑色。此时，石头的边缘产生强烈的明暗变化，石头的立体感增强，参数设置及图像效果如右图所示。

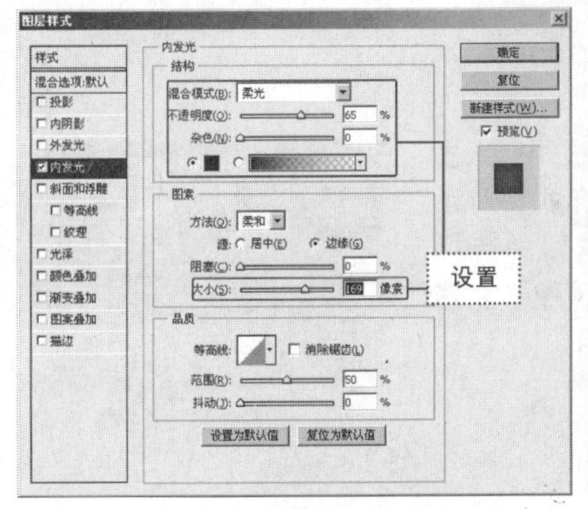

7. 制作石刻文字

步骤01 选择"横排文字工具"T，在选项栏中设置字体为"华文行楷"，大小为260点。在图像窗口中输入文字"传"。在图层面板中单击生成的文字层，结束文字的编辑状态。用同样的方法在"传"字的下方单击，输入"奇"字，如右图所示。将两个文字单独输入，可以对它们进行不同的变形处理。

第8章 综合实例解析

步骤02 选择“传”图层，在选项栏中单击“创建文字变形”按钮，打开“变形文字”对话框，在“样式”下拉列表中选择“拱形”选项，设置参数，单击“确定”按钮，即可完成设置，参数设置及图像效果如右图所示。

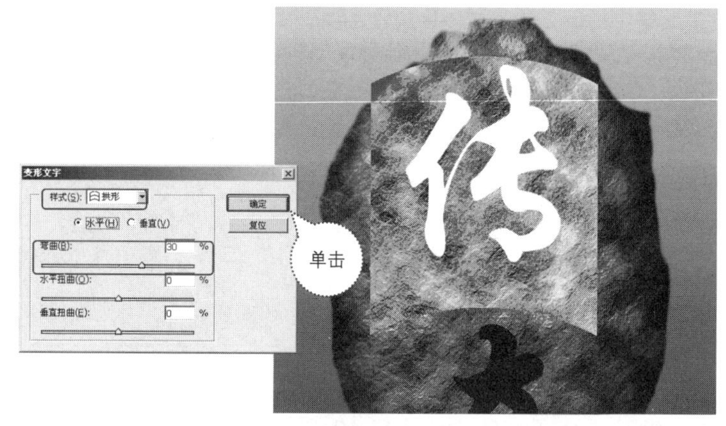

步骤03 选择文字“奇”，再次单击选项栏的按钮，打开“变形文字”对话框。选择“下弧”样式，设置参数及图像效果如右图所示。

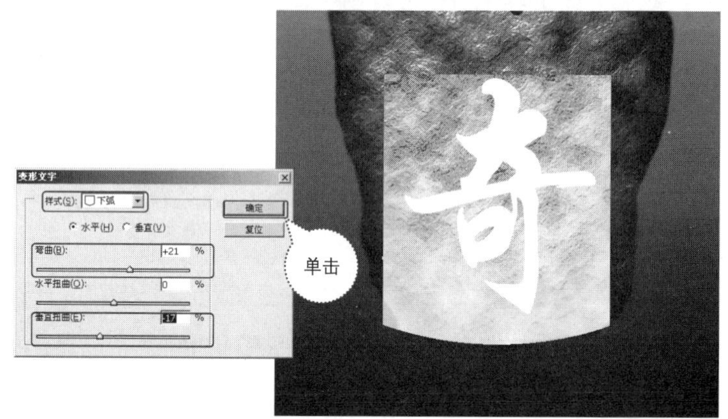

步骤04 在图层面板中双击“传”层，打开“图层样式”对话框。在“样式”区域中分别选择“内阴影”和“斜面和浮雕”复选框，参数设置如右图所示。

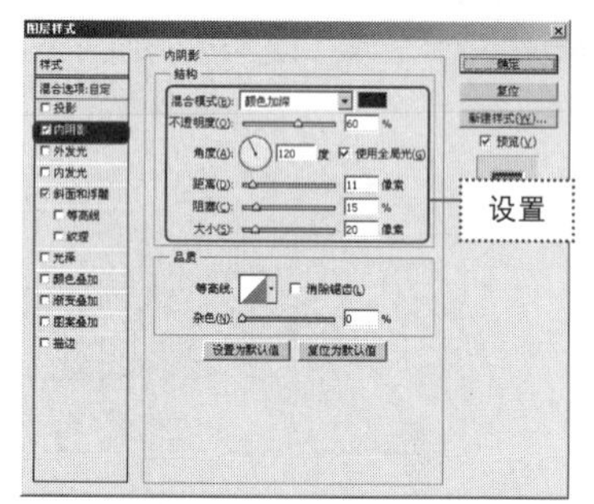

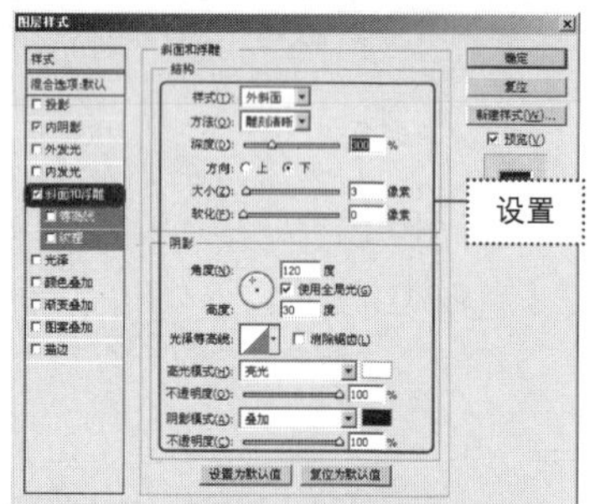

步骤05 此时，“传”字的边缘出现了棱角，内部凹陷了进去，但仍是一片漆黑。在图层面板中设置该图层的“填充”为40%，这样就可以在文字内部看到石头的纹理，文字与石头融为了一体，形成了石刻字的效果，参数设置及图像效果如右图所示。

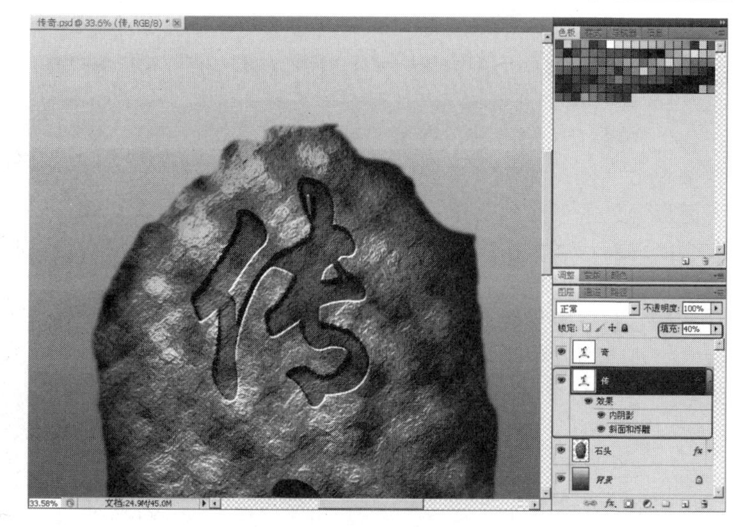

步骤06 按住【Alt】键，在图层面板中将“传”图层的图层样式图标拖动到“奇”图层上，复制文字图层效果到“奇”图层。同样的，设置“奇”图层的“填充”选项为45%，参数设置及图像效果如右图所示。

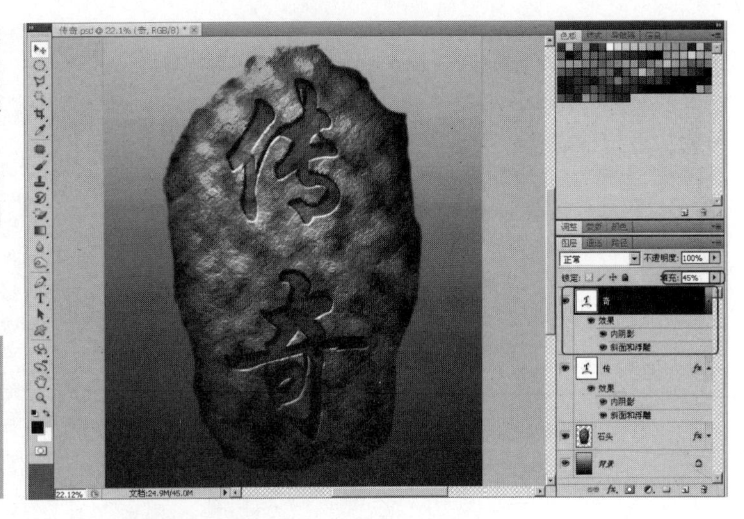

> **提 示**
>
> “奇”图层的“填充”选项为45%，这样可以使“奇”字暗下去，更符合整个画面的明暗关系。

8. 合成背景

步骤01 打开本书配套光盘中的文件“传奇-背景.jpg”。选择“移动工具”，按住【Shift】键将“传奇-背景”图像拖动到“传奇.psd”文档的标题栏上，系统会自动切换到“传奇.psd”文档中，释放鼠标，生成“图层1”图层，如右图所示。

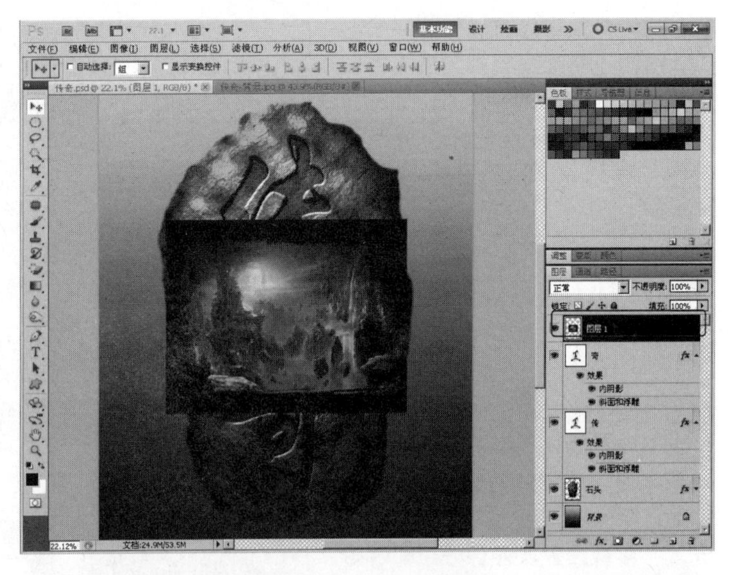

> **提 示**
>
> 使用“移动工具”拖动图像时按住【Shift】键，若两个文档大小相同，则复制的图像会在与原文档相同的位置；若两个文档大小不同，则复制的图像会位于目标文档的中央。

步骤02 按住【Shift】键在图层面板中分别单击“石头”图层、“传”图层、“奇”图层，将它们选中。按【Ctrl+T】组合键显示自由变换框，按住【Shift】键拖动自由变换框的一角，对选中的图层进行等比例缩放，如右图所示。按【Enter】键确认缩放操作。

步骤03 单击工具箱中的“裁切工具” ，在图像窗口中拖动鼠标对图像进行裁切。调整裁切框，使裁切范围控制在“图层1”图层的图像范围内，如右图所示。按【Enter】键确认裁切操作。

步骤04 在图层面板中选择“石头”图层，设置“石头”图层的图层混合模式为“明度”。此时，将石头的色调与背景环境进行了调和，参数设置及图像效果如右图所示。

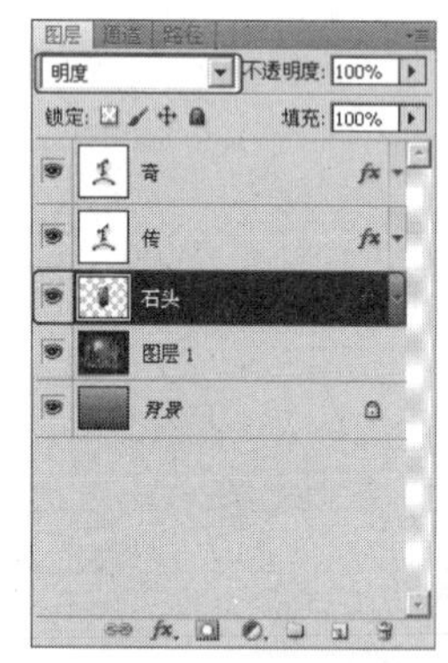

步骤05 将“石头”图层拖到图层面板底部的按钮上，复制出“石头副本”图层。设置“石头副本”图层的混合模式为“线性光”，参数设置及图像效果如右图所示。

步骤06 复制“图层1”图层，得到“图层1副本”图层。选择工具箱中的“椭圆选区工具” ，在图像窗口中绘制一个椭圆，参数设置及图像效果如右图所示。

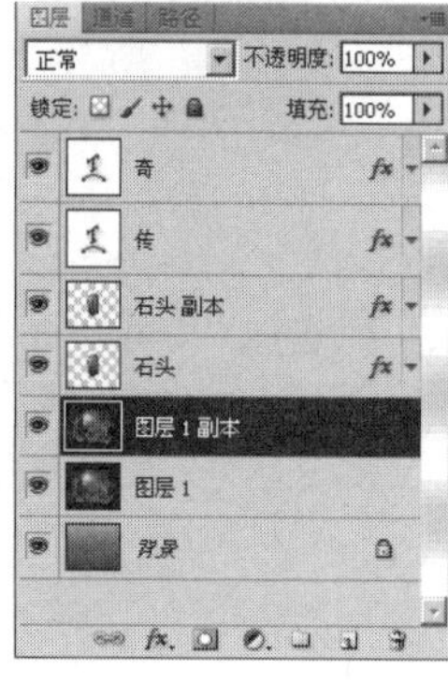

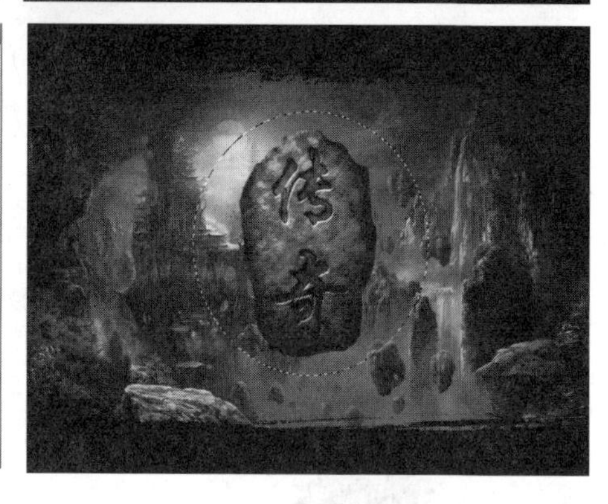

步骤07 选择“选择>修改>羽化”命令，在弹出的“羽化选区”对话框中设置“羽化半径”的参数值为“50像素”，单击“确定”按钮完成对选区的羽化设置，参数设置及图像效果如右图所示。

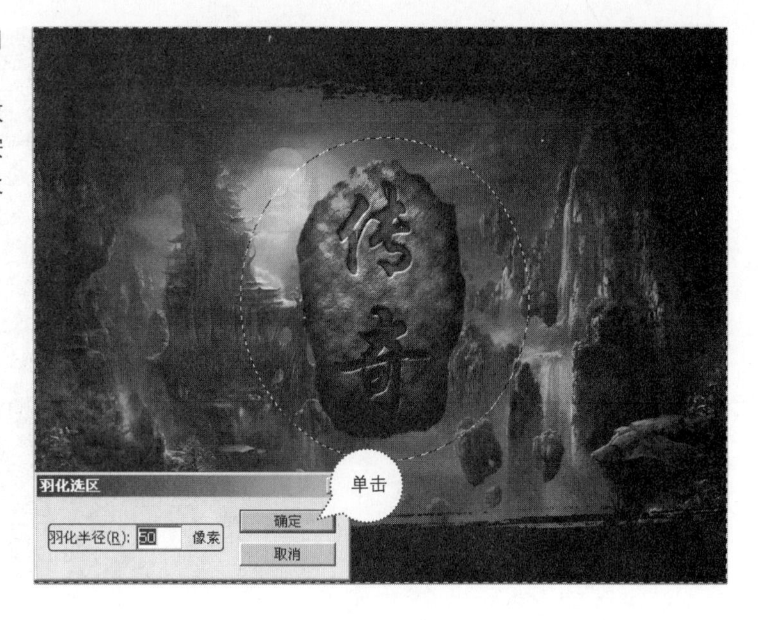

步骤08 选择“选择>反向”命令或按【Shift+Ctrl+I】组合键进行反向选择，反选后选择“滤镜>模糊>高斯模糊”命令，在弹出的“高斯模糊”对话框中设置模糊“半径”为“10像素”。此时，石头以外的背景被虚化，石刻文字更加清晰、突出，参数设置及图像效果如下图所示。

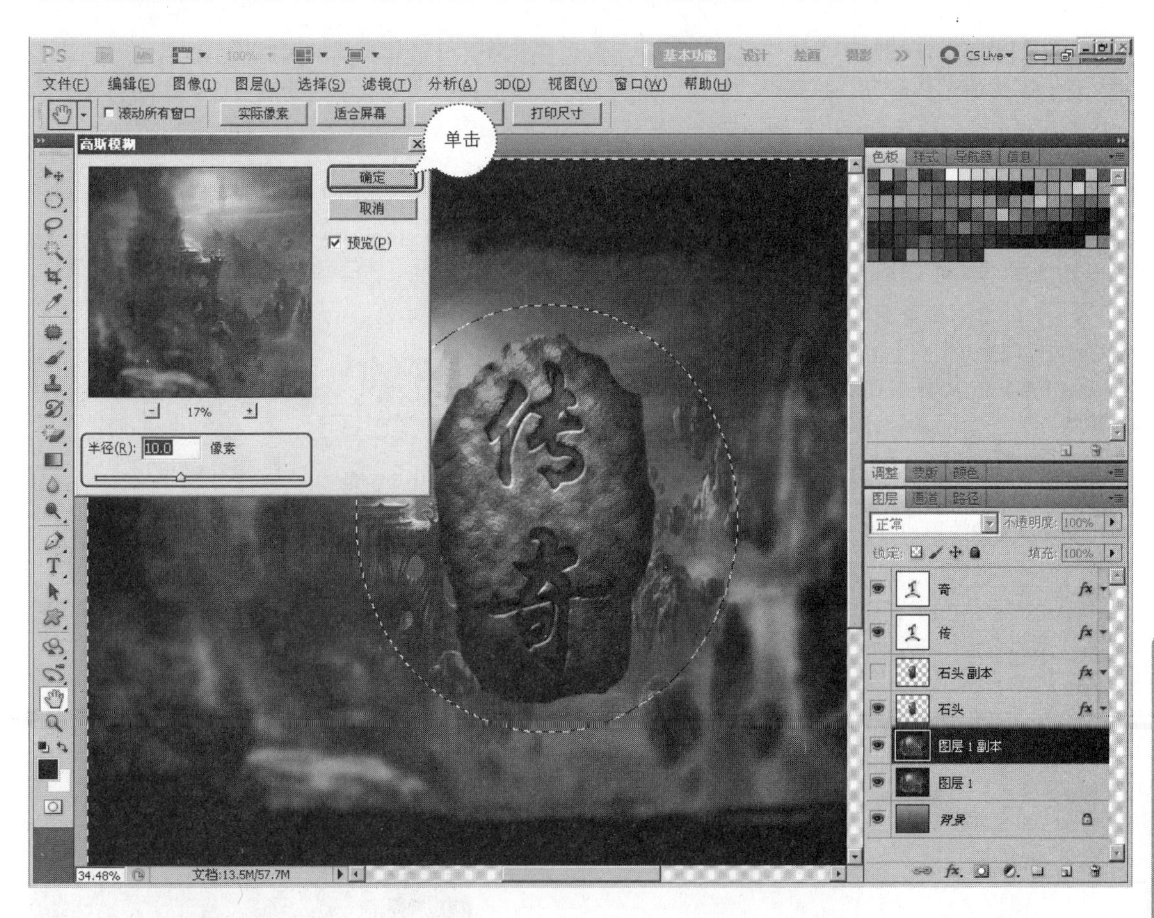

步骤09 在图层面板中调整“图层1副本”图层的“不透明度”选项，将其设置为50%，此时，“图层1副本”图层和“图层1”图层进行混合，使背景效果更加柔和，参数设置及图像效果如右图所示。

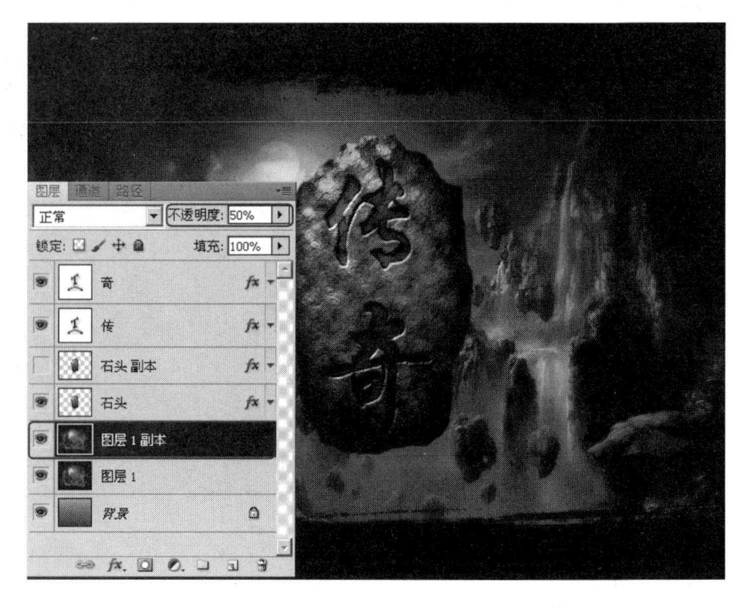

知识拓展

本实例主要讲解了制作立体字的过程，利用自由变换将文字调整为的不同形状，然后用“钢笔工具”绘制文字的立体部分，并且用“加深工具”和“减淡工具”调整文字的明暗程度，最后为背景添加色调，利用图层样式制作出栩栩如生的质感效果。接下来主要讲解本实例涉及的知识点。

01 “减淡工具”和“加深工具”

1. 使用“减淡工具”

打开一幅图像之后，在工具箱中选择“减淡工具”，并在选项栏中调整画笔的大小为200px，设置“范围”为“中间调”，将“曝光度”选项调整为50%，在小熊的面部及其他位置拖动鼠标，提高亮度，参数设置及图像效果如右图所示。

2. 使用“加深工具”

在工具箱中的“减淡工具”上单击鼠标右键，在弹出的工具组中选择“加深工具”，在选项栏中调整画笔的大小为200px，设置“范围”为“中间调”，设置“曝光度”选项为50%，在小熊的面部及其他位置拖动鼠标，使其颜色变深，参数设置及图像效果如右图所示。

在传统的摄影技术中，摄影师可以通过减弱光线使照片中的某个区域变亮（减淡），也可以通过增加曝光度使照片中的区域变暗（加深）。“减淡工具”和“加深工具”正是基于这种技术处理照片曝光的。这两个工具的选项栏是相同的，如下图所示是“加深工具”的选项栏。

- 范围：可选择要修改的色调。选择“阴影”选项，可处理图像的暗色调；选择“中间调”选项，可处理图像的中间调（灰色的中间范围色调）；选择“高光”选项，则可以处理图像的亮部色调。
- 曝光度：可以为“减淡工具”或“加深工具”设置曝光。该值越高，效果越明显。
- 启用喷枪模式：单击该按钮，可以为画笔开启喷枪功能。
- 保护色调：可以保护减淡和加深区域的色调不受影响。

02 图层蒙版

图层蒙版主要应用于合成图像。此外，当创建调整图层、填充图层或者应用智能滤镜时，Photoshop会自动为其添加图层蒙版，因此图层蒙版可以控制颜色的设置和滤镜范围。

1. 图层蒙版的管理

图层蒙版是与文档具有相同分辨率的256级色阶灰度图像。蒙版中的纯白色区域可以遮盖下面图层中的内容，只显示当前图层中的图像；蒙版中的纯黑色区域可以遮盖当前图层中的图像，显示出下面图层中的内容；蒙版中的灰色区域会根据其灰度值使当前图层中的图像呈现出不同层次的透明效果。

基于以上原理，如果要隐藏当前图层中的图像，可以使用黑色涂抹蒙版；如果要显示当前图层中的图像，可以使用白色涂抹蒙版；如果要使当前图层中的图像呈现半透明效果，则使用灰色涂抹蒙版或者在蒙版中填充渐变，如下图所示。

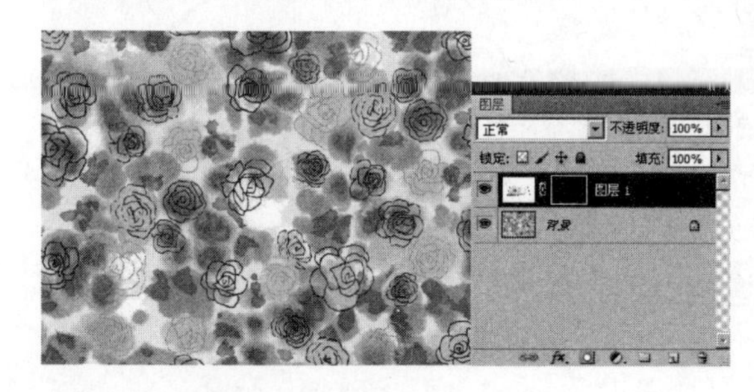

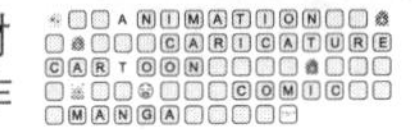

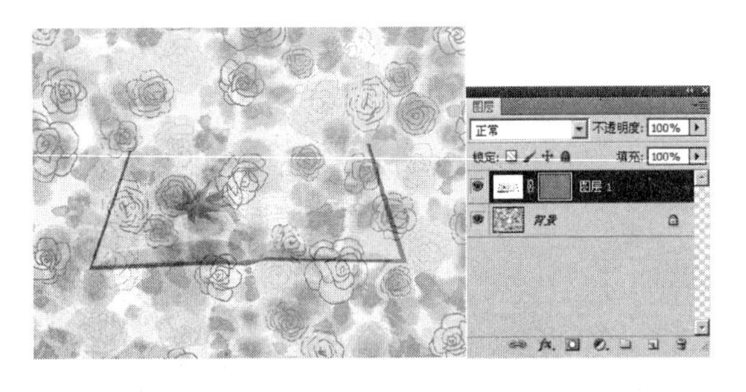

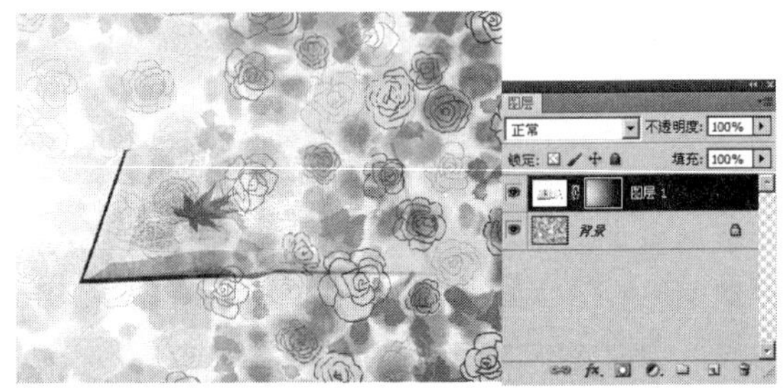

2. 复制与移动蒙版

按住【Alt】键将一个图层的蒙版拖至另外的图层，可以将蒙版复制到目标图层中。如果直接将蒙版拖至另外的图层，则可以将该蒙版移动到目标图层，源图层将不再有蒙版。如下图所示为原图层面板、复制及移动蒙版后的图层面板。

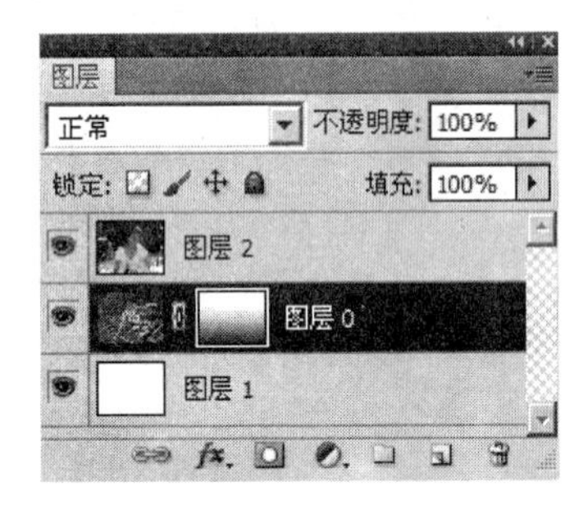

选中带有蒙版的图层

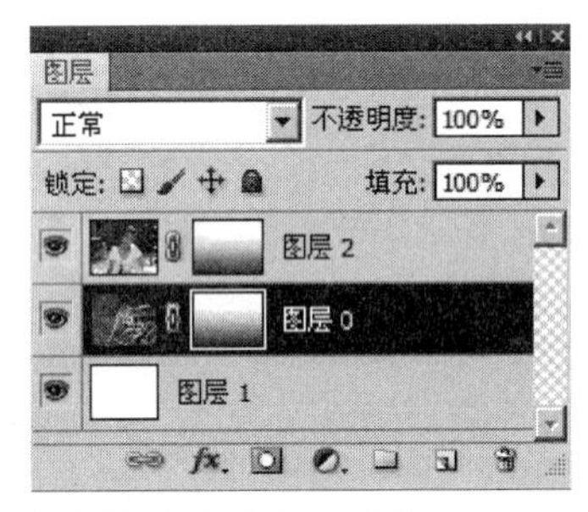

按住【Alt】键拖曳，复制蒙版

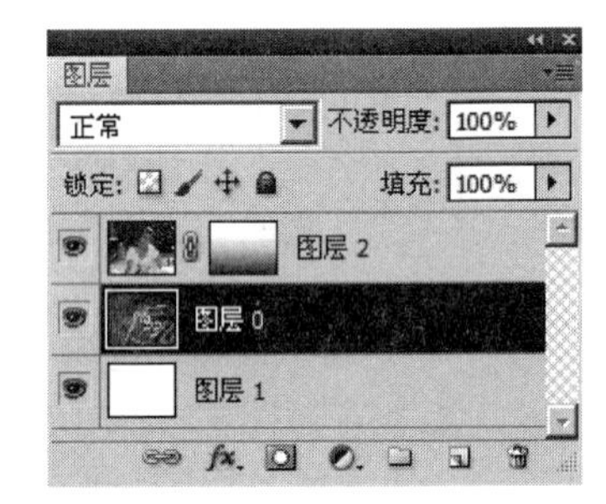

直接拖曳，移动蒙版

3. 链接与取消链接蒙版

创建图层蒙版后，蒙版缩览图和图像缩览图中间有一个链接图标，它表示蒙版与图像处于链接状态，此时进行变换操作，蒙版会与图像一同变换。选择“图层>图层蒙版>取消链接”命令或者直接单击该图标，可以取消链接。取消链接后，可以单独变换图像，也可以单独变换蒙版。

提 示

选择图层蒙版所在的图层，选择“图层>图层蒙版>应用”命令，可以将蒙版应用到图像中，并删除原来被蒙版遮盖的图像。

03 滤镜>镜头光晕

“镜头光晕”滤镜可以在图像上表现反射光的效果，“镜头光晕”对话框及效果如右图所示。

- 预览窗口：从中可以设置光照的位置。
- 亮度：可以通过拖动滑块调整亮度。
- 镜头类型：提供了4种不同的镜头。

8.5 乳酪文字制作

本实例主要讲解了利用自定义的图案制作乳酪文字效果，并且为其添加图层样式，从而使文字更加形象。接下来介绍制作乳酪文字的操作过程。本实例的最终效果如右图所示。

步骤01 按【Ctrl+N】组合键，弹出“新建”对话框，具体设置如下图所示。设置完毕后，单击“确定”按钮。

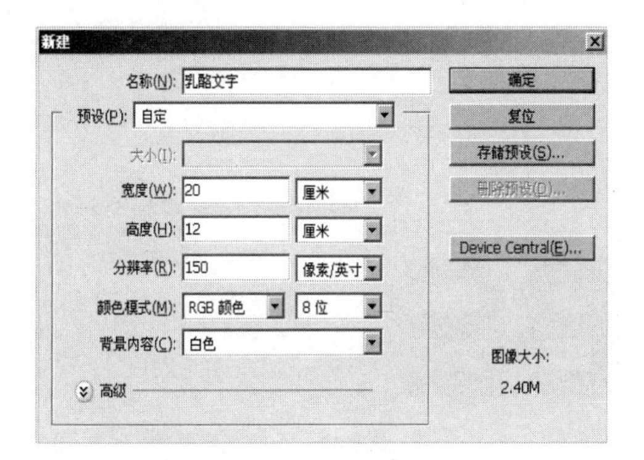

步骤02 按【Ctrl+N】组合键，弹出“新建”对话框，具体设置如下图所示。设置完毕后，单击“确定”按钮。

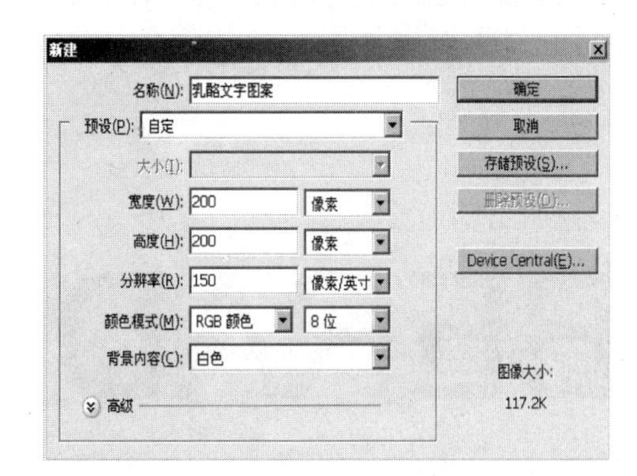

步骤03 单击图层面板上的“创建新图层”按钮，新建“图层1”图层，将前景色设置为R:251、G:242、B:183，按【Alt+Delete】组合键填充前景色，得到的图像效果如下图所示。

步骤04 选择“椭圆选框工具”，在其选项栏中单击“添加到选区”按钮，在图像中绘制如下图所示的选区。

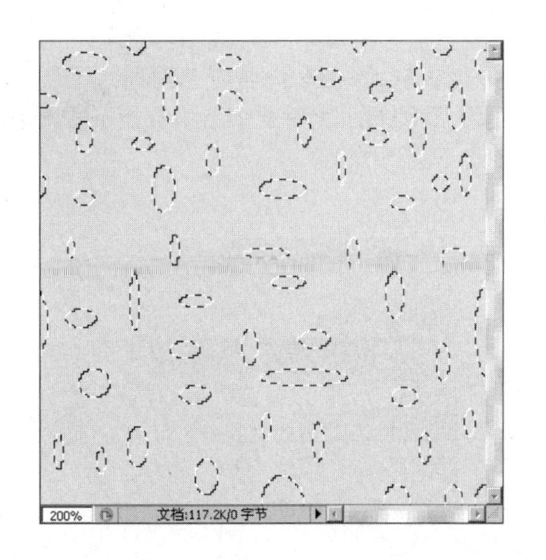

步骤05 按【Delete】键删除选区内的图像，在图层面板上单击“背景”图层缩览图前的“指示图层可见性”图标，将其隐藏，按【Ctrl+D】组合键取消选区，效果如下图所示。

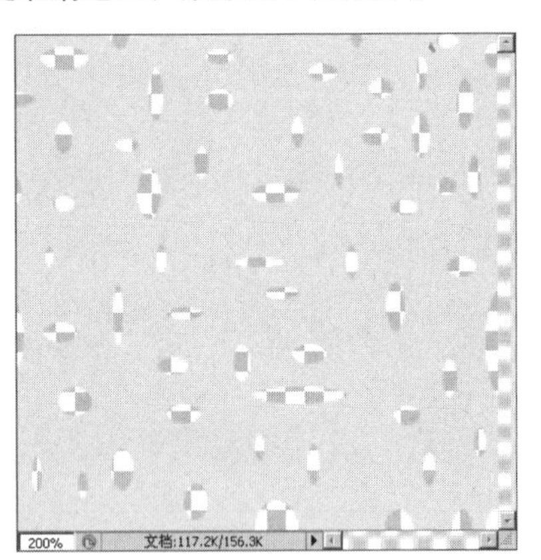

步骤06 选择“编辑>定义图案”命令，弹出“图案名称”对话框，具体设置如下图所示。设置完毕后，单击“确定”按钮。

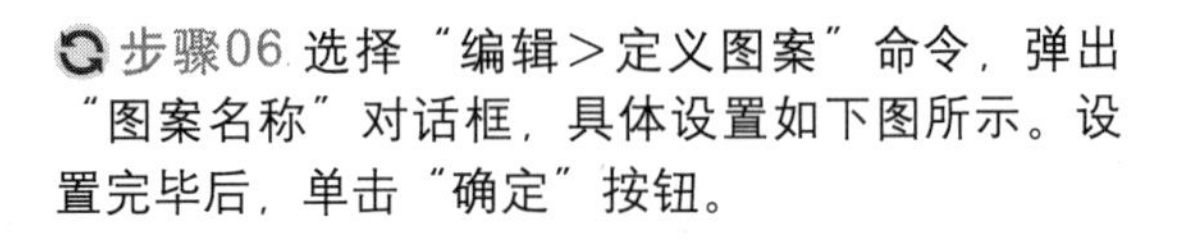

步骤07 切换至“乳酪文字”文档，将前景色设置为黑色，选择工具箱中的“横排文字工具”，设置合适的文字字体及大小，在图像中输入文字，效果如下图所示。

步骤08 选择文字图层，单击图层面板上的“添加图层样式”按钮，在弹出的菜单中选择“描边”命令，弹出“图层样式”对话框，设置参数，然后单击“确定”按钮，参数设置及文字效果如下图所示。

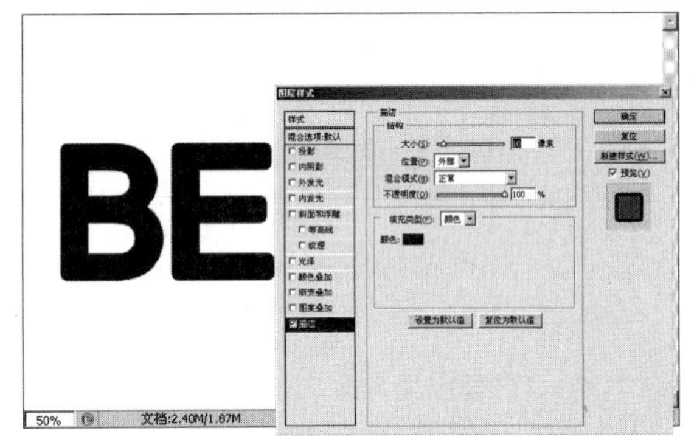

步骤09 单击图层面板上的“创建新图层”按钮，新建“图层1”图层。按【Ctrl】键在图层面板上分别单击“图层1”图层和文字图层，将其全部选中，按【Ctrl+E】组合键合并所选图层，得到“图层1”图层，此时的图层面板如下图所示。

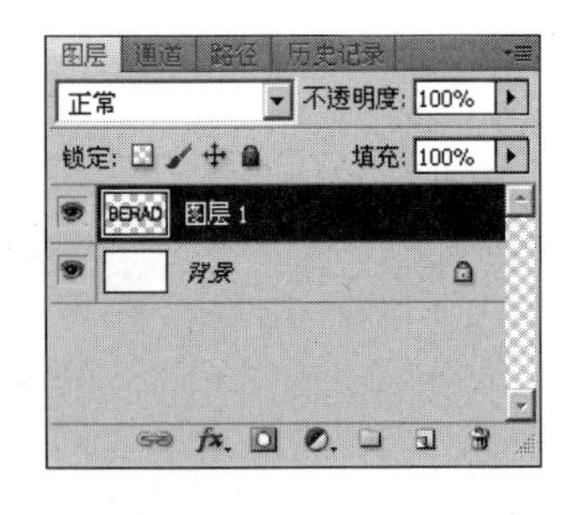

步骤10 按【Ctrl】键单击“图层1”图层缩览图，将其载入选区。在图层面板上单击“图层1”图层缩览图前的“指示图层可见性”图标，将其隐藏，得到的图像效果如下图所示。

步骤11 保持选区不变，单击图层面板上的“创建新的填充或调整图层”按钮，在弹出的菜单中选择“图案”命令，弹出“图案填充”对话框，选择步骤05定义的图案，然后单击“确定”按钮，具体设置及效果如下图所示。

步骤12 单击图层面板上的“创建新图层”按钮，新建“图层2”图层，按【Ctrl】键在图层面板上分别单击“图层2”图层和“图案填充1”图层，将其全部选中，按【Ctrl+E】组合键合并所选图层，得到“图层2”图层，此时的图层面板如下图所示。

步骤13 将“图层2”图层拖曳至图层面板上的“创建新图层”按钮上，得到“图层2副本”图层，单击“图层2副本”图层前的“指示图层可见性”图标，将其隐藏，此时的图层面板如下图所示。

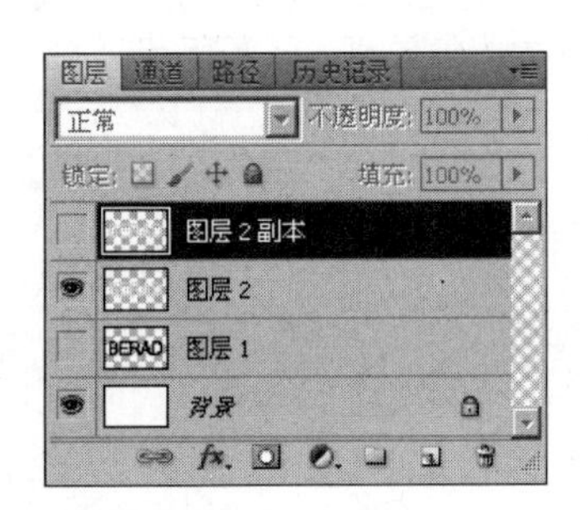

步骤14 选择“图层2”图层，选择“图像>调整>色相/饱和度”命令，弹出“色相/饱和度”对话框，设置相关参数，设置完毕后单击“确定”按钮，参数设置及得到的图像效果如下图所示。

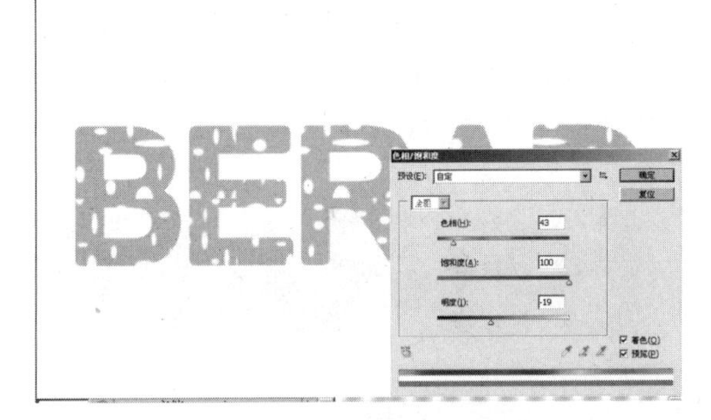

步骤15 选择“图层2”图层，按【Ctrl+J】组合键5次，复制图层。选择“图层2副本6”图层，选择“移动工具”，按【↓】键两次、按【→】键两次，选择“图像>调整>亮度/对比度”命令，弹出“亮度/对比度”对话框，设置完参数后单击“确定”按钮，参数设置及得到的图像效果如下图所示。

步骤16 选择“图层2副本5”图层，选择工具箱中的“移动工具”，按【↓】键4次，按【→】键4次，选择“图像>调整>亮度/对比度”命令，弹出“亮度/对比度”对话框，设置相关参数，然后单击“确定”按钮，参数设置及得到的图像效果如下图所示。

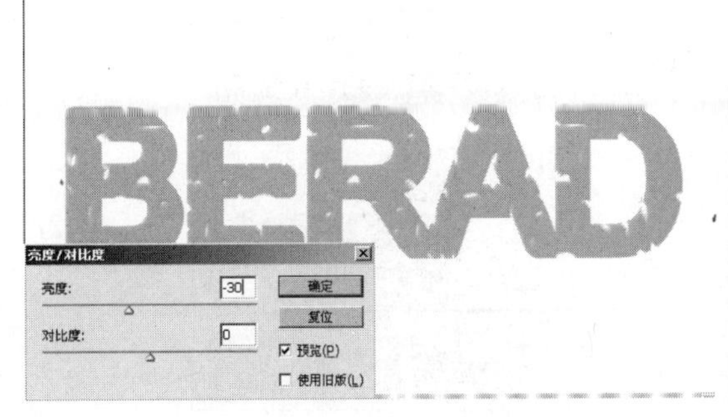

步骤17 选择“图层2副本4”图层，选择工具箱中的“移动工具”，按【↓】键6次，按【→】键6次，选择“图像>调整>亮度/对比度”命令，弹出“亮度/对比度”对话框，设置完参数后单击“确定”按钮，参数设置及得到的图像效果如下图所示。

步骤18 选择“图层2副本3”图层，选择工具箱中的“移动工具”，按【↓】键8次、按【→】键8次，选择“图像>调整>亮度/对比度”命令，弹出“亮度/对比度”对话框，设置相关参数，然后单击“确定”按钮，参数设置及得到的图像效果如下图所示。

步骤19 选择“图层2副本2”图层，选择工具箱中的“移动工具”，按【↓】键10次，按【→】键10次，选择“图像>调整>亮度/对比度”命令，弹出“亮度/对比度”对话框，设置相关参数，然后单击“确定”按钮，参数设置及得到的图像效果如下图所示。

步骤20 选择“图层2”图层，选择工具箱中的“移动工具”，按【↓】键12次，按【→】键12次，选择“图像>调整>亮度/对比度”命令，弹出“亮度/对比度”对话框，设置参数，然后单击“确定”按钮，显示“图层2副本”图层，得到的图像效果如下图所示。

步骤21 按【Ctrl】键在图层面板上分别单击“图层2副本2”图层、“图层2副本3”图层、“图层2副本4”图层、“图层2副本5”图层和“图层2副本6”图层，将其全部选中，按【Ctrl+E】组合键合并所选图层，得到“图层2副本6”图层，此时的图层面板如下图所示。

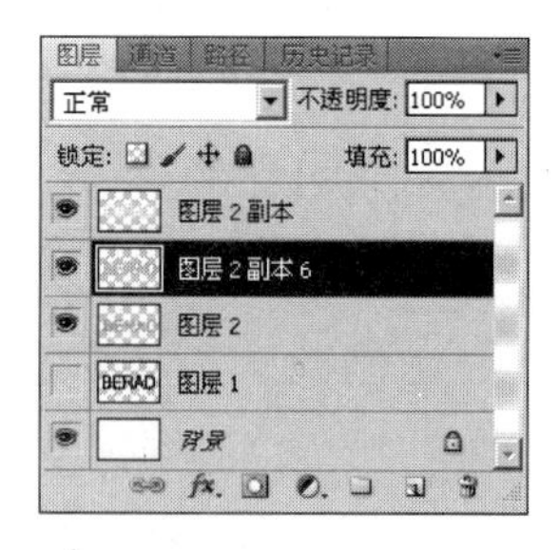

步骤22 选择“图层2副本6”图层，选择“滤镜>模糊>高斯模糊”命令，弹出“高斯模糊”对话框，设置参数，单击“确定”按钮，参数设置及得到的图像效果如下图所示。

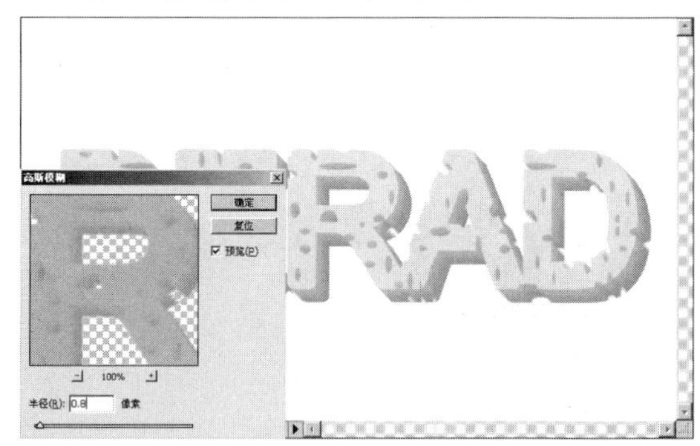

步骤23 按住【Ctrl】键单击"图层2副本6"图层缩览图，将其载入选区，效果如下图所示。

步骤24 选择"滤镜>杂色>添加杂色"命令，弹出"添加杂色"对话框，具体设置及效果如下图所示。

步骤25 选择"滤镜>模糊>动感模糊"命令，弹出"动感模糊"对话框，设置完参数后单击"确定"按钮，按【Ctrl+D】组合键取消选区，参数设置及得到的图像效果如下图所示。

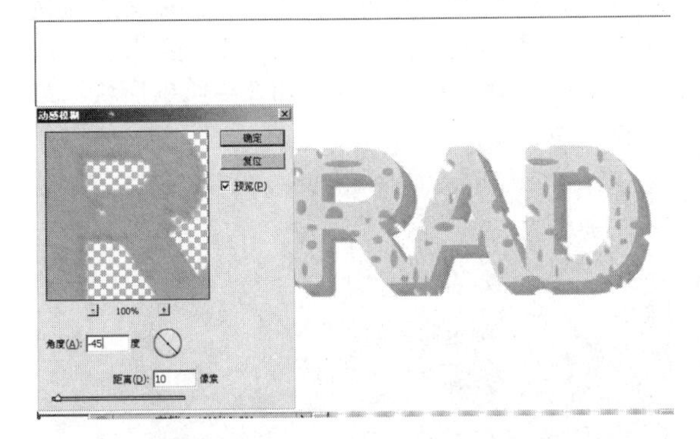

步骤26 选择"图像>调整>色相/饱和度"命令，弹出"色相/饱和度"对话框，设置参数，设置完毕后单击"确定"按钮，参数设置及得到的图像效果如下图所示。

步骤27 选择"图层2副本"图层，单击图层面板上的"添加图层样式"按钮，在弹出的菜单中选择"斜面和浮雕"命令，弹出"图层样式"对话框，将"阴影模式"颜色设置为R:98、G:69、B:9，设置完毕后单击"确定"按钮，其他参数设置及效果如下图所示。

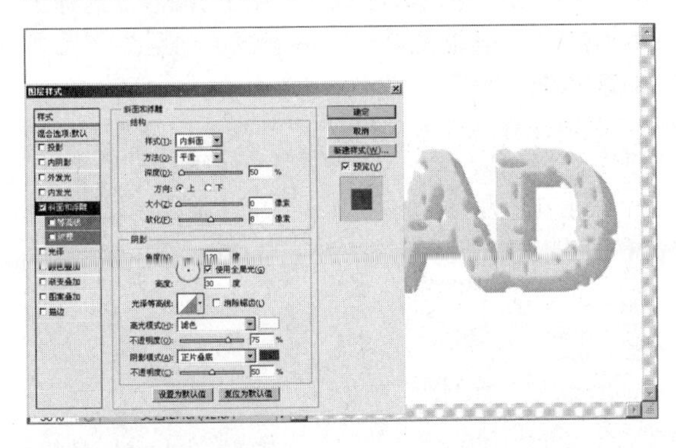

步骤28 按【Ctrl】键在图层面板上分别单击"图层2副本2"图层和"图层2副本6"图层，将其全部选中，按【Ctrl+E】组合键合并所选图层，得到"图层2副本"图层，此时的图层面板如下图所示。

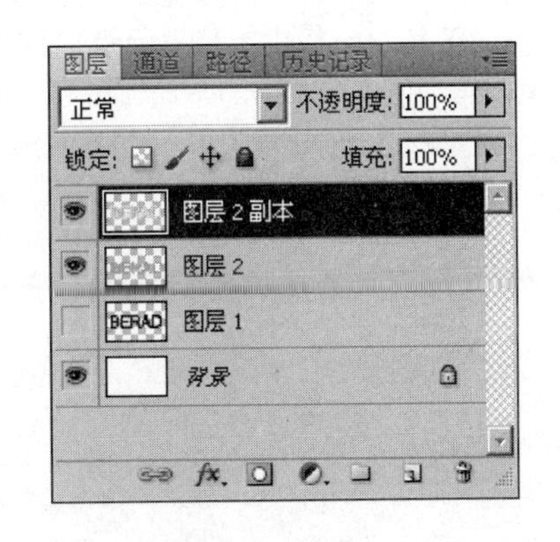

步骤29 选择“图层2副本”图层，单击图层面板上的“添加图层样式”按钮，在弹出的菜单中选择“投影”命令，弹出“图层样式”对话框，设置参数，设置完毕后单击“确定”按钮，参数设置及得到的图像效果如下图所示。

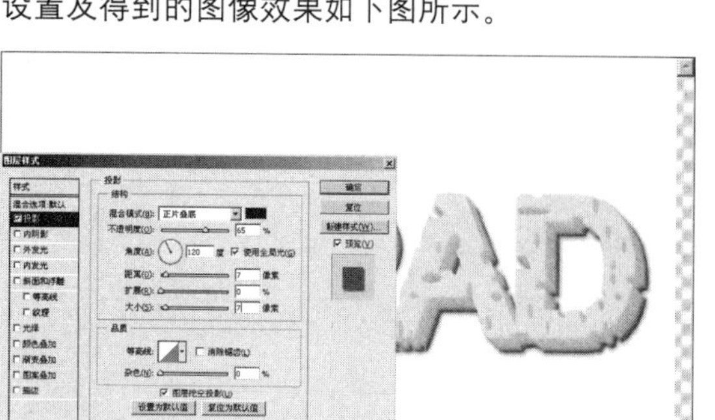

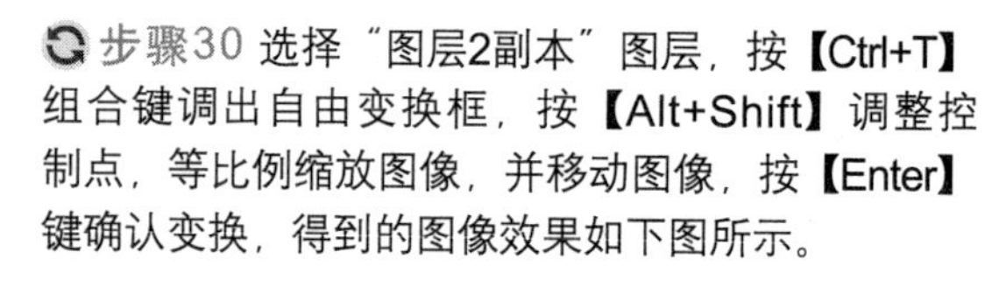

步骤30 选择“图层2副本”图层，按【Ctrl+T】组合键调出自由变换框，按【Alt+Shift】调整控制点，等比例缩放图像，并移动图像，按【Enter】键确认变换，得到的图像效果如下图所示。

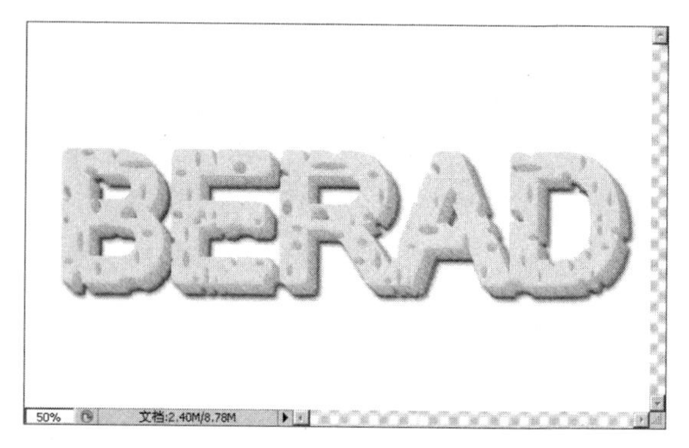

步骤31 选择“背景”图层，将前景色设置为R:188、G:199、B:69，按【Alt+Delete】组合键填充前景色，得到的图像效果如下图所示。

步骤32 单击图层面板上的“创建新图层”按钮，新建“图层3”图层。将前景色设置为黑色，选择工具箱中的“自定形状工具”，在其选项栏中单击“点按可打开‘自定形状’拾色器”按钮，选择形状，拖动鼠标在图像中绘制形状，如下图所示。

步骤33 按【Ctrl】键单击“图层3”图层缩览图，将其载入选区，将“图层3”图层的拖曳至图层面板上的“删除图层”按钮上，选择工具箱中的“移动工具”，将指针移动至选区内部并拖动，将选区移动到如下图所示的位置。

步骤34 选择“图层2副本”图层，按【Ctrl+J】组合键，复制选区内的图像到新图层，图层面板中自动生成“图层3”图层，选择工具箱中的“移动工具”，将图像移动至如下图所示的位置。

步骤35 调整“图层3”图层样式中“投影”颜色的值为R:89、G:89、B:89，具体参数设置如下（左）图所示。继续选择“斜面和浮雕”复选框，将“阴影模式”颜色的值设置为R:184、G:174、B:37，并设置其他参数，完成后单击“确定”按钮，参数设置如下图所示。

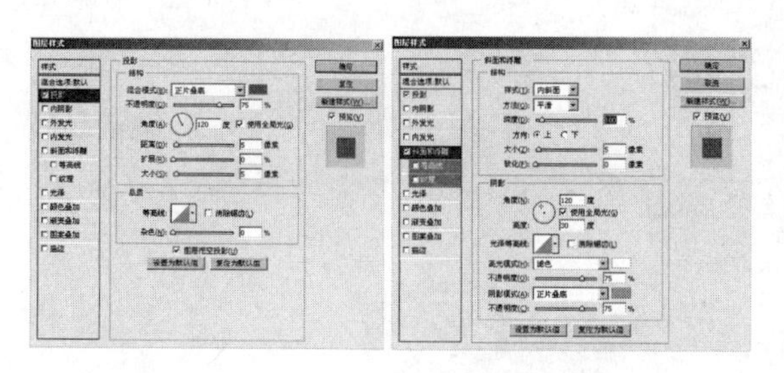

步骤36 选择“图像调整曲线”命令，弹出“曲线”对话框，设置参数，设置完成后单击“确定”按钮，参数设置及得到的图像效果如下图所示。

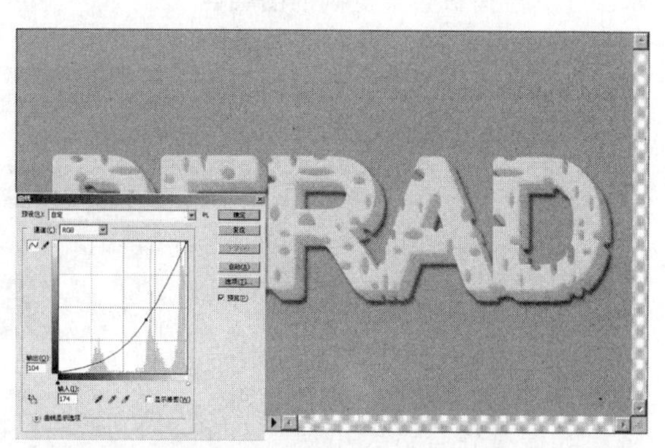

步骤37 将前景色设置为黑色，选择工具箱中的“横排文字工具”，设置合适的文字字体及大小，在图像窗口中输入文字，效果如下图所示。

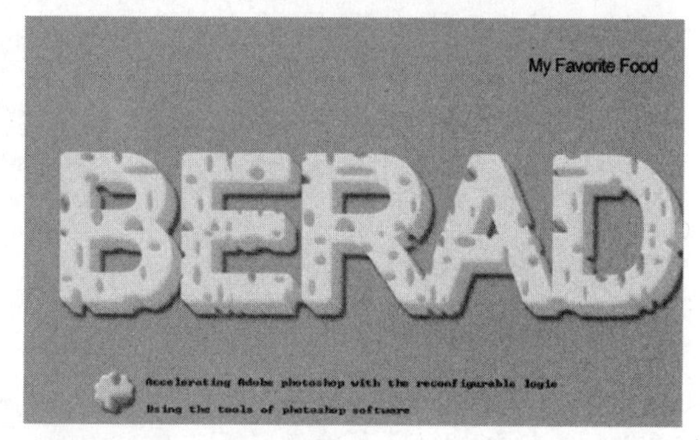

知识拓展

本实例主要讲解了制作乳酪样式的文字效果，首先将乳酪图片自定为图案，然后将文字图层复制若干个，为其填充自定的乳酪图案，最后设置不同的图层样式与混合模式，从而制作出逼真的乳酪文字效果。接下来主要讲解本实例涉及的知识点。

01 自定义图案方法

1. 设置图案区域

步骤01 选择“文件>打开”菜单命令或按【Ctrl+O】组合键，打开一个素材文件，效果如右（左）图所示。

步骤02 选择工具箱中的“快速选择工具”，将图像中的绿叶选中，效果如右（右）图所示。

2. 自定义图案

步骤01 按【Ctrl+C】组合键和【Ctrl+V】组合键，将选区复制并粘贴，图层面板会给复制的图层自动命名为“图层1”，将“背景”图层转换为普通图层。此时的图层面板及复制的图层如右图所示。

步骤02 将“背景”图层删除，将绿叶调整到合适大小后，利用“矩形选区”工具将“图层1”图层中的叶子选中，并选择菜单栏中的“编辑>定义图案”命令，在“图案名称”对话框中将其命名为“叶子”，如右图所示。

3. 打开其他素材

步骤01 选择“文件>打开”菜单命令或按【Ctrl+O】组合键，打开素材文件7-2-3.psd，如右（左）图所示。

步骤02 选择工具箱中的“图案图章工具”，在选项栏中的图案面板中选择“叶子”图像，如右（右）图所示。

4. 设置图层的混合模式

步骤01 单击图层面板下面的“创建新图层”按钮，新建一个图层，将其调整到“背景”图层之上，如右（左）图所示。

步骤02 设置此图层的混合模式为“颜色”，“不透明度”为80%，如右（右）图所示。

5. 应用自定义图案制作背景

单击工具箱中的“油漆桶工具”按钮或按【Shift+F5】组合键，在其选项栏中设置相关参数，然后在“图层2”图层中单击，即可用叶子按照设置模式来填充“图层2”图层，参数设置及效果如下图所示。

02 “亮度/对比度”命令

当打开一张照片，选择菜单栏“图像>调整”命令中的某一个子命令时，即可对图像的色彩进行不同程度的调整。例如，选择“亮度/对比度”、“色相/饱和度”、“黑白”、“反相”、“去色”等命令后，都会呈现出不同的效果。接下来就分别讲解不同命令的使用方法。

“亮度/对比度”命令可以对图像的色调范围进行调整，它的使用方法非常简单，对于暂时还不能灵活使用“色阶”和“曲线”命令的用户，需要调整色调和饱和度时，可以通过该命令来实现。

打开一张照片，选择“图像>调整>亮度/对比度”命令，打开“亮度/对比度”对话框，向左拖动滑块可以降低亮度和对比度，向右拖动滑块可以增加亮度和对比度。如果在对话框中选择“使用旧版”复选框，则可以得到Photoshop CS3以前版本的调整结果。

“图像>调整>亮度/对比度”菜单命令

这里提供的是调整图像颜色时所需要的亮度和对比度的选项。亮度的数值越大，构成图像的像素就会越亮。对比度的数值越大，就越会提高高光和阴影的颜色对比，使图像更加清晰。如下图所示是使用该命令的前后效果。

原图

通过“亮度/对比度”命令调整图像的颜色

❶ 亮度：这是调节亮度的选项，数值越大，图像越亮。

❷ 对比度：这是调节对比度的选项，数值越大，图像越清晰。

03 调整图层的优势

在Photoshop中，图像色彩与色调的调整方式有两种，一种方法是选择“图像>调整”级联菜单中的命令，另外一种方式是使用调整图层。例如，从这两种方式的效果可以看到，“图像>调整”级联菜单中的调整命令会直接修改所选图层中像素数据。而调整图层可以达到同样的调整效果，但不会修改像素，并且只要隐藏或删除调整图层，便可将图像恢复为原来的状态。如下图所示是原图及使用调整图层调整图像后的效果图。

原图

调整色相/饱和度

调整亮度/对比度

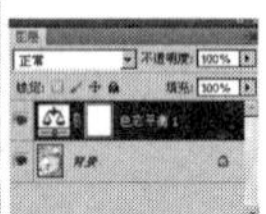
调整色彩平衡

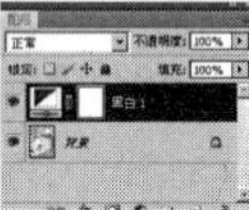
调整黑白

创建调整图层以后，颜色和色调调整就存储在调整图层中，并影响它下面的所有图层。如果想要对多个图层进行相同的调整，可以在这些图层上面创建一个调整图层，通过调整图层来影响这些图层，而不必分别调整每个图层。将其他图层放在调整图层下面，就会对其产生影响。从调整图层下面移动到上面，则可取消对它的影响，效果对比如下图所示。

提 示

调整图层可以随时修改参数，而“图像>调整”级联菜单中的命令一旦应用，图像就不能 恢复了。

04 调整面板

选择“图层>新建调整图层”级联菜单中的命令或者使用调整面板都可以创建调整图层。调整面板中包含了用于调整颜色和色调的工具，并提供了常规图像校正的一系列调整预设，如下图所示。单击调整面板中的一个调整图层按钮或单击一个预设，可以显示相应的参数设置选项，同时创建调整图层。

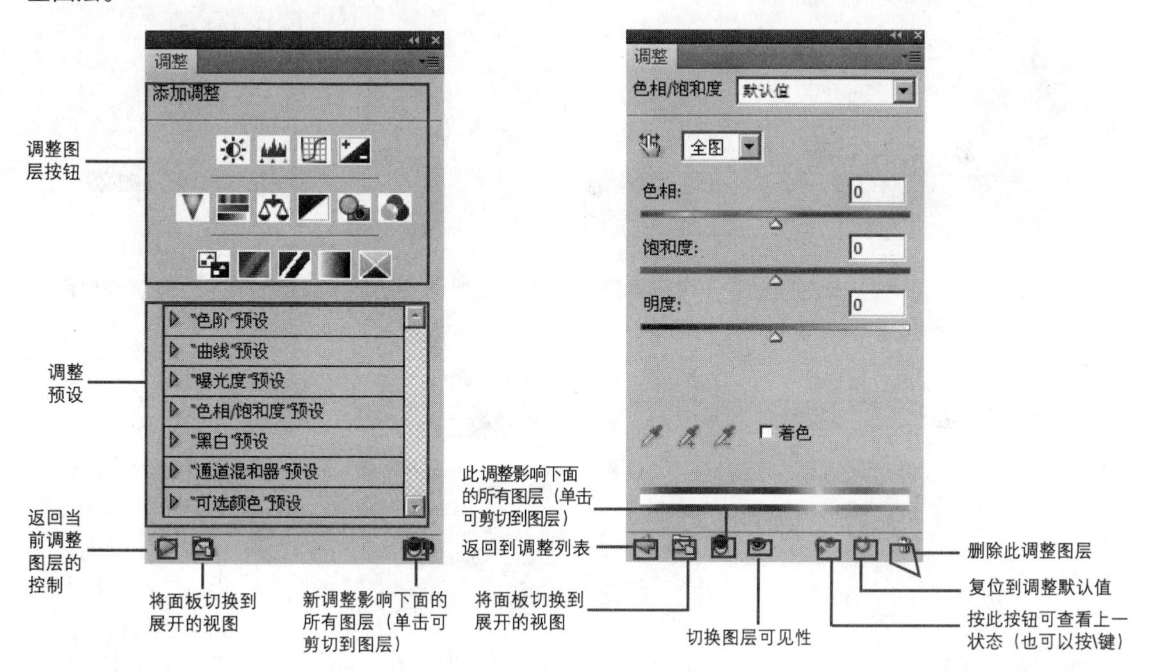

- 调整图层按钮/调整预设：单击一个调整图层按钮，面板中会显示相应设置选项，将指针放在按钮上，面板顶部会显示该按钮所对应当调整命令的名称。单击一个预设按钮，可以展开预设列表。选择一个预设，即可使用该预设调整图像，同时面板中会显示相应设置选项。如下图所示是“亮度/对比度”调整图层按钮及展开的“色阶”预设。

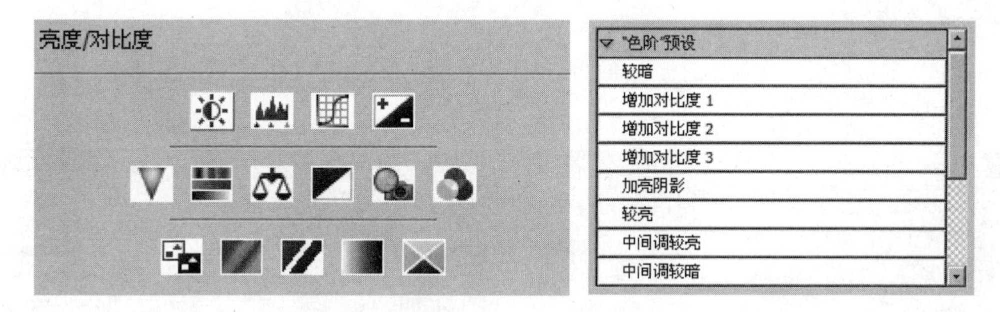

- 返回当前调整图层的控制/返回到调整列表：单击按钮，可以将面板切换到当前调整设置选项的状态；单击按钮，可以将面板返回到调整按钮和预设列表状态。
- 将面板切换到展开的视图：可以调整面板的宽度。
- 新调整影响下面的所有图层（单击可剪切到图层）：默认情况下，新建的调整图层都会影响下面的所有图层，如果单击该按钮，则以后创建任何调整图层时，都会自动将其与下面的图层创建为剪贴蒙版组，使该调整图层只影响它下面的一个图层。

- 此调整影响下面的所有图层（单击可剪切到图层）：单击该按钮，可以将当前的调整图层与它下面的图层创建为一个剪贴蒙版组，使调整图层仅影响它下面的一个图层；再次单击该按钮时，调整图层会影响下面的所有图层。如下图所示为两次单击该按钮时的图像效果。

- 切换图层可见性：单击该按钮，可以隐藏或者重新显示调整图层。如下图所示为隐藏或显示调整图层的图层面板。

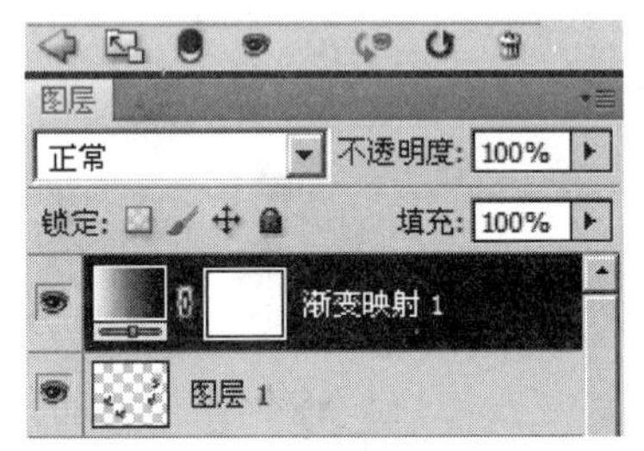

- 按此按钮可查看上一状态（也可以按\键）：当调整参数以后，可以单击该按钮或按【\】键，在图像窗口中查看图像的上一个调整状态，以便比较。
- 复位到调整默认值：单击该按钮，可以将调整参数恢复为默认值。
- 删除此调整图层：单击该按钮，可以删除当前调整图层。

05 修改调整参数

创建调整图层以后，在图层面板中单击调整图层的缩览图，调整面板中就会显示调整选项，此时即可修改调整参数，如下图所示。

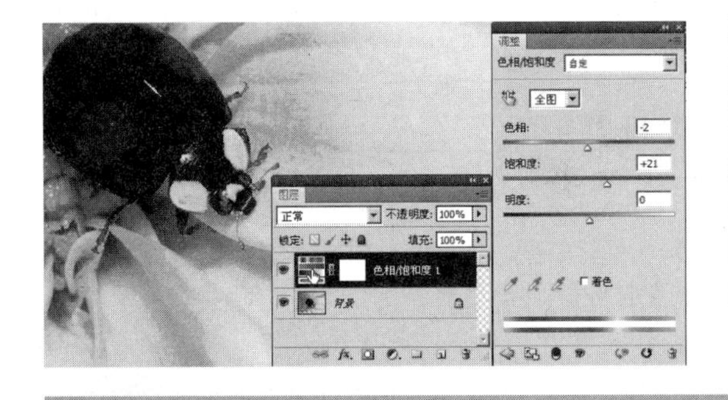

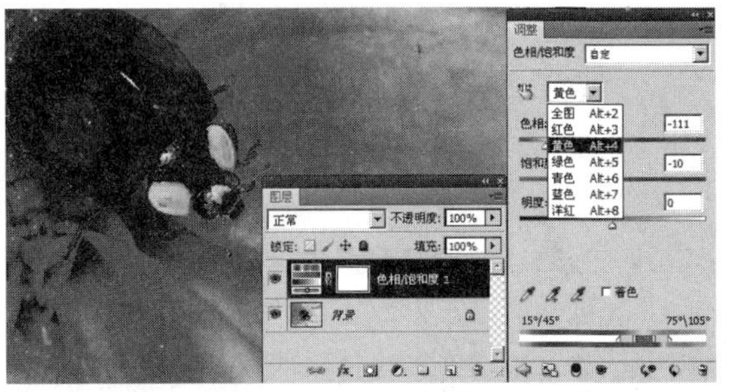

> **提 示**
>
> 创建了填充图层或调整图层后，选择“图层>图层内容选项”命令，可以重新打开调整面板，在面板中可以修改选项和参数。

06 删除调整图层

选择调整图层，按【Delete】键或者将其拖动到图层面板底部的“删除图层”按钮上，即可将其删除。如果要保留调整图层，仅删除蒙版，可以在调整图层的蒙版上单击鼠标右键，选择快捷菜单中的“删除图层蒙版”命令。如下图所示为删除调整图层及删除图层蒙版的方法展示。

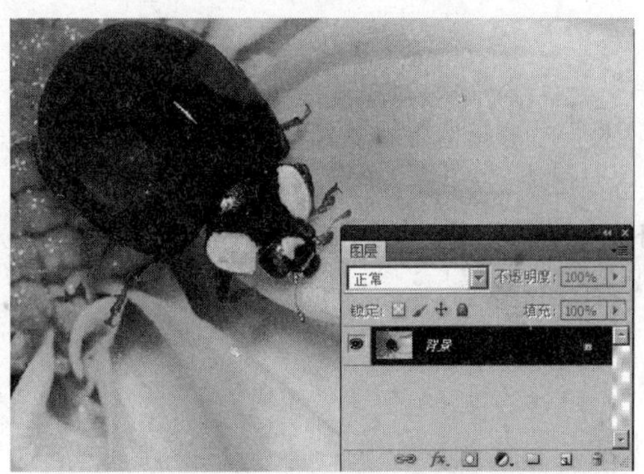

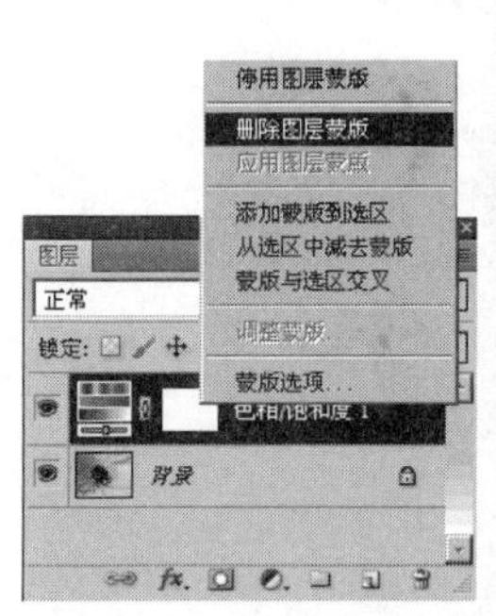

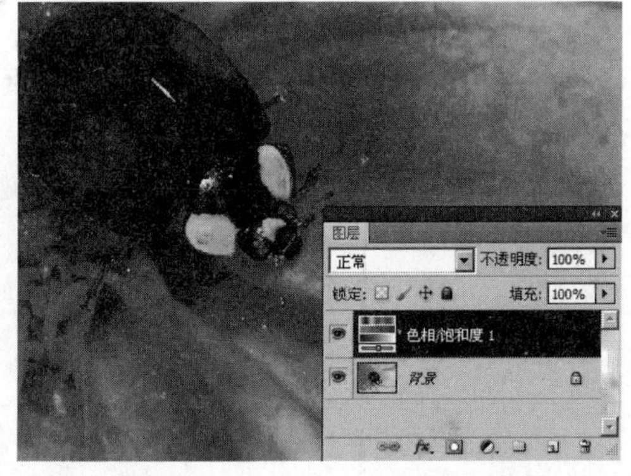

提 示

默认情况下，创建调整图层时，都会自动添加一个图层蒙版。如果不想添加调整图层的蒙版，可以取消调整面板菜单中“默认情况下添加蒙版”命令的选择。

07 滤镜

添加杂色

可以在图像上按照像素形态产生杂点，从而表现出陈旧的感觉。如右图所示为“添加杂色”对话框及添加杂色后的效果。

- 数量：值越大，杂点的数量越多，杂点的颜色或位置可以随意设置。
- 分布：选择杂点应用形态。
- 单色：选择该复选框，可通过单色表现杂点。

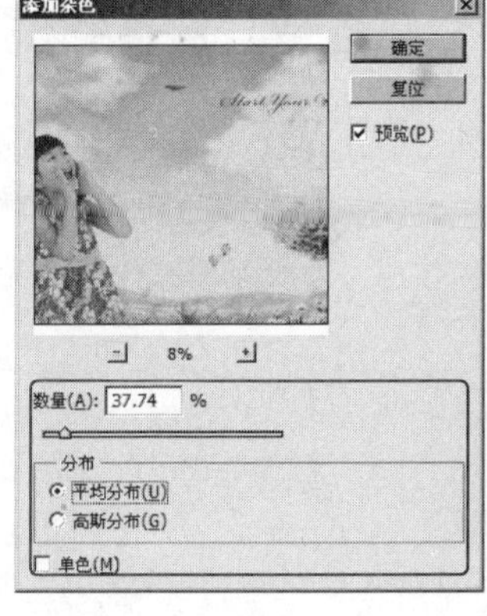

课程练习

1. 在Photoshop CS5中，新建文件默认分辨率为72像素点/英寸。如果要印刷精美的彩色图片，分辨率最少应不低于多少?

2. 在给文字进行类似滤镜效果制作时，首先要将文字执行（　　）命令。

A. 图层 > 栅格化 > 文字　　B. 图层 > 文字 > 水平

C. 图层 > 文字 > 垂直　　D. 图层 > 文字 > 转换为形状

3. 复制当前图层中选择区域内的图像至剪贴板中的命令是（　　），将剪贴板中的图像粘贴到当前文件新图层中的命令是（　　）。

A. 编辑 > 变换　　B. 编辑 > 粘贴　　C. 编辑 > 复制

4. 图像文件的大小是以什么为单位的?